Wolfgang Oldenburg

Die Finite-Elemente-Methode auf dem PC

Anwendung von Mikrocomputern

Herausgegeben von Dr. Harald Schumny

Die Buchreihe behandelt Themen aus den vielfältigen Anwendungsbereichen des Mikrocomputers: Technik, Naturwissenschaften, Betriebswirtschaft. Jeder Band enthält die vollständige Lösung von Problemen, entweder in Form von Programmpaketen, die der Anwender komplett oder in Teilen als Unterprogramme verwenden kann, oder in Form einer Problemaufbereitung, die dem Benutzer bei der Software- und Hardware-Entwicklung hilft.

Band 1 **Digitale Regelung mit Mikroprozessoren**
von Norbert Hoffmann

Band 2 **Wahrscheinlichkeitsrechnung, Statistik**
von Dietmar Herrmann

Band 3 **Mathematische Routinen (Elektrotechnik/Elektronik)**
von Ernst-Friedrich Reinking

Band 4 **Numerische Mathematik**
von Dietmar Herrmann

Band 5 **Video-Textverarbeitung (TI-99/4A und VC-20)**
von Arnim und Ingeborg Tölke

Band 7 **Getriebelehre mit dem Mikrocomputer (SHARP PV-1500A)**
von Hans Bürde

Band 8 **Dienstprogramme für VC-20, Commodore 64 und Executive SX 64**
von Ernst-Friedrich Reinking

Band 9 **Gelenkgetriebe-Konstruktion mit Kleinrechnern (HP Serie 40 und 80)**
von Kurt Hain und Harald Schumny

Band 10 **Angewandte Matrizenrechnung**
von Dietmar Herrmann

Band 12 **Lineare Optimierung mit BASIC auf dem PC-1500A**
von Harald Luther

Band 13 **Interfacing im Apple-Pascal-System**
von Klaus-Dieter Tillmann

Band 14 **DFÜ – Datenfernübertragung im Apple-Pascal-System**
von Klaus-Dieter Tillmann

Band 15 **Textverarbeitung mit dem Commodore 64**
von Arnim und Ingeborg Tölke

Band 16 **Physikalische Experimente mit dem Mikrocomputer**
von Klaus-Dieter Tillmann

Band 17 **Datenkommunikation mit dem PC**
von Klaus-Dieter Tillmann

Band 18 **Antennentechnik**
von Ludwig Brandt

Band 19 **Simulation und Optimierung von Regelkreisen mit dem IBM AT- und Kompatiblen**
von Peter F. Orlowski

Band 20 **Die Finite-Elemente-Methode auf dem PC**
von Wolfgang Oldenburg

Anwendung von Mikrocomputern Band 20

Wolfgang Oldenburg

Die Finite-Elemente-Methode auf dem PC

Fachwerke - Durchlaufträger - Rahmen

V

Friedr. Vieweg & Sohn Braunschweig / Wiesbaden

CIP-Titelaufnahme der Deutschen Bibliothek

Oldenburg, Wolfgang:
Die Finite-Elemente-Methode auf dem PC:
Fachwerke – Durchlaufträger – Rahmen/
Wolfgang Oldenburg. – Braunschweig;
Wiesbaden: Vieweg, 1989
(Anwendung von Mikrocomputern; Bd. 20)
ISBN 978-3-528-04536-4 ISBN 978-3-322-89464-9 (eBook)

DOI 10.1007/978-3-322-89464-9
NE: GT

Das in diesem Buch enthaltene Programm-Material ist mit keiner Verpflichtung oder Garantie irgendeiner Art verbunden. Der Autor und der Verlag übernehmen infolgedessen keine Verantwortung und werden keine daraus folgende oder sonstige Haftung übernehmen, die auf irgendeine Art aus der Benutzung dieses Programm-Materials oder Teilen davon entsteht.

Der Verlag Vieweg ist ein Unternehmen der Verlagsgruppe Bertelsmann

Umschlaggestaltung: Peter Lenz, Wiesbaden

Vorwort

Die Finite-Elemente-Methode (FEM) ist in den letzten Jahren zu einem wichtigen Werkzeug des praktisch tätigen Ingenieurs geworden. Während sie in der Anfangsphase der Entwicklung als selbständiges Rechenverfahren auf Großrechnern dominierte, findet man sie heute als Unterprogramm in vielen CAD-Systemen. Dadurch wird in Zukunft letztlich jeder Ingenieur in Konstruktion und Entwicklung mit Finite-Elemente-Rechnungen konfrontiert.

Um die FEM als numerisches Näherungsverfahren effektiv einsetzen zu können, muß das zu behandelnde physikalische Kontinuum zuerst in ein der Rechnung zugängliches Modell überführt werden. Dabei sind gewisse Manipulationen, vor allem zum Erfassen von Rand- und Sonderbedingungen, nicht zu umgehen. Die dazu nötigen Erfahrungen gewinnt man am besten durch die Anwendung der Methode auf einfache und leicht zu modifizierende Beispiele, vorausgesetzt, man hat einen einfach zu handhabenden Rechner und ein ebensolches FEM-Programm.

Die zur Finite-Elemente-Methode auch immer zahlreicher werdende deutschsprachige Literatur stellt überwiegend hohe Ansprüche an die Vorbildung des Lesers auf den Gebieten der theoretischen Mechanik, der Matrizenrechnung und der numerischen Mathemathik. Selten werden praktische Hilfen zur Modellbildung und Simulation gegeben.

Auch die meisten am Markt befindlichen FEM-Programmsysteme und deren Handbücher sind kaum geeignet, Erstanwender zur weiterführenden Beschäftigung mit der Methode zu ermutigen. Vielmehr ist vornehmlich aus dem Bereich der mittelständischen Industrie zu hören, daß manche der für Hard- und Software auf dem Gebiet CAD und FEM aufgewendeten Investitionen nicht die erhoffte Arbeitserleichterung und Effizienzsteigerung bringen, da der Einarbeitungsaufwand zu groß ist.

Das hier vorgelegte Buch entstand aus einer Vorlesung zur Einführung in die Finite-Elemente-Methode, die der Verfasser seit 1982 an der Fachhochschule in Gießen für Maschinenbaustudenten hält. Das pädagogische Konzept geht davon aus, mit einem Minimum an Theorie dem Einsteiger die Denkansätze und Grundprinzipien der Methode und deren praktische Umsetzung in konkrete Rechnungen zu vermitteln. Dazu eignen sich hervorragend Stab- und Balkenstrukturen, da deren Eigenschaften noch mit der elementaren Technischen Mechanik erklärt werden können. Die Kontinuumseigenschaften von Durchlaufträgern und Streckenlasten sind allgemein bekannt und ihre Diskretisierung für die FEM-Rechnung ist anschaulich verständlich. Ausführlich wird die Simulation von Gelenken und starren Lagern behandelt.

Das parallel zum Buch entstandene Programmsystem basiert auf dem gleichen pädagogischen Konzept. Leichte Handhabung, sichere Benutzerführung, Durchsichtigkeit und leichte Verfügbarkeit der Daten sowie möglichst geringe Kosten waren oberstes Gebot. Deshalb bot sich als Hardware der bei den potentiellen Erstanwendern der FEM zumeist aus anderen Gründen vorhandene Mikrocomputer an. Die Eingabe der für die Rechnung benötigten Daten in Form einer Texttabelle ist PC-Anwendern aus anderen Programmen vertraut. Die Möglichkeit, Eingabefehler mit Unterstützung der Bildschirmgraphik sofort erkennen und korrigieren zu können, führt auf Anhieb zu fehlerfreien Datensätzen und erfolgreichen Rechenläufen. Die graphische Ausgabe der Rechenergebnisse als Biegelinie oder in Form von Schnittgrößendiagrammen trägt darüberhinaus zum tieferen Verständnis der Technischen Mechanik bei und empfiehlt die Programme auch zum Einsatz in Ausbildung und Lehre.

Inzwischen sind die ersten Programme an industrielle Abnehmer ausgeliefert worden, und die Reaktionen der Anwender sind durchweg positiv. Es ist deshalb folgerichtig, das vorgelegte Programmkonzept auf weiterführende Probleme wie räumliche Rahmen, ebene Scheiben und biegesteife Platten anzuwenden, die aus Platzgründen in diesem Buch nicht mehr behandelt werden konnten.

Wettenberg, im Juli 1988

Wolfgang Oldenburg

Inhaltsverzeichnis

1 Einführung

1.1 Prinzip der Finite-Elemente-Methode

Die *Finite-Elemente-Methode* (FEM) hat sich in den letzten 20 Jahren zu einem universellen Verfahren zur Berechnung physikalischer und technischer Problemstellungen entwickelt und dabei so bekannte und verbreitete Methoden wie *Cremonaplan* und das *Ersatzträgerverfahren nach Mohr* weitgehend verdrängt. Das Prinzip der FEM beruht darauf, ein komplexes Gebilde (*Kontinuum*) in endlich große Einzelteile, die *Elemente*, zu zerlegen. Jedes Element ist für sich abgegrenzt (*finis*: Grenze) und mit den anderen Elementen und/oder der Umgebung nur an definierten Stellen, den *Knoten*, verbunden.

Die Gesamtheit der Elemente bildet die *Struktur*. Diese sollte möglichst die gleichen wesentlichen Eigenschaften aufweisen wie das Kontinuum, das sie ersetzt. Das Kontinuum muß demnach in eine genügend große Anzahl genügend kleiner Elemente eingeteilt werden, deren Eigenschaften der Problemstellung angepaßt sind.

Die Knoten sind die Kontaktstellen der Elemente untereinander und zur Umgebung. Jede physikalische Größe, die in den Knoten übertragen wird, läßt sich durch eine mathematische Gleichung beschreiben. *Dadurch wird das Strukturmodell zum Rechenmodell*, das im einfachsten Fall aus einem System linearer Gleichungen besteht. Die Zahl der Gleichungen und somit der Rechenaufwand wächst proportional mit der Zahl der Knoten. Für Probleme der industriellen Praxis läßt sich die Methode deshalb nur unter Verwendung von Computern sinnvoll anwenden.

1.2 Charakteristische Anwendungen der FEM

Die Tatsache, daß ein gegebenes physikalisches Kontinuum durch ein Rechenmodell ersetzt wird, macht die FEM universell anwendbar für alle Problemstellungen, die hinreichend genau durch eine vernetzte Struktur angenähert werden können.

Beispiele:

- Festigkeitsrechnungen
- Schwingungsrechnungen
- Elektrische Netze
- Strömung in verzweigten Rohrleitungen

Bezogen auf Anwendungen in der Technischen Mechanik ist die FEM herkömmlichen, zumeist graphisch orientierten Verfahren in zweifacher Hinsicht überlegen:

Es können beliebig statisch unbestimmte Strukturen berechnet werden.

Die Genauigkeit der Rechnung kann, entsprechend leistungsfähige Computer und Software vorausgesetzt, nahezu beliebig gesteigert werden.

Die effektive Nutzung der FEM setzt allerdings Erfahrungen sowohl im betreffenden Fachgebiet als auch im Umgang mit der FEM selbst voraus. Letztere sind nur in kleinen Schritten zu erwerben, indem man die Methode, ausgehend von einfachen Beispielen, auf Probleme mit steigendem Schwierigkeitsgrad anwendet. Erst wenn das Vertrauen in das Verfahren gefestigt ist, kann man sich unter Verzicht auf anderweitige Kontrollmöglichkeiten an größere Probleme heranwagen.

Festigkeits- und Schwingungsrechnungen zählen inzwischen zu den klassischen Anwendungen der Finite-Elemente-Methode.

Für *Schwingungsrechnungen* wird das Kontinuum als Struktur aus Massen und Federn diskretisiert. Sodann lassen sich z.B. aus dem zugeordneten Gleichungssystem die Eigenfrequenzen berechnen.

Für *Festigkeitsrechnungen* werden die Elemente als elastische Körper behandelt, die sich unter Krafteinwirkung innerhalb der Struktur verschieben. Sind die Verschiebungen aller Knoten eines Elements bekannt, so läßt sich daraus die Verformung des Elements berechnen und sodann mit Hilfe der Ansätze der klassischen Elastizitätstheorie auf die innerhalb des Elements wirkenden Kräfte und Spannungen schließen.

Für den Rechenansatz ist zu fordern, daß die Elemente in den Knoten zusammenbleiben und daß für jeden Knoten die Gleichgewichtsbedingungen der Statik gelten. Für jeden Bewegungsfreiheitsgrad des Knotens ist eine Kräftegleichung aufzustellen. Setzt man für das Werkstoffverhalten das *Hookesche Gesetz* voraus und beschränkt man sich hinsichtlich der Knotenbewegung auf kleine Verschiebungen, so sind die Gleichungen linear.

Auf Großrechnern implementierte Softwarepakete sind meist als Baukastensystem aufgebaut:

Elementbaukasten mit verschiedenen Elementen vom einfachen Zug-Druck-Stab bis zum dreidimensionalen Element mit gekrümmten Kanten und variabler Knotenzahl

Lösungsbaukasten mit Programmen für verschiedene Probleme, z.B.
Statik/Festigkeitslehre
Stabilitätsuntersuchungen
Eigenschwingungen
Fremderregte Schwingungen

Für räumliche Strukturen mit 6 Knotenfreiheitsgraden ist bei entsprechender Feineinteilung ein sehr großes Gleichungssystem zu lösen. Mikrocomputer können durch solche Aufgaben in verschiedener Hinsicht überfordert sein:

> Hauptspeicher und/oder Massenspeicher sind zu klein, um die anfallenden Datenmengen zu verarbeiten.
>
> Die Zahlenverarbeitung mit geringer Stellenzahl führt bei größeren Strukturen zu unzulässigen Rundungsfehlern in den Ergebnissen.
>
> Die geringe Arbeitsgeschwindigkeit der CPU führt zu unzumutbaren Rechenzeiten, insbesondere bei häufigem Zugriff auf die in Massenspeichern abgelegten Daten.

Eine Möglichkeit, die Finite-Elemente-Methode auf Mikrocomputern effizient einzusetzen, besteht darin, ein auf das vorliegende Problem speziell zugeschnittenes Programm einzusetzen. Dabei kommt man zumeist mit einem einzigen Elementtyp aus. Zur Begrenzung der Zahl der Freiheitsgrade und somit der zu verarbeitenden Datenmenge gibt es verschiedene Möglichkeiten:

1) Ebene Probleme nicht mit räumlichen Elementtypen bearbeiten
   (*Beispiel*: Rotationssymmetrische Spannungszustände lassen sich als ebenes Scheibenproblem behandeln, z.B. Kraftübertragung im Gewinde)

2) Ausnutzen vorhandener Symmetrie der Struktur
   (*Beispiel*: Nur ein Viertel eines symmetrischen Rechteckrahmens mit FEM rechnen)

3) Feineinteilung der Struktur nur in den Bereichen, wo erfahrungsgemäß große Änderungen der Beanspruchung zu erwarten sind
   (*Beispiel*: Ecke mit Kerbwirkung im Rechteckrahmen)

4) Kombinierte Rechnung mit verschiedenen Programmen, z.B.
   - Schnittgrößenermittlung mit einem Balkenprogramm
   - Nachrechnung kritischer Stellen mit Programm für zwei- oder dreidimensionale Elemente, wobei die Schnittgrößen aus dem Balkenprogramm als äußere Kräfte angesetzt werden
   (*Beispiel*: Rechteckrahmen als Struktur aus Dreieckelementen)

Die Kombination der Schritte 2) bis 4) ist anschaulich in **Bild 1-1** dargestellt.

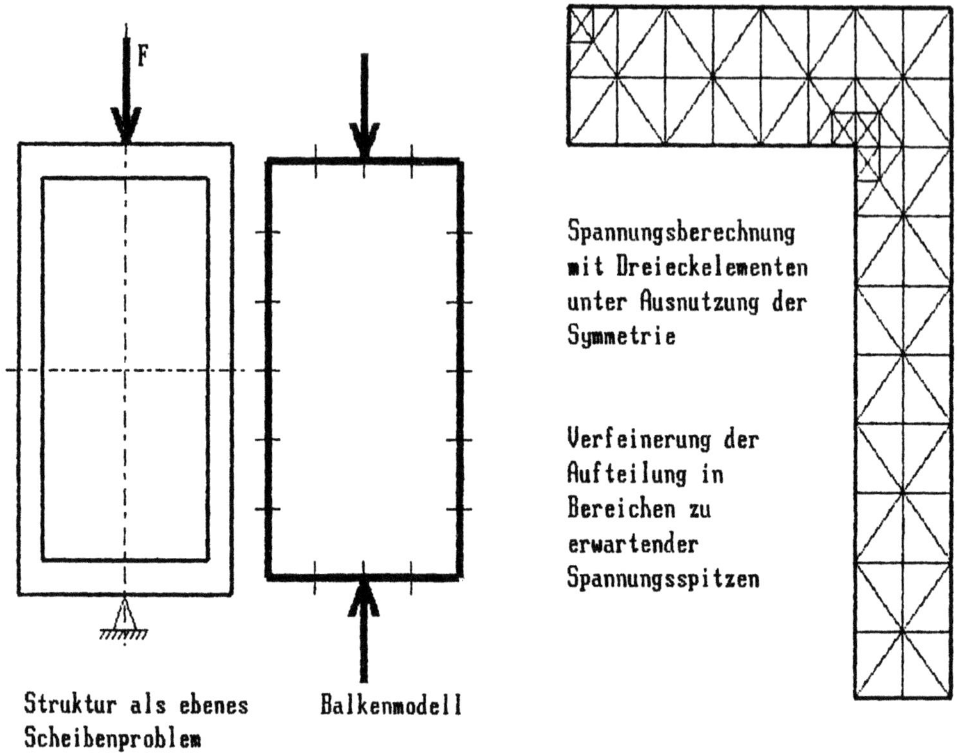

Bild 1-1 Schrittweise Berechnung eines Rechteckrahmens

1.3 Strukturen und Elementtypen

1.3.1 Koordinatensysteme

Die Eigenschaften der Gesamtstruktur hängen nicht nur von den Eigenschaften der sie bildenden Elemente ab, sondern auch von der Art und Weise, wie die Elemente innerhalb der Struktur angeordnet und untereinander verknüpft sind. Um die Abhängigkeiten rechnerisch erfassen zu können, werden Struktur und Elemente in verschiedenen Koordinatensystemen beschrieben. Die Zuordnung erfolgt dann über entsprechende Koordinatentransformationen:

Struktur- und Element-System

Das *Struktur-Koordinatensystem* X,Y,Z dient zur Beschreibung der äußeren Kräfte, der Lagerbedingungen und der Knotenverschiebungen. Als Knotenverschiebung wird jede koordinatenorientierte Translation oder Rotation definiert. Die Knotenverschiebungen entsprechen somit den vorerwähnten Bewegungsfreiheitsgraden eines Körpers, im Raum demnach:

- **Verschiebung** (*Translation*) in Richtung jeder Koordinatenachse
  und
- **Drehung** (*Rotation*) um jede der Koordinatenachsen,

zusammen also 6 *Knoten-Freiheitsgrade* (KF) für eine beliebig im Raum bewegliche Struktur. Die Zahl der Knoten (Nk) bestimmt also die Gesamtzahl der Freiheitsgrade (N) und somit die Größe des zu lösenden Gleichungssystems nach der Beziehung:

$$N = Nk * KF$$

Das *Element-Koordinatensystem* u,v,w dient zur Berechnung der inneren Kräfte und der Elementverformungen. Für die in diesem Buch behandelten Stab- und Balkenelemente wird das uvw-System stets so angeordnet, daß die u-Achse mit der Schwerpunktachse des unverformten Elements übereinstimmt. Die Ausrichtung des Elements in der Struktur kann dann z.B. durch die Winkel zwischen der u-Achse und den drei Achsen x,y,z des globalen Koordinatensystems angegeben werden.

Zur Lösung der in diesem Buch angesprochenen Probleme werden grundsätzlich rechtshändige Koordinatensysteme verwendet. Allerdings wird die Anordnung der Struktur im xyz-System abhängig von der Problemstellung unterschiedlich gehandhabt.

Darstellung von Kräften und Momenten

Kräfte und Drehmomente (kurz: *Momente*) sind mathematisch *Vektoren*. Ein Vektor ist eine gerichtete Größe und wird als Produkt aus einem Betrag und einem Richtungs- oder Drehfaktor definiert. Zur zeichnerischen Darstellung verwendet man Pfeile:

- *Pfeilspitze* gibt Richtung an,
- *Pfeillänge* gibt Betrag an (bei maßstäblicher Zeichnung).

Kraftvektoren werden parallel zur Zeichenebene als Pfeil mit nur einer Spitze dargestellt. Ein senkrecht aus der Zeichenebene herauskommender Kraftvektor wird als Kreis mit Punkt im Zentrum gezeichnet, ein senkrecht in die Zeichenebene hineinweisender Kraftvektor als Kreis mit Kreuz.

In der gleichen Weise wie die Kraftvektoren werden die Koordinatenachsen, Verschiebungsvektoren und Drehvektoren (*Winkel*) dargestellt.

Momentenvektoren werden von Kraftvektoren durch eine doppelte Pfeilspitze unterschieden, wenn sie parallel zur Zeichenebene gerichtet sind. Senkrecht zur Zeichenebene stehende Momentenvektoren erhalten einen Doppelkreis um Punkt oder Kreuz.

Während der Richtungssinn bei Kraftvektoren unmittelbar einleuchtet, bedarf er bei Momentenvektoren der Definition. Als Richtung eines Drehmoments wird sein Drehsinn definiert:

- Ein Moment dreht in Pfeilrichtung seines Vektors gesehen rechts herum.

Demnach stellt ein aus der Zeichenebene herauskommender Vektor ein linksdrehendes, ein in die Zeichenebene hineinweisender Vektor ein rechtsdrehendes Moment dar.

In der gleichen Weise ist der Richtungssinn eines Drehvektors definiert. Zur Veranschaulichung der Definitionen dient **Bild 1-2**.

Vektor/ Bezeichnung	Darstellung in der Zeichenebene	Darstellung senkrecht zur Zeichenebene	Richtungsdefinition bei Darstellung senkrecht zur Zeichenebene
Kraft	——► F	⊙ F_1	nach oben / vorn
F		⊗ F_2	nach unten / hinten
Verschiebung	——> V	⊙ V_1	nach oben / vorn
V		⊗ V_2	nach unten / hinten
Drehmoment	——►► M	◎ M_1	linksdrehend
M		⊗ M_2	rechtsdrehend
Winkel, Drehung	——> D	⊙ D_1	linksdrehend
D		⊗ D_2	rechtsdrehend

Bild 1-2 Zeichnerische Darstellung und Richtungssinn von Vektoren

Vorzeichenregeln im Koordinatensystem

Alle Ein- und Ausgabedaten der FEM-Rechnung sind Zahlenwerte, deren Vorzeichen vom jeweils zugrundeliegenden Struktur-Koordinatensystem abhängen. Grundsätzlich können alle Zahlenwerte als Vektoren aufgefaßt werden. Das Vorzeichen hat dann die Funktion des Richtungsfaktors, die Zahl selbst die Funktion des Betrags des Vektors. Multiplikation mit dem Richtungsfaktor (-1) bedeutet dann Drehung des Vektors um 180°. Es gilt folgende Regel:

> Im Koordinatensystem ist eine Größe immer dann positiv, wenn ihr Vektor parallel und in Richtung der entsprechenden positiven Koordinatenachse verläuft.

Für Kräfte und Verschiebungen leuchtet die Regel unmittelbar ein. Aber auch für Momente und Winkel ist die Regel mit den Definitionen aus Abschnitt 1.3.1 und deren anschaulicher Darstellung in Bild 1-2 eindeutig. Zusätzlich wird nachfolgend die Anwendung der Vorzeichenregeln an einem praktischen *Beispiel* erläutert:

Bild 1-3 zeigt einen Träger auf zwei Gelenklagern. Als Eingabegröße für die Rechnung dient u.a. die Kraft F, als Rechenergebnisse erhalten wir u.a. die Durchbiegung f unter der Kraft F und den Winkel α im linken Lager. Je nach Zuordnung des Koordinatensystems sind den Zahlenwerten der drei Größen verschiedene Vorzeichen zuzuordnen, wie die Unterscheidung der drei Fälle a), b) und c) deutlich macht.

Die Vorzeichenregeln sind nicht nur für denjenigen wichtig, der die Rechengesetze in Programmbefehle umsetzen will, sondern auch für den Anwender fertiger Programme. Von ihnen hängt sowohl die richtige Dateneingabe als auch die richtige Interpretation der Rechenergebnisse ab.

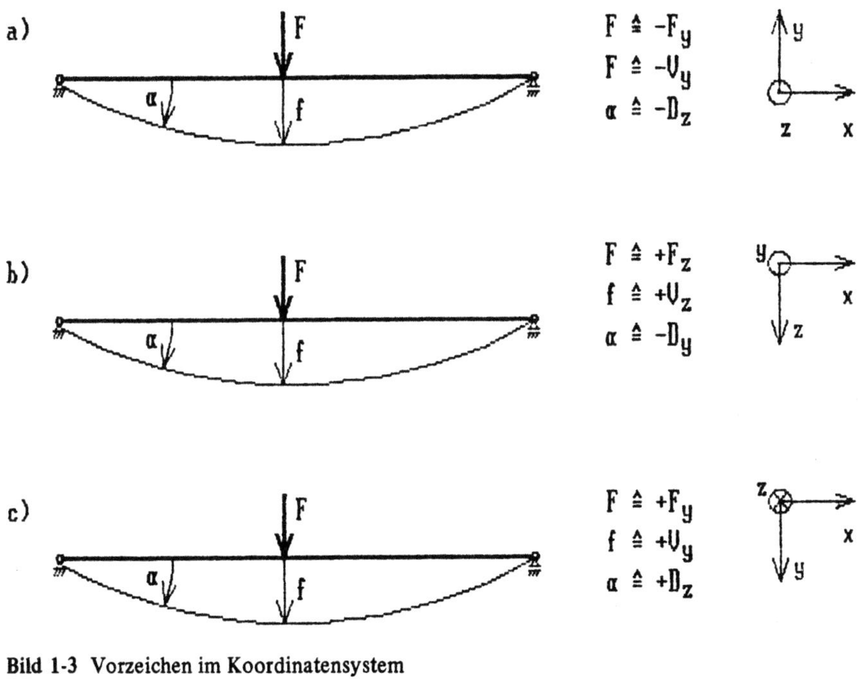

Bild 1-3 Vorzeichen im Koordinatensystem

1.3.2 Beispiele für Elementtypen

Bild 1-4 bis **Bild 1-6** zeigen eine Auswahl der in FEM-Rechnungen zur Strukturbildung verwendeten Elementtypen. Im folgenden wird ausführlich das Stab-/Balken-Element zur Anwendung in Fachwerken, Durchlaufträgern und Rahmen behandelt.

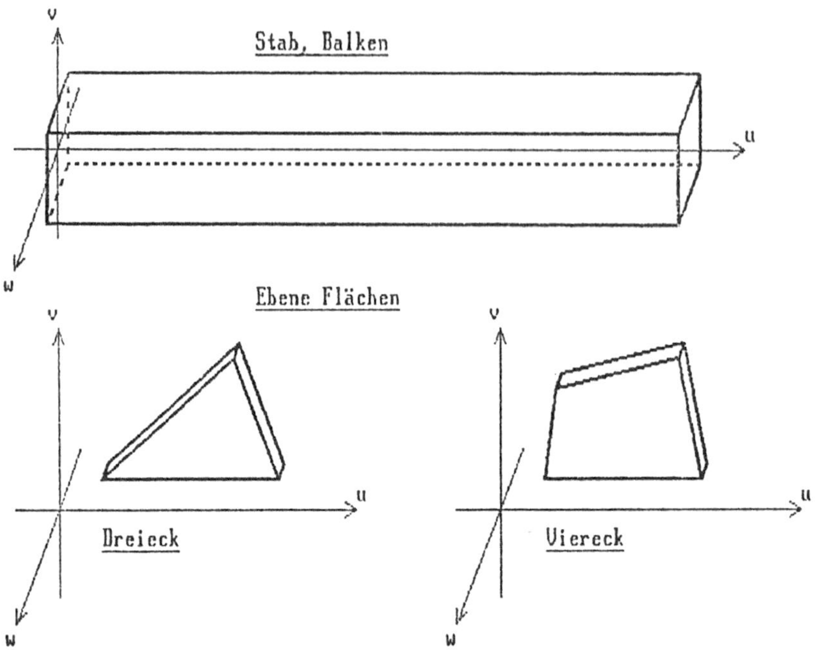

Bild 1-4 Beispiele für Elemente in der Festigkeitslehre (1)

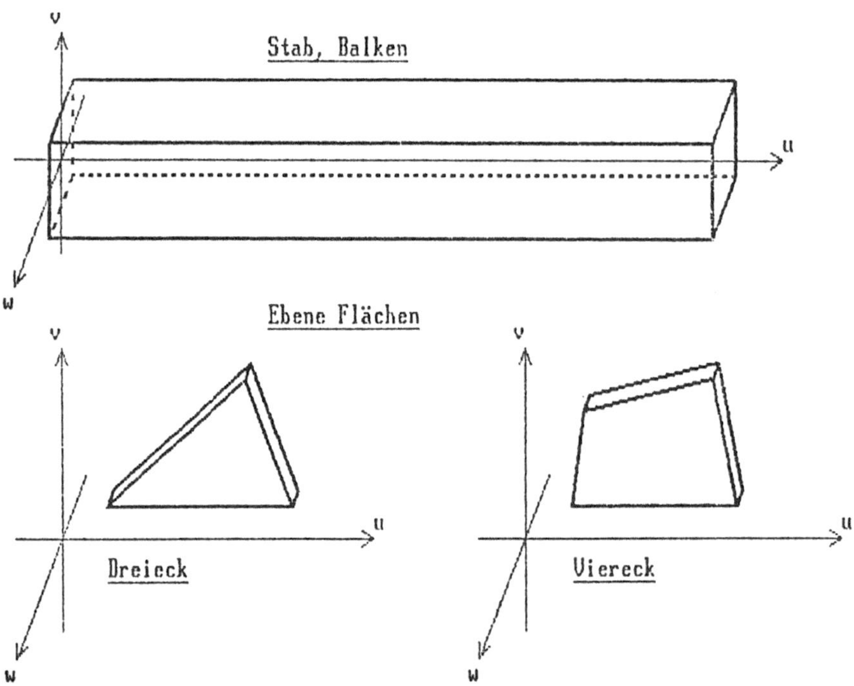

Bild 1-4 Beispiele für Elemente in der Festigkeitslehre (1)

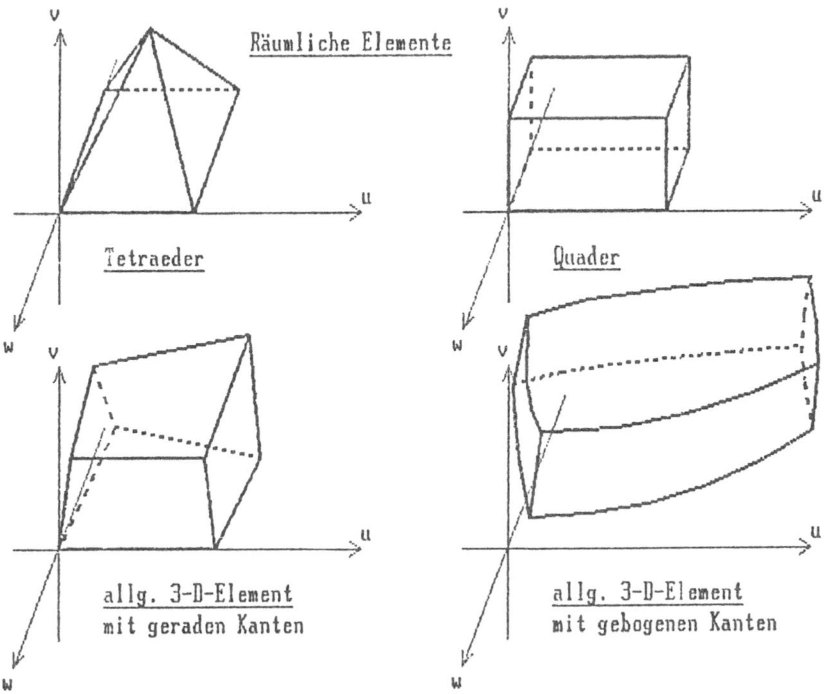

Bild 1-6 Beispiele für Elemente in der Festigkeitslehre (3)

1.4 Zielsetzung des Buches

Zur Methode der finiten Elemente existieren zahlreiche Bücher und andere Publikationen. Den Autoren geht es zumeist um eine theoretisch umfassende Darstellung des Stoffes oder um die Behandlung spezieller Aspekte der Anwendung. In beiden Fällen werden beim Leser beträchtliche Vorkenntnisse auf den Gebieten Mathematik und Elastizitätstheorie vorausgesetzt. Die FEM-Programmsysteme auf Großrechnern sind mächtige und universell verwendbare Werkzeuge, aber ihre Handhabung ist unübersichtlich und ihr Einsatz kostspielig. Bei den für *Mikrocomputer* angebotenen FEM-Programmen handelt es sich zumeist um in der Leistung reduzierte Großrechnerversionen mit den Nachteilen aus beiden Systemen.

Die genannten Merkmale erschweren dem langjährigen Praktiker wie auch dem Nachwuchsingenieur den Zugang zur Finite-Elemente-Methode. In diesem Buch wird deshalb der Versuch unternommen, die Theorie mit einem Minimum an Grundlagen leicht verständlich zu vermitteln und in ein System von FEM-Programmen umzusetzen, das die Möglichkeiten des Mikrocomputers unter Wahrung seiner Grenzen ausnutzt.

Wie eingangs erwähnt, dürfte heute kaum noch ein in der Praxis stehender Ingenieur mit der Aufgabe konfrontiert werden, einen Cremonaplan zu zeichnen oder das Ersatzträgerverfahren nach *Mohr* graphisch auszuwerten. Statt dessen wird von ihm erwartet, daß er zur Lösung derartiger Probleme mit modernen, computerorientierten Rechenverfahren wie der FEM vertraut ist.

Für eine zeitgemäße und praxisorientierte Ingenieurausbildung ergibt sich daraus die Forderung, die FEM nach Möglichkeit schon in die Grundausbildung einzubeziehen und sie zusammen mit den Grundlagen der Technischen Mechanik zu vermitteln.

Die Umsetzung dieser Forderung stößt allerdings auf erhebliche Schwierigkeiten. Zum einen ist die Theorie der FEM sehr komplex und setzt zum tieferen Verständnis profunde Kenntnisse der Festigkeitslehre (mehrachsiger Spannungszustand), der *Matrizenrechnung* und der *Theorie der linearen Gleichungen* voraus, zum anderen ist die Verwendung der auf Großrechnern implementierten universellen FEM-Programmsysteme als Werkzeug in der Grundausbildung nicht möglich, da ihre Handhabung eine gründliche Einarbeitung erfordert und bereits Erfahrungen in der problemorientierten Strukturbildung voraussetzt. Darüber hinaus ist die erforderliche Hard- und Softwareausstattung der Ausbildungsstätten gar nicht immer gegeben.

Ein Ausweg könnte eine entsprechene Nutzung der in Schulen und Hochschulen immer zahlreicher werdenden Mikrocomputer sein, zumal deren Leistungsfähigkeit immer weiter gesteigert wird. Problematisch bleibt aber die Beschaffung geeigneter Software, da die am Markt verfügbaren FEM-Programme für Mikrocomputer zumeist von Großrechnern stammen, wie bereits erwähnt. Mit den in diesem Buch vorgestellten Programmen wird deshalb ein gänzlich anderer Weg beschritten: Anstelle eines Universalprogramms zur Bildung beliebiger Strukturen wurden verschiedene Spezialprogramme entwickelt, die jeweils nur einen einzigen Elementtyp benutzen. Daraus ergeben sich verschiedene Vorteile:

1) Die Strukturbildung ist auch für den ungeübten Anwender einfach und übersichtlich.

Wer z.B. ein ebenes Fachwerk mit *Cremonaplan* oder *Ritterschnitt* bearbeiten kann, ist ohne vorherige Einarbeitung in der Lage, sein Problem mit dem hier vorgestellten Programm für ebene Fachwerke zu lösen. Er muß lediglich die Lage der Fachwerkknoten in ein X-Y-Koordinatensystem einordnen und den Stäben eine Querschnittsfläche und einen Elastizitätsmodul zuordnen. Die Belastung durch Knotenkräfte gibt er in Form von deren X- und Y-Komponenten ein, und die Lagerung wird einfach dadurch definiert, daß die Nummer des Lagerknotens und die Richtungen (X,Y oder XY) eingetragen werden, in denen der Knoten festgehalten werden soll.

Da alle Programme zur benutzerfreundlichen Datengenerierung einen eigenen Tabelleneditor aufweisen, muß der Anwender vom Umgang mit Computern nur einige Grundbefehle des Betriebssystems kennen. Ohne das Programm zu verlassen, kann die Datengenerierung sofort mit Hilfe der Bildschirmgraphik überprüft und gegebenenfalls mit dem Tabelleneditor korrigiert werden. Die Daten selbst werden in Textform in Diskettendateien abgelegt und sind infolgedessen auch über einen beliebigen Texteditor zugänglich.

Eine Struktur, die vorher mit Handrechnung bearbeitet wurde, kann so in kürzester Zeit mit der FEM-Rechnung überprüft werden. Dadurch gewinnt der Anwender rasch die Sicherheit zur Bearbeitung umfangreicher und der Handrechnung nicht mehr zugänglicher Probleme mit Hilfe der Programme.

2) *Jedes Programm berücksichtigt nur die in der zu bearbeitenden Struktur tatsächlich benötigten Knotenfreiheitsgrade.*

Bearbeitet man z.B. ebene Fachwerke mit dem Programm für räumliche Fachwerke, so müssen für jeden Knoten drei lineare Gleichungen aufgestellt werden, obwohl für ebene Fachwerke nur zwei Gleichungen pro Knoten erforderlich sind. Deshalb kann im Programm für räumliche Fachwerke die Zahl der Knotenfreiheitsgrade zwischen 2 und 3 gewählt werden. Dadurch können die durch Hardware und Software gesetzten Grenzen optimal genutzt werden, und die Programme sind auch zur Bearbeitung von Fragestellungen der industriellen Praxis bestens geeignet.

Sofern die Hardware über einen Arithmetik-Koprozessor verfügt, können Strukturen bis ca. 3000 Freiheitsgrade bearbeitet werden. Das entspricht 1500 Knoten bei ebenen Fachwerken und jeweils 1000 Knoten bei räumlichen Fachwerken, ebenen Rahmen und Durchlaufträgern mit einer Biegeebene und Längskraft.

Die Veranschaulichung der Rechenergebnisse mit der Bildschirmgraphik erleichtert dem Anwender die Bewertung, insbesondere im Hinblick auf eine Optimierung der Struktur durch gezielte Veränderung der Eingabedaten. Besonders eindrucksvoll geschieht dies bei den Strukturen aus Balkenelementen, da die Programme nicht nur die Verformungen in einem beliebig wählbaren Maßstab darstellen, sondern auch die Schnittgrößen (*Normalkraft, Querkraft, Biegemoment*).

Die verschiedenen bildlichen Darstellungen können unmittelbar nach Vorliegen der Rechenergebnisse angefordert und durch Wahl diverser Parameter modifiziert werden. Verändert man nun gezielt eine gegebene Struktur (z.B. durch Einbau von Gelenken, Setzen weiterer Lager, Verändern der Belastung), so lassen sich die Auswirkungen durch die graphische Darstellung der Ergebnisse unmittelbar anschaulich vergleichen.

Auf diese Weise können die Programme bei Einsatz in der Lehre erheblich zum besseren Verständnis der Technischen Mechanik beitragen.

2 Elemente und ihre Steifigkeitsmatrizen (EK)

2.1 Das Stabelement

Als *Stab* wird ein Element mit gerader Achse, gleichbleibendem Querschnitt und homogener Werkstoffbeschaffenheit definiert (*prismatischer Stab*), das nur Druck- oder Zugkräfte in Richtung seiner Achse aufnehmen kann. Begrenzt wird es an Anfang und Ende durch je einen *Knoten*.

Aufgrund der Elementeigenschaften können die Knoten nur Kräfte in Richtung der Stabachse übertragen, Drehmomente sind ausgeschlossen. Demnach werden die Knoten rechnerisch als *reibungsfreie Gelenke* behandelt, und das Element ist ein sogenannter *Zweigelenkstab*. Entsprechend seiner ingenieurmäßigen Verwendung wird dieses Element auch als *Fachwerkstab* (FW-Stab) bezeichnet.

2.1.1 Der Fachwerkstab in Element-Koordinaten

Bild 2-1 zeigt im oberen Teil das unbelastete Element. Die Stabachse ist mit der u-Achse identisch, der Anfangsknoten 1 liegt im Koordinaten-Nullpunkt, der End-

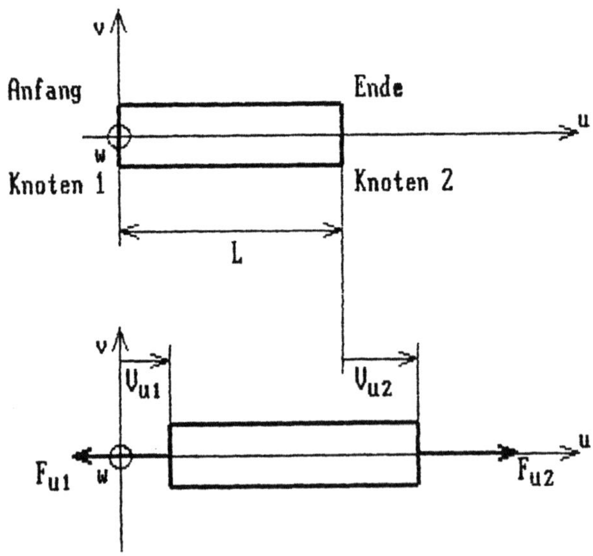

Bild 2-1 Zug-Druck-Stab in Element-Koordinaten

knoten 2 im Abstand L auf der u-Achse. Das Element hat den (nicht dargestellten) konstanten Querschnitt A und besteht aus einem Werkstoff mit dem Elastizitätsmodul E.

Im unteren Teil des Bildes ist das Element unter der Wirkung der Zugkräfte F_{u1} und F_{u2} dargestellt. Die Knoten sind auf der u-Achse um die Werte V_{u1} bzw. V_{u2} verschoben. Es gelten folgende Ansätze:

Kräftegleichgewicht am Element:

$$F_{u1} = F_{u2} = F_u \tag{2.1}$$

Längenänderung des Elements:

$$\Delta L = V_{u2} - V_{u1} \tag{2.2}$$

Geht man davon aus, daß die Längenänderung im elastischen Bereich des Materials liegt und die Werkstoffcharakteristik durch die *Hookesche Gerade* beschrieben werden kann, so besteht zwischen der Längenänderung und der Stabkraft die folgende Beziehung:

$$F_u = E \cdot A \cdot \Delta L / L \tag{2.3}$$

Das Stabelement kann also als *Zug-Druck-Feder* mit der Steifigkeit

$$C_s = E \cdot A / L \tag{2.4}$$

aufgefaßt werden. Gl. (2.3) läßt sich also vereinfacht wie folgt schreiben:

$$F_u = C_s \cdot \Delta L \tag{2.5}$$

Schreibt man für jeden Knoten die Kraftgleichung gemäß der Koordinatenrichtung vorzeichenbehaftet, so entsteht das folgende Gleichungssystem:

$$\begin{aligned} F_{u1} &= C_s \cdot V_{u1} - C_s \cdot V_{u2} \\ F_{u2} &= -C_s \cdot V_{u1} + C_s \cdot V_{u2} \end{aligned} \tag{2.6}$$

Da eine Zugkraft den Stab verlängert, ist im vorliegenden Fall V_{u2} betragsmäßig größer als V_{u1}. Folglich ist F_{u1} eine negative, also in die nagative u-Richtung weisende Kraft, und F_{u2} eine positive, also in Richtung der positiven u-Achse weisende Kraft.

Das Gleichungssystem nach (2.6) läßt sich auch auf folgende Weise schreiben:

$$\begin{bmatrix} Fu_1 \\ Fu_2 \end{bmatrix} = \begin{bmatrix} Cs & -Cs \\ -Cs & Cs \end{bmatrix} \cdot \begin{bmatrix} Vu_1 \\ Vu_2 \end{bmatrix} \tag{2.7}$$

oder in Kurzform

$$\underline{f_e} = \underline{\underline{k}} \cdot \underline{v_e} \tag{2.8}$$

Diese Schreibweise ist wie folgt zu lesen:

Der Spaltenvektor der Knotenkräfte f_e ist das Produkt aus der Steifigkeitsmatrix k und dem Spaltenvektor der Knotenverschiebungen v_e.

Um die Kurzform der Matrizengleichung von normalen algebraischen Gleichungen unterscheiden zu können, wird vereinbart, Vektoren einfach und Matrizen doppelt zu unterstreichen.

2.1.2 Der Fachwerkstab in ebenen Strukturen

Um die aus der Koordinatentransformation zwischen Element- und Struktur-Koordinatensystem folgenden Abhängigkeiten angeben zu können, muß schon an dieser Stelle das *Struktur-Koordinatensystem* festgelegt werden. Das ebene Fachwerk als Gesamtstruktur wird in einem XYZ-System beschrieben, dessen Achsen wie folgt ausgerichtet sind:

X-Achse horizontal von links nach rechts
Y-Achse vertikal von unten nach oben
Z-Achse horizontal von hinten nach vorn

Die Struktur wird in der X-Y-Ebene angeordnet. Die Ausrichtung des Elements in dieser Ebene wird durch den Winkel α zwischen der X- und der u-Achse definiert. Die w-Achse des Elementsystems ist stets parallel zur Z-Achse des Struktursystems. Da beide Systeme rechtshändig sind, folgt für $\alpha = 0$, daß die u-Achse parallel zur X-Achse und die v-Achse parallel zur Y-Achse verläuft. Positive Winkel α bedeuten folgerichtig Linksdrehung der Elementachse gegenüber der globalen X-Achse.

Umrechnung der Verschiebungen und Kräfte

In **Bild 2-2** ist das um den Winkel α gedrehte Element in Form seiner Achse als Mittellinie dargestellt. Die u-Achse' bestimmt die Lage des Elements in der unverformten Struktur. In der belasteten Struktur verschieben sich die Knoten des Elements um die Vektoren V_1 und V_2 aus ihrer Anfangslage.

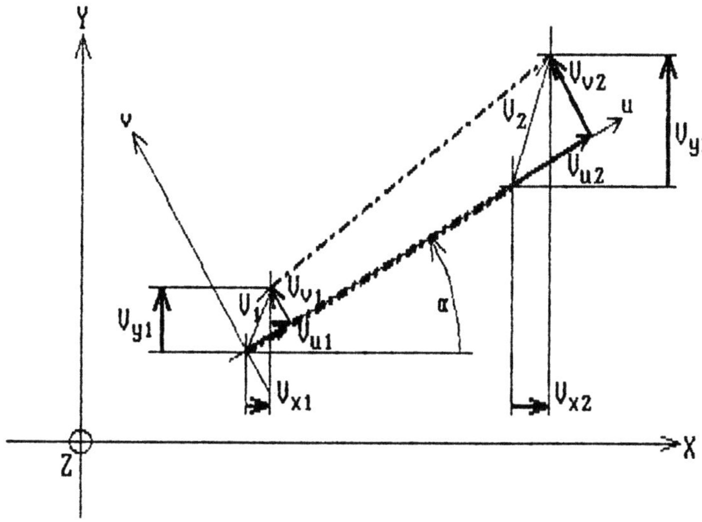

Bild 2-2 Transformation der Verschiebungen

Die Gesamtverschiebung V kann einerseits als Summe der Vektoren V_u und V_v, andererseits als Summe der Vektoren V_x und V_y ausgedrückt werden.

Die spätere FEM-Rechnung liefert als Lösungen des Gleichungssystems die global orientierten Verschiebungen V_x und V_y für jeden Knoten der Struktur. Um den Zusammenhang zwischen den Knotenverschiebungen und den Knotenkräften herstellen zu können, kommt es also darauf an, aus den Verschiebungen in X- und Y-Richtung der Elementknoten die Längenänderung ΔL des Elements (auch *Verformung* oder *Verzerrung* genannt) zu berechnen.

Bild 2-3 zeigt das unverformte Element der Länge L_0 auf der u-Achse und das infolge der Knotenverschiebungen V_1 und V_2 verzerrte Element der Länge L. Zunächst läßt sich eine Zwischenlänge L' berechnen:

$$L' = L_0 + (V_{u2} - V_{u1}) \tag{2.9}$$

Die verzerrte Länge L folgt dann mit dem *quadratischen Ansatz nach Pythagoras*:

$$L^2 = L'^2 + (V_{v2} - V_{v1})^2 \tag{2.10}$$

Üblicherweise wird die Differenz der v-Verschiebungen klein sein gegen die Länge L'. Deshalb wird näherungsweise gesetzt:

$$L = L' \tag{2.11}$$

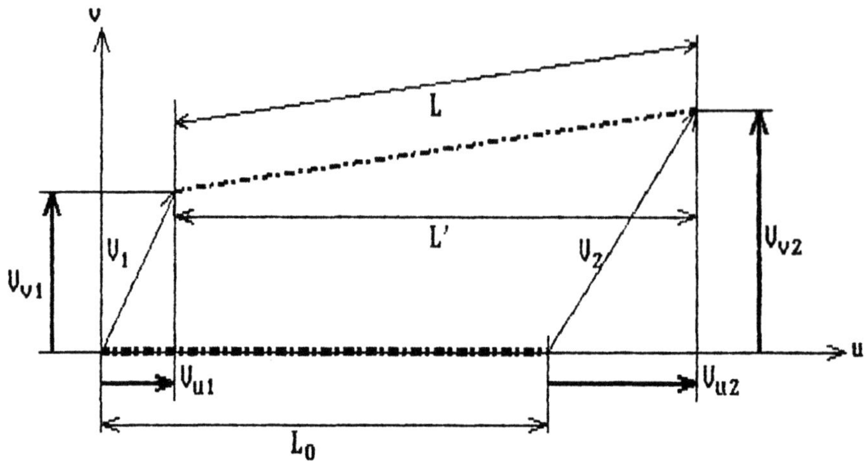

Bild 2-3 Zur Linearität der Verzerrung

Gl. (2.11) sagt folglich aus, daß die *Elementverzerrung* linear von der Differenz der u-Verschiebungen abhängt. Aufgrund dieser Vereinfachung können FEM-Rechnungen nur dann brauchbare Ergebnisse liefern, wenn die Knotenverschiebungen tatsächlich klein gegenüber den Elementabmessungen sind.

Für Festigkeitsrechnungen ist diese Voraussetzung im allgemeinen erfüllt, da einerseits die Strukturen infolge des großen E-Moduls der Werkstoffe eine große Steifigkeit besitzen und andererseits die Belastungen infolge der begrenzten Werkstoff-Festigkeit nicht sehr hoch gewählt werden können. Beide Einflüsse führen zu sehr kleinen Knotenverschiebungen. Zusammen mit dem *Hooke-Gesetz* des Werkstoffs bedingt Gl. (2.11), daß das für die Struktur zu lösende Gleichungssystem linear ist.

Mit den geometrischen Beziehungen nach **Bild 2-4** läßt sich nun an einem beliebigen Knoten i der Zusammenhang zwischen den globalen Knotenverschiebungen und der Verschiebung des Knotens auf der Elementachse herstellen. Für die Knoten 1 und 2 des Elements ergibt sich somit:

$$
\begin{aligned}
V_{u1} &= V_{x1} \cdot \cos\alpha + V_{y1} \cdot \sin\alpha \\
V_{u2} &= V_{x2} \cdot \cos\alpha + V_{y2} \cdot \sin\alpha
\end{aligned}
\tag{2.12}
$$

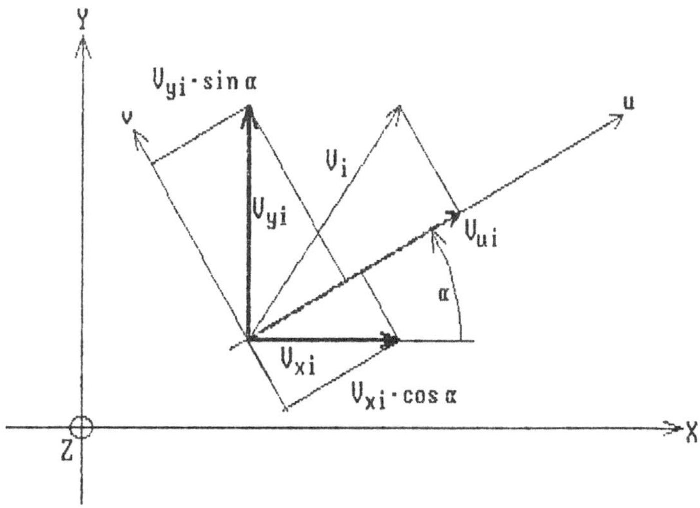

In *Matrizenschreibweise*:

$$\begin{bmatrix} V_{u1} \\ V_{u2} \end{bmatrix} = \begin{bmatrix} \cos\alpha & \sin\alpha & 0 & 0 \\ 0 & 0 & \cos\alpha & \sin\alpha \end{bmatrix} \cdot \begin{bmatrix} V_{x1} \\ V_{y1} \\ V_{x2} \\ V_{y2} \end{bmatrix} \tag{2.13}$$

In *Kurzform*:

$$\underline{v_e} = \underline{\underline{T}} \cdot \underline{V} \tag{2.14}$$

v_e = Spaltenvektor der Knotenverschiebungen im Elementsystem
T = Transformationsmatrix bezogen auf die Koordinaten
V = Spaltenvektor der Knotenverschiebungen im globalen System

Aus Gl. (2.12) folgt mit (2.2) bis (2.5) sodann die *Stabkraft* F_u aus den globalen Knotenverschiebungen.

Da im globalen System auch die Knotenkräfte am XYZ-System orientiert sind, muß noch die Zerlegung der Stabkraft F_u in entsprechende Komponenten in die Rechnung eingebracht werden. Gemäß **Bild 2-5** gilt:

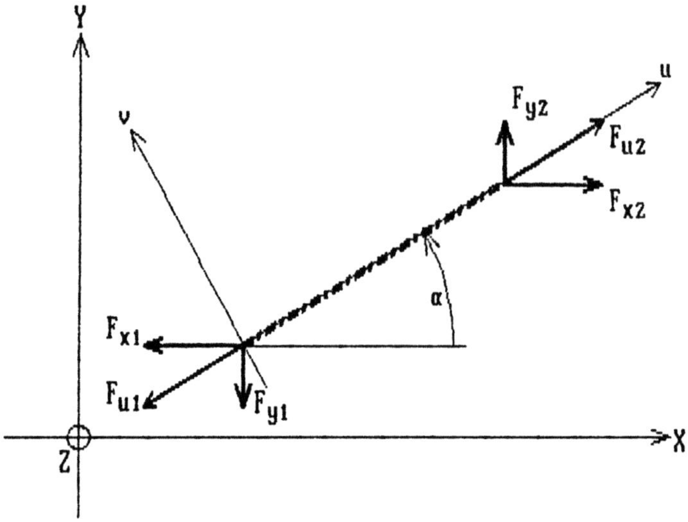

Bild 2-5 Transformation der Kräfte

$$
\begin{aligned}
F_{x1} &= F_{u1}\cdot\cos\alpha \\
F_{y1} &= F_{u1}\cdot\sin\alpha \\
F_{x2} &= F_{u2}\cdot\cos\alpha \\
F_{y2} &= F_{u2}\cdot\sin\alpha
\end{aligned}
\tag{2.15}
$$

Wieder mit Hilfe der Matrizenschreibweise:

$$
\begin{bmatrix} F_{x1} \\ F_{y1} \\ F_{x2} \\ F_{y2} \end{bmatrix} = \begin{bmatrix} \cos\alpha & 0 \\ \sin\alpha & 0 \\ 0 & \cos\alpha \\ 0 & \sin\alpha \end{bmatrix} \cdot \begin{bmatrix} F_{u1} \\ F_{u2} \end{bmatrix}
\tag{2.16}
$$

Wie man sieht, ist die Matrix in Gl. (2.16) die transponierte Matrix T aus Gl. (2.13), da lediglich die Zeilen und Spalten vertauscht sind. Die Kurzform lautet deshalb:

$$
\underline{F} = \underline{\underline{T}}^{T} \cdot \underline{f_e}
\tag{2.17}
$$

F = Spaltenvektor der globalen Knotenkräfte
T^T = Transponierte Transformationsmatrix
f_e = Spaltenvektor der elementbezogenen Knotenkräfte

Einzelsteifigkeitsmatrix des Stabelements im ebenen Fachwerk

Mit den bisher aufgestellten Gleichungen lassen sich nun für das unter dem Winkel α in der X-Y-Ebene angeordnete Element mit Anfangsknoten 1 und Endknoten 2 schrittweise die Beziehungen zwischen den global orientierten Knotenkräften und Knotenverschiebungen und der Elementsteifigkeit herleiten. Für den Anfangsknoten gilt:

$$F_{u1} = Cs \cdot V_{u1} - Cs \cdot V_{u2} \tag{2.6}$$

$$F_{x1} = F_{u1} \cdot \cos\alpha \tag{2.15}$$

$$= Cs \cdot \cos\alpha \cdot (V_{u1} - V_{u2})$$

Mit Gl. (2.12) folgt:

$$F_{x1} = Cs \cdot \cos\alpha \cdot [\,(V_{x1} \cdot \cos\alpha + V_{y1} \cdot \sin\alpha) - (V_{x2} \cdot \cos\alpha + V_{y2} \cdot \sin\alpha)]$$

$$= Cs \cdot (V_{x1} \cdot \cos^2\alpha + V_{y1} \cdot \cos\alpha \cdot \sin\alpha - V_{x2} \cdot \cos^2\alpha - V_{y2} \cdot \cos\alpha \cdot \sin\alpha)$$

Zur Vereinfachung der Schreibweise führen wir ein:

$$C = \cos\alpha \;;\; S = \sin\alpha \;;$$

Für alle vier Knotenkraftkomponenten läßt sich dann das folgende Gleichungssystem aufstellen:

$$\begin{aligned}
F_{x1} &= Cs \cdot (\;\; C \cdot C \cdot V_{x1} + C \cdot S \cdot V_{y1} - C \cdot C \cdot V_{x2} - C \cdot S \cdot V_{y2}) \\
F_{y1} &= Cs \cdot (\;\; C \cdot S \cdot V_{x1} + S \cdot S \cdot V_{y1} - C \cdot S \cdot V_{x2} - S \cdot S \cdot V_{y2}) \\
F_{x2} &= Cs \cdot (-C \cdot C \cdot V_{x1} - C \cdot S \cdot V_{y1} + C \cdot C \cdot V_{x2} + C \cdot S \cdot V_{y2}) \\
F_{y2} &= Cs \cdot (-C \cdot S \cdot V_{x1} - S \cdot S \cdot V_{y1} + C \cdot S \cdot V_{x2} + S \cdot S \cdot V_{y2})
\end{aligned} \tag{2.18}$$

In Matrizenschreibweise:

$$\begin{bmatrix} F_{x1} \\ F_{y1} \\ F_{x2} \\ F_{y2} \end{bmatrix} = Cs \cdot \begin{bmatrix} C \cdot C & C \cdot S & -C \cdot C & -C \cdot S \\ C \cdot S & S \cdot S & -C \cdot S & -S \cdot S \\ -C \cdot C & -C \cdot S & C \cdot C & C \cdot S \\ -C \cdot S & -S \cdot S & C \cdot S & S \cdot S \end{bmatrix} \cdot \begin{bmatrix} V_{x1} \\ V_{y1} \\ V_{x2} \\ V_{y2} \end{bmatrix} \tag{2.19}$$

In Kurzform:

$$\underline{F} = \underline{\underline{EK}} \cdot \underline{V} \tag{2.20}$$

F = Spaltenvektor der globalen Knotenkräfte
EK = Steifigkeitsmatrix des Stabelements bezogen auf das globale XYZ-Koordinatensystem
V = Spaltenvektor der globalen Knotenverschiebungen

Die Schritte, die zum Aufstellen des Gleichungssystems (2.19) geführt haben, lassen sich mit Hilfe der eingeführten Matrizengleichungen verkürzt auch wie folgt schreiben:

$$\underline{F} = \underline{\underline{T}}^T \cdot \underline{f_e}$$

$$\underline{fe} = \underline{\underline{k}} \cdot \underline{v_e}$$

$$\underline{v_e} = \underline{\underline{T}} \cdot \underline{V}$$

$$\underline{F} = (\underline{\underline{T}}^T \cdot \underline{\underline{k}} \cdot \underline{\underline{T}}) \cdot \underline{V} = \underline{\underline{EK}} \cdot \underline{V} \tag{2.21}$$

Die Matrix EK ist das Produkt von drei Untermatrizen. Dieser Zusammenhang ist grundlegend und gilt auch für die Steifigkeitsmatrizen anderer Elemente. Für Stabelemente sind die Steifigkeitsmatrizen noch so einfach aufgebaut, daß es nicht lohnt, sie mit Hilfe von Matrizenoperationen aufzustellen. Für Flächen- oder Raumelemente wäre der Rechenaufwand ohne Matrizenoperationen aber kaum sinnvoll zu bewältigen.

Dem im Umgang mit Matrizen nicht geübten Leser wird empfohlen, die Matrizenmultiplikation gemäß Gl. (2.21) durch zweimalige Anwendung des *Falk-Schemas* explizit auszuführen. Eine Anleitung dazu findet sich in [6]. Hier noch einmal das Ergebnis in ausgeschriebener Form:

Einzelsteifigkeitsmatrix des Zug-Druck-Stabes im ebenen Fachwerk:

$$EK = (E \cdot A/L) \cdot \begin{bmatrix} \cos^2\alpha & \cos\alpha \cdot \sin\alpha & -\cos^2\alpha & -\cos\alpha \cdot \sin\alpha \\ \cos\alpha \cdot \sin\alpha & \sin^2\alpha & -\cos\alpha \cdot \sin\alpha & -\sin^2\alpha \\ -\cos^2\alpha & -\cos\alpha \cdot \sin\alpha & \cos^2\alpha & \cos\alpha \cdot \sin\alpha \\ -\cos\alpha \cdot \sin\alpha & -\sin^2\alpha & \cos\alpha \cdot \sin\alpha & \sin^2\alpha \end{bmatrix} \tag{2.22}$$

Elementlänge und Winkelfunktionen werden zweckmäßigerweise aus den Knotenkoordinaten des Elements bestimmt:

$$L^2 = (x_2 - x_1)^2 + (y_2 - y_1)^2 \tag{2.23}$$

$$\cos\alpha = (x_2 - x_1)/L \tag{2.24}$$

$$\sin\alpha = (y_2 - y_1)/L \tag{2.25}$$

Die Matrix EK ist symmetrisch zur Hauptdiagonale. Auf dieser stehen immer positive Quadrate der Winkelfunktionen. Da auch der ausgeklammerte Faktor (E * A / L) immer positive Werte liefert, ist die Hauptdiagonale stets mit Werten größer oder gleich Null besetzt.

2.1.3 Der Fachwerkstab in räumlichen Strukturen

In **Bild 2-6** ist ein Stabelement beliebig schräg im XYZ-Koordinatensystem angeordnet. Im Interesse einer übersichtlichen Darstellung wurde der Anfangsknoten 1 in den Nullpunkt des Systems verlegt. Die Lage des Endknotens 2 ist dann durch die Koordinaten x_2, y_2 und z_2 gegeben.

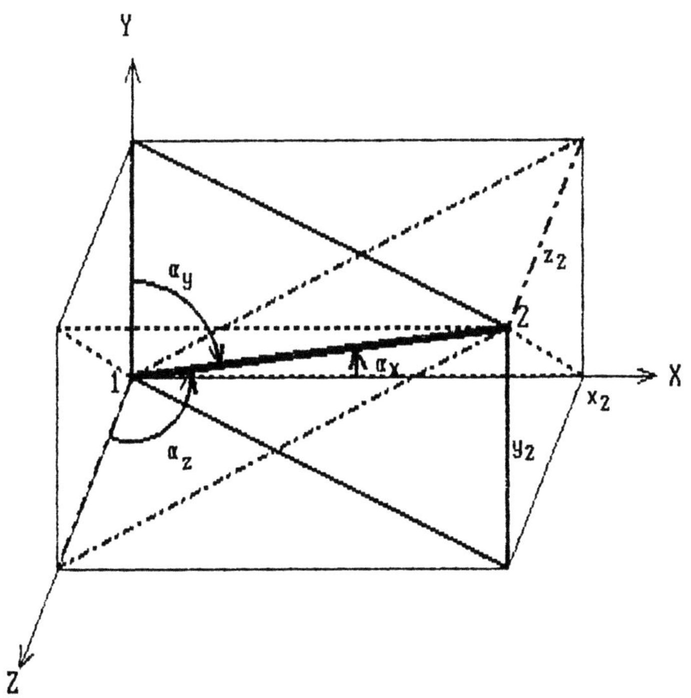

Bild 2-6 Fachwerkstab in Raumkoordinaten

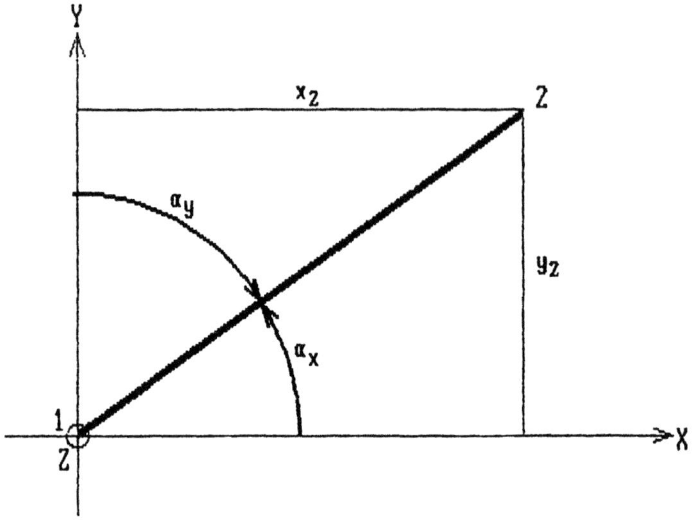

Bild 2-7 Fachwerkstab in ebenen Koordinaten

Um die Definition der eingezeichneten Winkel besser zu verstehen, betrachten wir zunächst **Bild 2-7**, das zum Vergleich ein Stabelement in der XY-Ebene zeigt. Der in Abschnitt 2.1.2 bzw. in den Bildern 2-2 bis 2-5 verwendete Winkel α ist hier mit α_x bezeichnet, da er den Winkel zwischen der positiven X-Achse und der Elementachse darstellt. Ebenso kann ein Winkel α_y zwischen der positiven Y-Achse und der Elementachse definiert werden. Ganz offensichtlich besteht zwischen den beiden Winkeln die Beziehung:

$$\alpha_x = 90^o - \alpha_y \qquad \text{oder} \qquad \alpha_y = 90^o - \alpha_x$$

Von den Winkelfunktionen ist bekannt:

$$\sin(\alpha) = \cos(90^o - \alpha)$$

Daraus folgt:

$$\sin(\alpha_x) = \cos(90^o - \alpha_x) = \cos(\alpha_y)$$

Die EK gemäß Gl. (2.22) hätte also anstelle mit den Winkelfunktionen Sinus und Cosinus bezogen auf den Winkel des Elements gegen die X-Achse auch mit den Cosinus-Funktionen zweier Winkel bezogen auf die beiden Achsen X und Y aufgestellt werden können.

Koordinatenbezogene Raumwinkel

Die Richtung des Elements im räumlichen Fachwerk kann durch die drei Winkel α_x, α_y und α_z nach Bild 2-6 eindeutig beschrieben werden. Um die Winkel anschaulich sichtbar zu machen, wurden in Bild 2-6 drei Diagonal-Schnittflächen eingezeichnet:

Der Winkel α_x verläuft in der gestrichelt umrandeten Ebene von der X-Achse zur Elementachse.

Der Winkel α_y verläuft in der durchgezogenen umrandeten Ebene von der Y-Achse zur Elementachse.

Der Winkel α_z verläuft in der strichpunktiert umrandeten Ebene von der Z-Achse zur Elementachse.

Elementlänge und Winkelfunktionen können wieder aus den Koordinaten des Elements bestimmt werden. Allgemein ist die Lage des Anfangskonten 1 nicht durch den Nullpunkt, sondern durch die Koordinaten x_1, y_1 und z_1 gegeben. Somit gilt für die Elementlänge in Erweiterung der Gl. (2.23):

$$L^2 = (x_2 - x_1)^2 + (y_2 - y_1)^2 + (z_2 - z_1)^2 \tag{2.26}$$

Die Winkelfunktionen ergeben sich analog Gl. (2.24) und Gl. (2.25) zu:

$$\begin{aligned} \cos\alpha_x &= C_x = (x_2 - x_1)/L \\ \cos\alpha_y &= C_y = (y_2 - y_1)/L \\ \cos\alpha_z &= C_z = (z_2 - z_1)/L \end{aligned} \tag{2.27}$$

Die in Stabrichtung wirkenden Knotenkräfte haben analog zu Gl. (2.15) in Richtung der Koordinatenachsen die Komponenten:

$$\begin{aligned} F_x &= F_u \cdot C_x \\ F_y &= F_u \cdot C_y \\ F_z &= F_u \cdot C_z \end{aligned} \tag{2.28}$$

Die unter Belastung auftretenden Knotenverschiebungen liegen im allgemeinen nicht in Richtung der Elementachse u. Für die Verzerrung sind aber vereinfachend analog zu Bild 2-3 nur die auf die Elementachse u projizierten Verschiebungen wirksam. Die Erweiterung von Gl. (2.12) auf das räumliche System ergibt

$$
\begin{aligned}
V_{u1} &= V_{x1} \cdot C_x + V_{y1} \cdot C_y + V_{z1} \cdot C_z \\
V_{u2} &= V_{x2} \cdot C_x + V_{y2} \cdot C_y + V_{z2} \cdot C_z
\end{aligned} \qquad (2.29)
$$

Der Zusammenhang zwischen Stabkraft F_u und Verzerrung $\triangle L = V_{u2} - V_{u1}$ ist wieder durch Gl. (2.3) gegeben:

$$F_u = E \cdot A \cdot \Delta L / L = Cs \cdot \Delta L$$

EK des Stabelements im räumlichen Fachwerk

Herzustellen ist wieder der Zusammenhang zwischen den Knotenkräften und den Knotenverschiebungen, also in diesem Fall zwischen F_x, F_y, F_z und V_x, V_y, V_z. Die X-Komponente der Kraft am Anfangsknoten ergibt sich zu

$$F_{x1} = F_{u1} \cdot C_x$$

$$F_{u1} = Cs \cdot (V_{u1} - V_{u2})$$

$$V_{u1} - V_{u2} = C_x \cdot (V_{x1} - V_{x2}) + C_y \cdot (V_{y1} - V_{y2}) + C_z \cdot (V_{z1} - V_{z2})$$

$$F_{x1} = Cs \cdot (V_{x1} \cdot C_x \cdot C_x + V_{y1} \cdot C_x \cdot C_y + V_{z1} \cdot C_x \cdot C_z - V_{x2} \cdot C_x \cdot C_x - V_{y2} \cdot C_x \cdot C_y - V_{z2} \cdot C_x \cdot C_z)$$

Für die anderen Kraftkomponenten folgen die Gleichungen analog. Im Prinzip handelt es sich um die auf die dritte Koordinatenrichtung erweiterten Gleichungen (2.7), (2.13) und (2.16). Auch im räumlichen Fachwerk wird also die Einzelsteifigkeitsmatrix des Elements aus dem Produkt dreier Matrizen gemäß Gl. (2.21) gebildet. Das Ergebnis lautet ausgeschrieben:

Einzelsteifigkeitsmatrix des Zug-Druck-Stabs im räumlichen Fachwerk:

$$
EK = (E \cdot A/L) \cdot \begin{bmatrix}
C_x \cdot C_x & C_x \cdot C_y & C_x \cdot C_z & -C_x \cdot C_x & -C_x \cdot C_y & -C_x \cdot C_z \\
C_y \cdot C_x & C_y \cdot C_y & C_y \cdot C_z & -C_y \cdot C_x & -C_y \cdot C_y & -C_y \cdot C_z \\
C_z \cdot C_x & C_z \cdot C_y & C_z \cdot C_z & -C_z \cdot C_x & -C_z \cdot C_y & -C_z \cdot C_z \\
-C_x \cdot C_x & -C_x \cdot C_y & -C_x \cdot C_z & C_x \cdot C_x & C_x \cdot C_y & C_x \cdot C_z \\
-C_y \cdot C_x & -C_y \cdot C_y & -C_y \cdot C_z & C_y \cdot C_x & C_y \cdot C_y & C_y \cdot C_z \\
-C_z \cdot C_x & -C_z \cdot C_y & -C_z \cdot C_z & C_z \cdot C_x & C_z \cdot C_y & C_z \cdot C_z
\end{bmatrix}
$$

(2.30)

Die Matrix ist wieder symmetrisch mit Werten größer oder gleich null auf der Hauptdiagonale. Da jeder Knoten drei Freiheitsgrade hat, enthält die Matrix 6 Zeilen und 6 Spalten. Die ersten drei Positionen beziehen sich auf den Anfangsknoten, die restlichen auf den Endknoten.

Die Indizes der Cosinusfunktionen geben die Systematik der Anordnung wieder. Der Index am ersten Faktor jedes Produktes bezieht sich auf die Richtung der Kraftkomponente, der am zweiten Faktor auf die Verschiebungskomponente, d.h. die Kräfte sind zeilenorientiert, die Verschiebungen spaltenorientiert zu lesen. Die Erweiterung der EK mit den Spaltenvektoren der Kräfte und Verschiebungen nach Anordnung von Gl. (2.19) zu einem Gleichungssystem für die Knotenkraftkomponenten macht dies deutlich:

$$\begin{bmatrix} F_{x1} \\ F_{y1} \\ F_{z1} \\ F_{x2} \\ F_{y2} \\ F_{z2} \end{bmatrix} = C_s \cdot \begin{bmatrix} C_x \cdot C_x & C_x \cdot C_y & C_x \cdot C_z & -C_x \cdot C_x & -C_x \cdot C_y & -C_x \cdot C_z \\ C_y \cdot C_x & C_y \cdot C_y & C_y \cdot C_z & -C_y \cdot C_x & -C_y \cdot C_y & -C_y \cdot C_z \\ C_z \cdot C_x & C_z \cdot C_y & C_z \cdot C_z & -C_z \cdot C_x & -C_z \cdot C_y & -C_z \cdot C_z \\ -C_x \cdot C_x & -C_x \cdot C_y & -C_x \cdot C_z & C_x \cdot C_x & C_x \cdot C_y & C_x \cdot C_z \\ -C_y \cdot C_x & -C_y \cdot C_y & -C_y \cdot C_z & C_y \cdot C_x & C_y \cdot C_y & C_y \cdot C_z \\ -C_z \cdot C_x & -C_z \cdot C_y & -C_z \cdot C_z & C_z \cdot C_x & C_z \cdot C_y & C_z \cdot C_z \end{bmatrix} \cdot \begin{bmatrix} V_{x1} \\ V_{y1} \\ V_{z1} \\ V_{x2} \\ V_{y2} \\ V_{z2} \end{bmatrix} \quad (2.31)$$

2.2 Das Balkenelement im Durchlaufträger

Das *Balkenelement* unterscheidet sich vom *Stabelement* grundlegend dadurch, daß es zumindest in einer Ebene eine Biegesteifigkeit aufweist. Je nach Problemstellung wird dem Element zusätzlich eine Biegesteifigkeit in einer zweiten Ebene, Torsionssteifigkeit um seine Längsachse und die vom Stabelement bekannte Längssteifigkeit zugeordnet.

Sollen alle Steifigkeiten vorgesehen werden, so haben die Knoten sechs Freiheitsgrade, nämlich Verschiebungen in jeder Achsrichtung und Drehungen um jede der Koordinatenachsen. Den Verschiebungen entsprechen *Knotenkräfte* in Koordinatenrichtung, den Drehungen *Knotendrehmomente* um die Koordinatenachsen. Im Gegensatz zu den Knoten des Stabelements sind die Knoten des Balkenelements also keine Gelenke, da sie ja die Drehmomente zu übertragen haben.

Als Durchlaufträger wird ein gerader Balken bezeichnet, an dem über die Länge verteilt beliebig viele Lager und Lasten vorhanden sein können. Die Belastung ist dabei nicht immer nur in Form einzelner Kräfte und Momente gegeben, sondern häufig über einen Längenabschnitt verteilt als sogenannte Streckenlast q.

Die Berechnung der Formänderung am Biegebalken wird in der klassischen Technischen Mechanik so durchgeführt, daß die Belastung in sog. *Normlastfälle* aufgeteilt wird, für die konkrete Lösungsansätze vorhanden sind. Die Gesamtverformung ergibt sich dann aus der Überlagerung der Einzelergebnisse (*Superpositionsmethode*). Die Normlastfälle sind, in Tafeln zusammengestellt, in den Ingenieurtaschenbüchern (z.B. [9], [10]) und vielen Lehrbüchern der Technischen Mechanik zu finden.

Das Verfahren ist schon für statisch bestimmt gelagerte Balken aufwendig und zeitraubend. Für statisch unbestimmt gelagerte Träger sind vor Anwendung der Superpositionsmethode die Lagerkräfte zu ermitteln, was den Aufwand erheblich steigert. Ändert sich über die Trägerlänge auch noch die Biegesteifigkeit, so wird die Berechnung weiter erschwert, und man weicht notgedrungen auf zeichnerische Lösungsansätze, etwa das *Ersatzträgerverfahren nach Mohr*, aus.

Das Problem läßt sich durch ein FEM-Programm schon auf einem Mikrocomputer geringer Leistungsfähigkeit elegant und schnell lösen. In einem einzigen Rechenlauf können für einen beliebig statisch unbestimmt gelagerten Träger mit beliebig gemischter Belastung und von Element zu Element veränderlicher Biegesteifigkeit Lagerkräfte, Biegelinie, Schnittgrößen und Spannungen ermittelt werden.

Das Balkenelement wird deshalb vorerst nicht allgemein für räumliche Strukturen eingeführt, sondern in diesem Abschnitt speziell für die Anwendung im Durchlaufträger. Im Interesse ausreichender Feineinteilung des Trägers in Elemente bei akzeptabler Rechenzeit sollten nur die für das Problem erforderlichen Freiheitsgrade zugrunde gelegt werden.

Für viele Anwendungen der Praxis reicht der Ansatz für nur eine Biege-Ebene völlig aus. Deshalb wird nachfolgend auch nur dieser Ansatz ausführlich zur Berechnung einer entsprechenden Steifigkeitsmatrix herangezogen. Die EK des Balkens kann anschließend durch Analogieschlüsse leicht um die zweite Biege-Ebene, Torsion und Längskraft auf alle sechs Knotenfreiheitsgrade erweitert werden.

Die Balkenbiegung geht weitgehend von Gewichtskräften als Normlasten aus. Deshalb wird für Durchlaufträger das folgende Koordinatensystem zugrunde gelegt:

X-Achse horizontal von links nach rechts
Y-Achse horizontal von hinten nach vorn
Z-Achse vertikal von oben nach unten

In diesem Koordinatensystem sind Gewichtslasten positive Z-Kräfte und die von ihnen am Angriffsort verursachten Formänderungen positive Z-Verschiebungen.

2.2.1 Ansätze für eine Biege-Ebene

Als Biege-Ebene wird im globalen System die X-Z-Ebene definiert. Die Knotenbewegungen und Knotenkräfte ergeben sich dann bei Ausschluß von Längskräften für die

Z-Richtung: Verschiebung V_Z, Querkraft F_Z

Y-Achse: Drehung D_y, Biegemoment M_y

Der Biegebalken in Element-Koordinaten

Eine Besonderheit des Durchlaufträgers besteht darin, daß in der unverformten Struktur alle Elemente die gleiche Achsenrichtung haben. Es entfällt somit die beim Fachwerk nötige Transformation über die Koordinatenwinkel. Die Element-Koordinaten sind deshalb stets parallel zu den globalen Koordinaten gemäß der folgenden Zuordnung:

u-Achse parallel X-Achse
v-Achse parallel Y-Achse
w-Achse parallel Z-Achse

In **Bild 2-8** ist ein verformtes Balkenelement im uvw-System dargestellt. Die Knotenkräfte sind nach Koordinatenrichtung und Knotennummer benannt, ebenso die Knotenwinkel als Drehungen D_{v1} und D_{v2}. Aus Gründen der Übersichtlichkeit sind die Kräfte und Momente nicht direkt in die Knoten hineingezeichnet. Der Gleichgewichtsansatz für das Element liefert:

$$F_{w1} = F_{w2} = Q \tag{2.32}$$

$$M_{v1} = M_{v2} + Q \cdot L \tag{2.33}$$

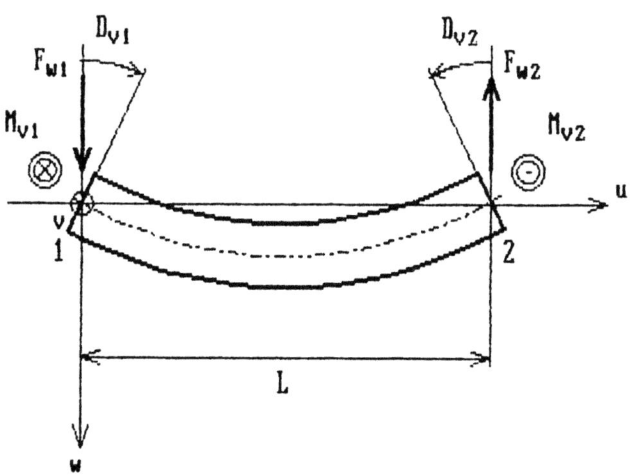

Bild 2-8 Balkenelement in der u-w-Biege-Ebene

Q ist die über die Elementlänge konstante Querkraft, M_{v1} und M_{v2} sind die nach Betrag und Richtung verschiedenen Biegemomente in den Knoten, M_{v1} rechtsdrehend an Knoten 1, M_{v2} linksdrehend an Knoten 2.

Für die Winkel wird ein Ansatz herangezogen, wie er als Normlastfall in den vorerwähnten *Biegelasttafeln* der Taschenbücher zu finden ist:

$$D_{v1} = (2 \cdot M_{v1} + M_{v2}) \cdot L/(6 \cdot E \cdot I_v)$$
$$D_{v2} = (2 \cdot M_{v2} + M_{v1}) \cdot L/(6 \cdot E \cdot I_v) \tag{2.34}$$

E ist wieder der *Elastizitätsmodul des Elementwerkstoffs*, I_v bezeichnet das Flächenträgheitsmoment gegen Biegung bezüglich der v-Achse des Elementquerschnitts.

Ein vollständiger Ansatz müßte noch die Schubverformung infolge der Querkraft Q berücksichtigen, wie sie in **Bild 2-9** skizziert ist. Die Endquerschnitte des Elements erfahren dabei eine von der Querschnittsform abhängige Verwölbung. Im Mittel stellt sich der Gleitwinkel γ ein. In der elementaren Festigkeitslehre wird die Schubbeanspruchung bei der Berechnung der Balkenbiegung vernachlässigt, da die vom Biegemoment verursachten Verformungen und Spannungen eindeutig dominieren.

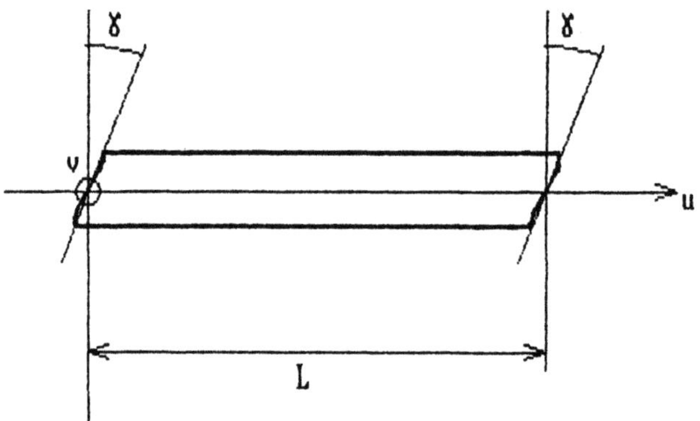

Bild 2-9 Schubverformung am Balkenelement

Auch in den der Superpositionsmethode zugrundeliegenden Normlastfällen wird die Schubbeanspruchung nicht berücksichtigt. Da es in diesem Abschnitt vorrangig darum geht, die Berechnungsgrundlagen für ein benutzerfreundliches Programm zum Ersatz der elementaren Handrechnungen herzuleiten, wird auch hier die Schubbeanspruchung vernachlässigt. Aus Gl. (2.34) folgt dann ein Gleichungssystem für die Knotenmomente:

$$2 \cdot M_{v1} + M_{v2} = (6 \cdot E \cdot I_v / L) \cdot D_{v1}$$

$$M_{v1} + 2 \cdot M_{v2} = (6 \cdot E \cdot I_v / L) \cdot D_{v2}$$

Die Auflösung liefert:

$$M_{v1} = (2 \cdot E \cdot I_v / L) \cdot (2 \cdot D_{v1} - D_{v2})$$
$$M_{v2} = (2 \cdot E \cdot I_v / L) \cdot (- D_{v1} + 2 \cdot D_{v2}) \qquad (2.35)$$

Das Balkenelement in globalen Koordinaten

Bild 2-10 zeigt das Element in globalen Koordinaten. Die Knotenkräfte sind die gleichen wie in Bild 2-8, sie sind hier aber nach den globalen Koordinaten benannt. Aufgrund der möglichen Verformung der Gesamtstruktur kann das Element an den Knoten von der X-Achse um die Werte V_{z1} und V_{z2} verschoben sein. Für $V_{z2} \neq V_{z1}$ ist den Knotenwinkeln die Starrkörperdrehung um den Winkel ψ zu überlagern.

Für kleine Verschiebungen V_z kann die Elementlänge aus der Differenz der Koordinaten x_2 und x_1 gewonnen werden. In den Gleichungen sind die Richtungsvorzeichen

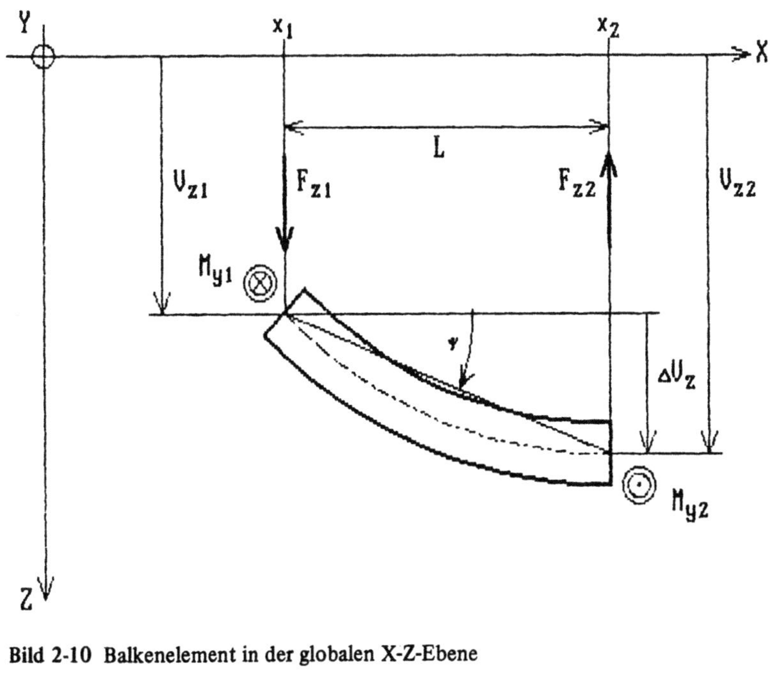

Bild 2-10 Balkenelement in der globalen X-Z-Ebene

am globalen Koordinatensystem zu orientieren. Drehmomente und Winkel sind deshalb positiv zu schreiben, wenn sie linksdrehend sind, da dann ihr Vektor die Richtung der positiven Y-Achse hat.

Für die *Starrkörperdrehung* gilt:

$$\psi \approx \tan\psi = -\Delta V_Z/L = -(V_{Z2}-V_{Z1})/L \qquad (2.36)$$

Die *Knotenwinkel* werden zu:

$$D_{y1} = -D_{v1} + \psi \quad ; \quad D_{y2} = +D_{v2} + \psi \qquad (2.37)$$

Die *Gleichgewichtsbedingungen* liefern für die Knotenkräfte unter Beachtung der Gl. (2.32) und (2.33):

$$M_{y1} = -M_{v1} \quad ; \quad M_{y2} = +M_{v2} \qquad (2.38)$$

$$F_{Z1} = +(M_{v1}-M_{v2})/L \quad ; \quad F_{Z2} = -(M_{v1}-M_{v2})/L \qquad (2.39)$$

Aus Gl. (2.36) und (2.37) folgt für die Knotenverschiebungen:

$$D_{v1} = -D_{y1} - (V_{Z2}-V_{Z1})/L \quad ; \quad D_{v2} = D_{y2} + (V_{Z2}-V_{Z1})/L \qquad (2.40)$$

Die Gl. (2.35) und (2.38) bis (2.40) lassen sich wie folgt in Matrizenform schreiben:

Die globalen Knotenkräfte

$$\begin{bmatrix} F_{Z1} \\ M_{y1} \\ F_{Z2} \\ M_{y2} \end{bmatrix} = \begin{bmatrix} 1/L & -1/L \\ -1 & 0 \\ -1/L & 1/L \\ 0 & 1 \end{bmatrix} \cdot \begin{bmatrix} M_{v1} \\ M_{v2} \end{bmatrix} \qquad (2.39)$$

oder in Kurzform: $\underline{F} = \underline{\underline{T}}^T \cdot \underline{f_e}$ (2.39)

Die inneren Knotenkräfte

$$\begin{bmatrix} M_{v1} \\ M_{v2} \end{bmatrix} = (2 \cdot E . I_v/L) \cdot \begin{bmatrix} 2 & -1 \\ -1 & 2 \end{bmatrix} \cdot \begin{bmatrix} D_{v1} \\ D_{v2} \end{bmatrix} \qquad (2.35)$$

oder in Kurzform: $\underline{f_e} = \underline{\underline{k_0}} \cdot \underline{v_e}$ (2.35)

Die inneren Knotenverschiebungen

$$\begin{bmatrix} D_{v1} \\ D_{v1} \end{bmatrix} = \begin{bmatrix} 1/L & -1 & -1/L & 0 \\ -1/L & 0 & 1/L & 1 \end{bmatrix} \cdot \begin{bmatrix} V_{Z1} \\ D_{Y1} \\ V_{Z2} \\ D_{Y2} \end{bmatrix} \qquad (2.40)$$

oder in Kurzform:

$$\underline{v_e} = \underline{\underline{T}} \cdot \underline{V} \qquad (2.40)$$

Der Zusammenhang zwischen den Knotenkräften und Knotenverschiebungen im globalen System ist also wieder durch das Produkt dreier Matrizen nach dem Schema von Gl. (2.21) gegeben:

$$\underline{F} = (\underline{\underline{T^T}} \cdot \underline{\underline{k_0}} \cdot \underline{\underline{T}}) \cdot \underline{V} \qquad (2.41)$$

Die Benennung der einzelnen Größen ist analog zu Abschnitt 1. Die innere Steifigkeitsmatrix des Elements wurde k_0 genannt, da sie ohne Berücksichtigung der Querkraftverformung aufgestellt wurde.

EK des Biegebalkenelements in der globalen X-Z-Ebene

Das Matrizenprodukt in Gl. (2.41) lautet ausgeschrieben mit Umbenennung des Trägheitsmoments auf die globale Achse Y:

$$EK = (2 \cdot E \cdot I_Y/L) \cdot \begin{bmatrix} 6/L^2 & -3/L & -6/L^2 & -3/L \\ -3/L & 2 & 3/L & 1 \\ -6/L^2 & 3/L & 6/L^2 & 3/L \\ -3/L & 1 & 3/L & 2 \end{bmatrix} \qquad (2.42)$$

Wie erwartet, ist auch diese Matrix symmetrisch und ohne negative Werte auf der Hauptdiagonale. Gegenüber den Steifigkeitsmatrizen des Fachwerkstabs nach Gl. (2.22) und (2.30) fällt aber auf, daß die einzelnen Elemente der EK untereinander drei verschiedene physikalische Dimensionen haben. Die Ursache wird deutlich, wenn man das Gleichungssystem nach (2.41) mit der EK nach (2.42) vollständig ausschreibt:

$$\begin{bmatrix} F_{Z1} \\ M_{y1} \\ F_{Z2} \\ M_{y2} \end{bmatrix} = (2 \cdot E \cdot I_y / L) \cdot \begin{bmatrix} 6/L^2 & -3/L & -6/L^2 & -3/L \\ -3/L & 2 & 3/L & 1 \\ -6/L^2 & 3/L & 6/L^2 & 3/L \\ -3/L & 1 & 3/L & 2 \end{bmatrix} \cdot \begin{bmatrix} V_{Z1} \\ D_{y1} \\ V_{Z2} \\ D_{y2} \end{bmatrix} \qquad (2.43)$$

Im Gleichungssystem stehen untereinander abwechselnd Kräfte- und Drehmomentgleichungen. Die ersten beiden Gleichungen heißen ausgeschrieben:

$$F_{Z1} = (2 \cdot E \cdot I_y / L) \cdot (\ V_{Z1} \cdot 6/L^2 - D_{y1} \cdot 3/L - V_{Z2} \cdot 6/L^2 - D_{y2} \cdot 3/L)$$

$$M_{y1} = (2 \cdot E \cdot I_y / L) \cdot (-V_{Z1} \cdot 3/L + D_{y1} \cdot 2 + V_{Z2} \cdot 3/L + D_{y2} \cdot 1 \ )$$

Durch die Multiplikationen der Matrixelemente mit Verschiebungen oder Winkeln müssen also in den ungeraden Zeilen Kräfte, in den geraden Zeilen aber Drehmomente entstehen. Für die Zahlenrechnung ist also unbedingt darauf zu achten, daß die verschiedenen physikalischen Größen in untereinander verträglichen Einheiten verwendet werden.

2.2.2 Ansätze für weitere Freiheitsgrade

EK des Biegebalkenelements in der globalen X-Y-Ebene

Im Prinzip kann das Gleichungssystem (2.41) mit Umbenennung der Koordinatenrichtung für Kräfte, Verschiebungen und Trägheitsmoment gewonnen werden. Lediglich die Vorzeichen der Matrixelemente müssen völlig neu berechnet werden. Dazu wurde wieder das *Falkschema* zur Matrizenmultiplikation herangezogen. Da anhand der Rechnung aber keine neuen Erkenntnisse zu vermitteln sind, wird hier nur das Ergebnis wiedergegeben:

$$\begin{bmatrix} F_{y1} \\ M_{Z1} \\ F_{y2} \\ M_{Z2} \end{bmatrix} = (2 \cdot E \cdot I_Z / L) \cdot \begin{bmatrix} 6/L^2 & 3/L & -6/L^2 & 3/L \\ 3/L & 2 & -3/L & 1 \\ -6/L^2 & -3/L & 6/L^2 & -3/L \\ 3/L & 1 & -3/L & 2 \end{bmatrix} \cdot \begin{bmatrix} V_{y1} \\ D_{Z1} \\ V_{y2} \\ D_{Z2} \end{bmatrix} \qquad (2.44)$$

EK des Torsionsbalkenelements für die globale X-Achse

Die Verhältnisse sind analog denen des Fachwerkstabs, wie in Abschnitt 2.1.1, hergeleitet. **Bild 2-11** zeigt den Torsionsstab in Elementkoordinaten. Anstelle der Kno-

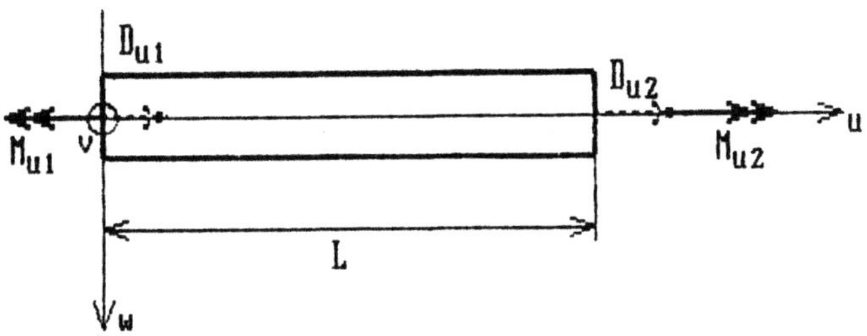

Bild 2-11 Torsionsstab in Elementkoordinaten

tenkräfte F_{u1} und F_{u2} in Bild 2-1 treten hier die Knotenmomente M_{u1} und M_{u2}. Den Knotenverschiebungen V_{u1} und V_{u2} entsprechen die Knotendrehungen D_{u1} und D_{u2}. Momente und Drehwinkel sind als Vektoren gemäß Definition in Abschnitt 1.3.1 dargestellt. Analog zum Fachwerkstab gilt hier:

Momentengleichgewicht am Element:

$$M_{u1} = M_{u2} = M_u \tag{2.45}$$

Verdrillung des Elements:

$$\varphi = D_{u2} - D_{u1} \tag{2.46}$$

Der Zusammenhang zwischen der Verdrillung und dem sie erzeugenden Drehmoment ist aus der elementaren Festigkeitslehre bekannt:

$$M_u = G \cdot I_t \cdot \varphi / L \tag{2.47}$$

Das Balkenelement kann also als Torsionsfeder mit der Steifigkeit

$$Cd = G \cdot I_t / L \tag{2.48}$$

aufgefaßt werden. G ist der Gleitmodul des Materials. Dieser ist mit dem Elastizitätsmodul E über die Querkontraktionszahl μ durch folgende Beziehung verknüpft:

$$G = (E/2)/(1+\mu) \tag{2.49}$$

I_t bezeichnet das Flächenträgheitsmoment gegen Torsion, das aus Form und Größe des Elementquerschnitts zu berechnen ist. Bezogen auf die Elementachse kann I_t auch als I_u bezeichnet werden. Bei Einordnung des Elements in das globale Koordinatensystem ist dann folglich die Bezeichnung I_x zu verwenden. Somit läßt sich das Gleichungssystem für die Knotenmomente des Torsionsstabs in globalen Koordinaten in Matrizenform wie folgt schreiben:

$$\begin{bmatrix} M_{X1} \\ M_{X2} \end{bmatrix} = (G \cdot I_X / L) \cdot \begin{bmatrix} 1 & -1 \\ -1 & 1 \end{bmatrix} \cdot \begin{bmatrix} D_{X2} \\ D_{X2} \end{bmatrix} \tag{2.50}$$

2.2.3 Allgemeine EK des Balkenelements im Durchlaufträger

Die vorstehend angegebenen Steifigkeitsmatrizen für einzelne Freiheitsgrade des Balkenelements im Durchlaufträger können als Untermatrizen einer Steifigkeitsmatrix aufgefaßt werden, die alle 6 Knotenfreiheitsgrade berücksichtigt. Sie ist in **Bild 2-12** als Bestandteil des Gleichungssystems für die Knotenkräfte angegeben. Symmetrie und positiv besetzte Hauptdiagonale sind auch für diese EK inzwischen als selbstverständliche Eigenschaften zu erwarten.

Da die einzelnen Knotenfreiheitsgrade am Balkenelement im Durchlaufträger weitgehend entkoppelt sind, enthält die EK viele Nullen. Zur besseren Übersicht werden die einzelnen Matrixfelder in Bild 2-12 deshalb eingerahmt, und die mit Nullen besetzten Felder wurden leer gelassen. Gekoppelt sind nur die zu einer Biege-Ebene gehörenden Freiheitsgrade,

$$\begin{bmatrix} F_{X1} \\ F_{Y1} \\ F_{Z1} \\ M_{X1} \\ M_{Y1} \\ M_{Z1} \\ F_{X2} \\ F_{Y2} \\ F_{Z2} \\ M_{X2} \\ M_{Y2} \\ M_{Z2} \end{bmatrix} = \begin{bmatrix}
\frac{E \cdot A}{L} & & & & & & -\frac{E \cdot A}{L} & & & & & \\
& \frac{12 \cdot E \cdot I_Z}{L^3} & & & & \frac{6 \cdot E \cdot I_Z}{L^2} & & -\frac{12 \cdot E \cdot I_Z}{L^3} & & & & \frac{6 \cdot E \cdot I_Z}{L^2} \\
& & \frac{12 \cdot E \cdot I_Y}{L^3} & & -\frac{6 \cdot E \cdot I_Y}{L^2} & & & & -\frac{12 \cdot E \cdot I_Y}{L^3} & & -\frac{6 \cdot E \cdot I_Y}{L^2} & \\
& & & \frac{G \cdot I_X}{L} & & & & & & -\frac{G \cdot I_X}{L} & & \\
& & -\frac{6 \cdot E \cdot I_Y}{L^2} & & \frac{4 \cdot E \cdot I_Y}{L} & & & & \frac{6 \cdot E \cdot I_Y}{L^2} & & \frac{2 \cdot E \cdot I_Y}{L} & \\
& \frac{6 \cdot E \cdot I_Z}{L^2} & & & & \frac{4 \cdot E \cdot I_Z}{L} & & -\frac{6 \cdot E \cdot I_Z}{L^2} & & & & \frac{2 \cdot E \cdot I_Z}{L} \\
-\frac{E \cdot A}{L} & & & & & & \frac{E \cdot A}{L} & & & & & \\
& -\frac{12 \cdot E \cdot I_Z}{L^3} & & & & -\frac{6 \cdot E \cdot I_Z}{L^2} & & \frac{12 \cdot E \cdot I_Z}{L^3} & & & & -\frac{6 \cdot E \cdot I_Z}{L^2} \\
& & -\frac{12 \cdot E \cdot I_Y}{L^3} & & \frac{6 \cdot E \cdot I_Y}{L^2} & & & & \frac{12 \cdot E \cdot I_Y}{L^3} & & \frac{6 \cdot E \cdot I_Y}{L^2} & \\
& & & -\frac{G \cdot I_X}{L} & & & & & & \frac{G \cdot I_X}{L} & & \\
& & -\frac{6 \cdot E \cdot I_Y}{L^2} & & \frac{2 \cdot E \cdot I_Y}{L} & & & & \frac{6 \cdot E \cdot I_Y}{L^2} & & \frac{4 \cdot E \cdot I_Y}{L} & \\
& \frac{6 \cdot E \cdot I_Z}{L^2} & & & & \frac{2 \cdot E \cdot I_Z}{L} & & -\frac{6 \cdot E \cdot I_Z}{L^2} & & & & \frac{4 \cdot E \cdot I_Z}{L}
\end{bmatrix} \cdot \begin{bmatrix} V_{X1} \\ V_{Y1} \\ V_{Z1} \\ D_{X1} \\ D_{Y1} \\ D_{Z1} \\ V_{X2} \\ V_{Y2} \\ V_{Z2} \\ D_{X2} \\ D_{Y2} \\ D_{Z2} \end{bmatrix}$$

Bild 2-12 Allgemeine EK des Balkenelements im Durchlaufträger mit Spaltenvektoren der Knotenkräfte und Knotenverschiebungen

also

V_z und D_y für Biegung in der X-Z-Ebene

sowie

V_y und D_z für Biegung in der X-Y-Ebene.

Aus Bild 2-12 kann für spezielle Anwendungen jede beliebige Untermatrix gewonnen werden, indem man die nicht benötigten Verschiebungen und Kräfte im Gleichungssystem wegläßt. Weglassen einer Verschiebung bedeutet Streichen der zugehörigen Spalte, Weglassen einer Kraft entsprechend Streichen der zugehörigen Zeile der Matrix. Da zu jeder Verschiebung die entsprechende Kraft gehört, wird die entstehende Untermatrix somit wieder quadratisch und symmetrisch.

2.3 Das Balkenelement im ebenen Rahmen

Im Gegensatz zur Anordnung im Durchlaufträger kann die Achse des Balkenelements im ebenen Rahmen auch bei unverformter Struktur schräg zu den Achsen des globalen Koordinatensystems liegen. Die Anordnung ist somit der des Stabelements im ebenen Fachwerk vergleichbar. Deshalb wird auch hier das in Abschnitt 2.1.2 für das ebene Fachwerk eingeführte globale Koordinatensystem verwendet. Dadurch sind allerdings die in Abschnitt 2.2.1 für das Balkenelement im Durchlaufträger hergeleiteten Rechenansätze nur sinngemäß brauchbar, da sich aufgrund der geänderten Koordinatenrichtung die Vorzeichen anders verhalten.

Wie in Abschnitt 2.2 einleitend ausgeführt, kann das Balkenelement in ebenen Strukturen zusätzlich zur Längskraft des Stabelements eine Querkraft und ein Biegemoment übertragen. Da die Querkraft in die gleichen globalen Komponenten zerlegt wird wie die Längskraft, bedingt sie gegenüber dem Stabelement keine zusätzlichen Knotenfreiheitsgrade. Demnach kommt nur ein Freiheitsgrad zur Knotendrehung bzw. zur Übertragung von Knotendrehmomenten hinzu. Das Balkenelement im ebenen Rahmen hat also die drei globalen Knotenfreiheitsgrade

Verschiebung in X-Richtung V_x
Verschiebung in Y-Richtung V_y
Drehung um Z-Achse D_z.

2.3.1 Ansatz in Element-Koordinaten

Die aus der Längskraftübertragung resultierenden Gleichungen wurden in Abschnitt 2.1 ausführlich behandelt. Die Ergebnisse können am Ende dieses Abschnitts additiv in die EK übernommen werden. Nachfolgend werden deshalb hier nur die Beziehungen für die Biegung in der u-v-Ebene aufgestellt, und zwar wie beim Durchlaufträger ohne Berücksichtigung der Schubverformung.

Mit den Bezeichnungen von **Bild 2-13** und **Bild 2-14** gelten analog zu den Gleichungen aus Abschnitt 2.2.1 folgende Beziehungen:

$$F_{V1} = F_{V2} = Q \tag{2.51}$$

$$M_{W1} = M_{W2} + Q \cdot L \tag{2.52}$$

$$M_{W1} = (2 \cdot E \cdot I_W / L) \cdot (2 \cdot D_{W1} - D_{W2}) \tag{2.53}$$

$$M_{W2} = (2 \cdot E \cdot I_W / L) \cdot (-D_{W1} + 2 \cdot D_{W2}) \tag{2.53}$$

$$\psi \approx \tan\psi = \Delta V_V / L = (V_{V2} - V_{V1}) / L \tag{2.54}$$

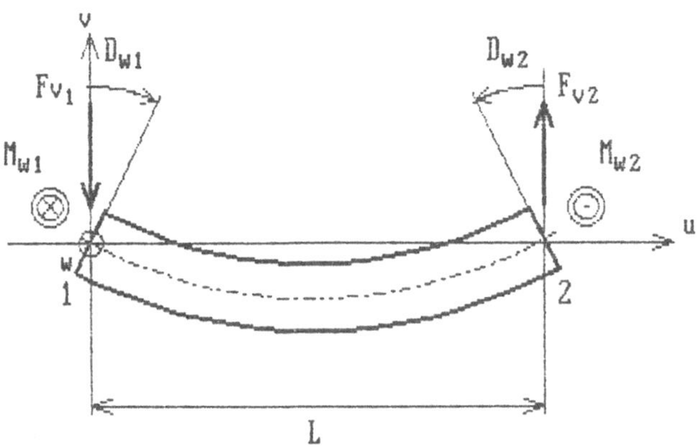

Bild 2-13 Balkenelement in der u-v-Biege-Ebene

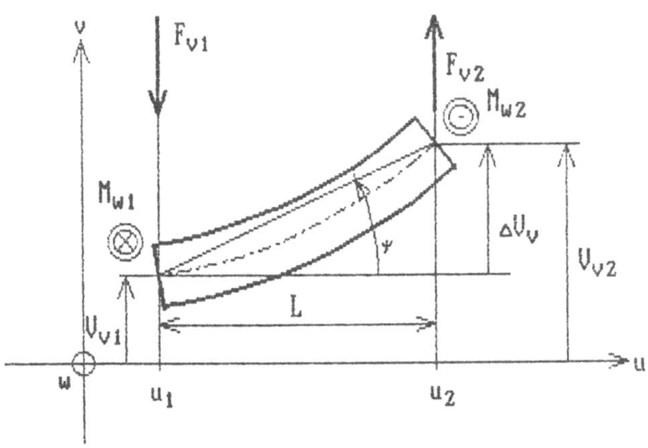

Bild 2-14 Starrkörperdrehung im Element-System

2.3.2 Transformation in das globale System

Nach **Bild 2-15** folgt für die Transformation der Kräfte:

$$F_{X1} = F_{V1}\cdot\sin\alpha \quad ; \quad F_{X2} = -F_{V2}\cdot\sin\alpha \tag{2.55}$$

$$F_{Y1} = -F_{V1}\cdot\cos\alpha \quad ; \quad F_{Y2} = F_{V2}\cdot\cos\alpha \tag{2.56}$$

$$M_{Z1} = -M_{W1} \quad ; \quad M_{Z2} = M_{W2} \tag{2.57}$$

Zur Umrechnung der Verschiebungen folgt aus **Bild 2-16** in Verbindung mit Bild 2-4 bzw. Gl. (2.12):

$$\begin{aligned} V_{V1} &= -V_{X1}\cdot\sin\alpha + V_{Y1}\cdot\cos\alpha \quad ; \\ V_{V2} &= -V_{X2}\cdot\sin\alpha + V_{Y2}\cdot\cos\alpha \end{aligned} \tag{2.58}$$

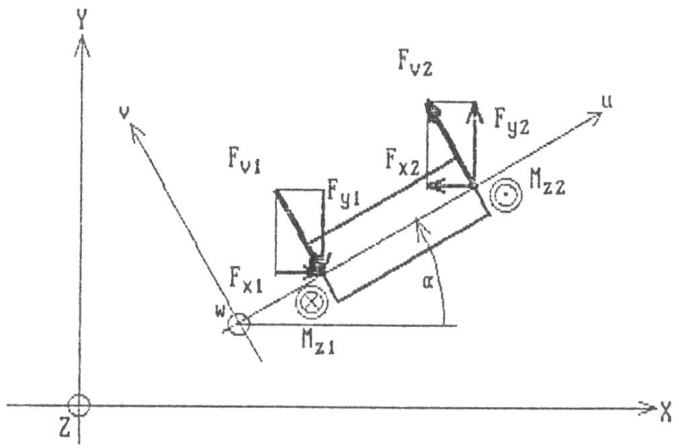

Bild 2-15 Transformation der Kräfte

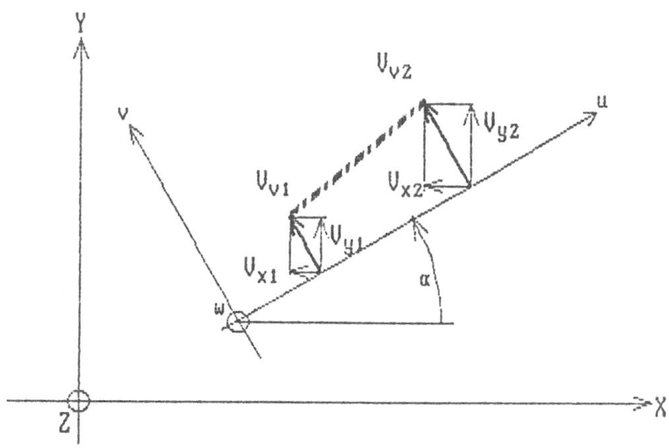

Bild 2-16 Transformation der Verschiebungen

Die Knotendrehungen ergeben sich unter Berücksichtigung der *Starrkörperdrehung* um den Winkel ψ in Analogie zu Gl. (2.37):

$$D_{Z1} = -D_{W1} + \psi \quad ; \quad D_{Z2} = D_{W2} + \psi \tag{2.59}$$

Daraus folgt in Anlehnung an Gl. (2.40):

$$D_{W1} = -D_{Z1} + (V_{V2}-V_{V1})/L \quad ; \qquad D_{W2} = D_{Z2} - (V_{V2}-V_{V1})/L \tag{2.60}$$

2.3.3 EK des Balkenelements im ebenen Rahmen

Nun kann wieder durch gegenseitiges Einsetzen der Zusammenhang zwischen den Knotenkräften F_x, F_y, M_z und den Knotenverschiebungen V_x, V_y, D_z hergestellt werden, wobei in bekannter Weise die Einzelsteifigkeitsmatrix EK herauskommt. Bei Formulierung der Einzelgleichungen in Matrizenform ergibt sich auch die EK wieder als Produkt dreier Matrizen. Auf den ausführlichen Rechengang kann hier verzichtet werden, da er sich ganz analog zu Abschnitt 2.2.1 vollzieht. Als Zwischenergebnis erhalten wir zunächst das folgende Gleichungssystem, wobei die Winkelfunktionen wieder mit $C = \cos\alpha$ und $S = \sin\alpha$ abgekürtzt sind:

$$\begin{bmatrix} F_{X1} \\ F_{Y1} \\ M_{Z1} \\ F_{X2} \\ F_{Y2} \\ M_{Z2} \end{bmatrix} = \frac{2 \cdot E \cdot I_Z}{L} \cdot \begin{bmatrix} 6 \cdot S^2/L^2 & -6 \cdot C \cdot S/L^2 & -3 \cdot S/L & -6 \cdot S^2/L^2 & 6 \cdot C \cdot S/L^2 & -3 \cdot S/L \\ & 6 \cdot C^2/L & 3 \cdot C/L & 6 \cdot C \cdot S/L^2 & -6 \cdot C^2/L^2 & 3 \cdot C/L \\ & & 2 & 3 \cdot S/L & -3 \cdot C/L & 1 \\ & \text{symmetrisch} & & 6 \cdot S^2/L^2 & -6 \cdot C \cdot S/L^2 & 3 \cdot S/L \\ & & & & 6 \cdot C^2/L^2 & -3 \cdot C/L \\ & & & & & 2 \end{bmatrix} \cdot \begin{bmatrix} V_{X1} \\ V_{Y1} \\ D_{Z1} \\ V_{X2} \\ V_{Y2} \\ D_{Z2} \end{bmatrix} \tag{2.61}$$

Überlagert man nun die Steifigkeiten aus der Längskraftübertragung nach Gl. (2.22), indem man die Werte in die Kreuzungspunkte der Zeilen und Spalten 1, 2, 4 und 5 der Matrix in Gl. (2.61) addiert, so erhält man als Endergebnis die Einzelsteifigkeitsmatrix nach **Bild 2-17**. Dabei wurde der E-Modul als gemeinsamer Faktor ausgeklammert.

$$
E \cdot \begin{bmatrix}
\frac{A}{L}C^2+\frac{12 \cdot I_z}{L^3}S^2 & (\frac{A}{L}-\frac{12 \cdot I_z}{L^3})C \cdot S & -\frac{6 \cdot I_z}{L^2}S & -\frac{A}{L}C^2-\frac{12 \cdot I_z}{L^3}S^2 & (-\frac{A}{L}+\frac{12 \cdot I_z}{L^3})C \cdot S & -\frac{6 \cdot I_z}{L^2}S \\
 & \frac{A}{L}S^2+\frac{12 \cdot I_z}{L^3}C^2 & \frac{6 \cdot I_z}{L^2}C & (-\frac{A}{L}+\frac{12 \cdot I_z}{L^3})C \cdot S & -\frac{A}{L}S^2-\frac{12 \cdot I_z}{L^3}C^2 & \frac{6 \cdot I_z}{L^2}C \\
 & & \frac{4 \cdot I_z}{L} & \frac{6 \cdot I_z}{L^2}S & -\frac{6 \cdot I_z}{L^2}C & \frac{2 \cdot I_z}{L} \\
\text{symmetrisch} & & & \frac{A}{L}C^2+\frac{12 \cdot I_z}{L^3}S^2 & (\frac{A}{L}-\frac{12 \cdot I_z}{L^3})C \cdot S & \frac{6 \cdot I_z}{L^2}S \\
 & & & & \frac{A}{L}S^2+\frac{12 \cdot I_z}{L^3}C^2 & -\frac{6 \cdot I_z}{L^2}C \\
 & & & & & \frac{4 \cdot I_z}{L}
\end{bmatrix}
$$

Bild 2-17 EK des Balkenelements im ebenen Rahmen;

3 Vom Element zur Struktur

3.1 Aufstellen der Gesamtsteifigkeitsmatrix (GK)

Die Gesetzmäßigkeiten zum Übertragen der Elementmatrizen EK_i in eine die Eigenschaften der gesamten Struktur beschreibenden Matrix GK werden nachfolgend an einem konkreten Zahlenbeispiel erläutert. Um die dabei gewonnenen Erkenntnisse anschließend auf beliebige Strukturen übertragen zu können, darf die Modellstruktur keine zu speziellen Eigenschaften haben.

Ein Durchlaufträger wäre z.B. ungeeignet, da in ihm die Elemente alle in gleicher Richtung angeordnet und üblicherweise fortlaufend numeriert sind. Andererseits soll die Struktur unkompliziert und klein genug sein, um die später im Programm ablaufenden Operationen zunächst am Modell Schritt für Schritt in Form einer Handrechnung vollziehen zu können.

Die Forderungen lassen sich recht gut in einem ebenen Fachwerk erfüllen. Die Elementknoten können beliebigen Strukturknoten zugeordnet werden, es können sowohl Elemente in Richtung der Koordinatenachsen als auch beliebig schräg angeordnet werden, und die Ergebnisse der FEM-Rechnung können leicht durch klassische Methoden wie den Ritterschnitt kontrolliert werden. Dabei kommt uns die Tatsache zugute, daß die FEM in gleicher Weise für statisch bestimmte wie auch statisch unbestimmte Systeme angewendet werden kann.

3.1.1 Elementsteifigkeiten und Struktursteifigkeit

Die in Kap. 2 aufgestellten *Elementsteifigkeitsmatrizen* (EK) beschreiben die Eigenschaften des einzelnen Elements als elastische Feder in bezug auf die jeweils vorgesehenen Knotenbewegungen (Steifigkeit ist als Kehrwert der Elastizität definiert). Wird die EK mit den Spaltenvektoren der Verschiebungen und Kräfte zu einem Gleichungssystem ergänzt, so beschreiben diese Gleichungen den Zusammenhang zwischen allen an den beiden Elementknoten koordinatenorientiert auftretenden Kräften und Verschiebungen. Dabei können die Knotenkräfte als Ursache der Knotenverschiebungen gedeutet werden oder auch umgekehrt die Verschiebungen als Ursache der Kräfte.

In der Struktur als der Gesamtheit aller Elemente sind deren Federungseigenschaften in gegenseitiger Wechselwirkung enthalten. So wie die Einzelsteifigkeitsmatrix EK die elastischen Eigenschaften des betreffenden Elements zahlenmäßig erfaßt, so enthält die Gesamtsteifigkeitsmatrix GK die elastischen Eigenschaften der Gesamtstruktur. In der GK müssen sich also alle in den EK_i enthaltenen Zahlen nach einer bestimmten Gesetzmäßigkeit wiederfinden.

Die Gesetzmäßigkeit zur Übertragung der EK_i in die GK herauszufinden, ist das Hauptthema dieses Abschnitts. Sodann ist die GK ganz analog zu den EK_i mit den Spaltenvektoren der Knotenkräfte und Knotenverschiebungen zu einem Gleichungssystem zu ergänzen. Während die Knotenkräfte in Form der äußeren Lasten gegeben sind, stellen die Knotenverschiebungen in diesem Gleichungssystem die Unbekannten dar.

Als Tragwerk ist eine Struktur aus elastischen Elementen, die von äußeren Lasten beansprucht wird, nur dann vorstellbar, wenn sie sich gegenüber einem Fundament abstützen kann. Ohne eine solche Lagerung würden die äußeren Lasten die gesamte Struktur als Starrkörper in Richtung der resultierenden äußeren Kraft verschieben. Deshalb muß das Gleichungssystem zusätzlich mit Lagerbedingungen ergänzt werden, deren Gesamtheit eine mindestens statisch bestimmte Lagerung der Struktur darstellt.

Es gehört zum Prinzip der FEM, daß sowohl äußere Lasten als auch Lager nur an den Strukturknoten angreifen können. Verteilte Lasten, wie z.B. das Eigengewicht der Elemente, können also nur als äquivalente Einzelkräfte an den Elementknoten berücksichtigt werden.

An dem korrekt abgestützten Tragwerk bewirken nun die äußeren Lasten aufgrund der Elastizität der Struktur Verschiebungen der Knoten, deren Größe koordinatenorientiert durch Lösen des Gleichungssystems berechnet werden kann. Aus den Knotenverschiebungen folgen durch nachgeordnete Rechengänge weitere Ergebnisse, etwa die inneren Kräfte der Elemente (*Schnittgrößen*), die Lagerkräfte oder die Schnittspannungen als Folge der Elementverzerrungen.

3.1.2 Daten der Modellstruktur

Bild 3-1 zeigt die Modellstruktur in einer für Statikrechnungen üblichen Darstellung. Die Knoten sind rechtsherum numeriert (große Zahlen), die Stäbe fortlaufend von links nach rechts (kleine Zahlen unterstrichen). An Knoten 1 befindet sich ein horizontal verschiebliches Gelenklager (A), an Knoten 4 ein festes Gelenklager (B). Am Knoten 5 greift vertikal nach unten die Kraft F_5 an, am Knoten 3 die Kraft F_3 in Richtung des Stabes 5. Die Zahlenwerte für Abmessungen und Kräfte sind wie folgt:

$L_{15} = 100$ cm $\quad L_{45} = 100$ cm $\quad L_{34} = 40$ cm

$h_2 = 60$ cm $\quad h_3 = 80$ cm $\quad h_4 = 20$ cm

$F_3 = 10$ kN $\quad F_5 = 10$ kN

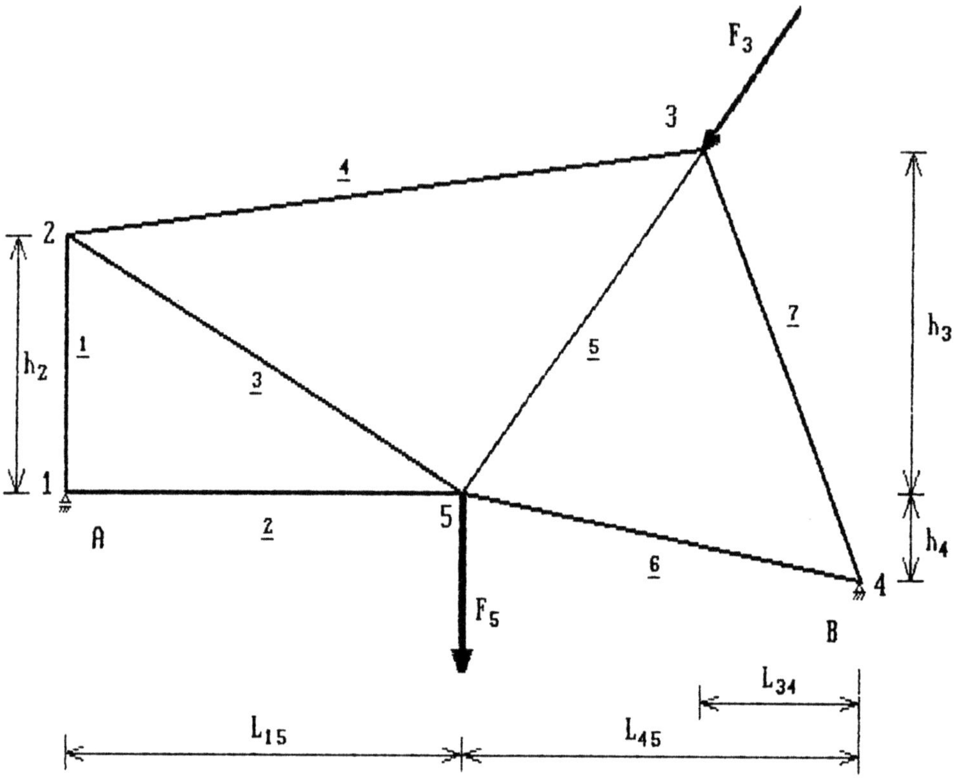

Bild 3-1 Modellstruktur für Handrechnung

Um Kontrollwerte für die FEM-Ansätze und die spätere Programmentwicklung zu erhalten, wird das Beispiel zunächst nach den aus der Statik bekannten Methoden berechnet. Dazu wird zunächst die Kraft F_3 in eine vertikale und eine horizontale Komponente zerlegt. Den dazu benötigten Winkel α des Stabes 5 gegenüber einer horizontalen Bezugsrichtung (Richtung des Stabes 2 von Knoten 1 nach Knoten 5) findet man wie folgt:

$$\tan\alpha = h_3/(L_{45}-L_{34}) \quad \text{-->} \quad \alpha = 53.13^o$$

$$F_{3h} = F_3 \cdot \cos\alpha = 6.0 \text{ kN}$$
$$F_{3v} = F_3 \cdot \sin\alpha = 8.0 \text{ kN}$$

Aus dem Ansatz des Drehmoment-Gleichgewichts um Lager B folgt die Lagerkraft $F_{Av} = F_A$:

$$F_A = [F_{3h} \cdot (h_3+h_4)+F_{3v} \cdot (L_{45}-L_{34})+F_5 \cdot L_{45}]/(L_{15}+L_{45})$$

$$F_A = 9.60 \text{ kN} \quad \text{(nach oben wirkend)}$$

Die Komponenten der Lagerkraft F_B folgen aus den horizontalen und vertikalen Kräftegleichgewichtsbedingungen:

$$F_{Bv} = F_{3v} + F_5 - F_A = 8.40 \text{ kN (nach oben wirkend)}$$
$$F_{Bh} = F_{3h} = 6.00 \text{ kN (nach rechts wirkend)}$$

Die Stabkräfte werden in mehreren Rechenschritten nach dem Prinzip des Ritterschnitts bzw. aus dem Ansatz des Kräftegleichgewichts für einzelne Knoten gewonnen. Die Rechnung liefert folgende Ergebnisse, wobei negative Zahlenwerte Druckkräfte bezeichnen:

$S_1 = -9.600$ kN $\quad S_2 = 0.000$ kN
$S_3 = 15.442$ kN $\quad S_4 = -13.344$ kN
$S_5 = 5.112$ kN $\quad S_6 = 10.375$ kN
$S_7 = -11.239$ kN

Für die FEM-Rechnung wird die Struktur so auf ein Koordinatensystem bezogen, daß Stab 1 die Richtung der Y-Achse hat und Stab 2 die Richtung der X-Achse. Die Längenangaben sind dann in Knotenkoordinaten umzurechnen, äußere Kräfte in Komponenten in Achsenrichtung anzugeben. Die Verhältnisse zeigt **Bild 3-2**.

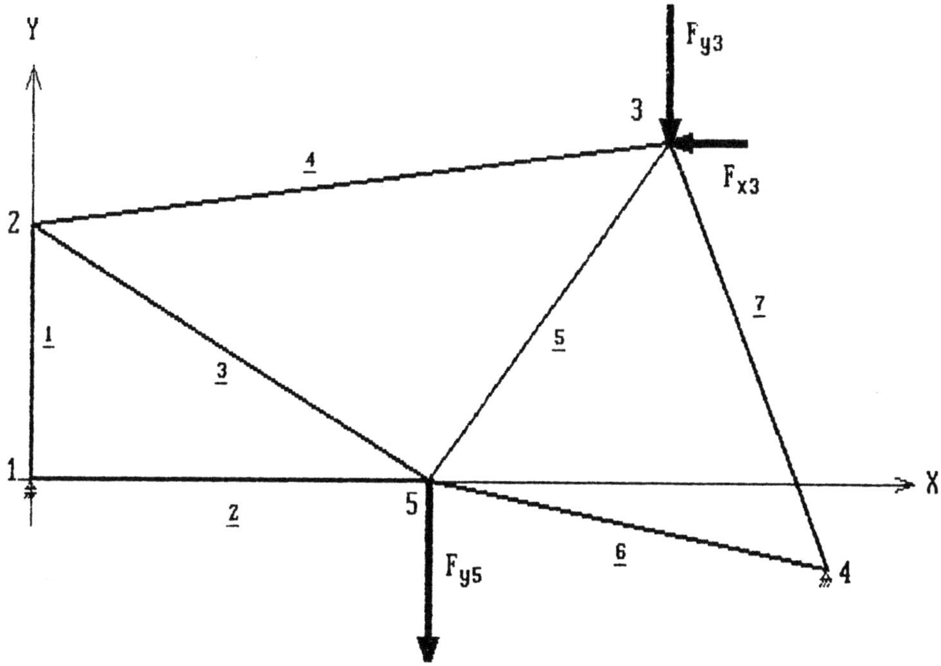

Bild 3-2 Modellstruktur für FEM-Rechnung

Gegenüber der Statik-Rechnung benötigt die FEM-Rechnung zusätzlich Angaben über Material (E-Modul) und Querschnittsfläche der Stäbe. Diese sind so zu wählen, daß bei der vorliegenden Belastung tatsächlich nur kleine Knotenverschiebungen herauskommen. Andernfalls wäre die der FEM-Rechnung zugrundeliegende Annahme, daß die Struktur hinreichend genau durch ein System linearer Gleichungen beschrieben wird, nicht zutreffend.

Es werden somit grundsätzlich zwei Gruppen von Eingabedaten benötigt, die nachfolgend in zwei Tabellen zusammengestellt sind:

Knotenbezogene Daten

Knotenzahl Nk = 5
Koordinaten X/Y
äußere Kräfte in Komponentenform
Lagerbedingungen:
Angabe, in welcher Richtung die Struktur am Knoten festgehalten wird

Knoten Nr.	Koordinaten X/cm	Y/cm	Knoten-Kräfte F_x/kN	F_y/kN	Lager fest in Richtung
1	0.0	0.0			Y
2	0.0	60.0			
3	160.0	80.0	-6.000	-8.000	
4	200.0	-20.0			XY
5	100.0	0.0		-10.000	

Elementbezogene Daten

Elementzahl Ne = 7
Knotenzuordnungen : Anfangs- und Endknoten jedes Stabs
Werkstoff : Stahl mit E = 21000 kN/cm^2
Querschnittsangabe : Profil L 50 x 50 x 5 DIN 1029 mit A = 4.27 cm^2

Element Nr.	Knotenzuordnung Anfang	Ende	E-Modul /kN/cm²	Querschnitt A/cm²
1	1	2	21000	4.27
2	1	5	21000	4.27
3	2	5	21000	4.27
4	2	3	21000	4.27
5	3	5	21000	4.27
6	4	5	21000	4.27
7	3	4	21000	4.27

Nk, Ne und die in den Tabellen enthaltenen Daten werden später auch vom Programm zur Durchführung der FEM-Rechnung benötigt und sind vom Benutzer in Form von Eingabedaten zu generieren.

In den folgenden Gleichungen sind die Indizes entsprechend der Syntax von Turbo-Pascal in eckige Klammern gesetzt. Zunächst werden die Elementmatrizen nach Gl. (2.22) berechnet. Die dafür benötigten Zwischenwerte werden in einer weiteren Tabelle zusammengestellt.

Als erstes wird aus den Knotenkoordinaten die Stablänge L gemäß Gl. (2.23) berechnet. Für Element i gilt:

$$L[i]^2 = (X[IE[i]]-X[IA[i]])^2 + (Y[IE[i]]-Y[IA[i]])^2 \tag{3.1}$$

Darin bezeichnet IE[i] die Knotennummer am Ende des Stabes i, IA[i] die Knotennummer am Anfang des Stabes i usw. Y[IE[i]] ist dann die Y-Koordinate des Knotens IE[i], in der Tabellenüberschrift als Ye bezeichnet. Die Winkelfunktionen cos(α [i]) und sin(α [i]) für den Winkel α [i] des Stabes i gegenüber der positiven X-Achse ergeben sich aus Gl. (2.24) und Gl. (2.25) zu

$$\cos(\alpha[i]) = (X[IE[i]]-X[IA[i]])/L[i] \tag{3.2}$$

$$\sin(\alpha[i]) = (Y[IE[i]]-Y[IA[i]])/L[i] \tag{3.3}$$

Nun kann die in Gl. (2.22) als Faktor enthaltene Stabsteifigkeit

$$Cs[i] = E[i]\cdot A[i]/L[i] \tag{3.4}$$

berechnet werden. Somit ergibt sich die folgende Tabelle:

Element Nr. i	Knoten-Nummer IA	IE	Koordinaten-Differenz/cm Xe-Xa	Ye-Ya	Stab-Länge L/cm	Winkel-Funktionen cos(α)	sin(α)	Steifigkeit Cs /kN/cm
1	1	2	0.0	60.0	60.00	0	1	1494.5
2	1	5	100.0	0.0	100.00	1	0	896.7
3	2	5	100.0	-60.0	116.62	0.8575	-0.5145	768.9
4	2	3	160.0	20.0	161.25	0.9923	0.1240	556.1
5	3	5	-60.0	-80.0	100.00	-0.6000	-0.8000	896.7
6	4	5	100.0	20.0	101.98	-0.9806	0.1961	879.3
7	3	4	40.0	-100.0	107.70	0.3714	-0.9285	832.6

Mit den Tabellenwerten lassen sich nun die Elementsteifigkeitsmatrizen EK_i in der Einheit kN/cm wie folgt berechnen:

Element 1

0.0000	0.0000	0.0000	0.0000
0.0000	1494.5000	0.0000	-1494.5000
0.0000	0.0000	0.0000	0.0000
0.0000	-1494.5000	0.0000	1494.5000

Element 2

896.7000	0.0000	-896.7000	0.0000
0.0000	0.0000	0.0000	0.0000
-896.7000	0.0000	896.7000	0.0000
0.0000	0.0000	0.0000	0.0000

Element 3

565.3779	-339.2267	-565.3779	339.2267
-339.2267	203.5360	339.2267	-203.5360
-565.3779	339.2267	565.3779	-339.2267
339.2267	-203.5360	-339.2267	203.5360

Element 4

547.5542	68.4443	-547.5542	-68.4443
68.4443	8.5555	-68.4443	-8.5555
-547.5542	-68.4443	547.5542	68.4443
-68.4443	-8.5555	68.4443	8.5555

Element 5

322.8120	430.4160	-322.8120	-430.4160
430.4160	573.8880	-430.4160	-573.8880
-322.8120	-430.4160	322.8120	430.4160
-430.4160	-573.8880	430.4160	573.8880

Element 6

845.4680	-169.0936	-845.4680	169.0936
-169.0936	33.8187	169.0936	-33.8187
-845.4680	169.0936	845.4680	-169.0936
169.0936	-33.8187	-169.0936	33.8187

Element 7

114.8366	-287.0914	-114.8366	287.0914
-287.0914	717.7285	287.0914	-717.7285
-114.8366	287.0914	114.8366	-287.0914
287.0914	-717.7285	-287.0914	717.7285

3.1.3 Berechnen der GK aus den EK_i der Elemente

Um die Gesetzmäßigkeiten beim Übertragen der Einzelsteifigkeitsmatrizen in die Gesamtsteifigkeitsmatrix zu veranschaulichen, wird Gleichung (2.19) in **Bild 3-3** graphisch aufbereitet. Die Matrix EK ist als Quadrat mit 16 Feldern dargestellt. Der Spaltenvektor der Knotenkräfte links daneben enthält nur die auf Koordinatenrichtung und Knotennummer hinweisenden Indizes der Kräfte. Der Spaltenvektor der Knotenverschiebungen ist horizontal oberhalb der Matrix EK angeordnet und enthält in analoger Weise die Indizes der Verschiebungen.

Jedes der 16 Felder der Matrix EK kann nun unverwechselbar mit einem Index für die Zeile und einem Index für die Spalte lokalisiert werden. Entsprechend Bild 3-3 werden die Zeilen mit den Indizes der Knotenkräfte bezeichnet und die Spalten mit den Indizes der Knotenverschiebungen.

In den Indizes der Spaltenvektoren kommt jede Knotennummer zweimal vor, da beim ebenen Fachwerk die Anzahl der Knotenfreiheitsgrade KF = 2 beträgt. Demzufolge sind auch in den Indizes von jeweils zwei neben- und übereinander angeordneten Matrixfeldern die Knotennummern in der gleichen Kombination enthalten. Die entsprechenden Blöcke sind in Bild 3-3 durch dickere Linien eingerahmt. Die auf der Hauptdiagonale angeordneten Blöcke enthalten alle dieselbe Knotennummer.

Das Fachwerk-Element mit zwei Knoten und zwei Freiheitsgraden pro Knoten hat insgesamt 4 Freiheitsgrade. Deshalb ergibt sich als EK eine 4*4-Matrix. Für die Modellstruktur folgt die Gesamtzahl der Freiheitsgrade gemäß der Gleichung

$$NN = KF \cdot Nk \tag{3.5}$$

	x1	y1	x2	y2
x1	x1, x1	x1, y1	x1, x2	x1, y2
y1	y1, x1	y1, y1	y1, x2	y1, y2
x2	x2, x1	x2, y1	x2, x2	x2, y2
y2	y2, x1	y2, y1	y2, x2	y2, y2

Bild 3-3
Indizierung der EK für KF = 2

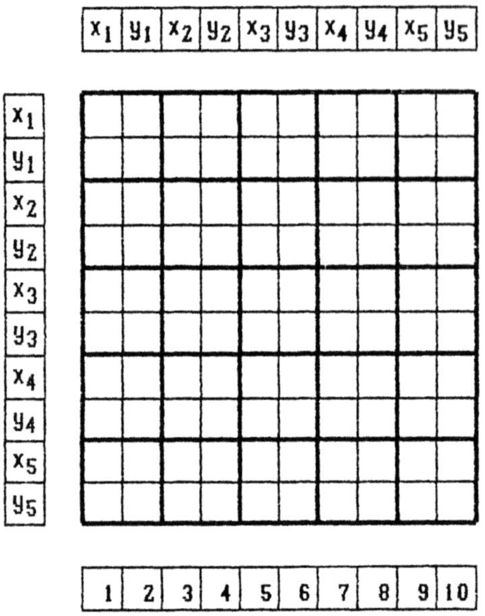

Bild 3-4
Innere und äußere Indizierung der Matrix GK für Nk = 5 und KF = 2

zu NN = 2 * 5 = 10. Die zugehörige Matrix GK muß also 10 Zeilen und 10 Spalten enthalten. **Bild 3-4** zeigt die schematische Anordnung. Analog zu Bild 3-3 sind links und oben die Zeilen- und Spaltenindizes in der benutzerorientierten Weise nach Freiheitsgraden (Koordinatenrichtung der möglichen Verschiebung) und Knotennummer geordnet angeben. Zur Indizierung der GK-Felder als Koeffizienten eines linearen Gleichungssystems eignet sich aber eine fortlaufende Numerierung wesentlich besser. Diese wird hier als innere Indizierung bezeichnet und ist in Bild 3-4 rechts und unten eingetragen.

Im Kap. 2 hatten wir nur einzelne Elemente betrachtet und deren Knoten stets fortlaufend mit den Nummern 1 und 2 bezeichnet. In der Gesamtstruktur können die Elemente aber beliebige Knoten miteinander verbinden. Dies läßt sich durch eine globale Indizierung der EK_i ausdrücken, wie es in **Bild 3-5** beispielhaft für das Element 3 der Modellstruktur dargestellt ist. Diese globale Numerierung der EK_i gibt nun aber gerade an, in welche Felder der GK die jeweiligen Felder der betrachteten EK zu übertragen sind. Dabei bleiben die 4 fett eingerahmten Felder auch innerhalb der GK zusammen.

Zur Veranschaulichung der Anordnung der EK_i innerhalb der GK sind in **Bild 3-6** die Elementnummern (1111 für EK_1, 2222 für EK_2 usw.) in die GK-Felder eingetragen. Es ist deutlich erkennbar, daß die EK der Stäbe 1, 4, 6, und 7, die mit fortlaufenden Strukturknoten numeriert sind, jeweils in 4 * 4 zusammenhängenden Feldern der GK stehen, währen die EK der Stäbe 2, 3 und 5 in Blöcken von 2 * 2 Feldern entsprechend ihrer Knotennumerierung auseinandergerissen werden. Am weitesten auseinander, nämlich in den vier Ecken der GK, stehen die Blöcke der EK_2. Dies ist dadurch zu erklären, daß Stab 2 den ersten und den letzten Knoten der Struktur miteinander verbindet.

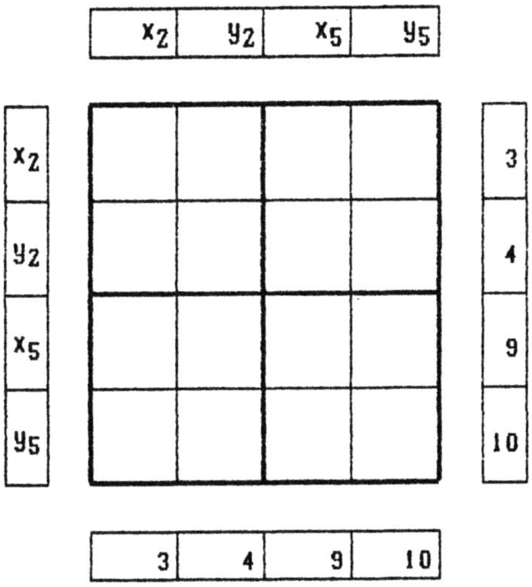

Bild 3-5
Element 3 der Modellstruktur in globaler Indizierung

	x_1	y_1	x_2	y_2	x_3	y_3	x_4	y_4	x_5	y_5
x_1	1111 2222	1111 2222	1111	1111					2222	2222
y_1	1111 2222	1111 2222	1111	1111					2222	2222
x_2	1111	1111	1111 3333 4444	1111 3333 4444	4444	4444			3333	3333
y_2	1111	1111	1111 3333 4444	1111 3333 4444	4444	4444			3333	3333
x_3			4444	4444	7777 4444 5555	7777 4444 5555	7777	7777	5555	5555
y_3			4444	4444	7777 4444 5555	7777 4444 5555	7777	7777	5555	5555
x_4					7777	7777	6666 7777	6666 7777	6666	6666
y_4					7777	7777	6666 7777	6666 7777	6666	6666
x_5	2222	2222	3333	3333	5555	5555	6666	6666	6666 2222 3333 5555	6666 2222 3333 5555
y_5	2222	2222	3333	3333	5555	5555	6666	6666	6666 2222 3333 5555	6666 2222 3333 5555

Bild 3-6 Überlappung der EK_i in der GK

Weiterhin ist bemerkenswert, daß die Hauptdiagonalfelder der EK_i stets auf der Hauptdiagonale der GK liegen. Dadurch kommt es in den zur Hauptdiagonale der GK gehörenden Blöcke zu einer Überlappung verschiedener EK_i. Die meisten Werte kommen in dem zu Knoten 5 gehörenden Block unten rechts zusammen. Die Erklärung liefert ein Blick auf Bild 3-2:

> In dem zu einem bestimmten Strukturknoten gehörenden Hauptdiagonalblock der GK finden sich die entsprechenden Blöcke aus den EK_i aller an diesem Knoten zusammenkommenden Elemente wieder.

Die Überlappung der EK_i in der GK drückt die mathematische Kopplung der Steifigkeiten der an dieser Stelle mechanisch verbundenen Elemente aus. Ohne die Verbindung mindestens zweier Stäbe in einem Knoten verliert ein Fachwerk mechanisch seine Tragfähigkeit an dieser Stelle. Entsprechend würde die GK eines Fachwerks zu einem mathematisch instabilen Gleichungssystem führen, wenn in den Hauptdiagonalblöcken nicht wenigstens die Überlappung zweier EK_i vorhanden wäre. Der Lösungsalgorithmus für das Gleichungssystem würde sich an der betreffenden Stelle mit einer Fehlermeldung (Division durch Null) verabschieden.

Die bisher diskutierten und weitere Eigenschaften der GK der Modellstruktur lassen sich wie folgt für beliebige Strukturen aus beliebigen Elementtypen verallgemeinern:

1) Die Gesamtsteifigkeitsmatrix GK ist symmetrisch, da sie durch additive Überlagerung aus den ebenfalls symmetrischen Einzelsteifigkeitsmatrizen EK_i der Elemente entsteht.

2) Die Hauptdiagonalfelder der EK_i stehen in Hauptdiagonalfeldern der GK.

3) Die EK_i bleiben auch bei nicht fortlaufender Knotennumerierung in quadratischen Blöcken von KF * KF Feldern zusammen. Jeder Block repräsentiert sowohl in den EK_i wie auch in der GK einen Strukturknoten.

4) In den Hauptdiagonalblöcken der GK kommt es zur Überlappung der Blöcke aus den EK_i aller Elemente, die an dem betreffenden Strukturknoten miteinander verbunden sind.

5) Infolge der Überlappung der EK_i ist die Hauptdiagonale der GK prinzipiell mit großen positiven Zahlenwerten besetzt.

6) Bei der Übertragung der EK_i in die GK bleibt eine Anzahl von GK-Feldern leer. Der Anteil der leeren Felder nimmt prinzipiell mit wachsender Knotenzahl NK der Struktur zu.

Um die Übertragung zu schematisieren, ist ein Algorithmus zu entwickeln, der aus der Elementnummer und den EK-Indizes ([1,1] bis [4,4] für das ebene Fachwerk) die richtigen Indizes der Matrix GK berechnet, die für unsere Modellstruktur zwischen [1,1] und [10,10] liegen müssen. Dieser Algorithmus soll gleich so allgemein aufgestellt werden, daß er für jede Stab- oder Balkenstruktur und jeden Elementtyp mit 2 Knoten zu verwenden ist. Folgende Werte werden als bekannt vorausgesetzt:

KF : Zahl der Knotenfreiheitsgrade der Struktur
IA[i] : Nummer des Knotens am Anfang von Element i
IE[i] : Nummer des Knotens am Ende von Element i

Die EK des Elements besteht aus 4 Blöcken zu KF * KF Feldern bzw. aus 2 * KF Zeilen und Spalten. Die Elementfelder sind demnach wie folgt zu indizieren:

```
EK[  1 ,   1 ] , EK[  1 ,   2 ] . . . . . . . EK[   1 ,2·KF]
EK[  2 ,   1 ] , EK[  2 ,   2 ] . . . . . . . EK[   2 ,2·KF]
      .               .                              .
      .               .                              .
      .               .                              .
      .               .                              .
      .               .                              .
      .               .                              .
EK[2·KF,   1 ] , EK[2·KF,   2 ] . . . . . . . EK[2·KF,2·KF]
```

Für die Übertragung eines Elements sind somit 2 * KF Indizes für die richtige Plazierung in der GK zu berechnen. Diese inneren Indizes werden in dem Vektor KI abgelegt. Jetzt formulieren wir den Algorithmus für das Element mit der Nummer i in der Syntax von Turbo-Pascal:

```
For j:=1 to KF do Begin
    KI[j]     := KF*IA[i] - (KF-j) ;
    KI[j+KF]  := KF*IE[i] - (KF-j) ;
End;                                                    (3.6)
```

```
For j:=1 to 2*KF do Begin
    For k:=1 to 2*KF do Begin
        GK[KI[j],KI[k]] := GK[KI[j],KI[k]] + EK[j,k] ;
    End;
End;                                                    (3.7)
```

Wir überprüfen den Algorithmus für die EK[2,3] des Elements 3 der Modellstruktur:

Mit IA[3] = 2 ; IE[3] = 5 ; KF = 2 ;

folgt: KI[1] = 3 ; KI[2] = 4 ; KI[3] = 9 ; KI[4] = 10 ;

Für EK[2,3] haben die Zeiger der Doppelschleife die Werte j = 2 und k = 3. Das Feld EK[2,3] ist also in das Feld [4,9] zu addieren.

	1	2	3	4	5	6	7	8	9	10
1	0.00 896.70 ==== 896.70	0.00 0.00 ---- 0.00	0.00 ---- 0.00	0.00 ---- 0.00					-896.70 ---- -896.70	0.00 ---- 0.00
2	0.00 0.00 ---- 0.00	1494.50 0.00 ==== 1494.50	0.00 ---- 0.00	-1494.50 ---- -1494.50					0.00 ---- 0.00	0.00 ---- 0.00
3	0.00 ---- 0.00	0.00 ---- 0.00	0.00 565.38 547.55 ==== 1112.93	0.00 -339.23 68.44 ---- -270.79	-547.55 ---- -547.55	-68.44 ---- -68.44			-565.38 ---- -565.38	339.23 ---- 339.23
4	0.00 ---- 0.00	-1494.50 ---- -1494.50	0.00 -339.23 68.44 ---- -270.79	1494.50 203.54 8.56 ==== 1706.60	-68.44 ---- -68.44	-8.56 ---- -8.56			339.23 ---- 339.23	-203.54 ---- -203.54
5			-547.55 ---- -547.55	-68.44 ---- -68.44	114.84 547.55 322.82 ==== 985.21	-287.09 68.44 430.42 ---- 211.77	-114.84 ---- -114.84	287.09 ---- 287.09	-322.82 ---- -322.82	-430.42 ---- -430.42
6			-68.44 ---- -68.44	-8.56 ---- -8.56	-287.09 68.44 430.42 ---- 211.77	717.73 8.55 573.89 ==== 1300.17	287.09 ---- 287.09	-717.73 ---- -717.73	-430.42 ---- -430.42	-573.89 ---- -573.89
7					-114.84 ---- -114.84	287.09 ---- 287.09	845.47 114.84 ==== 960.31	-169.09 -287.09 ---- -456.18	-845.47 ---- -845.47	169.09 ---- 169.09
8					287.09 ---- 287.09	-717.73 ---- -717.13	-169.09 -287.09 ---- -456.18	33.82 717.73 ==== 751.55	169.09 ---- 169.09	-33.82 ---- -33.82
9	-896.70 ---- -896.70	0.00 ---- 0.00	-565.38 ---- -565.38	339.23 ---- 339.23	-322.81 ---- -322.81	-430.42 ---- -430.42	-845.47 ---- -845.47	169.09 ---- 169.09	845.47 896.70 565.38 322.82 ==== 2630.37	-169.09 0.00 -339.23 430.42 ---- -77.90
10	0.00 ---- 0.00	0.00 ---- 0.00	339.23 ---- 339.23	-203.54 ---- -203.54	-430.42 ---- -430.42	-573.89 ---- -573.89	169.09 ---- 169.09	-33.82 ---- -33.82	-169.09 0.00 -339.23 430.42 ---- -77.90	33.82 0.00 203.54 573.89 ==== 811.25

Bild 3-7 GK der Modellstruktur: Einzelwerte der EK_i in der Anordnung nach Bild 3.6 und Summierung zur GK. Die Elemente der Hauptdiagonale sind durch ==== gekennzeichnet.

Nun wird die GK der Modellstruktur ermittelt, indem die Zahlenwerte aus den sieben Einzelsteifigkeitsmatrizen nach dem Schema von Bild 3-6 in ein Raster aus 10 mal 10 Feldern übertragen werden und in jedem Feld die Summe gebildet wird.

Die vollständige Übertragung zeigt **Bild 3-7**. Es wurden auch die Nullen aus den EK_i aufgenommen; denn es bedeutet einen prinzipiellen Unterschied, ob ein GK-Feld eine Null enthält, weil es gar nicht durch eine EK belegt ist, oder ob die Null aus der EK eines Stabes stammt, der zufällig die Richtung einer Koordinatenachse hat.

Bild 3-8 zeigt das Ergebnis. Die Hauptdiagonale ist optisch hervorgehoben, und die Zuordnung der äußeren und inneren Indizes ist ersichtlich.

	x_1	y_1	x_2	y_2	x_3	y_3	x_4	y_4	x_5	y_5	
x_1	896.70	0.00	0.00	0.00					-896.70	0.00	1
y_1	0.00	1494.50	0.00	-1494.50					0.00	0.00	2
x_2	0.00	0.00	1112.93	-270.79	-547.55	-68.44			-565.38	339.23	3
y_2	0.00	-1494.50	-270.79	1706.60	-68.44	-8.56			339.23	-203.54	4
x_3			-547.55	-68.44	985.21	211.77	-114.84	287.09	-322.82	-430.42	5
y_3			-68.44	-8.56	211.77	1300.17	287.09	-717.73	-430.42	-573.89	6
x_4					-114.84	287.09	960.31	-456.18	-845.47	169.09	7
y_4					287.09	-717.73	-456.18	751.55	169.09	-33.82	8
x_5	-896.70	0.00	-565.38	339.23	-322.81	-430.42	-845.47	169.09	2630.37	-77.90	9
y_5	0.00	0.00	339.23	-203.54	-430.42	-573.89	169.09	-33.82	-77.90	811.25	10
	1	2	3	4	5	6	7	8	9	10	

Bild 3-8 GK der Modellstruktur mit innerer und äußerer Indizierung

3.2 Berücksichtigung der Lagerbedingungen

3.2.1 Exaktes Erfassen starrer Lager

Ebenso wie äußere Kräfte können auch Lager nur an Strukturknoten angreifen, und ebenso, wie die Kräfte als koordinatenorientierte Komponenten in die Rechnung eingehen, so sind auch die Lager nach den Knotenverschiebungen zu definieren, die durch sie verhindert werden.

An der Modellstruktur sind ein horizontales Gleitlager an Knoten 1 und ein festes Gelenklager an Knoten 4 vorgesehen. Das Gleitlager nimmt Kräfte in Richtung der Y-Achse auf, verhindert also Verschiebungen des Knotens 1 in Y-Richtung. Das Gelenklager verhindert analog Verschiebungen des Knotens 4 in X- und Y-Richtung. Die Lagerung insgesamt macht also die Knotenverschiebungen V_{y1}, V_{x4} und V_{y4} zu null. Die Struktur verliert also die Freiheitsgrade 2, 7 und 8 nach der inneren Numerierung.

Demnach sind die entsprechenden Spalten der Matrix GK überflüssig, denn alle darin enthaltenen Steifigkeitswerte wären mit Verschiebungen der Größe Null zu multiplizieren. Ebensowenig sind aber die Zeilen gleicher Numerierung zum Lösen des Gleichungssystems zu verwenden, denn sie stellen die Koeffizienten in den Gleichungen der Lagerkräfte dar. Daraus folgt, daß die GK um die Zeilen und Spalten der durch die Lagerung blockierten Freiheitsgrade reduziert werden kann.

Während die Spalten bei keinem der nachgeordneten Rechengänge mehr benötigt werden, können aus den Zeilen die Lagerkräfte berechnet werden, sobald die Knotenverschiebungen bekannt sind. Man bezeichnet deshalb die Lagerzeilen der GK mit den verbleibenden Spalten als *Stützmatrix* GS der Struktur.

Bild 3-9 zeigt die vollständige Matrix GK der Modellstruktur, wobei die Spalten und Zeilen der Lagerfreiheitsgrade durch Schraffur kenntlich gemacht sind. In **Bild 3-10** ist die nur noch aus 7 Zeilen und Spalten bestehende reduzierte Matrix GK dargestellt, in **Bild 3-11** die Stützmatrix GS.

	x_1	y_1	x_2	y_2	x_3	y_3	x_4	y_4	x_5	y_5	
x_1	896.70	0.00	0.00	0.00					-896.70	0.00	1
y_1	0.00	1494.50	0.00	-1494.50					0.00	0.00	2
x_2	0.00	0.00	1112.93	-270.79	-547.55	-68.44			-565.38	339.23	3
y_2	0.00	-1494.50	-270.79	1706.60	-68.44	-8.56			339.23	-203.54	4
x_3			-547.55	-68.44	985.21	211.77	-114.84	287.09	-322.82	-430.42	5
y_3			-68.44	-8.56	211.77	1300.17	287.09	-717.73	-430.42	-573.89	6
x_4					-114.84	287.09	960.31	-456.10	-845.17	169.09	7
y_4					287.09	-717.73	-456.10	761.35	169.09	-33.82	8
x_5	-896.70	0.00	-565.38	339.23	-322.81	-430.42	-845.17	169.09	2630.37	-77.90	9
y_5	0.00	0.00	339.23	-203.54	-430.42	-573.89	169.09	-33.82	-77.90	811.25	10
	1	2	3	4	5	6	7	8	9	10	

Bild 3-9 GK der Modellstruktur mit Kennzeichnung der durch Lager festgelegten Freiheitsgrade

	x_1	x_2	y_2	x_3	y_3	x_5	y_5	
x_1	896.70	0.00	0.00			-896.70	0.00	1
x_2	0.00	1112.93	-270.79	-547.55	-68.44	-565.38	339.23	2
y_2	0.00	-270.79	1706.60	-68.44	-8.56	339.23	-203.54	3
x_3		-547.55	-68.44	985.21	211.77	-322.82	-430.42	4
y_3		-68.44	-8.56	211.77	1300.17	-430.42	-573.89	5
x_5	-896.70	-565.38	339.23	-322.81	-430.42	2630.37	-77.90	6
y_5	0.00	339.23	-203.54	-430.42	-573.89	-77.90	811.25	7
	1	2	3	4	5	6	7	

Bild 3-10 Reduzierte Matrix GK_{red} der Modellstruktur

	x_1	x_2	y_2	x_3	y_3	x_5	y_5
y_1	0.00	0.00	-1494.50			0.00	0.00
x_4				-114.84	287.09	-845.47	169.09
y_4				287.09	-717.73	169.09	-33.82

Bild 3-11 Stützmatrix GS der Modellstruktur

3.2.2 Elastische Lagerung

In der Praxis ist häufig eine gewisse Nachgiebigkeit der Lagerung vorhanden. Diese kann in einfacher Weise dadurch berücksichtigt werden, daß an den zu lagernden Knoten zusätzliche Stabelemente in Richtung der festzuhaltenden Freiheitsgrade angeordnet werden, an deren zweiten Knoten jeweils ein festes Gelenklager vorgesehen wird. Die Steifigkeit dieser Pendelstützen dimensioniert man so, daß sich die gewünschte Lagerelastizität ergibt.

Bild 3-12 zeigt die in dieser Weise abgestützte Modellstruktur. Die Pendelstützen sind für die Rechnung Stabelemente in Richtung der Koordinatenachsen. Aus der Berechnung der Einzelsteifigkeitsmatrizen für die Elemente 1 und 2 der Modellstruktur wissen wir, daß die EK eines in X-Richtung liegenden Stabes nur vier von null verschiedene Werte enthält. Es sind dies die Felder EK[1,1], EK[1,3], EK[3,1] und EK[3,3].

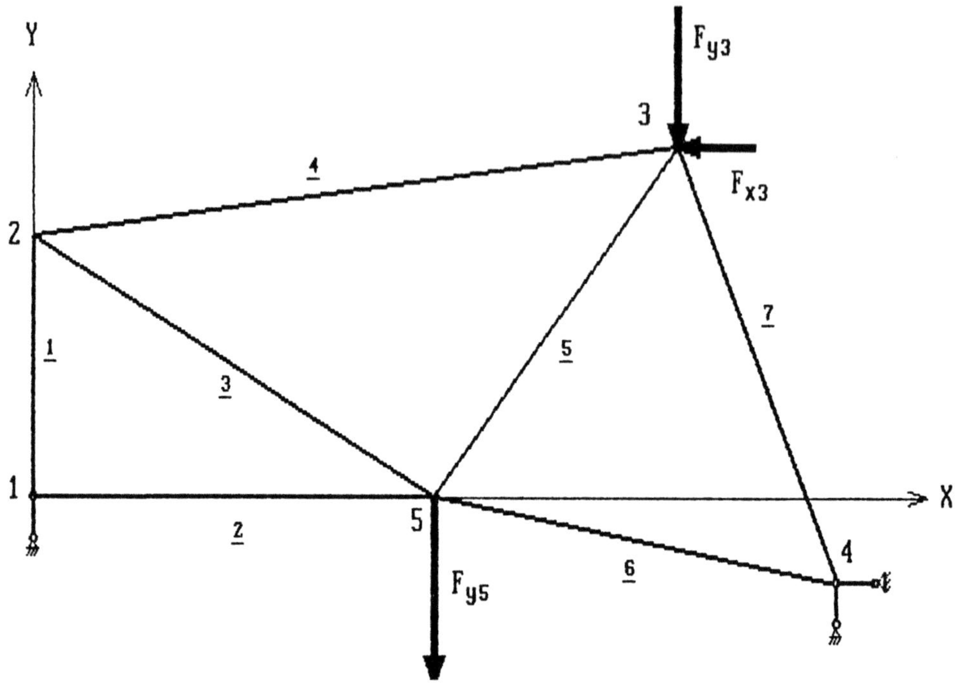

Bild 3-12 Lagerung mit Pendelstützen

Entsprechendes gilt für die EK eines Stabes in Y-Richtung bezüglich der Felder EK[2,2], EK[2,4], EK[4,2] und EK[4,4].

In diesen Feldern steht immer die Stabsteifigkeit Cs nach Gl. (2.4). Da diese im hier betrachteten Fall mit der gewünschten Lagersteifigkeit identisch ist, kann sie direkt als Zahlenwert festgelegt werden. Somit erübrigt sich die Dimensionierung der Pendelstützen als Stabelemente mit Länge, Querschnitt und E-Modul ebenso wie die Festlegung der Koordinaten für die Gelenklager am zweiten Knoten der Pendelstützen.

Es ist nun zu überlegen, in welche Felder der GK die Steifigkeiten der Pendelstützen als Lagerelemente zu addieren sind. Da der zweite Knoten des Lagerelements mit einem festen Gelenklager gehalten wird, entfallen gemäß Abschn. 3.2.1 die Spalten und Zeilen 3 und 4 der zum Lagerelement gehörenden EK. In den Spalten und Zeilen 1 und 2 stehen aber von null verschiedene Werte nur im Feld EK[1,1] beim X-Pendelstab bzw. EK[2,2] beim Y-Pendelstab. Wir müssen also die Lagersteifigkeit lediglich in das Hauptdiagonalfeld des zu lagernden Freiheitsgrades der GK hineinaddieren.

3.2.3 Simulation starrer Lager

Mit der vorstehend beschriebenen Methode läßt sich nun eine starre Lagerung simulieren, indem man Lagerelemente mit sehr hoher Steifigkeit generiert. Da diese sehr großen Steifigkeiten nur auf der Hauptdiagonale der Koeffizientenmatrix des zu lösenden Gleichungssystems auftreten, sind keine numerischen Instabilitäten beim Lösungsalgorithmus zu erwarten. Trotzdem sind einige Überlegungen hinsichtlich der zu wählenden Größe der Lagersteifigkeiten anzustellen.

Zunächst mag es plausibel erscheinen, die Steifigkeit so groß wie möglich zu wählen, etwa knapp unterhalb der Grenze des Zahlenbereichs, den das Computerprogramm noch verarbeiten kann. Dabei ist aber noch zu bedenken, daß bei dieser Methode der Lagersimulation durch Lagersteifigkeiten die Lagerkräfte aus der Verschiebung des zu lagernden Knotens in Richtung des Lagerelements multipliziert mit der Lagersteifigkeit zu berechnen sind. Wenn aber die Lagersteifigkeit nahezu unendlich groß gewählt wird, kommt zwangsläufig eine Knotenverschiebung nahe null heraus. Wir hätten also annähernd null mit unendlich zu multiplizieren, was mit Sicherheit eine große Ungenauigkeit der Lagerkraft zur Folge hätte. Außerdem sollte man die Größenunterschiede der Hauptdiagonalelemente auch nicht unnötig hoch wählen.

Es ist also nicht sinnvoll, in einem FEM-Programm einen bestimmten absoluten Wert für die Lagersteifigkeit festzulegen, da zunächst nicht bekannt ist, welche Steifigkeiten die Elemente der zu berechnenden Struktur haben. Um eine starre Lagerung zu simulieren, muß lediglich das Verhältnis der Steifigkeiten von Lagerelementen und Strukturelementen eine Mindestgröße haben, um Verfälschungen der Rechenergebnisse in einem für die praktische Auswertung akzeptablen Rahmen zu halten.

Aufgrund zahlreicher Beispielrechnungen scheint es vernünftig zu sein, die Steifigkeit der Lagerelemente etwa um den Faktor 10^6 größer zu machen, als die größte Steifigkeit eines Elements der Struktur. Für die Modellstruktur bedeutet dies, daß die Lagersteifigkeiten aufgrund der Steifigkeit des Elements 1 festzulegen sind:

$$Cs_{Lager} = Cs_1 * 10^6 = 1494.5 * 10^6 \text{ kN/cm} = 1\,494\,500\,000 \text{ kN/cm}$$

Bild 3-13 zeigt die in dieser Weise mit den Lagersteifigkeiten ergänzte Matrix GK der Modellstruktur. Die Methode hat natürlich den Nachteil, daß das Gleichungssystem aufgrund der Lagerung nicht kleiner wird als das der nicht abgestützten Struktur. In Strukturen aus Balken oder Stäben ist die Zahl der Lagerstellen erfahrungsgemäß aber nicht sehr groß.

Der Vollständigkeit halber sei erwähnt, daß für Balken- und Rahmenstrukturen selbstverständlich auch Drehmomenteinspannungen als Lagersteifigkeiten in die GK addiert werden können.

	x_1	y_1	x_2	y_2	x_3	y_3	x_4	y_4	x_5	y_5	
x_1	896.70	0.00	0.00	0.00					-896.70	0.00	1
y_1	0.00	1494501495	0.00	-1494.50					0.00	0.00	2
x_2	0.00	0.00	1112.93	-270.79	-547.55	-68.44			-565.38	339.23	3
y_2	0.00	-1494.50	-270.79	1706.60	-68.44	-8.56			339.23	-203.54	4
x_3			-547.55	-68.44	985.21	211.77	-114.84	287.09	-322.82	-430.42	5
y_3			-68.44	-8.56	211.77	1300.17	287.09	-717.73	-430.42	-573.89	6
x_4					-114.84	287.09	1494500960	-456.18	-845.47	169.09	7
y_4					287.09	-717.73	-456.18	1494500752	169.09	-33.82	8
x_5	-896.70	0.00	-565.38	339.23	-322.81	-430.42	-845.47	169.09	2630.37	-77.90	9
y_5	0.00	0.00	339.23	-203.54	-430.42	-573.89	169.09	-33.82	-77.90	811.25	10
	1	2	3	4	5	6	7	8	9	10	

Bild 3-13 GK der Modellstruktur mit Simulation starrer Lager

3.2.4 Schräge Gleitlager

Da die FEM stets von kleinen Knotenverschiebungen ausgeht, könnten schräge Gleitlager durch unter 90° zur Gleitebene angeordnete Pendelstützen nachgebildet werden. In diesem Fall würden aber in allen Feldern der zum Pendelstab gehörenden EK von null verschiedene Werte stehen. Es ist demnach der gesamte zum zu lagernden Knoten gehörende EK-Block des Pendelstabs in die GK der Struktur hineinzuaddieren, beim ebenen Pendelstab also vier Werte.

Nach den Ausführungen in Abschn. 3.2.3 ist also Vorsicht geboten, wenn ein schräger Pendelstab zur Simulation eines starren Lagers herangezogen werden soll. Es würden dann sehr große Steifigkeitswerte auch außerhalb der Hauptdiagonale der GK auftreten, und numerische Schwierigkeiten beim Auflösen des Gleichungssystems sind nicht auszuschließen.

3.3 Berücksichtigung äußerer Lasten

Wie schon mehrfach erwähnt, können nur Kräfte an Strukturknoten in Form ihrer Komponenten in Koordinatenrichtung berücksichtigt werden. In diesem globalen Zusammenhang schließt der Begriff "Kräfte" natürlich Drehmomente mit ein, wobei ein beliebiger Momentenvektor analog zum Vektor einer beliebigen Kraft ebenfalls in Komponenten in Koordinatenrichtung zerlegt werden muß.

Verteilte Lasten wie z.B. das Eigengewicht der Elemente, Windlasten oder andere vorgegebene Streckenlasten müssen in äquivalente Einzelkräfte bezüglich der Nachbarknoten umgerechnet werden. Dadurch ergibt sich zwar eine gewisse Ungenauigkeit, aber diese kann in vielen Fällen durch Unterteilung der Struktur in eine entsprechend große Zahl kurzer Elemente in Grenzen gehalten werden.

Bild 3-14 stellt als Beispiel einen Träger dar, der mit einer konstanten Streckenlast q beaufschlagt ist. Gehen wir davon aus, daß die Elemente des Trägers alle die gleiche Länge Le haben, so lastet auf jedem Element eine Kraft Fq = q * Le, die je zur Hälfte auf Anfangs- und Endknoten des Elements zu verteilen ist. Für die FEM-Rechnung besteht die Belastung des Balkens also aus je einer Kraft Fq/2 an den Enden des Trägers und je einer Kraft Fq an jedem Zwischenknoten.

Eine Folge dieser Lastverteilung können irreführende Rechenergebnisse sein, wenn nicht im Programm entsprechende Vorsorge dagegen getroffen wird. Soll z.B. der Querkraftverlauf am Träger ausgegeben werden, so wäre aufgrund der Streckenlast ein geradlinig veränderlicher Verlauf zu erwarten, während die Verteilung der Streckenlast auf Knotenkräfte zu einer Treppenkurve mit elementweise konstanter Querkraft führen muß. Will man den richtigen Verlauf errechnen, so sind während des Rechengangs die Ersatz-Knotenkräfte aus Streckenlasten von echten Einzel-Knotenkräften zu unterscheiden.

In diesem Zusammenhang ist auch zu vermerken, daß die exakte Erfassung starrer Lager nach Abschn. 3.2.1 dazu führt, daß die auf den Lagerknoten lastenden Ersatzkräfte weder in die Berechnung der Knotenverschiebungen noch der Lagerkräfte durch Auswertung der Stützmatrix eingehen. Die an den Lagerknoten angreifenden Kräfte aus Streckenlasten müßten also wieder separat im Rechengang mitgeführt werden, um später eine Korrektur der Lagerkräfte vornehmen zu können. Werden starre Lager jedoch gemäß Abschn. 3.2.3 simuliert, so werden Kräfte an Lagerknoten ohne besondere Vorkehrungen automatisch richtig für die Lagerkraftberechnung ausgewertet.

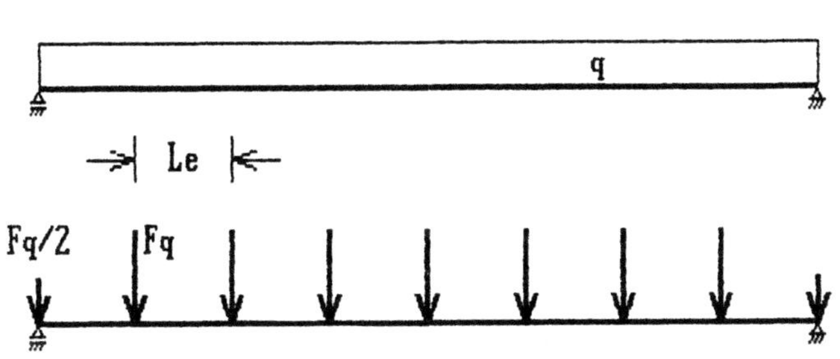

Bild 3-14 Umrechnung einer Rechteck-Streckenlast in Knotenkräfte

3.4 Entkoppeln von Steifigkeiten

In diesem Abschnitt wird untersucht, wie sich die Kombination von Elementen mit unterschiedlichen Knotenfreiheitsgraden auf die Steifigkeit der Struktur auswirkt.

Bild 3-15 zeigt einen aus drei Balkenelementen bestehenden Durchlaufträger und die aus den drei Elementmatrizen gebildete Gesamtsteifigkeitsmatrix GK. Die *Knotenfreiheitsgrade* sind

Verschiebung in X-Richtung	V_x
Drehung um Y-Achse	D_y
Verschiebung in Z-Richtung	V_z

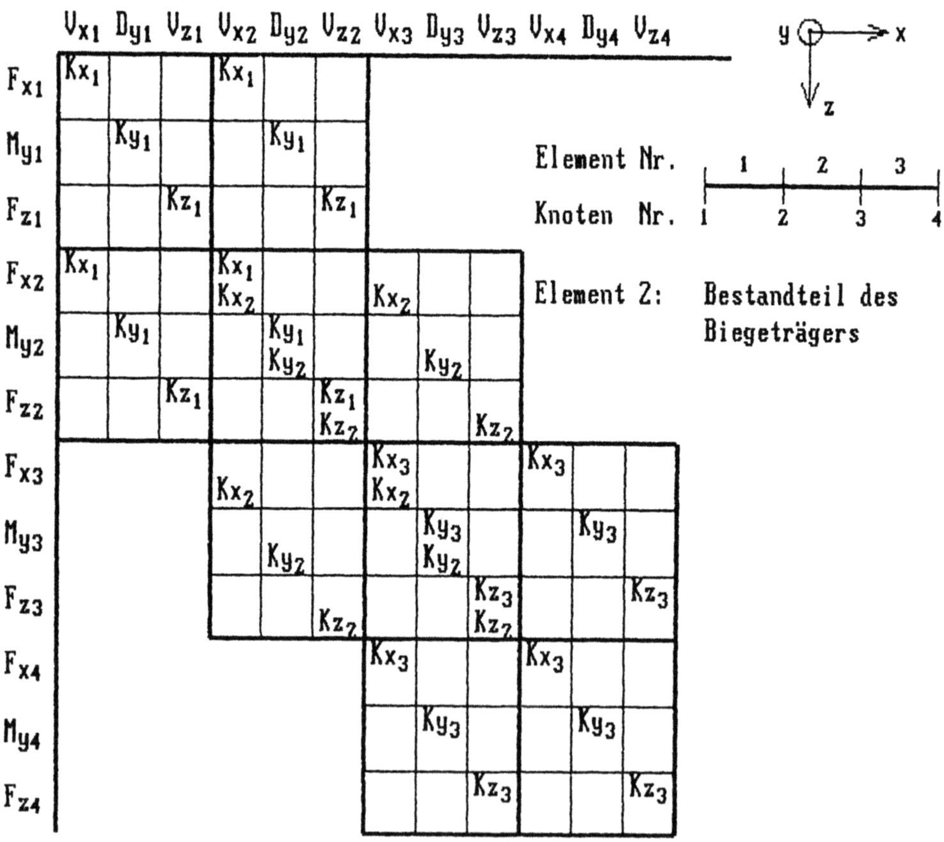

Bild 3-15 Kopplung der Steifigkeiten im Durchlaufträger

Die zugehörigen *Knotenkräfte* und die mit ihnen korrespondierenden inneren Elementkräfte sind

Längskraft	F_x	-	Normalkraft	F_u
Drehmoment	M_y	-	Biegemoment	M_v
Querkraft	F_z	-	Querkraft	F_w

Zur besseren Orientierung sind die Knotenverschiebungen und Knotenkräfte für die vier Knoten der Struktur oben und links außerhalb der Matrix GK eingetragen.

Die *Elementsteifigkeiten*

Kx für Übertragung der Normalkraft
Ky für Übertragung des Biegemoments
Kz für Übertragung der Querkraft

sind in die entsprechenden Felder der EK_i eingetragen. Die Steifigkeit der Struktur kommt dadurch zustande, daß sich die EK_i in der GK überlappen. Element 2 verbindet die Elemente 1 und 3 dadurch, daß sich die Steifigkeiten Kx_2, Ky_2 und Kz_2 auf der Hauptdiagonalen der GK einerseits mit den Steifigkeiten Kx_1, Ky_1 und Kz_1 des Elements 1 und andererseits mit den Steifigkeiten Kx_3, Ky_3 und Kz_3 des Elements 3 überlagern.

3.4.1 Simulation von Gelenken

Nimmt man nun dem Element 2 die Steifigkeit für einen der Freiheitsgrade, so kann die zugehörige innere Kraft nicht mehr zwischen den Elementen 1 und 3 übertragen werden. Die Elemente 1 und 3 sind somit bezüglich dieser Steifigkeit entkoppelt.

In **Bild 3-16** ist die Steifigkeit Kx_2 eliminiert worden. Da Biegemoment und Querkraft aber weiter übertragen werden können, hat das Element 2 innerhalb der Struktur die Funktion einer Schiebemuffe zum kräftefreien Lastenausgleich übernommen.

Bild 3-17 zeigt Element 2 in der Funktion eines Drehgelenks zum drehmomentfreien Winkelausgleich nach Entfernen der Steifigkeit Ky_2, und **Bild 3-18** schließlich als vertikale Gleitführung zum kräftefreien Höhenausgleich nach Entfernen der Steifigkeit Kz_2.

In allen drei Fällen ist Element 2 kein Balkenelement im üblichen Sinn mehr, sondern übt die Funktion einer gelenkigen Verbindung der Elemente 1 und 3 aus. Man kann das Element 2 demnach als Gelenkelement bezeichnen. Für die praktische Verwendung in einer Struktur müßte man ihm die Länge null zuordnen, so daß an dieser Stelle zwei Strukturknoten mit denselben Koordinaten (Doppelknoten) auftreten, wie in den Bildern 3-16 bis 3-18 angedeutet. Dadurch wird aber die Berechnung der ver-

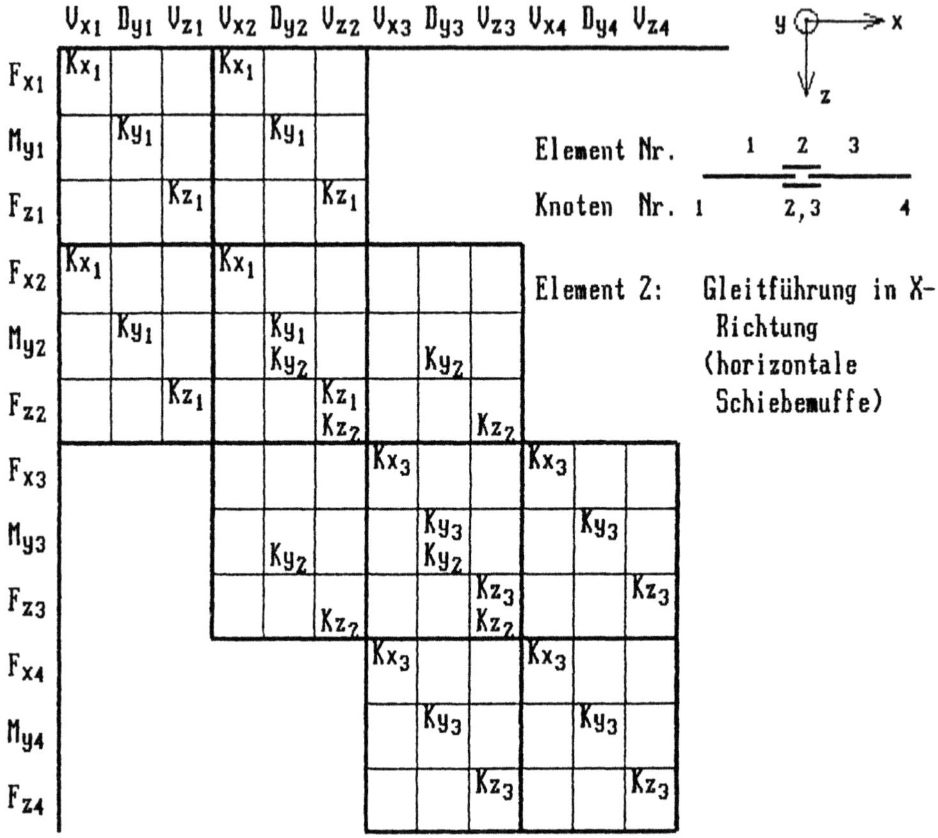

Bild 3-16 Entkooplung der Längssteifigkeit

bleibenden Steifigkeiten nach dem Schema der Elementmatrizen aus Abschn. 2 unmöglich, da in diesen die Elementlänge L immer im Nenner der zu berechnenden Quotienten auftritt.

Der naheliegende Gedanke, bei der Simulation von Gelenken ähnlich zu verfahren wie bei der Simulation starrer Lager, indem man den verbleibenden Gelenksteifigkeiten große konstante Werte zuordnet, muß bei genauer Überlegung verworfen werden. Die großen Steifigkeiten würden, anders als bei der Simulation starrer Lager, auch außerhalb der Hauptdiagonale in der Matrix GK auftreten, was gemäß Abschn. 3.2.4 zu vermeiden ist.

Ist die Elementachse u gegenüber der globalen Achse X gedreht, wie es in Rahmenstrukturen vorkommen kann, so müssen die verbleibenden Gelenksteifigkeiten in Knotensteifigkeiten des globalen Systems umgerechnet werden. Ebensowenig wie die Elementlänge können aber die zur Transformation benötigten Winkelfunktionen aus den Koordinaten der Gelenkknoten bestimmt werden.

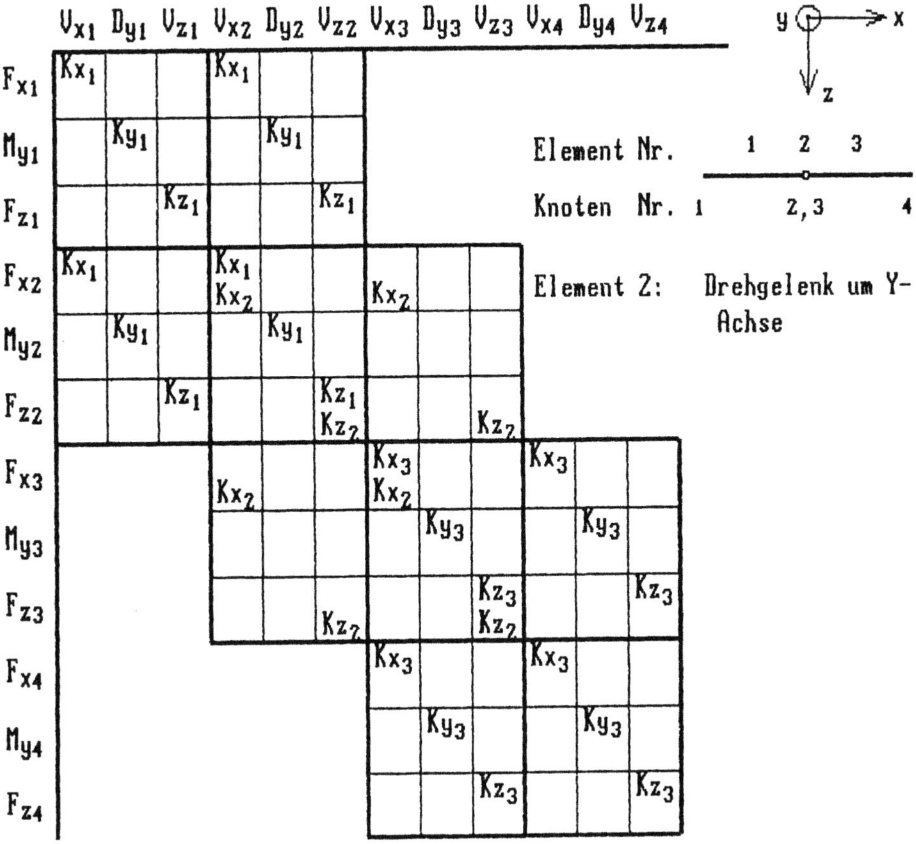

Bild 3-17 Entkopplung der Biegesteifigkeit

Zusätzliche Schwierigkeiten erkennt man bei Betrachtung der Gl. (2.42). In der EK des Biegebalkenelements treten die Steifigkeiten zur Übertragung von Querkraft und Biegemoment nämlich nicht voneinander isoliert auf, wie in den Bildern 3-15 bis 3-17 schematisch vereinfachend angenommen. Vielmehr sind Querkraft und Biegemoment miteinander gekoppelt, was daran zu erkennen ist, daß in Gl. (2.42) innerhalb der EK des Balkenelements keine Nullen vorhanden sind.

Diese Tatsache überrascht nicht, denn aus der Technischen Mechanik ist bekannt, daß die Querkraft die Ableitung des Biegemoments nach der Trägerlängskoordinate darstellt. Tritt also in einem Balkenelement eine von null verschiedene Querkraft auf, so muß sich zwangsläufig über die Elementlänge das Biegemoment verändern.

Da man aus den angeführten Gründen nur mit endlich großen Gelenksteifigkeiten rechnen kann, enthält die Simulation eines Gelenks einen Widerspruch: Einerseits ist die Länge eines Gelenkelements als Koordinatendifferenz null, andererseits wird für die Berechnung der Gelenksteifigkeiten eine Länge größer als null angenommen.

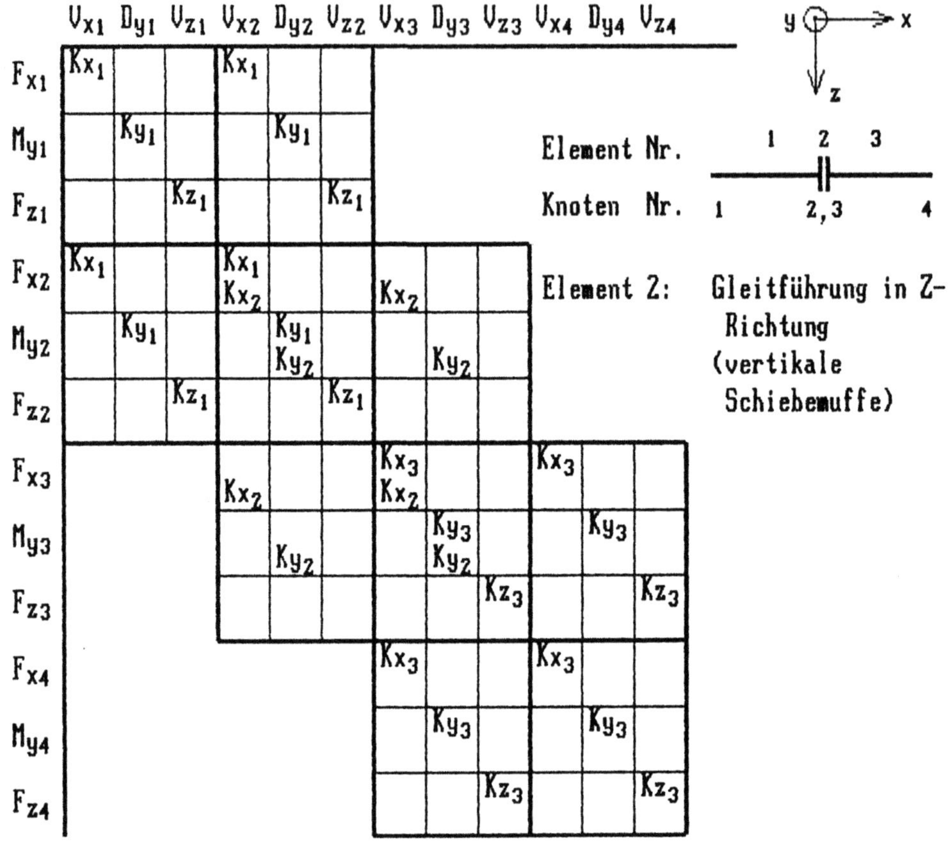

Bild 3-18 Entkopplung der Quersteifigkeit

Trotzdem erhält man für die Praxis brauchbare Ergebnisse, wenn folgende Grundsätze beachtet werden:

1) Die Gelenksteifigkeit für eine zu übertragende innere Kraft sollte merklich größer sein als die mittlere Steifigkeit der übrigen Elemente bezüglich derselben inneren Kraft. Aus den gleichen Gründen wie bei der Simulation starrer Lager kommt aber eine große absolute Steifigkeit nicht in Betracht. Vielmehr wird die Gelenksteifigkeit aus der Steifigkeit eines anderen Elements der Struktur hergeleitet ("Referenz-Element"), indem 1/10 von dessen Länge zur Berechnung herangezogen wird. Dieses Referenz-Element liefert auch die Winkelfunktionen zur Richtungs-Transformation der Steifigkeiten. Zusätzlich kann die Steifigkeit des Gelenkelements durch entsprechende Wahl von Elastizitätsmodul, Querschnittfläche und Trägheitsmoment variiert werden.

2) Die Übertragung eines Biegemoments ohne gleichzeitige Übertragung einer Querkraft (vertikale Schiebemuffe nach Bild 3-18) ist auszuschließen. Ein derartiges Gelenk würde zu einem Biegemoment-Sprung im Gelenk führen, der mit der

Theorie der Technischen Mechanik nicht in Einklang zu bringen ist. Für praktische Rechnungen kann man auf ein solches Gelenk aber leicht verzichten, da ein Balken mit derartigen Eigenschaften kaum als eine sinnvolle Konstruktion angesehen werden kann.

Es versteht sich von selbst, daß der Anwender auch für die mechanische Stabilität der von ihm generierten Struktur verantwortlich ist. So sind die durch Gelenke verursachten zusätzlichen Verschiebungsmöglichkeiten innerhalb der Struktur ggf. an anderer Stelle durch zusätzliche Lager aufzufangen, damit insgesamt eine mindestens statisch bestimmte Struktur entsteht.

3.4.2 Kombination verschiedener Elementtypen

Die Gesamtsteifigkeitsmatrix einer mechanisch stabilen Struktur enthält für jeden Knoten ausreichende Steifigkeiten bezüglich aller vorgesehenen Knotenfreiheitsgrade. Es ist dabei unerheblich, ob die Steifigkeiten aus den EK_i der mit dem Knoten verbundenen Elemente stammen oder aus der Lagerung der Struktur.

Da die Struktur beliebig statisch überbestimmt sein darf, können über die genannte Mindestbedingung hinaus weitere Elemente eingebaut werden. Diese zusätzlichen Elemente müssen zwar mit den Knotenfreiheitsgraden der Struktur verträglich sein, brauchen aber nicht alle für die Strukturknoten vorgesehenen Freiheitsgrade zu enthalten.

Zum besseren Verständnis stellen wir uns einen Rechteckrahmen aus Balkenelementen vor, wie er in **Bild 3-19** dargestellt ist. Die zwischen den Ecken liegenden Knoten sind durch dünne Querstriche markiert. Die Knotennummern sind links oberhalb der Knoten eingetragen, die Elementnummern unterstrichen rechts unterhalb der Elementmitte. Da alle Elemente Steifigkeiten für Normalkraft, Querkraft und Biegemoment enthalten, ist die Struktur als ebener Rahmen ausreichend stabil. Es leuchtet aber ein, daß sich der Rahmen mit geringem Aufwand wesentlich versteifen läßt, wenn man eine Diagonalstrebe einzieht.

Den verstärkten Rahmen zeigt **Bild 3-20**. Die Struktur ist um das Element 21 erweitert, das die Knoten 9 und 12 verbindet. Da beide Knoten aus den Rahmenelementen 6 und 7 bzw. 16 und 17 ausreichende Steifigkeiten zur Übertragung von Biegemomenten erhalten, genügt als Diagonale ein Zug-Druck-Stab ohne Biegesteifigkeit (Zweigelenk- oder Fachwerkstab). Praktisch erreicht man eine solche Anordnung, indem für das Element 21 lediglich E-Modul und Querschnittsfläche, aber kein Trägheitsmoment gegen Biegung vorgesehen werden.

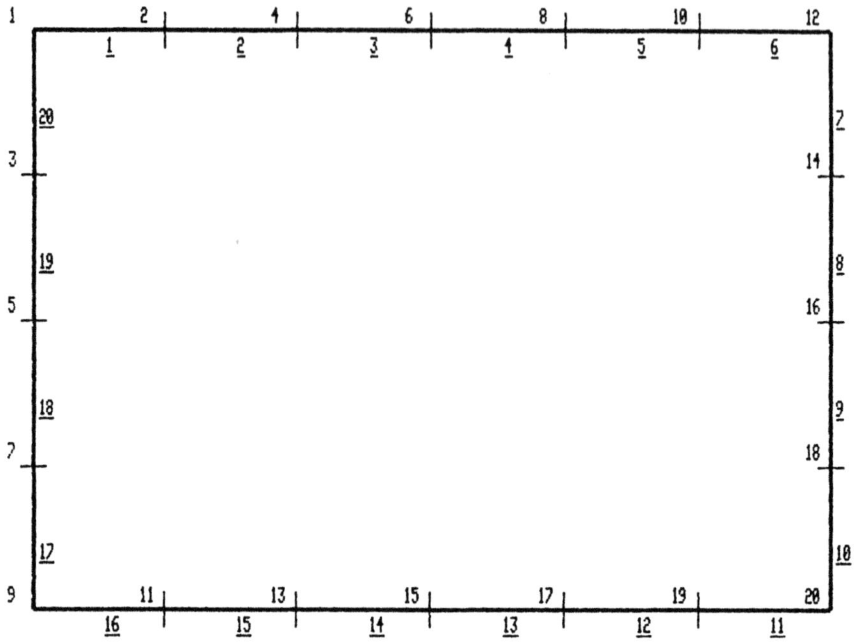

Bild 3-19 Rechteckrahmen aus Balkenelementen

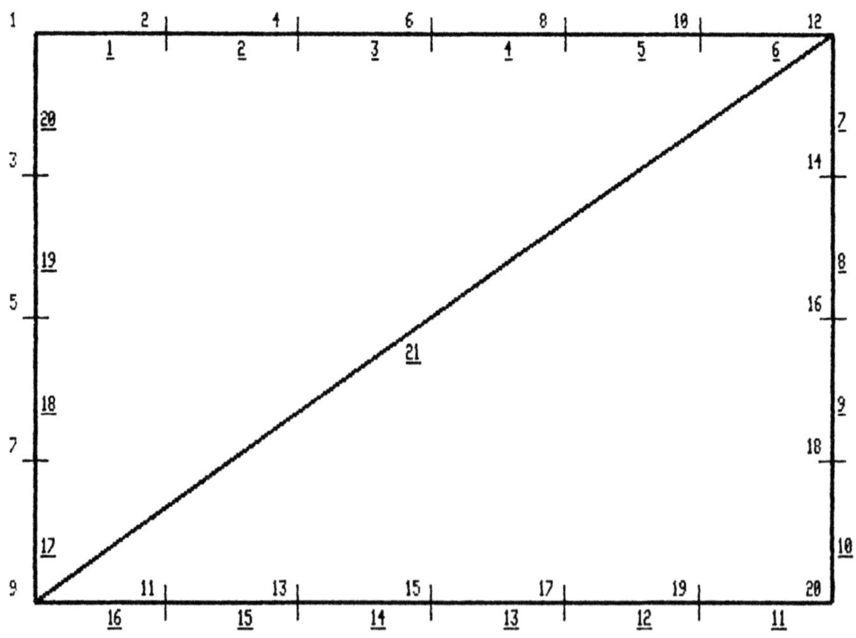

Bild 3-20 Rechteckrahmen aus Balkenelementen, verstärkt durch Fachwerkstab als Diagonalstrebe

4 Lösen des Gleichungssystems

Die in Kap. 3 aufgestellte *Matrix GK der Modellstruktur* enthält die Koeffizienten des linearen Gleichungssystems zur Berechnung der unbekannten Knotenverschiebungen. Als rechte Seiten dieses Gleichungssystems fungieren die äußeren Knotenkräfte. Die exakten Lösungen für den Fall der starren Lagerung erhalten wir, wenn wir als Koeffizientenmatrix die GK_{red} nach Bild 3-10 zugrunde legen. Es entsteht dann das folgende Gleichungssystem:

$$\begin{array}{rrrrrrrl}
896.70 \cdot V_{x1} & & & & & -896.70 \cdot V_{x5} & & = 0.0 \\
& 1112.93 \cdot V_{x2} & -270.79 \cdot V_{y2} & -547.55 \cdot V_{x3} & -68.44 \cdot V_{y3} & -565.38 \cdot V_{x5} & +339.23 \cdot V_{y5} & = 0.0 \\
& -270.79 \cdot V_{x2} & +1706.60 \cdot V_{y2} & -68.44 \cdot V_{x3} & -8.56 \cdot V_{y3} & +339.23 \cdot V_{x5} & -203.54 \cdot V_{y5} & = 0.0 \\
& -547.55 \cdot V_{x2} & -68.44 \cdot V_{y2} & +987.21 \cdot V_{x3} & +211.77 \cdot V_{y3} & -322.82 \cdot V_{x5} & -430.42 \cdot V_{y5} & = -6.0 \\
& -68.44 \cdot V_{x2} & -8.56 \cdot V_{y2} & +211.77 \cdot V_{x3} & +1300.17 \cdot V_{y3} & -430.42 \cdot V_{x5} & -573.89 \cdot V_{y5} & = -8.0 \\
-896.70 \cdot V_{x1} & -565.38 \cdot V_{x2} & +339.23 \cdot V_{y2} & -322.81 \cdot V_{x3} & -430.42 \cdot V_{y3} & +2630.37 \cdot V_{x5} & -77.90 \cdot V_{y5} & = 0.0 \\
& 339.23 \cdot V_{x2} & -203.54 \cdot V_{y2} & -430.42 \cdot V_{x3} & -573.89 \cdot V_{y3} & -77.90 \cdot V_{x5} & +811.25 \cdot V_{y5} & = -10.0
\end{array}$$

Die Koeffizienten der linken Seiten haben alle die Einheit [kN/cm], und die rechten Seiten haben die Einheit [kN]. Somit erhalten wir als Lösungen die Knotenverschiebungen in der Einheit [cm].

Daß die Matrix GK auf der Hauptdiagonalen nur positive Werte enthält, wurde schon erwähnt. In der reduzierten Form als GK_{red}, oder ergänzt mit den Lagersteifigkeiten, wird die Matrix *positiv definit*. Diese Eigenschaft besagt, daß auch nach allen Reduzierungsschritten während des Lösungsalgorithmus die Werte auf der Hauptdiagonale stets positiv bleiben. Aus diesem Grund sind die aus mechanisch stabilen FEM-Strukturen berechneten Koeffizientenmatrizen generell auch für den im Abschn. 4.2 behandelten *Lösungsalgorithmus nach Cholesky* geeignet. Zunächst aber soll der allgemeinere *Lösungsalgorithmus nach Gauß* besprochen werden.

4.1 Gauß-Algorithmus für quadratische Koeffizientenmatrizen

Der Gauß-Algorithmus als grundlegende Methode zum Lösen linearer Gleichungssysteme ist in zahlreichen Büchern beschrieben ([6], [7], [1], [3]) und wird als bekannt vorausgesetzt. Seine Anwendung auf quadratische positiv definite Koeffizientenmatrizen, wie sie für FEM-Rechnungen charakteristisch sind, ist problemlos, da auf der Hauptdiagonale niemals Nullen auftreten, so daß eine *Pivotsuche* grundsätzlich nicht erforderlich ist.

4.1.1 Programm zum Lösen kleiner Gleichungssysteme

Im Anhang ist unter dem Namen "Lin-Glei" ein einfaches Programm abgedruckt, mit dessen Hilfe sich die Knotenverschiebungen der Modellstruktur berechnen lassen. Das Programm ist für Gleichungssysteme mit maximal 20 Unbekannten dimensioniert. Mehr erscheint wenig sinnvoll, da für 20 Unbekannte bereits 400 Koeffizienten und 20 rechte Seiten von der Tastatur einzugeben sind. Das Programm soll folgende Möglichkeiten bieten:

- Dateneingabe im Bildschirmdialog, optional Protokoll aller Eingaben auf Drucker.
- Möglichkeit zum nachträglichen Ändern einzelner Eingaben,
- Ausgabe des Lösungsvektors auf Bildschirm und optional auf Drucker,
- Wiederholung der Rechnung mit der Möglichkeit, alle Eingabedaten vorher am Bildschirm zu überprüfen und bei Bedarf zu ändern,
- Benutzerführung im Bildschirmdialog mit Ja/Nein-Abfragen.

Das Turbo-Pascal-Programm ist mit einem deutschen Zeichensatz geschrieben. Deshalb wurden anstelle eckiger Klammern für die Indizes runde Klammern mit Punkt und anstelle geschweifter Klammern für Kommentare runde Klammern mit Stern verwendet.

Abschließend folgen noch einige Erläuterungen zum Programm, sofern sie nicht als Kommentare bereits im Quelltext selbst enthalten sind:

Während z.B. in BASIC-Programmen beim Start alle Variablen auf null gesetzt werden, ist dies bei Turbo-Pascal nicht der Fall. Um Zufallswerte für die zum Rechenlauf benötigten Variablen auszuschließen, werden diese zu Beginn auf null gesetzt (*Initialisierung*).

Der eigentliche Lösungsalgorithmus für das lineare Gleichungssystem steht im Unterprogramm "Gauß" und greift auf das Datenfeld GK zu. Während des Rechenlaufs werden die Elemente der Matrix GK verändert, so daß sie für eine Wiederholung der Rechnung nicht mehr verwendet werden können. Deshalb werden die Eingaben im Datenfeld Ai abgelegt und vor Beginn des Lösungsalgorithmus an die Matrix GK übergeben.

Das Programm eignet sich für beliebige Gleichungssysteme bis zu 20 Unbekannten. Deshalb wurde darauf verzichtet, die für FEM-Rechnungen immer vorhandene Symmetrie der Koeffizientenmatrix zur Vereinfachung der Dateneingabe auszunutzen. Aus dem gleichen Grund wurde auch eine Warnung für den Fall vorgesehen, daß für ein Hauptdiagonalelement eine Null eingegeben wurde. Für die Steifigkeitsmatrizen in FEM-Rechnungen wäre dies überflüssig, da deren Hauptdiagonalen niemals Nullen enthalten.

4.1.2 Knotenverschiebungen der Modellstruktur

Mit dem Programm wird nun das reduzierte Gleichungssystem mit der Koeffizientenmatrix GK_{red} nach Bild 3-10 und zum Vergleich das Gleichungssystem mit der Koeffizientenmatrix nach Bild 3-13, in dem die starren Lager durch hohe Steifigkeitswerte simuliert werden, berechnet. Die Ergebnisse sind in der folgenden Tabelle gegenübergestellt, wobei die Ziffernfolge zur besseren Lesbarkeit in Dreiergruppen gegliedert wurde:

Verschiebungen in cm	Starre Lagerung berücksichtigt durch Reduzierung	Simulation
V_{x1}	-2.224 159 971 4E-02	-2.224 160 380 9E-02
V_{y1}		-6.423 468 750 6E-09
V_{x2}	-1.888 800 234 2E-02	-1.888 800 667 7E-02
V_{y2}	-6.423 468 752 7E-03	-6.423 475 176 2E-03
V_{x3}	-4.005 342 793 6E-02	-4.005 343 235 2E-02
V_{y3}	-3.056 002 598 5E-02	-3.056 003 176 7E-02
V_{x4}		-4.014 452 637 6E-09
V_{y4}		-5.620 897 655 7E-09
V_{x5}	-2.224 159 971 4E-02	-2.224 160 380 9E-02
V_{y5}	-5.104 538 203 8E-02	-5.104 538 806 0E-02

Da die Lagersteifigkeiten um den Faktor 10^6 größer sind als die Steifigkeiten der Elemente, wirkt sich die Ungenauigkeit infolge Simulation der starren Lager erst ab der 6. Stelle als Abweichung der Knotenverschiebungen aus beiden Rechnungen aus.

Die geringfügige Verschiebung der Lagerknoten im Fall der Simulation bewirkt der Tendenz nach eine Starrkörperverschiebung des gesamten Fachwerks und führt folgerichtig zu etwas größeren Verschiebungen an allen Knoten.

Daß beide Rechnungen im Prinzip richtige Ergebnisse liefern, läßt sich der Tatsache entnehmen, daß die X-Verschiebungen an den Knoten 1 und 5 identisch sind. Dies ist zwingend, da der waagerecht angeordnete Stab 2, der diese beiden Knoten verbindet, keine Kraft aufnimmt und infolge dessen seine Länge nicht ändert.

Aus dem Vergleich läßt sich schließen, daß für viele Anwendungen der Praxis die Simulation starrer Lager mittels hoher Steifigkeiten ausreichend genaue Ergebnisse liefert.

4.2. Cholesky-Verfahren für symmetrische Bandmatrizen

In Abschn. 4.1.1 wurde bereits angedeutet, daß das Aufstellen der quadratischen Koeffizientenmatrix durch manuelle Eingabe der Werte nur für kleine Gleichungssysteme sinnvoll ist. Bezogen auf FEM-Rechnungen läßt sich dieses Problem leicht dadurch lösen, daß die Matrix GK vom Programm aufgestellt wird. Trotzdem stoßen wir dabei sehr bald an Grenzen, wenn wir die quadratische Form der Matrix GK auch für große Strukturen beibehalten wollen, wie folgende Überlegung zeigt:

Für n Freiheitsgrade der Struktur enthält die Matrix GK n^2 Zahlen. Um z.B. einen Durchlaufträger mit 166 Knoten und räumlicher Belastung (entsprechend 6 Freiheitsgraden pro Knoten) zu bearbeiten, wäre im Programm außer einer Reihe von anderen Variablen ein Datenfeld mit 922 016 Zahlen zu speichern und zu verwalten. Ein Knoten mehr würde das Datenfeld auf 1 004 004 Zahlen vergrößern und ein weiterer auf 1 016 064.

Mit einer derart anwachsenden Datenflut wäre nicht nur ein Mikrocomputer schnell am Ende seiner Möglichkeiten, sondern auch ein Großrechner. Es gilt deshalb, die Menge der zu handhabenden Daten so weit wie möglich zu reduzieren.

4.2.1 Bandstruktur der Matrix GK

Ein erster Schritt zur Reduzierung der Datenmenge ist die Nutzung der Symmetrie der Matrix GK. Dies macht fast die Hälfte der Zahlen entbehrlich, da zusätzlich zur Hauptdiagonalen nur die Werte oberhalb oder unterhalb der Hauptdiagonale für die Rechnung zur Verfügung stehen müssen. Im Prinzip wächst aber die Datenmenge weiterhin quadratisch mit der Zahl der Freiheitsgrade der Struktur.

In Abschn. 3.1.3 war bereits davon die Rede, daß ein gewisser Anteil der GK-Felder nicht von Werten der Elementsteifigkeitsmatrizen belegt wird und daß dieser Anteil mit wachsender Größe der Struktur zunimmt.

Es gibt nun einen Weg, die Matrix GK so aufzustellen, daß die von EK-Werten belegten Felder alle in der Nähe der Hauptdiagonalen liegen. Dazu betrachten wir noch einmal Bild 3-6. Man erkennt, daß die EK der Stäbe 1, 4, 7 und 6 in der GK ein schmales Band um die Hauptdiagonale besetzen. Die Ursache dafür ist, daß die Knoten dieser Stäbe mit aufeinanderfolgenden Knotennummern der Struktur numeriert sind.

Dieses gibt einen Hinweis darauf, wie man auch die Steifigkeitswerte der anderen Stäbe näher an die Hauptdiagonale heranholen kann: Man muß versuchen, die Knotennummern so festzulegen, daß die Knotendifferenz an allen Stäben möglichst klein wird.

Bei einem Fachwerk ist es natürlich nicht möglich, an allen Stäben die Knotendifferenz auf 1 zu reduzieren. Für die Modellstruktur läßt sich aber erreichen, daß an keinem Stab die Knotendifferenz größer als zwei wird.

Die entsprechend umnumerierte Struktur zeigt **Bild 4-1**. Die zugehörige Matrix GK ist in **Bild 4-2** dargestellt. Obwohl die Modellstruktur nur wenige Freiheitsgrade besitzt, ist im Vergleich mit Bild 3-8 deutlich die Bandstruktur erkennbar. An keiner Stelle der GK ist ein aus einer EK stammender Zahlenwert mehr als 5 Positionen von der Hauptdiagonale entfernt. Das gesamte Band hat also eine maximale Breite von 11 Positionen, die sich allerdings bei der kleinen Modellstruktur nicht ausbilden kann, da die Bandbreite durch die linke obere und rechte untere Ecke der Matrix GK beschnitten wird. Auch am Rand des Bandes bleiben einige Felder leer, und zwar um so mehr, je größer die Zahl der Knotenfreiheitsgrade der Struktur ist.

Da die Symmetrie genutzt werden soll, müssen nur die Hauptdiagonale und z.B. die rechts davon innerhalb des Bandes liegenden Spalten ausgewertet werden. Wir wollen nun ausrechnen, wie die Bandbreite mit den Daten der Modellstruktur zusammenhängt. Als nutzbare Bandbreite NB lassen sich die Hauptdiagonale und die 5 rechts davon liegenden Spalten definieren.

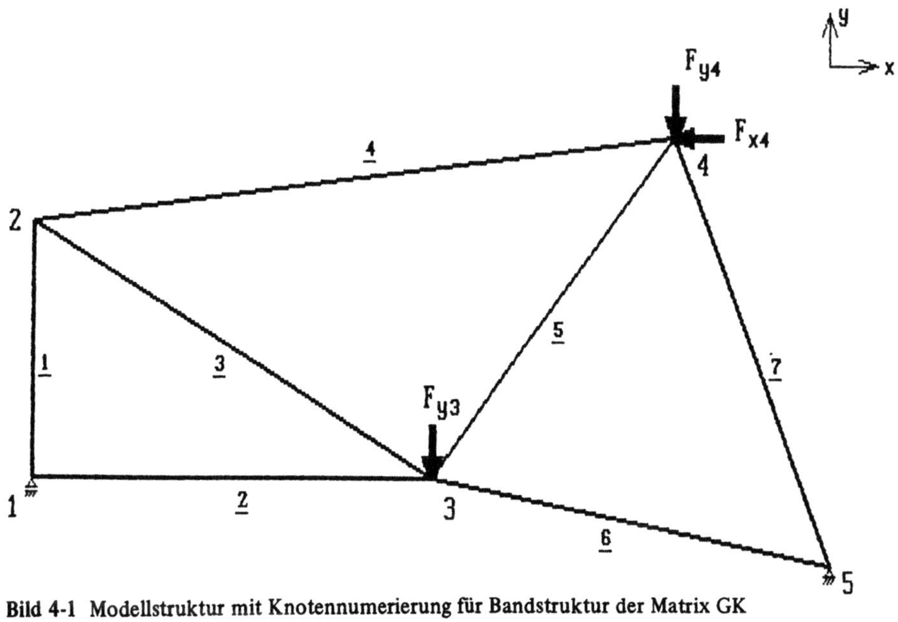

Bild 4-1 Modellstruktur mit Knotennumerierung für Bandstruktur der Matrix GK

	x_1	y_1	x_2	y_2	x_3	y_3	x_4	y_4	x_5	y_5	
x_1	896.70	0.00	0.00	0.00	-896.70	0.00					1
y_1	0.00	1494.50	0.00	-1494.50	0.00	0.00					2
x_2	0.00	0.00	1112.93	-270.79	-565.38	339.23	-547.55	-68.44			3
y_2	0.00	-1494.50	-270.79	1706.60	339.23	-203.54	-68.44	-8.56			4
x_3	-896.70	0.00	-565.38	339.23	2630.37	-77.90	-322.82	-430.42	-845.47	169.09	5
y_3	0.00	0.00	339.23	-203.54	-77.90	811.25	-430.42	-573.89	169.09	-33.82	6
x_4			-547.55	-68.44	-322.82	-430.42	985.21	211.77	-114.84	287.09	7
y_4			-68.44	-8.56	-430.42	-573.89	211.77	1300.17	287.09	-717.73	8
x_5					-845.47	169.09	-114.84	287.09	960.31	-456.18	9
y_5					169.09	-33.82	287.09	-717.73	-456.18	751.55	10
	1	2	3	4	5	6	7	8	9	10	

Bild 4-2 GK mit Bandstruktur für das Modellfachwerk

Es gilt:

$$NB = (Kdif+1) \cdot KF \tag{4.1}$$

Darin ist Kdif die größte aller an den Elementen auftretenden Knotendifferenzen und KF die Zahl der Knotenfreiheitsgrade der Struktur. Mit dieser Verallgemeinerung kann Gl. (4.1) zur Berechnung der nutzbaren Bandbreite einer beliebigen Struktur verwendet werden.

4.2.2 Speicherung der Matrix GK in Rechteckform

Die Bandstruktur erlaubt nun die Überführung der Matrix GK in eine rechteckige Form, da die Spaltenzahl nicht mehr von der Zahl der Freiheitsgrade abhängt, sondern durch die Konstante NB gegeben ist. Die erste Spalte der Rechteckmatrix enthält dann die Hauptdiagonale der quadratischen Matrix.

Die Rechteckmatrix der Modellstruktur zeigt **Bild 4-3**. Die leeren Felder am Rand des Bandes erscheinen als Lücken am rechten Rand des Rechtecks, und die beschnittene Bandbreite wirkt sich als leeres Dreieck in der rechten unteren Ecke des Rechtecks aus. Die Strukturfreiheitsgrade können nur noch den Zeilen der Rechteckmatrix zu-

x_1	896.70	0.00	0.00	0.00	-896.70	0.00	1
y_1	1494.50	0.00	-1494.50	0.00	0.00		2
x_2	1112.93	-270.79	-565.38	339.23	-547.55	-68.44	3
y_2	1706.60	339.23	-203.54	-68.44	-8.56		4
x_3	2630.37	-77.90	-322.82	-430.42	-845.47	169.09	5
y_3	811.25	-430.42	-573.89	169.09	-33.82		6
x_4	985.21	211.77	-114.84	287.09			7
y_4	1300.17	287.09	-717.73				8
x_5	960.31	-456.18					9
y_5	751.55						10

Bild 4-3 Bandmatrix GK in Rechteckform für das Modellfachwerk

geordnet werden. Welche Freiheitsgrade durch die Spalten repräsentiert werden, hängt von der jeweiligen Zeile ab.

Um den Vorteil dieser Methode abzuschätzen, kommen wir auf das im Abschn. 4.2 angeführte Beispiel zurück. Ein Durchlaufträger läßt sich immer mit der Knotendifferenz Kdif = 1 numerieren, wodurch die ideale Bandstruktur entsteht. Somit erhält man als Bandbreite NB = (1 + 1) * 6 = 12. In der Rechteckmatrix sind für n Freiheitsgrade aber nur noch n * NB Werte enthalten. Bei 166 Knoten reduziert sich demnach die Zahl der zu speichernden Werte von 922 016 auf 166 * 6 * 12 = 11 952 und somit auf weniger als 3 % dessen, was in einer quadratischen Matrix selbst unter Berücksichtigung der Symmetrie zu verwalten wäre.

Ein weiterer Vorteil der Rechteckform kommt dann zum Tragen, wenn die Matrix GK als Datei auf einem Massenspeicher abgelegt werden soll. Wegen der geringen und konstanten Zeilenlänge läßt sich die Datei dann so organisieren, daß beliebig auf jede Zeile zugegriffen werden kann (*Random Access*). Innerhalb der Zeile kann dann jede Spalte einzeln ausgewertet werden.

4.2.3 Lösungsalgorithmus nach Cholesky

Bei dieser Methode handelt es sich um eine *Weiterentwicklung des Gauß-Algorithmus*, die sowohl die Symmetrie als auch die Bandstruktur der Koeffizientenmatrix des Gleichungssystems zur Reduzierung der Zahl der Rechenschritte ausnutzt. Dadurch wird bei der Bearbeitung großer Strukturen nicht nur Rechenzeit gespart, sondern es wird auch die Auswirkung der bei Kettenrechnungen unvermeidlichen Rundungsfehler verringert. Je kleiner die Mantisse der in der Rechnung verwendeten Zahlen ist, desto wichtiger ist dieser Aspekt. So ist leicht einzusehen, daß bei Turbo-Pascal-Programmen die Version für den mathematischen Koprozessor 8087 schon deshalb vorzuziehen ist, weil sie *Real-Zahlen* mit einer um mindestens fünf Ziffern größeren Mantisse verarbeitet als Standard-Turbo-Pascal.

Das *Cholesky-Verfahren* ist u.a. in [1] und [3] beschrieben. Es beruht auf einer symmetrischen Zerlegung der Matrix GK und verwendet dabei die Quadratwurzeln aus den Haupdiagonalelementen. Die in [3] angegebenen allgemeinen Anweisungen beziehen sich auf eine quadratische Matrix GK bei Verwendung von deren unterer Dreiecksmatrix. Hier sollen sie zunächst so in einen Programm-Algorithmus umgesetzt werden, daß die obere Dreiecksmatrix ausgewertet wird. Das im Anhang unter dem Namen "Chol_Qua" wiedergegebene Unterprogramm könnte anstelle der Prozedur "Gauss" in das Programm Lin_Glei aus Abschn. 4.1.1 eingefügt werden.

Der Eliminationsprozeß läuft ähnlich wie beim Gauß-Algorithmus über alle in der jeweiligen Zeile rechts von der Hauptdiagonale vorhandenen Freiheitsgrade. Insofern wird in diesem Programm die Reduzierung der Zahl der Rechenschritte auf Grund der Bandstruktur noch nicht genutzt, sondern lediglich die Symmetrie der Matrix GK. Im Gegensatz zum Gauß-Algorithmus können aber die Werte in der ersten Zeile des jeweiligen Eliminationsschrittes sofort überschrieben und zum Weiterrechnen verwendet werden, so daß die Variable Cg nicht benötigt wird.

Beim Rückeinsetzen wird auf die vollständig reduzierte Dreiecksmatrix zurückgegriffen, so daß hier kein Unterschied zwischen beiden Verfahren besteht.

Im nächsten Schritt wird nun der Lösungsalgorithmus so modifiziert, daß er direkt die Matrix GK in Rechteckform auswerten kann. Die Schritte zur Eliminierung laufen dann automatisch nur noch über die von der Bandbreite bestimmte Spaltenzahl der Matrix, woraus sich für größere Gleichungssysteme ein erheblicher Zeitgewinn ergibt.

Da die Datenfelder anders zu dimensionieren sind, zusätzlich die Bandbreite einzugeben ist, außer dem Rechenteil auch das Eingabeprogramm geändert werden muß und schließlich noch die Information für den Benutzer in modifizierter Form benötigt wird, ist im Anhang das geänderte Gesamtprogramm mit dem Namen "Chol_Re" wiedergegeben.

Das Programm ist für 100 Freiheitsgrade bei einer Bandbreite von 20 dimensioniert. Bei Gleichungssystemen bis zu 20 Unbekannten kann die Bandbreite maximal der Zahl der Unbekannten entsprechen, so daß in diesem Fall auch Koeffizientenmatrizen ohne Bandstruktur verarbeitet werden können, sofern sie symmetrisch und positiv definit sind.

Das Eingabeprogramm läuft über die eingegebene Bandbreite NB und berücksichtigt auch das leere Dreieck im unteren Bereich der Rechteckmatrix. Daraus ergibt sich für symmetrische Bandmatrizen ein erheblicher Zeitvorteil bei der Dateneingabe gegenüber dem Programm "Lin_Glei".

Beim Lösungsalgorithmus selbst ist zu bedenken, daß die Spaltenindizes der Rechteckmatrix keine direkte Zuordnung zu dem jeweils bearbeiteten Freiheitsgrad herstellen. Deshalb sind die Indizes der Gk-Elemente aus der Überlagerung der verschiedenen Schleifenparameter zu bilden. Dies gilt auch für das Rückeinsetzen.

Da der Cholesky-Algorithmus nur zum Lösen von Gleichungssystemen mit positiv definiten Koeffizientenmatrizen geeignet ist, muß der Abbruch der FEM-Rechnung wegen der Quadratwurzel aus einer negativen Zahl stets als Hinweis darauf gelten, daß die Struktur mechanisch nicht stabil ist. Der Fehler ist dann in den Eingabedaten zu suchen.

4.3 Vergleich Gauß - Cholesky

Mit dem Programm "Chol_Re" wurde zunächst die Modellstruktur mit GK nach Bild 3-10 bzw. Bild 3-13 nachgerechnet. Dabei traten gegenüber den in Abschn. 4.1.2 zusammengestellten Ergebnissen zwar nur geringfügige, aber dennoch nicht plausible Abweichungen auf.

Einen Hinweis auf die Ursache der Unterschiede brachte die Berechnung der Knotenverschiebungen für das gemäß Bild 4-1 umnumerierte Modellfachwerk in Abschn. 4.2.1. Dessen GK nach Bild 2-4 enthält die gleichen Zahlenwerte wie der GK der ungünstig numerierten Struktur nach Bild 3-10, jedoch in anderer Anordnung innerhalb der GK. Der GK nach Bild 4-2 sind als rechte Seiten die äußeren Knotenkräfte F_{y3} = - 10 kN in Zeile 6, F_{x4} = - 6 kN in Zeile 7 und F_{y4} = - 8 kN in Zeile 8 zuzuordnen. Gelagerte Freiheitsgrade betreffen die Zeilen und Spalten 2, 9 und 10. Diese sind an der gestrichelten Umrahmung zu erkennen.

Nun wird das Gleichungssystem mit dem Programm "Lin_Glei" gelöst, und zwar wieder im Vergleich der beiden verschiedenen Verfahren zur Berücksichtigung der Lagerung. Zur theoretisch exakten Erfassung der starren Lagerung wird bei der Dateneingabe die Zahl der Unbekannten auf 7 gesetzt, und die Zahlen und Spalten 2, 9 und 10 in Bild 4-2 werden übersprungen. Um die starren Lager zu simulieren, werden 10 Unbekannte angenommen, und den Hauptdiagonalelementen der Zeilen 2, 9 und 10 wird die Lagersteifigkeit mit der Größe 1 494 500 000 kN/cm hinzuaddiert.

Anschließend wird die Rechnung mit dem Programm "Chol_Re" wiederholt, wobei nur die erheblich kleinere Datenmenge aus der Rechteckmatrix nach Bild 4-3 einzugeben ist. Zum Erfassen der Lagerung werden wieder die gestrichelt eingerahmten

Felder übersprungen, oder es werden die Werte in Spalte 1 mit der Lagersteifigkeit ergänzt.

In diesem Fall brachten beide Lösungsverfahren die gleichen Ergebnisse. Es handelt sich um die Werte, die mit dem Programm "Chol_Re" auch für die Struktur mit Knotennummern nach Bild 3-2 bzw. mit der GK nach Bild 3-10 gefunden wurden. Offensichtlich ermittelt der Algorithmus von Cholesky für dieselbe Struktur unabhängig von der Gestalt der Koeffizientenmatrix immer die gleichen Lösungen, während der Gauß-Algorithmus für eine nicht bandförmig besetzte Matrix etwas abweichende Ergebnisse liefert.

Die folgende Tabelle enthält die Knotenverschiebungen für das Fachwerk mit der Numerierung nach Bild 4-1. Um den Vergleich mit den Werten aus Abschn. 4.1.2 zu erleichtern, wurden die Namen der korrespondierenden Verschiebungen für die Numerierung nach Bild 3-2 hinzugefügt.

Verschiebungen für Struktur nach Bild 4-1 in cm			Bezeichnung für Struktur nach Bild 3-2
	Starre Lagerung berücksichtigt durch		
	Reduzierung	Simulation	
v_{x1}	-2.224 216 327 6E-02	-2.224 216 737 1E-02	v_{x1}
v_{y1}		-6.423 495 550 4E-09	v_{y1}
v_{x2}	-1.888 847 200 8E-02	-1.888 847 634 3E-02	v_{x2}
v_{y2}	-6.423 495 552 5E-03	-6.423 501 976 0E-03	v_{y2}
v_{x3}	-2.224 216 327 6E-02	-2.224 216 737 1E-02	v_{x5}
v_{y3}	-5.104 572 817 7E-02	-5.104 573 420 0E-02	v_{y5}
v_{x4}	-4.005 396 729 4E-02	-4.005 397 171 0E-02	v_{x3}
v_{y4}	-3.056 030 238 6E-02	-3.056 030 816 7E-02	v_{y3}
v_{x5}		-4.014 720 643 1E-09	v_{x4}
v_{y5}		-5.620 870 857 8E-09	v_{y4}

Da die Methode von Cholesky unempfindlich gegen die Form der Matrix GK ist, sich in einfacher Weise auch in ein Programm umsetzen läßt, das auf die in einer externen Datei abgelegte Matrix GK zugreift, und sich nach [3] zudem durch eine bemerkenswerte numerische Stabilität auszeichnet, wird sie generell als Lösungsalgorithmus in allen nachfolgend beschriebenen FEM-Programmen verwendet.

5 Zusätzliche Rechengänge

Die Kenntnis der Knotenverschiebungen reicht im allgemeinen nicht aus, um eine Struktur ingenieurmäßig zu beurteilen. Je nach Art der Struktur sind weitere Daten, z.B. innere Kräfte und Spannungen, zu ermitteln. Die Programme enthalten deshalb im Anschluß an den Lösungsalgorithmus für das Gleichungssystem weitere Rechengänge, um die gewünschten Daten aus den Knotenverschiebungen zu berechnen. Andererseits sind die vom Anwender zu generierenden Eingabedaten im Interesse einer größtmöglichen Benutzerfreundlickeit in den Dateien häufig nicht in der Form enthalten, wie sie die FEM-Rechnung benötigt. Um z.B. die Steifigkeitsmatrizen aufstellen zu können, müssen manche Eingabedaten erst aufbereitet werden. Dies gilt generell für Länge und Richtung der Elemente, die aus den Knotenkoordinaten berechnet werden. Die dazu verwendeten Beziehungen wurden als Gl. (2.23) bis Gl. (2.27) bereits vorgestellt. Nachzutragen ist diesbezüglich noch die Umrechnung verteilter Lasten in Knotenkräfte.

In den folgenden Abschnitten sind die für Aufbereitung und Auswertung der Daten benutzten mathematischen Zusammenhänge, getrennt nach den verschiedenen Strukturen, zusammengestellt.

5.1 Fachwerke

Die klassischen Berechnungsverfahren für Fachwerke (*Cremonaplan, Ritterschnitt*) beziehen sich nur auf die Bestimmung der Stabkräfte. Die Kenntnis der Lagerkräfte wird dabei bereits vorausgesetzt. Angaben über die Stäbe des Fachwerks (Material, Querschnitt, Länge) werden dazu nicht benötigt.

Der FEM-Ansatz geht von völlig anderen Voraussetzungen aus. Entscheidend für die Rechnung sind gerade die Eigenschaften der Elemente, und als Lösung erhält man die Verformung des Fachwerks. Daraus müssen in den nachfolgend beschriebenen Rechengängen die weiteren den Ingenieur interessierenden Ergebnisse berechnet werden.

5.1.1 Kräfte aus verteilten Lasten

Eigengewicht

In allen in diesem Buch besprochenen Programmen kann das Eigengewicht der Struktur in der Rechnung berücksichtigt werden. Dazu ist lediglich in die Elementdateien das spezifische Gewicht des Materials einzutragen. Das Programm berechnet dann die Gewichtskraft des Elements und verteilt sie je zur Hälfte als Einzelkraft auf die beiden Elementknoten. Dabei ist die Lage des globalen Koordinatensystems relativ zu den physikalischen Normrichtungen Horizontale - Vertikale zu berücksichtigen. Für die Fachwerkprogramme wird folgende Vereinbarung getroffen:

Die X-Z-Ebene des globalen Koordinatensystems liegt in der Horizontalen, die Y-Achse ist senkrecht zu dieser Ebene nach oben gerichtet.

Demzufolge gehen Gewichtskräfte als negative Y-Kräfte in die Rechnung ein. Für das Element i ergibt sich dann die folgende Rechnung zur Ermittlung der Knotenkräfte aus dem Eigengewicht.

Gewicht des Elements:

$$FG[i] = \gamma[i] \cdot A[i] \cdot L[i] \tag{5.1}$$

Knotenkräfte:

$$F_y[IA[i]] = F_y[IE[i]] = -FG[i]/2 \tag{5.2}$$

IA und IE sind die Indizes für Anfangs- und Endknoten des Elements nach der globalen Knotennumerierung gemäß Abschn. 3.1.3.

Externe Streckenlasten

In den Fachwerkprogrammen können über die Elementlänge konstante Streckenlasten berücksichtigt werden, um z.B. Windkräfte bei Gittermasten, Baukränen usw. einzubringen. Anders als das spezifische Gewicht wirken derartige Streckenlasten ihrer Natur nach auf die jeweils zur Lastrichtung senkrecht projizierte Länge der Stäbe. Die sich daraus ergebenden koordinatenorientierten Kräfte werden wieder je zur Hälfte auf die beiden Elementknoten verteilt. Zur Veranschaulichung kann Bild 2-6 dienen.

Bezeichnen q_x, q_y und q_z die Streckenlasten in der jeweiligen Koordinatenrichtung, so ergeben sich die Kräfte am Element i wie folgt:

$$Fq_x = q_x \cdot \sqrt{(Y[IE[i]]-Y[IA[i]])^2 + (Z[IE[i]]-Z[IA[i]])^2}$$

$$Fq_y = q_y \cdot \sqrt{(Z[IE[i]]-Z[IA[i]])^2 + (X[IE[i]]-X[IA[i]])^2} \quad (5.3)$$

$$Fq_z = q_z \cdot \sqrt{(X[IE[i]]-X[IA[i]])^2 + (Y[IE[i]]-Y[IA[i]])^2}$$

Diese Kräfte werden wieder je zur Hälfte auf die Knoten IA[i] und IE[i] verteilt. Es ist zu beachten, daß zusätzlich verteilte Gewichtslasten als Streckenlasten q_y negativ einzugeben sind.

5.1.2 Stabkräfte und Stabspannungen

Die Kraft im Fachwerkstab ergibt sich aus Gl. (2.3) zu

$$F_u = E \cdot A \cdot \Delta L/L$$

Die Stablängenänderung Δ L ergibt sich aus der Differenz der u-Verschiebung mit Gl. (2.2) zu

$$\Delta L = V_{u2} - V_{u1}$$

Die u-Verschiebungen können aus den globalen Knotenverschiebungen bestimmt werden. Mit Gl. (2.12) folgt dann für das ebene Fachwerk:

$$\Delta L = (V_{x2}-V_{x1}) \cdot \cos\alpha + (V_{y2}-V_{y1}) \cdot \sin\alpha \quad (5.4)$$

Analog ergibt sich für das räumliche Fachwerk aus Gl. (2.29)

$$\Delta L = (V_{x2}-V_{x1}) \cdot C_x + (V_{y2}-V_{y1}) \cdot C_y + (V_{z2}-V_{z1}) \cdot C_z \quad (5.5)$$

Ist die Stabkraft bekannt, so läßt sich aus der Division mit der Querschnittsfläche A leicht die Stabspannung berechnen:

$$\sigma = F_u/A \quad (5.6)$$

5.1.3 Trägheitsmomente der Druckstäbe

Für die Festigkeitsauslegung eines Fachwerks sind weniger die Stabspannungen kritisch als vielmehr die Knicksicherheiten der Druckstäbe. Es liegt deshalb nahe, für eine vom Anwender zu wählende Knicksicherheit SK vom Programm für alle Druckstäbe ein Mindestträgheitsmoment I_{min} gegen Biegung berechnen zu lassen. Da die Fachwerkberechnung als Knoten reibungsfreie Gelenke zugrunde legt, wird dazu der Knickfall 2 nach *Euler* herangezogen:

$$I_{min} = -(F_u \cdot Sk \cdot L^2)/(\pi^2 \cdot E) \tag{5.7}$$

Diese Rechnung wird nur für negative Stabkräfte F_u durchgeführt.

5.1.4 Lagerkräfte

In Abschn. 3.2.3 wurde ausgeführt, daß die Methode der Simulation starrer Lager durch extrem hohe Lagersteifigkeiten den Vorteil aufweist, daß alle an der Struktur angreifenden äußeren Lasten in Form einer kleinen Verschiebung des Lagerknotens erfaßt werden. Somit lassen sich die Lagerkräfte in einfacher Weise wie folgt ausrechnen:

$$\begin{aligned} F_{xLager} &= Cs_{xLager} \cdot V_{xLager} \\ F_{yLager} &= Cs_{yLager} \cdot V_{yLager} \\ F_{zLager} &= Cs_{zLager} \cdot V_{zLager} \end{aligned} \tag{5.8}$$

Dieser Rechengang läßt sich prinzipiell für alle Lagerfreiheitsgrade und deshalb auch für alle nachfolgend behandelten Strukturen anwenden. Für Fachwerke wird allen Koordinatenrichtungen die gleiche Lagersteifigkeit Cs_{Lager} gemäß Abschn. 3.2.3 zugeordnet.

5.2 Durchlaufträger

Die Ermittlung der Biegelinie für Durchlaufträger gehört zu den Aufgaben des Ingenieurs, die in der Vergangenheit wegen des damit verbundenen Rechenaufwands nicht sonderlich beliebt war. Die FEM liefert die Biegelinie punktuell in Form der Verschiebungen und Drehungen der Strukturknoten ohne weiteren Rechenaufwand als Lösung des linearen Gleichungssystems in beliebig feiner Auflösung, und zwar auch für Träger mit statisch unbestimmter Lagerung und veränderlichem Querschnitt.

5.2.1 Kräfte aus verteilten Lasten

Eigengewicht

Das Eigengewicht FG wird in gleicher Weise berücksichtigt wie beim Fachwerk und kann aus Gl. (5.1) bestimmt werden. Es ist aber das andere Koordinatensystem gemäß Abschn. 2.2.1 zu beachten, auf Grund dessen Gewichtskräfte als positive Z-Kräfte definiert sind. Gl. (5.2) nimmt deshalb folgende Form an:

$$F_Z[IA[i]] = F_Z[IE[i]] = +FG[i]/2 \tag{5.9}$$

Externe Streckenlasten

Da beim Durchlaufträger die Knoten- und Elementnumerierung immer fortlaufend von links nach rechts vorgenommen wird, lassen sich über mehrere Elemente verteilte linear veränderliche Streckenlasten besonders benutzerfreundlich generieren: Es wird nur die Angabe von Anfangs- und Endknoten und die Größe der Streckenlast an jedem der beiden Knoten benötigt. Das Programm berechnet daraus für Anfangs-, End- und alle Zwischenknoten die anteiligen Knotenkräfte. Der Rechengang wird nachfolgend anhand von **Bild 5-1** erläutert.

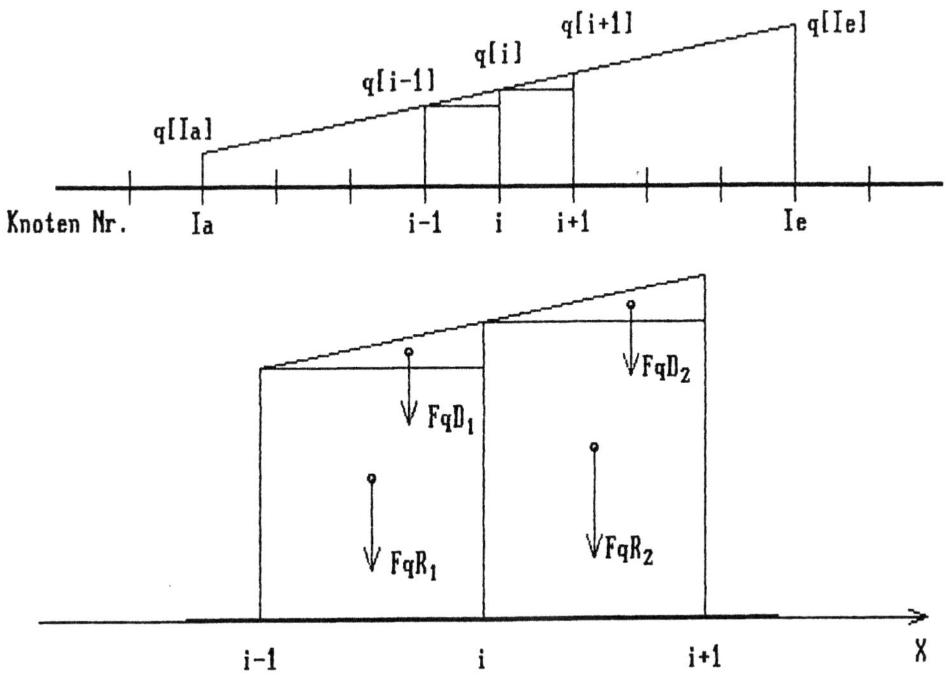

Bild 5-1 Berechnung der Knotenkräfte aus Trapze-Streckenlasten

Als benutzergenerierte Daten liegen vor:

Ia	Nummer des ersten Knotens mit Streckenlast
Ie	Nummer des letzten Knotens mit Streckenlast
q[Ia]	Größe der Streckenlast am Knoten Ia
q[Ie]	Größe der Streckenlast am Knoten Ie

Daraus ist die resultierende Einzelkraft an einem beliebigen Knoten i zu berechnen. Dies geschieht mit Hilfe der von den Koordinaten der Nachbarknoten i - 1 und i+1 innerhalb der Streckenlast markierten Trapezfläche. Diese ist im unteren Teil von Bild 5-1 vergrößert dargestellt und in zwei Rechtecke und zwei Dreiecke unterteilt.

Bekanntlich darf für den Ansatz der statischen Gleichgewichtsbedingungen die Streckenlast durch eine Einzelkraft ersetzt werden, deren Größe sich aus der Streckenlast-Fläche ergibt und deren Wirkungslinie durch den Schwerpunkt dieser Fläche verläuft. Somit ergeben sich die vier eingezeichneten Kräfte.

Die Größe der Streckenlast über den drei markierten Punkten kann leicht mit der folgenden Gleichung gefunden werden. Für einen zwischen Ia und Ie liegenden Knoten i gilt:

$$q[i] = q[Ia] + (q[Ie]-q[Ia]) \cdot (X[i]-X[Ia])/(X[Ie]-X[Ia]) \tag{5.10}$$

Die Kraftanteile aus den Rechteckflächen ergeben sich zu:

$$\begin{aligned} FqR_1 &= q[i-1] \cdot (X[i]-X[i-1]) \\ FqR_2 &= q[i] \cdot (X[i+1]-X[i]) \end{aligned} \tag{5.11}$$

Für die Kräfte aus den Dreieckflächen findet man:

$$\begin{aligned} FqD_1 &= (q[i]-q[i-1]) \cdot (X[i]-X[i-1])/2 \\ FqD_2 &= (q[i+1]-q[i]) \cdot (X[i+1]-X[i])/2 \end{aligned} \tag{5.12}$$

Nun können die vier Kräfte entsprechend der Lage der Flächenschwerpunkte anteilmäßig zur Kraft am Knoten i addiert werden:

$$Fq[i] = (1/2) \cdot (FqR_1+FqR_2) + (2/3) \cdot FqD_1 + (1/3) \cdot FqD_2 \tag{5.13}$$

5.2.2 Schnittgrößen

Die Einzelsteifigkeitsmatrix EK, ergänzt mit den Spaltenvektoren für Knotenkräfte und Knotenverschiebungen, stellt ein Gleichungssystem dar, aus dem die an den Elementknoten wirkenden Kräfte in globaler Koordinatenorientierung berechnet werden können, sobald die Knotenverschiebungen bekannt sind. Beim Durchlaufträger ist die Richtung der Elementachse u identisch mit der Richtung der globalen X-Achse. Für den allgemeinen Fall eines Durchlaufträgers mit räumlicher Belastung können demnach die Schnittgrößen dem Gleichungssystem nach Bild 2-12 entnommen werden:

F_x	$\hat{=}$	Normalkraft	F_u	
F_y	$\hat{=}$	Querkraft	F_v	in der u-v-Biege-Ebene
F_z	$\hat{=}$	Querkraft	F_w	in der u-w-Biege-Ebene
M_x	$\hat{=}$	Torsionsmoment	M_u	
M_y	$\hat{=}$	Biegemoment	M_v	in der u-w-Biege-Ebene
M_z	$\hat{=}$	Biegemoment	M_w	in der u-v-Biege-Ebene

Die Knotenkräfte als äußere Kräfte am Element sind gemäß Bild 2-1 bzw. Gl. (2.6) vorzeichenbehaftet. Die Kraft F_{u1} ist als *Reaktionskraft* entgegengesetzt gleich groß wie die Kraft F_{u2}. Die im Inneren des Elements wirkende Kraft F_u kann aber zwischen den Knoten nicht das Vorzeichen ändern, da die äußeren Knotenkräfte entweder nur eine Zugbeanspruchung oder nur eine Druckbeanspruchung im Element bewirken.

Mit dem in Bild 2-1 dargestellten Kräfteansatz ergibt sich eine Zugbeanspruchung. Innere Zugkräfte werden in der Technischen Mechanik üblicherweise als positive Normalkräfte definiert. Demnach ist das Vorzeichen der inneren Kraft F_u mit dem Vorzeichen der Knotenkraft F_{u2} identisch. Allgemein gilt:

> Die Schnittgrößen lassen sich vorzeichenrichtig aus den Kräften am Endknoten des Elements bestimmen oder mit Umkehrung des Vorzeichens aus den Kräften am Anfangsknoten.

Im Durchlaufträger ist der Endknoten eines Elements zugleich der Anfangsknoten des folgenden Elements. Somit lassen sich die inneren Kräfte für einen bestimmten Strukturknoten unter Beachtung der obigen Vorzeichenregel wahlweise aus verschiedenen Elementmatrizen bestimmen, sofern an dem Knoten keine äußere Kraft angreift.

Wie anhand des Bildes 2-1 bereits erläutert, ist die Normalkraft F_u über die Elementlänge konstant. Gleiches gilt auch für ein Torsionsmoment M_u nach Bild 2-11. Für Querkraft und Biegemoment sind jedoch Einschränkungen zu machen.

Querkräfte

Querkräfte sind über die Elementlänge konstant, wenn sie von äußeren Einzelkräften herrühren. Da zur Berechnung der Knotenverschiebungen auch verteilte Lasten in Knotenkräfte umgerechnet werden müssen, ist diese Voraussetzung im Rahmen von FEM-Rechnungen immer erfüllt. Für den Ingenieur ist es aber unbefriedigend, wenn ein durch Streckenlasten zu erwartender linear oder quadratisch mit der Elementlänge veränderlicher Querkraftverlauf als Ergebnis der FEM-Rechnung zu einer Konstante im Element bzw. zu einer Treppenkurve über den gesamten Träger gemittelt wird. Abhilfe ist dadurch möglich, daß die nach Abschn. 5.2.1 aus Streckenlasten berechneten Knotenkräfte getrennt von den äußeren Knotenlasten im Programm verwaltet werden, damit sie zur Korrektur der aus den Elementmatrizen berechneten Querkräfte zur Verfügung stehen. Dazu muß aber die Knotenkraft nach Gl. (5.13) noch in die Anteile links und rechts vom Knoten i unterteilt werden:

$$\begin{aligned} \mathtt{FqLi[i]} &= (1/2)\cdot \mathtt{FqR}_1 + (2/3)\cdot \mathtt{FqD}_1 \\ \mathtt{FqRe[i]} &= (1/2)\cdot \mathtt{FqR}_2 + (1/3)\cdot \mathtt{FqD}_2 \end{aligned} \tag{5.14}$$

Um die Veränderung der Querkraft über die Elementlänge zu erfassen, sind also grundsätzlich die Kräfte am Anfangs- und am Endknoten des Elements aus der Matrix EK zu berechnen. Liegen Streckenlasten vor, so ist die Kraft am Anfangsknoten mit FqRe, die Kraft am Endknoten entsprechend mit FqLi zu korrigieren.

Biegemomente

Biegemomente sind nur dann über die Elementlänge konstant, wenn die Querkraft im Element null ist (Vgl. Abschn. 3.4.1). Somit sind auch die Biegemomente an beiden Knoten des Elements aus der EK zu berechnen. Für den Verlauf von Querkraft und Biegemoment über den gesamten Träger gilt gemeinsam, daß durch die Berechnung der Werte aus beiden Knoten aller Elemente Sprünge im Verlauf der Funktionen, wie sie durch äußere Einzelkräfte oder -momente an den Strukturknoten verursacht werden, zuverlässig erfaßt werden. Ein nichtlinearer Funktionsverlauf innerhalb der Elemente kann allerdings nicht erfaßt werden. Die FEM bietet aber zur nahezu beliebigen Annäherung an den exakten Verlauf die Möglichkeit, die Struktur aus einer größeren Anzahl kürzerer Elemente zu generieren.

5.2.3 Schnittspannungen

Bei der Formulierung der Verformungsansätze in Abschn. 2.2.1 wurde die Schubverformung durch Querkräfte vernachlässigt. Deshalb liegen keine Daten zur Form der Elementquerschnitte vor. Folgerichtig wird hier also auch auf die Berechnung der von Querkräften verursachten Schubspannungen verzichtet.

Die Rechnung reduziert sich somit auf die von Normalkräften und Biegemomenten im Element hervorgerufenen Spannungen. Beide Schnittgrößen erzeugen Normalspannungen in Richtung der Elementachse u bzw. im Durchlaufträger in Richtung der globalen Achse X. Die vorzeichenrichtige Überlagerung beider Spannungsanteile ist dann eine charakteristische Aussage über die Beanspruchung des Elementwerkstoffs. Da das Biegemoment gemäß Abschn. 5.2.2 an den Elementenden verschiedene Werte aufweisen kann, ist auch die Spannungsrechnung für die beiden Knoten des Elements durchzuführen. Die folgende Gleichung bezieht sich auf die Biegung in der X-Z-Ebene:

$$\sigma_x[Ia] = N_x/A + Mb_y[Ia] \cdot Z/I_y$$
$$\sigma_x[Ie] = N_x/A + Mb_y[Ie] \cdot Z/I_y \qquad (5.15)$$

Darin bedeuten:

N_x Normalkraft, konstant über Elementlänge

$Mb_y[Ia]$ Biegemoment am Anfangsknoten des Elements
$Mb_y[Ie]$ Biegemoment am Endknoten des Elements
I_y Trägheitsmoment gegen Biegung

Z Querschnittskoordinate

Mit Werten $Z > 0$ werden Spannungen oberhalb der Elementachse, mit Werten $Z < 0$ entsprechend Spannungen unterhalb der Elementachse berechnet. Üblicherweise wird man die obere und untere Randspannung der Elemente berechnen. Sofern man nicht die Spannungen an beiden Elementknoten als Ausgabedaten festhalten will, sollte die Spannung mit dem größeren Betrag ausgegeben werden.

5.3 Rahmen

Im Gegensatz zum Durchlaufträger sind die Balkenelemente im Rahmen in beliebiger Richtung angeordnet. Deshalb sind beim Übergang vom globalen ins Elementkoordinatensystem oder umgekehrt wie beim Fachwerk die entsprechenden Funktionen des Elementwinkels zu berücksichtigen.

5.3.1 Kräfte aus verteilten Lasten

Gewichtskräfte und Elementstreckenlasten werden in analoger Weise berücksichtigt wie bei Fachwerken. Während bei Fachwerken aber nur rechteckige Streckenlasten vorgesehen sind, können den Balkenelementen trapezförmige Streckenlasten zugeordnet werden. Diese werden analog zu Bild 5-1 in Knotenkräfte umgerechnet, wobei als Elementlänge die entsprechenden Wurzelausdrücke aus Gl.(5.3) gesetzt werden, was einer Reduzierung der Streckenlast auf die senkrecht zur Lastrichtung projizierte Elementlänge entspricht.

5.3.2 Schnittgrößen

Die Schnittgrößen werden aus den Elementsteifigkeitsmatrizen berechnet, wie in Abschn. 5.2.2 beschrieben. Das gegenüber dem Durchlaufträger anders orientierte globale Koordinatensystem und die Richtung der Elementachse werden durch Umrechnung mit den Gleichungen (2.55) bis (2.57) berücksichtigt.

Die Richtung der Elementachse wird durch die Entscheidung definiert, welcher der beiden Elementknoten als Anfangsknoten gelten soll. **Bild 5-2** veranschaulicht dies am Beispiel eines gekröpften Trägers. Die Strukturknoten sind fortlaufend durchnumeriert, und für alle Elemente wurde festgelegt, daß der Knoten mit der kleineren Nummer der Anfangsknoten sein soll. Dies wirkt sich auf das Vorzeichen und die graphische Darstellung der Schnittgrößen aus.

Bild 5-2 enthält vier Originaldiagramme, wie sie vom Programm für ebene Rahmen auf dem Sirius-Bildschirm erstellt wurden. Oben ist die Trägerachse mit Belastung und Lagerung dargestellt, wobei die verformte Struktur mit 200facher Vergrößerung der Knotenverschiebungen gestrichelt eingezeichnet ist. Darunter folgen die Schnittgrößendiagramme mit der Trägerachse als Nullinie.

Da alle Elementachsen von links nach rechts fortschreitend immer die Richtung der Trägerachse haben, sind alle positiven Schnittgrößen stets oberhalb der Trägerachse dargestellt. Die Programmgraphik macht dies durch Markierung der Elementgrenzen mit dünnen durchgezogenen Linien kenntlich. Negative Schnittgrößen sind dagegen an den Elementgrenzen gestrichelt markiert. Auf diese Weise erkennt man deutlich den Nulldurchgang der Querkraft an den Kraftangriffstellen und auch das unterschiedliche Vorzeichen des Biegemoments im linken und rechten Bereich des Trägers.

Bild 5-3 zeigt die *Schnittgrößendiagramme* des gleichen Trägers, wobei aber die Richtung der Elemente 10, 11, 14 und 15 durch Vertauschen von Anfangs- und Endknoten umgedreht wurde.

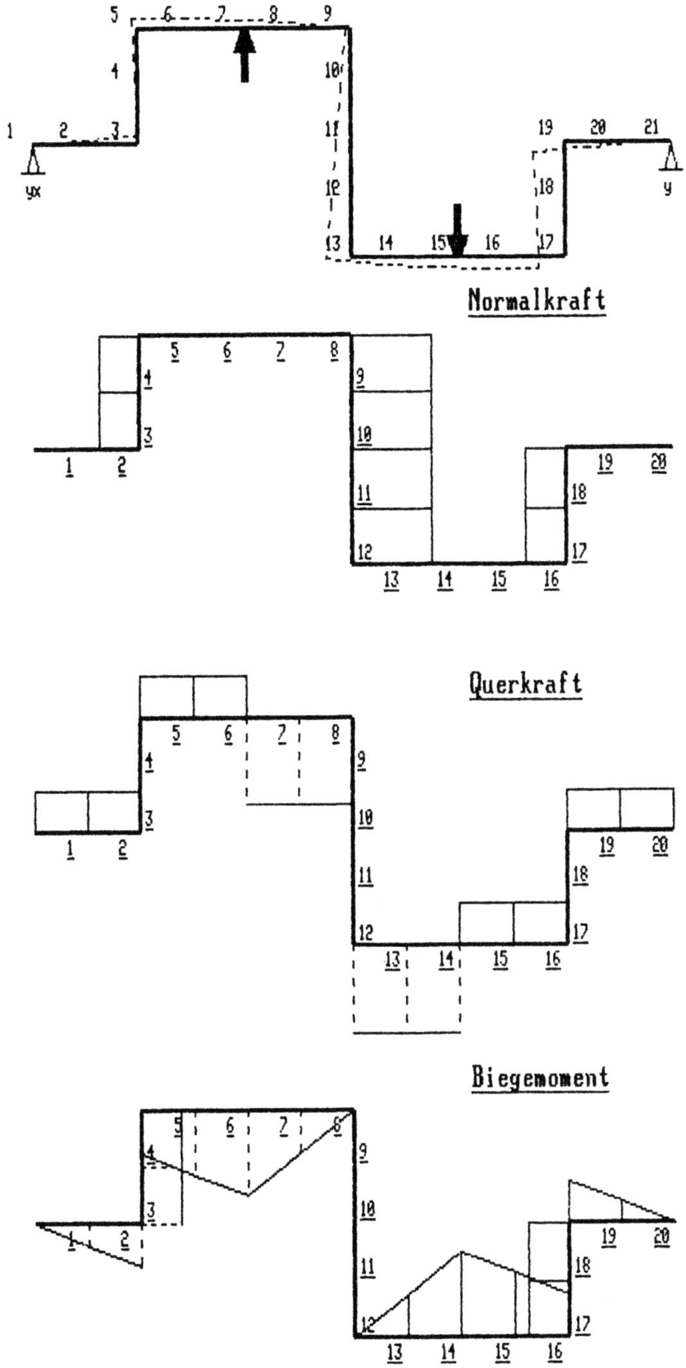

Bild 5-2 Schnittgrößen am gekröpften Träger mit fortlaufend gleichsinniger Elementorientierung

Dies wirkt sich auf die Schnittgrößen wie folgt aus:

> Vorzeichen von Normalkraft und Querkraft ändern sich nicht. Die Schnittgrößen werden aber auf der jeweils anderen Seite der Trägerachse dargestellt. Die Normalkraftübergänge zwischen den Elementen 9 und 10 sowie 11 und 12 und die Querkraftübergänge zwischen den Elementen 13 und 14 sowie 15 und 16 dürfen deshalb nicht fälschlich als Nulldurchgänge interpretiert werden!
>
> Beim Biegemoment ist es gerade umgekehrt: Es ändert sich das Vorzeichen, nicht aber die Richtung der Darstellung, wie der Biegemomentverlauf über den Elementen 14 und 15 zeigt.

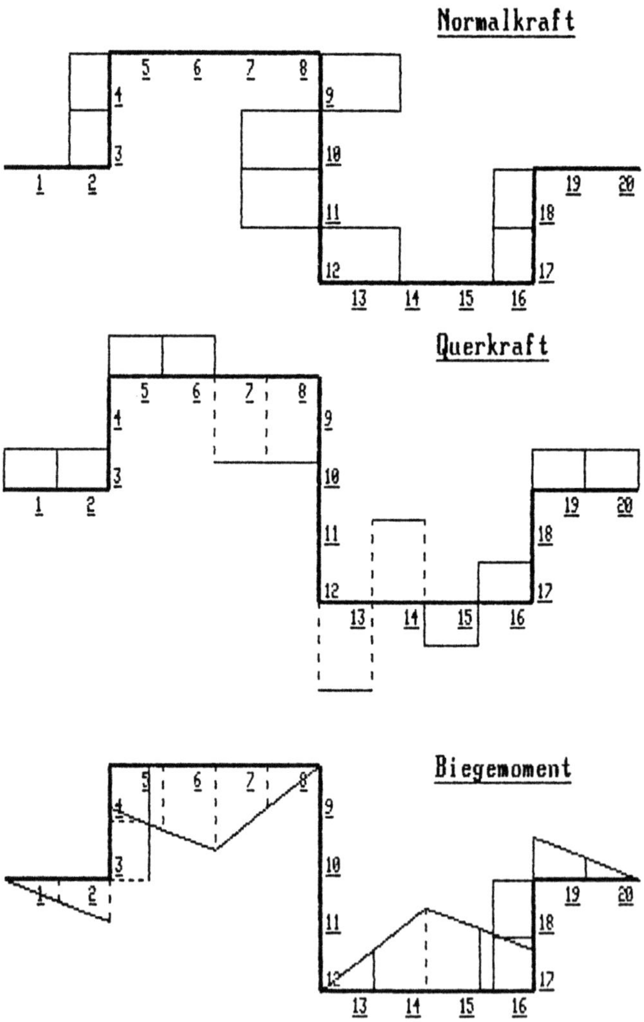

Bild 5-3 Schnittgrößen des Trägers nach Bild 5.2 mit Umkehrung der Elemente 10, 11, 14, 15

5.3.3 Schnittspannungen

Die Berechnung der Spannungen aus Normalkraft und Biegemoment erfolgt analog zu Abschn. 5.2.3 bzw. Gl.(5.15), in der in diesem Fall die Richtungen der Elementachsen einzusetzen sind (u für x, w für y und v für z als Koordinate des Elementquerschnitts). In der Struktur nach Bild 5-2 sind die v-Koordinaten oberhalb der Trägerachse für alle Elemente positiv, in der Struktur nach Bild 5-3 für die umgedrehten Elemente demnach negativ.

6 Umsetzung der Rechengänge in Programmstrukturen

6.1 Prinzip der strukturierten Programmierung

6.1.1 Grundlegende Merkmale

Zur Realisierung komplexer Programme hat sich das Prinzip der *strukturierten Programmierung* bewährt, wie es in [11] ausführlich dargestellt ist. Die wichtigsten *Merkmale* werden nachfolgend genannt:

- Ein Progamm wird hierarchisch strukturiert, die Grobstruktur des Programms ist ein Baum. Die Zerlegungvon Funktionen bedeutet Erzeugen von Unterbäumen.
- Die Ablaufstrukturen im Programm werden auf die drei Grundstrukturen Sequenz, Alternative, Wiederholung beschränkt.
- Die Steuerung des Programms wird zentral vorgenommen. Die Datenverfügbarkeit wird beschränkt.
- Der Programmentwurf wird schrittweise verfeinert.

Daraus ergeben sich die folgenden *Phasen der Programmentwicklung*:

Spezifikation des Projekts, Planung des Programms, Realisierung des Programms.

In allen Phasen wird das Programm schrittweise dokumentiert. Bei der Strukurierung wird unterschieden nach

Funktionsstruktur, Datenstruktur, Codestruktur und Speicherstruktur.

Für alle Strukturen ist der Programmierer verantwortlich. Dabei ist er hinsichtlich der Codestruktur an die Möglichkeiten der Software (Programmiersprache) gebunden, bei der Datenstruktur an die Möglichkeiten von Hardware (Hauptspeicher, Massenspeicher) und Software (Betriebssystem, Programmiersprache). Deshalb wird es in der Realität selten gelingen, daß die vier Bereiche die gleiche Baumstruktur aufweisen.

6.1.2 Grundstrukturen

Funktionsstruktur

Die Funktionsstruktur folgt aus der hierarchischen Zerlegung des Gesamtproblems:

Gesamtproblem	zerlegen in	verschiedene Hauptprobleme
Hauptprobleme	zerlegen in	größere Teilprobleme
größere Teilprobleme	zerlegen in	kleinere Teilpropleme
kleinere Teilprobleme	zerlegen in	noch kleinere Teilprobleme
usw.		
kleinste Teilprobleme	zerlegen in	ausführbare Operationen

Die vorstehenden Schritte führen zwangsläufig zur *Baumstruktur*.

Codestruktur

Die Codestruktur ergibt sich aus der Realisierung der abstrakten Funktionsstruktur:

Programm	zergliedern in	Module
Module	zergliedern in	Unterprogramme
Unterprogramme	zergliedern in	Blöcke
Blöcke	zergliedern in	Anweisungen

Unter Modul wird in diesem Zusammenhang ein größeres Unterprogramm verstanden, das weitere Unterprogramme enthalten kann. Ein Unterprogramm besteht aus mindestens einem Block. Module und Unterprogramme sollten als Eigenprogramme mit nur einem Eingang und nur einem Ausgang realisiert werden.

Datenstruktur

Ebenso wie die Funktionsstruktur sollte auch die Datenstruktur hierarchisch gegliedert sein. Prinzipiell gilt eine beschränkte Datenverfügbarkeit, die im Programm durch eine Unterscheidung in globale Daten (verfügbar im gesamten Programm) und lokale Daten (verfügbar in Modulen bzw. Unterprogrammen) verwirklicht wird.

Speicherstruktur

Hierbei handelt es sich um die Realisierung der abstrakten Datenstruktur. Dabei ist zu unterscheiden zwischen externen Daten, die sich in Dateien auf Massenspeichern befinden, und internen Daten, die im Hauptspeicher abgelegt sind. Die externen Daten werden üblicherweise beim Programmlauf zumindest zeitweise zu internen Daten, aber nicht alle internen Daten werden nach Gebrauch als externe Daten abgelegt und somit abgesichert.

6.1.3 Beschränkte Ablaufsteuerung

Folgende drei Ablaufstrukturen reichen aus, um jedes beliebige programmierbare Problem zu lösen:

Sequenzstruktur	(Anweisungsfolge)
Auswahlstruktur	(Alternative)
Wiederholungsstruktur	(Schleife)

Einschließlich der Varianten für Auswahl- und Wiederholungsstruktur ergeben sich sieben Grundstrukturen, die nachfolgend anhand von **Bild 6-1** bis **Bild 6-7** kurz erläutert werden:

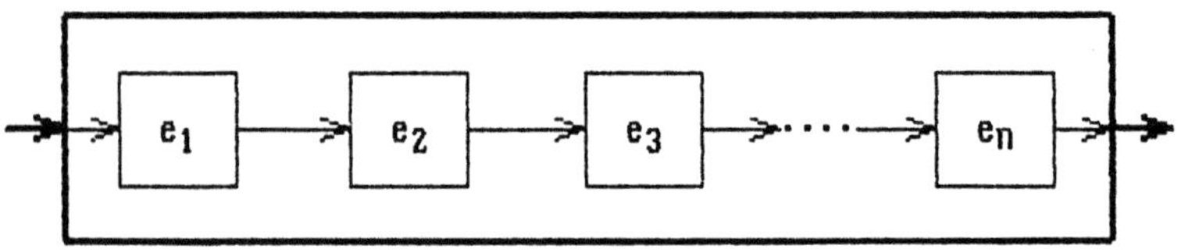

Bild 6-1 Sequenzstruktur

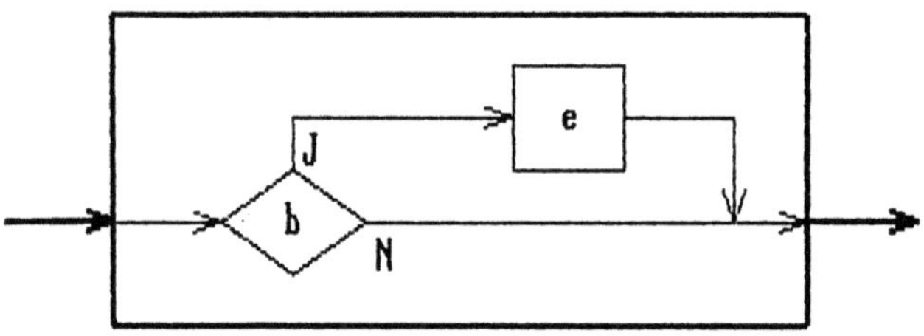

Bild 6-2 Bedingte Anweisung

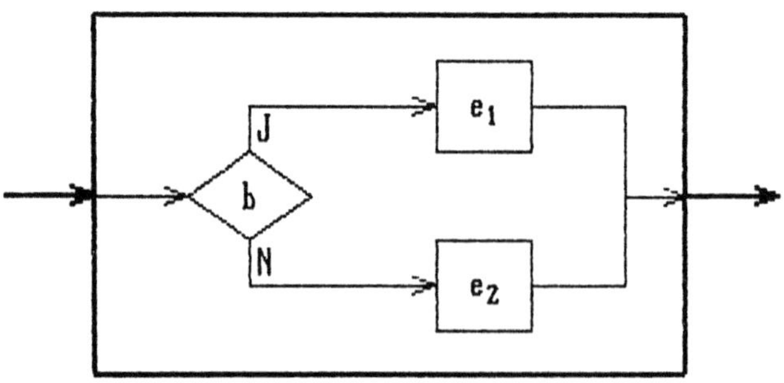

Bild 6-3 Alternativanweisung

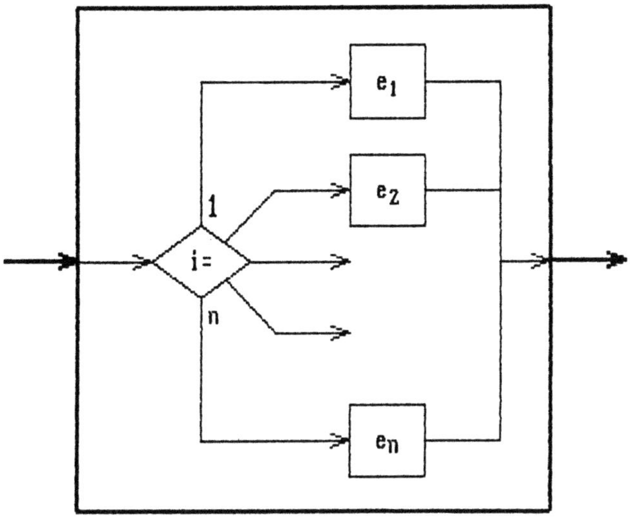

Bild 6-4
Fallanweisung

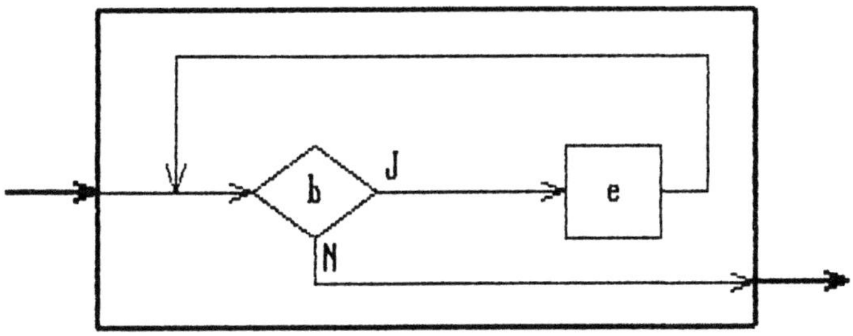

Bild 6-5
Abweisende Schleife

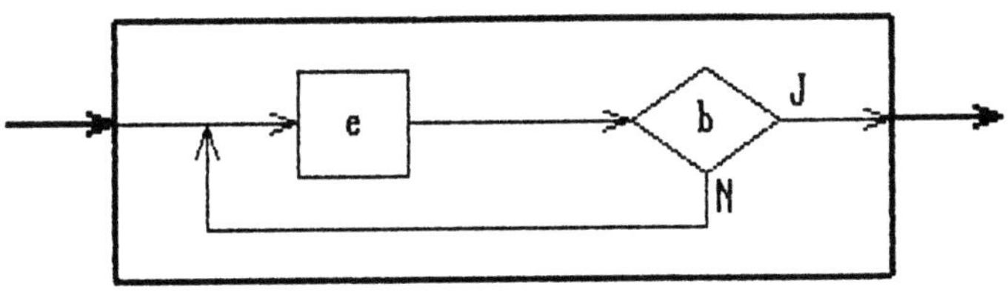

Bild 6-6
Nicht abweisende Schleife

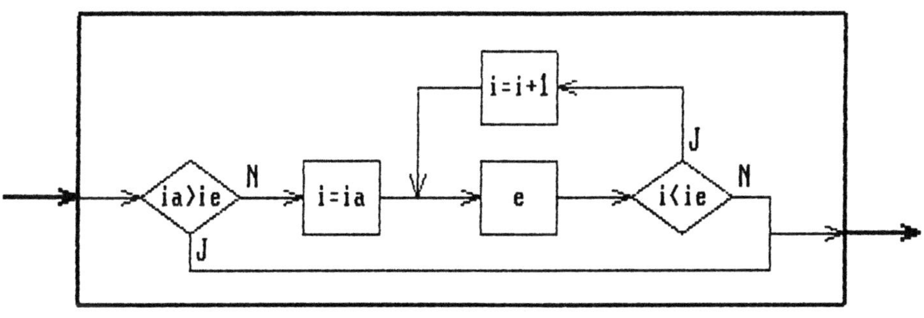

Bild 6-7 Zyklus als kontrollierte Schleife

Sequenzstruktur

Diese Struktur wird durch eine *Anweisungsfolge* verwirklicht. Beliebig viele Anweisungen *e1 ... en* können einen Block bilden und werden nacheinander abgearbeitet:

Begin e1; e2; e3; ... en; End;

Auswahlstruktur

Folgende Möglichkeiten stehen zur Verfügung:

Bedingte Anweisungen

if b then e;

Abhängig von der Bedingung *b* wird das Eigenprogramm *e* ausgeführt oder nicht.

Alternativanweisung

if b then e1 else e2;

Abhängig von der Bedingung *b* wird entweder das Eigenprogramm *e1* oder *e2* ausgeführt.

Fallanweisung

case i of (e1,e2,e3,...en);

Abhängig vom Wert der Fallvariablen *i* wird eines der Eigenprogramme *e1 ... en* ausgeführt.

In allen Fällen wird das Programm unabhängig von der Wahl der Entscheidung immer an demselben Kontrollpunkt fortgesetzt.

Auswahlstrukturen werden in Programmen häufig zur Benutzerführung verwendet, z.B. als Ja/Nein-Abfrage im Bildschirmdialog (bedingte oder Alternativanweisung) oder als Auswahl aus einem Menü (*Fallanweisung*).

Wiederholungsstruktur

Auch hier gibt es drei Möglichkeiten:

Abweisende Schleife

while b do e;

Vor jeder Ausführung der Anweisungsfolge *e* wird geprüft, ob die Bedingung *b* erfüllt ist. Es ist deshalb möglich, daß *e* gar nicht ausgeführt wird.

Nicht abweisende Schleife

repeat e until b;

Nach jeder Ausführung der Anweisungsfolge *e* wird geprüft, ob die Bedingung *b* erfüllt ist. Demnach wird *e* mindestens einmal ausgeführt.

Zyklus

for i: = ia to ie do e;

Die Anweisungsfolge *e* wird so lange wiederholt, bis der Kontrollparameter *i* den Wert *ie* angenommen hat.

Alle sieben Ablaufstrukturen sind deshalb Eigenprogramme mit nur einem Eingang und nur einem Ausgang. Sie dürfen demnach in anderen Ablauftrukturen als *e* bzw. *ei* verwendet werden. Die dadurch mögliche beliebige Schachtelung von Ablaufstrukturen hat dennoch keine Auswirkung auf die Struktur des übrigen Programms.

6.2 Spezifikation des Projekts

Bei den in diesem Buch vorgestellten Programmen handelt es sich um Werkzeuge zur statischen Berechnung folgender mechanischer Strukturen:

Fachwerke
Ebene Durchlaufträger
Ebene Rahmen.

Obwohl die genannten Konstruktionen verschiedene Eigenschaften haben, laufen die zugehörigen FEM-Programme prinzipiell nach demselben Schema ab. Dies bedeutet, daß die Programme aus gleichartigen Modulen aufgebaut werden können, wobei die besonderen Bedingungen in speziellen Eigenschaften einzelner Module oder Unterprogramme verwirklicht werden.

6.2.1 Formulierung der Aufgabe

Zu erstellen ist ein Rechenprogramm, das für mechanisch stabile stabartige Tragwerke die unter Belastung auftretenden Formänderungen, inneren Kräfte (Schnittgrößen), Lagerreaktionen und Werkstoffbeanspruchungen (Schnittspannungen) berechnet. Die dazu notwendigen Rechengänge sind in Kap. 2 bis Kap. 5 ausführlich dargestellt und am Beispiel einer Modellstruktur (Bild 3-2 bzw. Bild 4-1) mit einer begleitenden Zahlenrechnung erläutert worden. Auf die Unterschiede in der rechnerischen Behandlung der verschiedenen mechanischen Strukturen wurde jeweils ausdrücklich hingewiesen. Der für jede der vier mechanischen Strukturen im Programm zu realisierende Rechengang kann somit als bekannt vorausgesetzt werden.

6.2.2 Benutzeroberfläche

Unter diesem Begriff werden alle Vorgänge geführt, die sich aus der Kommunikation zwischen dem Benutzer und dem Programm ergeben. Wie bereits erwähnt, sind die Programme als Werkzeuge zur Bearbeitung alltäglicher ingenieurmäßiger Aufgaben zu verstehen. Der Anwender ist bezüglich der Problemlösung in Form eines Rechenprogramms ein Außenstehender, der so wenig wie möglich über die Bedienung des Programms lernen müssen will. Trotzdem stellt das Programm natürlich gewisse Mindestanforderungen hinsichtlich Problemkenntnis und EDV-Kenntnis an den Benutzer. Zur effektiven Programmanwendung werden beim Benutzer vorausgesetzt:

> Grundkenntnisse der Statik und Festigkeitslehre, um die für die Rechnung erforderlichen Daten problemnah aufbereiten und die Ergebnisse ingenieurmäßig beurteilen zu können.
>
> Grundkenntnisse der EDV zur Bedienung eines Mikrocomputers, insbesondere Kenntnis der Befehle des Betriebssystems zum Starten des Programms und zur Verwaltung der Dateien.

Als Schnittstellen zwischen Benutzer und Programm werden festgelegt:

- Tastatur und Bildschirm für die Dateneingabe,
- Bildschirm und graphikfähiger Drucker für die Ausgabe.

6.2.3 Forderungen an das Programm

Neben der selbstverständlichen Forderung, daß das Programm alle in Kap. 2 bis Kap. 5 zur Bearbeitung einer bestimmten machanischen Struktur erforderlichen Rechengänge in der richtigen Reihenfolge fehlerfrei ausführt, sind weitere Forderungen zu stellen, deren Wichtigkeit sich einerseits aus den Eigenschaften der zur Realisierung verfügbaren Hard- und Software, andererseits aus der erforderlichen Kommunikation zwischen dem Programm und seinem Anwender ergibt. Die folgende Auflistung gibt die hauptsächlichen Forderungen mit nach unten abnehmender Priorität wieder:

Datensicherheit
Benutzerfreundlichkeit
Graphische Datenkontrolle
Geringer Hauptspeicherbedarf
Geringer Massenspeicherbedarf
Schnelle Programmausführung

Prioritäten bei der Umsetzung sind deshalb erforderlich, weil einige der Forderungen sich gegenseitig widersprechen, andere im Gegensatz dazu sich gegenseitig bedingen. Nachfolgend wird untersucht, welche konkreten Eigenschaften des Programms aus den einzelnen Forderungen folgen.

Datensicherheit und Benutzerfreundlichkeit

Diese Aspekte werden gemeinsam behandelt, weil als Voraussetzung zum Rechenlauf vom Programmanwender eine umfangreiche Datengenerierung zu betreiben ist.

Übliche FEM-Programme verlangen die Generierung der Eingabedaten als Textdatei mit genau einzuhaltenden Formaten. Dabei muß der Anwender alle Zahlen so eingeben, daß die Maßeinheiten der verschiedenen physikalischen Größen zueinander kompatibel sind. Als Eingabehilfe sind Vorprogramme (*Preprozessoren*) bekannt, welche die Daten im Bildschirmdialog in Form von Schleifen abfragen (z.B. Knotenkoordinaten als Schleife über die Knotenzahl Nk, Elementzuordnungen als Schleife über die Elementzahl Ne) und daraus die vom Rechenprogramm benötigte formatierte Textdatei anlegen.

Beide Wege sind unbefriedigend. Weder das Anlegen einer Textdatei mit Abzählen der Spaltenpositionen aller Zahleneinträge nach Benutzerhandbuch noch die Eingabe von Wertepaaren im Bildschirmdialog in einer Schleife von 100 oder mehr Abfragen können als benutzerfreundlich bezeichnet werden. Benutzerfreundlichkeit bedeutet nicht zuletzt, daß Eingabefehler, die bei der für FEM-Rechnungen typischen Datenmenge unvermeidlich sind, jederzeit leicht korrigiert werden können. Diesbezüglich stellt die Datengenerierung in einem Schleifenzyklus gerade das Gegenteil von Benutzerfreundlichkeit dar, weil eingegebene falsche Werte erst nach Beendigung der Schleife korrigiert werden können.

Andererseits verbindet die Ablage der Daten in Textform in einer externen Datei in idealer Weise die Forderung nach größtmöglicher Datensicherheit mit leichter Verfügbarkeit und Kontrolle der Daten durch den Anwender.

Als Programmanwender kommen in hohem Maße in der Praxis tätige Ingenieure in Betracht. Um die Akzeptanz des Programms durch diese Zielgruppe zu erhöhen, wird die in herkömmlichen Programmen vorgesehene Eingabe der Zahlen im Gleitkommaformat mit Angabe des Exponenten durch eine formatfreie Eingabe ohne Exponent ersetzt.

Bezüglich der Datengenerierung wird deshalb die Forderung an das zu erstellende Programm wie folgt konkretisiert:

> **Die Eingabedaten werden in einem Tabelleneditor am Bildschirm unformatiert eingegeben und vom Programm im Festkommaformat in einer externen Datei abgelegt. Fehler können sofort oder später korrigiert werden. Die Eingabe kann beliebig unterbrochen und später fortgesetzt werden, ohne daß die bis dahin generierten Daten verlorengehen. Die physikalischen Einheiten der Daten werden in der Tabellenüberschrift angezeigt. Sie können unter Beachtung der Kompatibilität ohne Eingriff in das Programm vom Anwender geändert werden. In gleicher Weise kann das Zahlenformat in gewissen Grenzen variiert werden.**

Im Hinblick auf die Fähigkeit der Programme, Strukturen bis zur Größe von ca. 3000 Freiheitsgraden zu berechnen, sind Hilfsfunktionen zur Unterstützung der Datengenerierung für eine effektive Programmnutzung unverzichtbar:

Zur Generierung der Eingabedaten regelmäßiger mechanischer Strukturen enthalten die Programme auf die Eigenschaften der jeweiligen Struktur abgestimmte Hilfsfunktionen.

Die Forderung nach Datensicherheit und leichter Verfügbarkeit gilt in gleicher Weise für die vom Programm zu berechnenden Ausgabedaten:

> Die Ausgabedaten werden in Textform in externen Dateien abgelegt.

Graphische Datenkontrolle

Selbst wenn die Eingabedaten in Textform vorliegen, lassen sich Eingabefehler bei der zumeist beträchtlichen Datenmenge nur schwer lokalisieren. Wenn hingegen schon vor dem Rechenlauf ein *Strukturplot* verfügbar ist, fallen Fehler in den Knotenkoordinaten oder falsch angeordnete Elemente sofort optisch auf.

Für die Ausgabedaten gilt analog, daß ihre Bewertung wesentlich erleichtert wird, wenn sie graphisch aufbereitet präsentiert werden.

> Die Eingabedaten können unmittelbar nach der Generierung als Strukturplot graphisch dargestellt werden.

> Die Ausgabedaten können unmittelbar nach Ende des Rechenlaufs graphisch ausgegeben werden.

Geringer Hauptspeicherbedarf

Diese Forderung dient dem Zweck, die Programme möglichst auf allen Mikrocomputern implementieren zu können, die eine derzeit übliche Mindestkonfiguration bezüglich der Hauptspeichergröße aufweisen. Dazu werden nur die Daten im Hauptspeicher gehalten, die zum jeweiligen Zeitpunkt im Rechengang benötigt werden. Dies gilt sowohl für die Eingabedaten, die für jeden Rechenschritt aus den externen Dateien gelesen werden, als auch besonders für das vergleichsweise große Datenfeld der Koeffizientenmatrix GK, die als temporäre Datei auf einem Massenspeicher angelegt und nach Beendigung der Rechnung wieder gelöscht wird. Auch die Ausgabedaten werden unmittelbar nach Berechnung in die entsprechenden externen Dateien geschrieben.

Im Interesse einer schnellen Programmausführung wäre es natürlich wünschenswert, so viele Daten wie möglich im Hauptspeicher zu halten, um die Zugriffszeiten zu verkürzen. Diesbezüglich gilt es, einen brauchbaren Kompromiß zu finden.

Geringer Massenspeicherbedarf

Angesichts der Tatsache, daß Mikrocomputer mit immer größeren und schnell zugänglichen Massenspeichern ausgerüstet werden, kommt dieser Forderung vergleichsweise geringe Priorität zu. So wird wegen der schon besprochenen Forderungen höherer Priorität die Speicherung der Zahlen in Textform vorgesehen, obwohl dies gegenüber der Speicherung in codierter Form zwangsläufig zu größeren Dateien führt.

Bei dem in FEM-Rechnungen größten zu speichernden Datenfeld, der Koeffizientenmatrix GK, wird der Massenspeicherbedarf dadurch begrenzt, daß die Matrix in Rechteckform unter Ausnutzung der Symmetrie als externe Datei mit binär codierten Zahlen angelegt wird.

Schnelle Programmausführung

Ein Rechenprogramm läuft am schnellsten, wenn alle Daten während des gesamten Ablaufs im Hauptspeicher zur Verfügung stehen. Lese- und Schreibzugriffe auf externe Dateien verlangsamen die Ausführung merklich, besonders wenn zusätzlich Textdaten in Zahlen umgewandelt werden müssen und umgekehrt.

Auf einem Mikrocomputer ist der Aspekt der Geschwindigkeit aber anders zu bewerten als auf einem Großrechner:

> Die Kosten des Programmlaufs stehen in keinem direkten Bezug zur Geschwindigkeit, da keine zeitproportionalen Kosten wie bei der CPU-Zeit eines Großrechners anfallen.

Die bei Großrechnern üblichen Wartezeiten für Datenein- und -ausgabe sowie die Unterbrechungen des Rechenlaufs durch Zuteilung von CPU-Zeit an andere Benutzer höherer Priorität entfallen. Deshalb ist bei einem Mikrocomputer die Laufzeit des Programms identisch mit der Wartezeit bis zur Verfügbarkeit der Ergebnisse.

Wenn ein Mikrocomputer als PC (Personalcomputer) nur von einem Anwender allein genutzt wird, kann die Durchführung langer Rechnungen so terminiert werden, daß die Verfügbarkeit des Gerätes nicht beeinträchtigt wird (z.B. FEM-Rechnungen nachts und am Wochenende, individuelle Verfügbarkeit in der normalen Arbeitszeit).

Ein weiterer Aspekt, der sich geringfügig auf die Ablaufgeschwindigkeit auswirkt, ist die Ausgabe von Statusmeldungen auf den Bildschirm während des Programmlaufs. Gerade bei zeitintensiven Programmen liegt es aber im Interesse des Benutzers, jederzeit über den Fortgang des Programms informiert zu werden.

Der Aspekt der Ausführungsgeschwindigkeit verliert durch die Entwicklung der Hard- und Software zunehmend an Bedeutung, da einerseits die Geräte über immer schnellere Mikroprozessoren und höhere Taktfrequenzen verfügen, und andererseits die Weiterentwicklung der Sprachcompiler zu immer schnellerem Laufzeitcode führt.

6.2.4 Datenstruktur

Während sich die Funktionsstruktur zwangsläufig aus den Rechengängen der Kapitel 2 bis 5, die beispielhaft anhand des Modellfachwerks nach Bild 3-2 bzw. Bild 4-1 durchgeführt werden, ergibt, kommt der Datenstruktur im vorliegenden Fall erhöhte Bedeutung zu, da sie die Realisierung des Programms erheblich beeinflußt.

Da FEM-Rechnungen generell durch große Datenmengen gekennzeichnet sind, kommt der *Datenstruktur* unter dem Aspekt der Benutzerfreundlichkeit eine höhere Priorität zu als unter dem Aspekt des Datenflusses im Programm, denn ein Programm, das den Anwender mit komplizierten Vorschriften zur Datenaufbereitung und -auswertung belastet, wird auch dann wenig Akzeptanz finden, wenn es dem Anwender umfangreiche und zeitraubende Berechnungen abnimmt.

Das Problem besteht also in der Organisation der Daten, mit denen der Programmanwender zu tun hat. Herkömmliche FEM-Programme unterteilen diesbezüglich die Daten in Eingabedaten und Ausgabedaten und enthalten Teilprogramme zum Erzeugen und Ausgeben der Eingabedaten (*Prepozessor*) sowie zur Verwaltung der Ausgabedaten (*Postprozessor*). Zwischen beiden liegt das eigentliche Rechenprogramm.

Vorstehende Datenaufteilung führt zwangsläufig dazu, daß sich Ein- und Ausgabedaten in verschiedenen Dateien befinden oder zumindest in derselben Datei weit voneinander entfernt. Dies erschwert dem Anwender die Zuordnung der Rechenergebnisse zu den Eingabedaten. Gerade diese Zuordnung ist aber eine wichtige Voraussetzung, um nach gezielter Änderung der Eingabedaten in weiteren Rechenläufen schrittweise eine Optimierung der Ergebnisse zu erzielen. Die folgende Aufteilung liefert dagegen die Basis für eine Datenstruktur, die sich an den Eigenschaften der zu berechnenden mechanischen Struktur orientiert:

Datengruppe	Eingabedaten	Ausgabedaten
Knotendaten:	Koordinaten Lagerbedingungen	Verschiebungen Lagerreaktionen
Elementdaten:	Elementknoten Anfang/Ende Elementeigenschaften Querschnittgeometrie, Werkstoff	Schnittgrößen Schnittspannungen
Belastungsdaten:	Knotenkräfte Elementstreckenlasten äußere verteilte Lasten, Eigengewicht	Knotenkräfte aus verteilten Lasten

Diese Gliederung legt eine Datenstruktur nach Sachgruppen nahe, wobei für jede Sachgruppe eine eigene Datei eingerichtet wird, die sowohl Eingabe- als auch Ausgabedaten enthalten kann:

- Knotendatei mit allen Knotendaten
- Elementdatei mit allen Elementdaten

Die Belastungsdaten lassen sich eindeutig einer der beiden Dateien zuordnen und können entsprechend aufgeteilt werden.

Der Vorteil einer solchen Datenaufteilung besteht zweifellos darin, daß der Anwender für jeden Knoten und jedes Element alle wichtigen Daten in einer einzigen Datei nebeneinander angeordnet vorfindet. Die konsequente Einhaltung dieses Ordnungsprinzips ist aber weder möglich noch in jeder Beziehung vorteilhaft. So verbieten gewisse Sachzwänge beim benutzerfreundlichen Ausgeben der Dateien auf Peripheriegeräte (80 Zeichen/Zeile beim Bildschirm, max. Papierbreite beim Drucker), beliebig viele Daten in einer Dateizeile anzuordnen.

Allgemein ist es im Hinblick auf die Dateigröße von Nachteil, in jeder Dateizeile Platz für Daten vorzusehen, die nur in wenigen Zeilen gebraucht werden. Speziell für die Elementdatei gilt, daß sie explizit nur die Daten enthalten muß, die nicht für alle Elemente gleich sind. Unter Beachtung dieser Zusatzbedingungen wird folgende Aufteilung der externen benutzerrelevanten Daten vorgesehen:

Datei für	Datengruppe	Ein-/Ausgabe
alle Knoten	Knotenkoordinaten	E
	Knotenverschiebungen	A
	Knotenkräfte aus verteilten Lasten	A
alle Elemente	Elementknoten	E
	Elementgruppen	E
	Schnittgrößen	A
	Schnittspannungen	A
Elementgruppen	Werkstoff	E
	Querschnittsgeometrie	E
	Gelenk-Codierung	E
Randbedingungen	Lagerbedingungen	E
	Lagerreaktion	A
Belastung	Knotenkräfte	E
	Elementstreckenlasten	E

Selbst diese schon weitgehend unterteilte Gliederung muß bei datenintensiven mechanischen Strukturen noch weiter verfeinert werden. Deshalb sind im Programm für ebene Rahmen die Schnittspannungen nicht in der Datei für alle Elemente untergebracht, sondern in einer zusätzlichen externen Datei.

6.2.5 Wahl der Programmiersprache

Als Programmiersprache wurde Turbo-Pascal gewählt, weil diese Sprache die nachfolgend aufgelisteten und für vorteilhaft erachteten Merkmale aufweist:

Die Sprache unterstützt mit ihrem Befehlssatz das Prinzip der strukturierten Programmierung.

Der Editor zur Quellprogrammerstellung und der Compiler zum Erzeugen des lauffähigen Codes sind integriert und speziell für Mikrocomputer konfiguriert.

Der Compiler ist leicht und preisgünstig zu beschaffen.

Der Befehlssatz ermöglicht Zugriffe auf das Betriebssystem und macht so Assembler-Unterprogramme weitgehend entbehrlich.

Für besondere Aufgaben (z.B. Bildschirmgraphik) sind separate Module als Quellprogramm zum Einbinden in das Anwenderprogramm erhältlich.

Der vom Compiler erzeugte Code ist ausreichend schnell. Eine spezielle Compilerversion erlaubt die Nutzung eines Arithmetik-Koprozessors zur noch schnelleren Programmausführung bei erhöhter Rechengenauigkeit.

Gegenüber Standard-Pascal weist Turbo-Pascal einen etwas erweiterten Sprachumfang auf. Der sprachliche Formalismus ist etwas weniger streng.

Als Nachteil ist zu sehen, daß die Möglichkeiten der 16-Bit-Mikrocomputer nicht voll genutzt werden können. Im einzelnen sind folgende Beschränkungen zu nennen:

Der Editor verwaltet Quelltext von maximal 64 Kbyte Größe. Trotzdem können größere Quellprogramme kompiliert werden, da komplette Module als "Include"-Dateien beim Kompilieren von externen Dateien eingelesen werden können.

Die Größe des kompilierten Codes ist auf 64 Kbyte begrenzt. Dies kann bis zu einem gewissen Grad durch Ablage bestimmter Programmteile in "Overlay"-Dateien umgangen werden. Wenn die Overlay-Technik nicht ausreicht, müssen verschiedene Einzelprogramme zu einem Gesamtprogramm verkettet werden.

Die Größe des vom Programm zu verwaltenden Datenfeldes ist auf maximal 64 Kbyte begrenzt. Darüber hinaus gehende Datenmengen könnten als Zeigervariable dynamisch im Hauptspeicher abgelegt werden, sofern die Hardware über genügend Hauptspeicher verfügt.

Wie sich die Grenzen auf die Realisierung der Programme auswirken, wird im Abschnitt 6.4 besprochen.

Die Entwicklung der Sprachcompiler läßt erwarten, daß einige der vorstehend aufgezeigten Grenzen der gegenwärtigen Programmversion zukünftig gemildert oder gar ganz entfallen werden.

6.2.6 Verfügbare Hardware

Obwohl die Programme auf IBM-PC/AT und kompatiblen Rechnern lauffähig sein sollen, konnten sie nicht auf einem derartigen Rechner entwickelt werden. Statt dessen stand ein Sirius 1 zur Verfügung, der mit dem IBM-Standard nicht kompitabel ist. Während die wichtigsten Eigenschaften der IBM-Mikrocomputer als bekannt vorausgesetzt werden dürfen, gilt dies für den Sirius wegen seiner geringeren Verbreitung nicht. Dashalb soll dieser Rechner hier kurz vorgestellt werden.

Der Sirius 1 erschien 1980 in den USA am Markt und wurde ab 1982 auch in der Bundesrepublik Deutschland vertrieben. Seine Hauptmerkmale sind:

Prozessor Intel 8088 mit 4,77 MHz getaktet,
Arithmetikprozessor Intel 8087 nachrüstbar,
Hauptspeicher bis 896 Kbyte ausbaubar,
Hochauflösender Monochrom-Bildschirm mit 800 * 400 Punkten,
Diskettenlaufwerke für 620 Kbyte (einseitig) oder 1,2 Mbyte (doppelseitig),
Festplatte 10 Mbyte, Sektorierung in mehrere kleine Einheiten möglich,
Bildschirm und Tastatur voll programmierbar,
Zeichensätze und Tastaturbelegungen von Diskette ladbar,
Graphik-Software als Hintergrundprogramm von jeder Programmiersprache durch ESC-Sequenzen ansprechbar.

Die Programmentwicklung wurde auf einem Gerät mit 896 Kbyte Hauptspeicher, Koprozessor 8087 und zwei Diskettenlaufwerken mit 1,2 Mbyte Kapazität durchgeführt. Obwohl die Verwaltung eines Graphik-Bildschirms wegen der hohen Auflösung 40 Kbyte Hauptspeicher erfordert und zumeist mit zwei virtuellen Bildschirmen gearbeitet wurde, konnte noch eine RAM-Disk von 580 Kbyte Kapazität eingerichtet werden.

Der wesentlich später am deutschen Markt erschienene IBM-PC hat technisch niedrigere Standards gesetzt als sie der Sirius schon hatte. Zu nennen sind die für ein komfortables Arbeiten unzureichende Diskettenkapazität, die unbefriedigende Bildschirmauflösung und die schwieriger zu erreichende Konfiguration von Bildschirm und Tastatur durch den Anwender. Erst der IBM-AT kommt in bezug auf Bildschirmauflösung und Diskettenkapazität an die Werte des Sirius heran (allerdings müssen für 1,2 Mbyte Kapazität teurere Disketten verwendet werden als beim Sirius), und in bezug auf Geschwindigkeit ist der IBM-AT aufgrund der neuen Mikroprozessoren Intel 80286 und 80287 eindeutig überlegen. Bekanntlich hat sich der IBM-Standard am Markt durchgesetzt.

Auf die wesentlichen Eigenschaften der Hardware muß an dieser Stelle eingegangen werden, weil sie ganz zweifellos die Realisierung der Programme beeinflußt und auch in den im Anhang abgedruckten Quellprogrammen ihre Spuren hinterlassen haben. Einge grundsätzliche Probleme sollen bereits an dieser Stelle angesprochen werden:

Leider wurde die Graphiksoftware zu Turbo-Pascal vom Compiler-Lieferanten nicht mehr für den Sirius angepaßt. Der zur Programmentwicklung beschaffte Compiler Vers.3.0 ist aber mit der Graphiksoftware des Sirius nicht verträglich. Deshalb mußte auf die Compilerversion 2.0 zurückgegriffen werden, die aber einen etwas geringeren Befehlsumfang hat. Daraus folgt, daß sich einige Probleme mit den neueren Compilerversionen etwas eleganter hätten formulieren lassen als in den abgedruckten Quellprogrammen.

Die Graphik für Sirius und die IBM-Standards mußte grundsätzlich zweigleisig entwickelt werden.

Der Sirius verwendet den deutschen ASCII-Zeichensatz, der die deutschen Umlaute und das ß im Gegensatz zum Zeichensatz auf IBM-Rechnern mit ASCII-Nummern kleiner 128 codiert. Die auf dem Sirius geschriebenen Bildschirmdialoge und "Help"-Dateien weisen deshalb auf IBM-kompatiblen Bildschirmen erhebliche Schönheitsfehler auf.

Da der Autor sich einerseits außerstande sah, Bildschirmdialoge und Textdateien ohne Verwendung von Umlauten zu formulieren, und sich andererseits nicht entschließen konnte, Umlaute durch Doppelvokale und das ß durch ss zu ersetzen, schrieb er für die Programme eine Routine, welche die kritischen Zeichen in der jeweiligen Programmversion gegenseitig austauscht.

Zur Übertragung der auf Disketten im Sirius-Format vorliegenden Programme auf Disketten im IBM-Format stand ein IBM-kompatibler Rechner zur Verfügung. Die Quelldateien wurden mittels eines Hilfsprogamms per Kabel über die V.24-Schnittstellen beider Rechner übertragen und anschließend auf dem Gerät nach IBM-Standard mit Turbo-Pascal 3.0 kompiliert.

Das Ergebnis sind Programme, die mit Ausnahme einiger Verschiedenheiten hinsichtlich Bildschirmsteuerung, Tastaturcodierung und Graphik auf beiden Systemen einwandfrei laufen.

6.3 Planung des Programms

6.3.1 Hierarchischer Ablaufplan

Unter Planung wird im wesentlichen die hierarchische Zerlegung des Programms in Module verstanden. Zur Verdeutlichung der Gliederung dient ein hierarchischer Ablaufplan. Dabei handelt es sich um ein Baumdiagramm, das drei weitere Symbole enthält, mit denen zusätzlich zur Baumstruktur der lineare Programmablauf gezeigt werden kann:

- Tangentialer kleiner Kreis an der Verbindungslinie von Modulen als Symbol einer Wiederholungsstruktur.
- Rhombus als Symbol einer Alternativstruktur.
- Großer Kreis als Symbol einer Fallanweisung.

Das Programm wird auf mehreren Ebenen in immer kleinere Teile zerlegt. Der Ablauf ist von oben nach unten und von links nach rechts vorgesehen. Die vertikale Linie hat Vorrang. Am Ende eines vertikalen Zweiges wird der Ablauf in der nächst höheren horizontalen Ebene nach rechts fortgesetzt.

6.3.2 Aufteilung des Programms in selbständige Teilprogramme

Die an Sachgruppen orientierte Strukturierung der externen Daten läßt die übliche *Gliederung des Programms in Preprozessor, Rechenprogramm und Postprozessor* nicht mehr sinnvoll erscheinen. Statt dessen wird eine Aufteilung in nur zwei Programme vorgesehen:

- Programm zur Generierung und Ausgabe der externen Dateien
- Programm zur Durchführung der FEM-Rechnung und Ausgabe der externen Dateien.

Beide Programme enthalten Möglichkeiten zur graphischen Datenkontrolle und sind vollständig unabhängig voneinander lauffähig. Das Rechenprogramm erhält alle für die Rechnung relevanten Informationen aus den externen Dateien. Bei nachfolgenden Rechenläufen werden die in den Dateien enthaltenen Ausgabedaten aus früheren Rechenläufen gelöscht bzw. mit den Ergebnissen des aktuellen Rechenlaufs überschrieben.

6.3.3 Modularisierung der Teilprogramme

Die Modularisierung wird anhand des Programms "EbRa" zur Berechnung ebener biegesteifer Rahmen erläutert. Zum Programm "EbRa_IO", dessen Funktion im wesentlichen in der Datenein- und ausgabe besteht, gehören die Ablaufpläne nach Bild 6-8 bis Bild 6-15. Ablaufpläne zum Rechenprogramm "EbRa_Fem" sind auf Bild 6-16 bis Bild 6-22 dargestellt. Mit geringfügigen Änderungen liegen die Ablaufpläne auch den anderen in diesem Buch vorgestellten Programmen zugrunde.

Gliederung des Ein-/Ausgabeprogramms

Gemäß **Bild 6-8** enthält das Programm nur zwei Steuerungsmodule auf der höchsten hierarchischen Ebene. Die Initialisierung ist in Bild 6-8 weiter aufgeschlüsselt, die aus dem Hauptmenü aufrufbaren Funktionen zeigt **Bild 6-9**. Jede dieser Funktionen

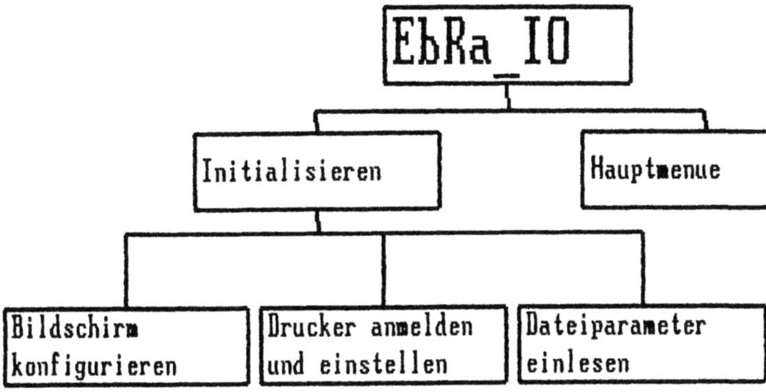

Bild 6-8 Ablaufplan Programm EbRa_IO

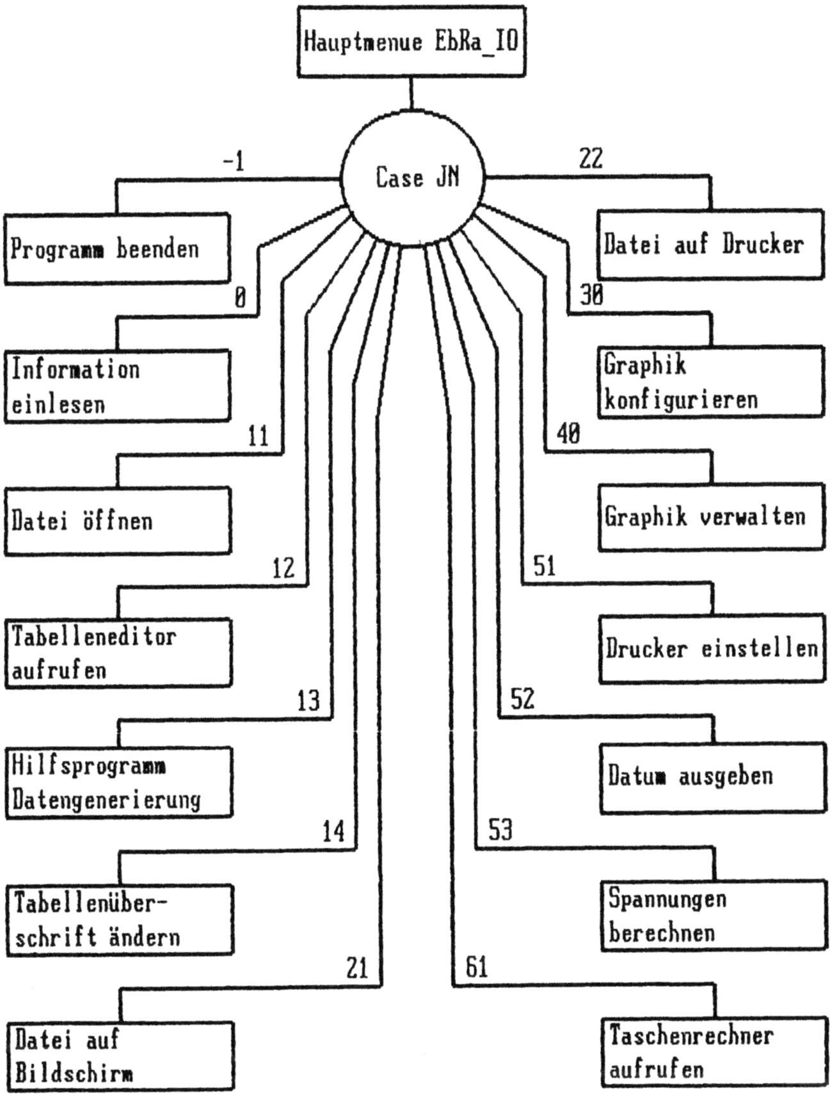

Bild 6-9 Zum Ablaufplan EbRa_IO (Folge Bild 6-8)

könnte in weitere hierarchische Ebenen zerlegt und in Form weiterer Ablaufpläne dargestellt werden. Für einige Funktionen wurde dies beispielhaft durchgeführt.

Bei den Funktionen 31 bis 35 und 41 bis 44 handelt es sich im Prinzip um weitere aus dem Hauptmenü aufrufbare Funktionen, die lediglich aus Gründen einer übersichtlichen Darstellung aus Bild 6-9 herausgenommen und in **Bild 6-10** und **Bild 6-11** als Un-

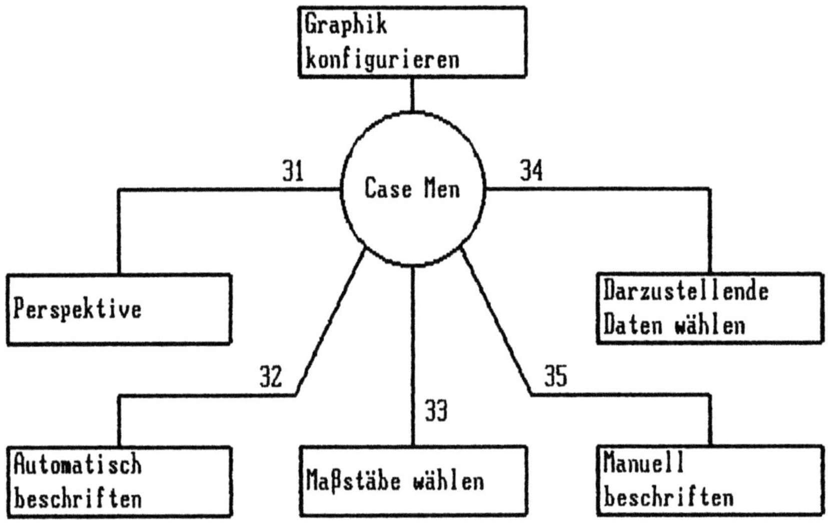

Bild 6-10 Zum Ablaufplan EbRa_IO (Folge Bild 6-9)

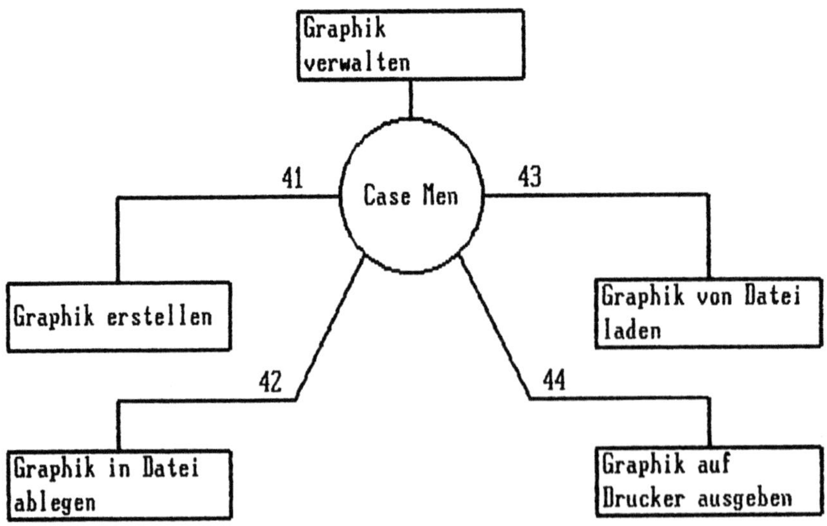

Bild 6-11 Zum Ablaufplan EbRa_IO (Folge Bild 6-9)

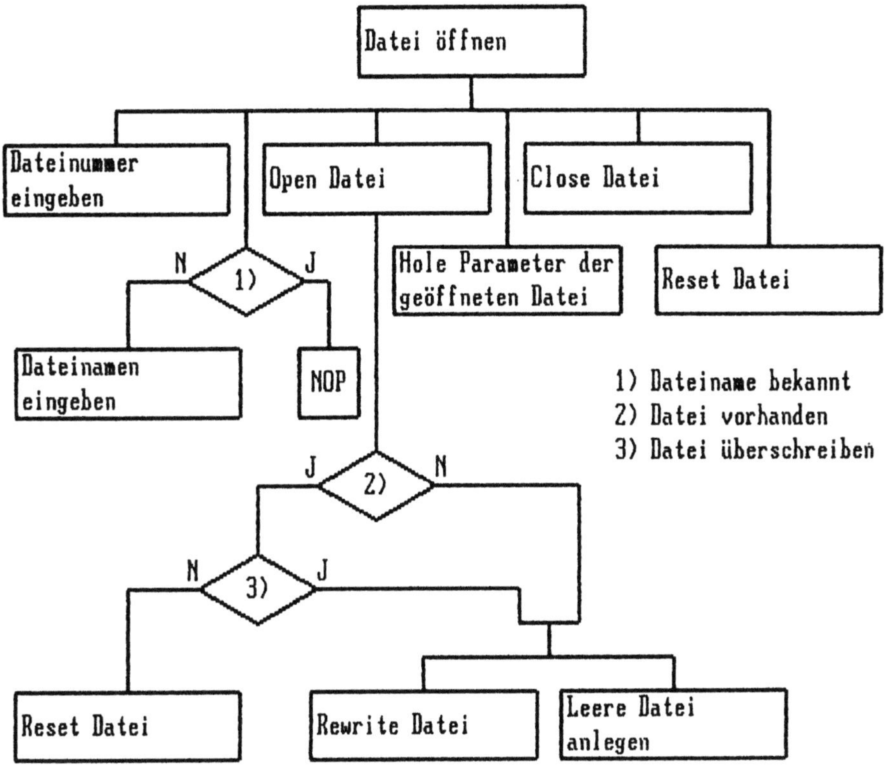

Bild 6-12 Zum Ablaufplan EbRa_IO (Folge Bild 6-9)

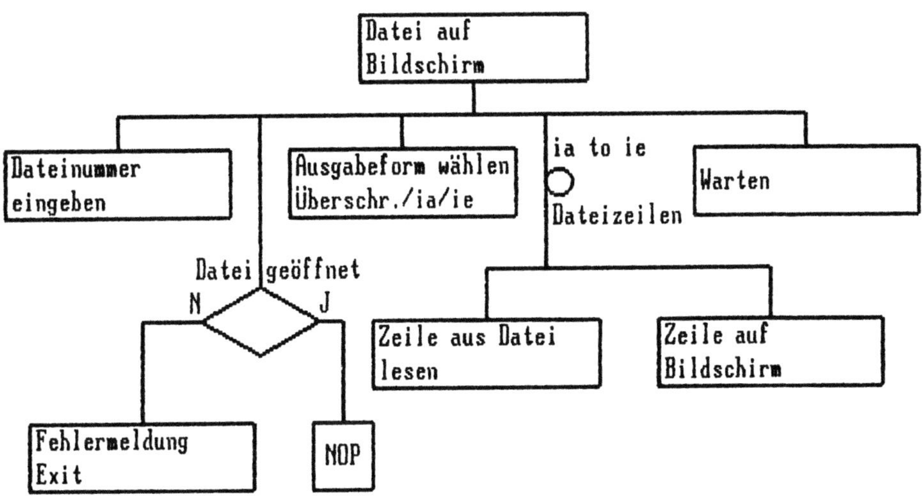

Bild 6-13 Zum Ablaufplan EbRa_IO (Folge Bild 6-9)

termenü dargestellt wurden. Die Ausführung dieser Funktionen erfolgt in größeren Programmodulen, an die die Steuervariable JN des Hauptprogramms unter dem Namen "Men" (Menü-Variable) übergeben wird.

Es ist in diesem Stadium der Programmplanung nicht sinnvoll, alle Funktionen so weitgehend hierarchisch zu zerlegen, daß die Unterprogramme und Blöcke des fertigen Programms deutlich werden. Deshalb wurde dies anhand **Bild 6-12** bis **Bild 6-15** nur für einige wichtige Grundfunktionen durchgeführt.

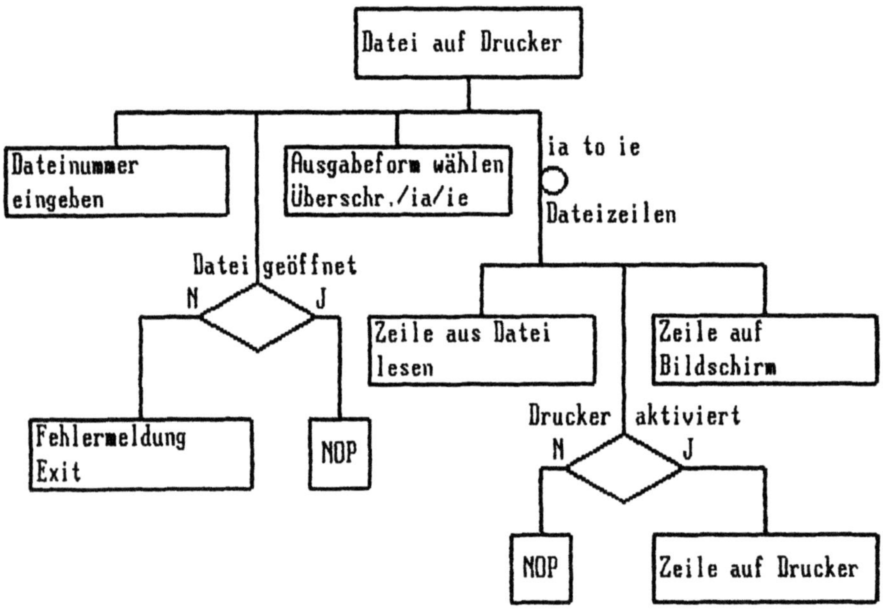

Bild 6-14 Zum Ablaufplan EbRa_IO (Folge Bild 6-9)

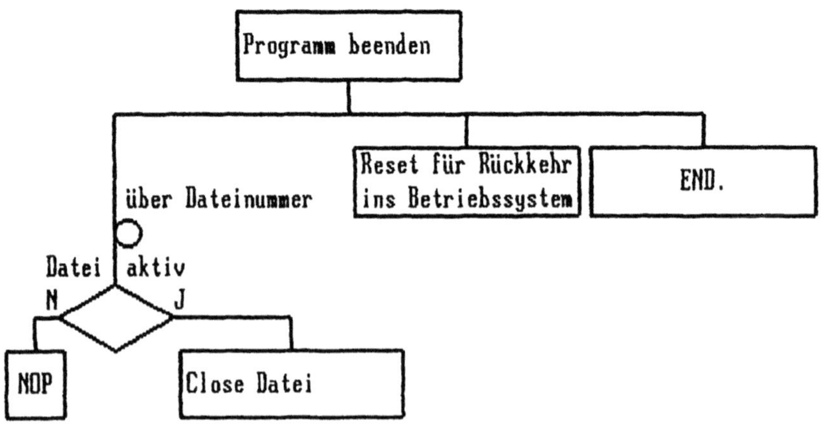

Bild 6-15 Zum Ablaufplan EbRa_IO (Folge Bild 6-9)

Gliederung des FEM-Rechenprogramms

Die oberste hierarchische Ebene mit der Steuerung des Programmablaufs zeigt **Bild 6-16.** Nach der Initialisierung erfolgt als Kern des Moduls "Benutzer-Dialog" die Eingabe des Namens der Dateien mit den Eingabedaten der Rechnung. In Auswertung dieser Dateien wird vom Programm sodann eine leere Datei (GK-Datei) angelegt, in die die aus den Steifigkeitsmatrizen der Elemente und den Lagerbedingungen zu berechnenden Steifigkeiten der Strukturknoten sowie der Vektor der Knotenlasten hineingeschrieben werden.

Als nächstes wird das Gleichungssystem gelöst. Da die Knotenverschiebungen als Lösungen des Gleichungssystems schrittweise in Form einer Kettenrechnung durch Rückeinsetzen zu ermitteln sind (vgl. Kap. 4), werden sie zunächst mit der maximalen internen Genauigkeit als Realzahl in der GK-Datei gespeichert. Zur benutzerfreundlichen Ausgabe werden die Lösungen im nächsten Programmblock in formatierte Zeichenketten umgewandelt und in die Knotendatei eingetragen.

Die nächsten beiden Schritte enthalten Rechengänge, wie sie in Kap. 5 ausführlich behandelt wurden, nämlich die Berechnung der Lagerkräfte und Schnittgrößen aus den Knotenverschiebungen und deren Übernahme in die entsprechenden Dateien. Bevor der Ablauf im Hauptmenü endet, werden noch einige wichtige Parameter des Rechenlaufs in die Dateiüberschriften eingetragen.

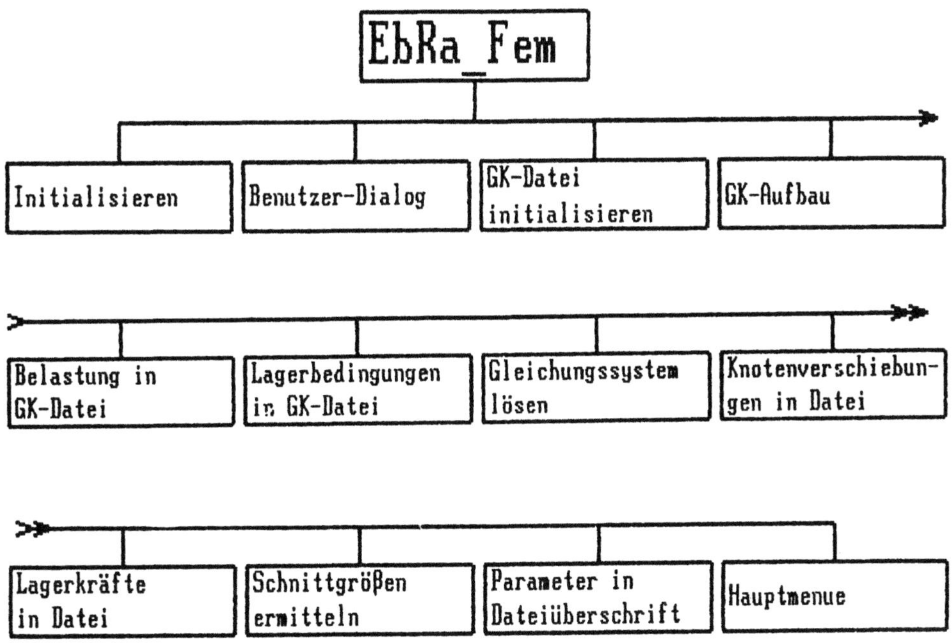

Bild 6-16 Ablaufplan Programm EbRa_Fem

Einige Module der Steuerungs-Ebene wurden in **Bild 6-17** bis **Bild 6-20** weiter hierarchisch zerlegt. Viele der in dieser Ebene der Hierarchie auftretenden Module müssen konsequent weiter zergliedert werden, um das Prinzip der strukturierten Programmierung effektiv zu nutzen. Als Beispeil dafür wurde in **Bild 6-22** die Modularisierung des Blocks "Elementdaten berechnen" aus Bild 6-19 dargestellt.

Das Hauptmenü nach **Bild 6-21** enthält viele Funktionen, die mit denen des Ein-/Ausgabeprogramms nach Bild 6-9 identisch sind. Es fehlen aber alle Funktionen, die der Dateneingabe dienen. Statt dessen sind die Funktionen 11 und 12 zur Ausgabe der Knotenverschiebungen aus der GK-Datei hinzugekommen.

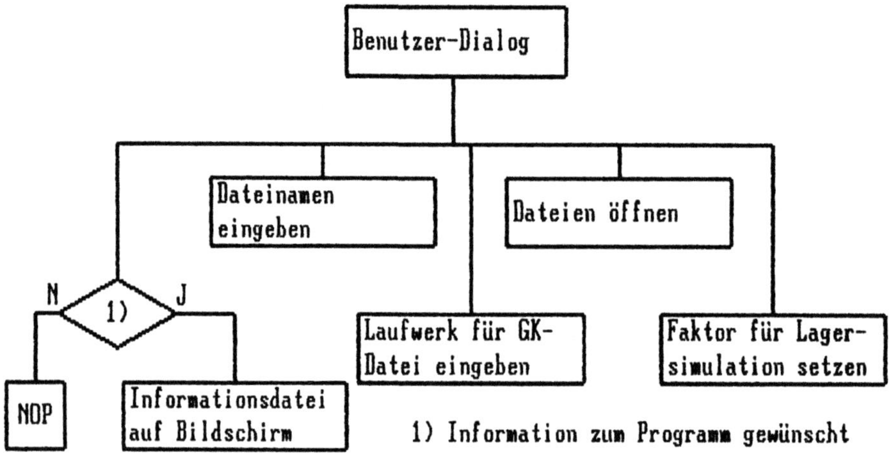

Bild 6-17 Zum Ablaufplan EbRa_Fem (Folge Bild 6-16)

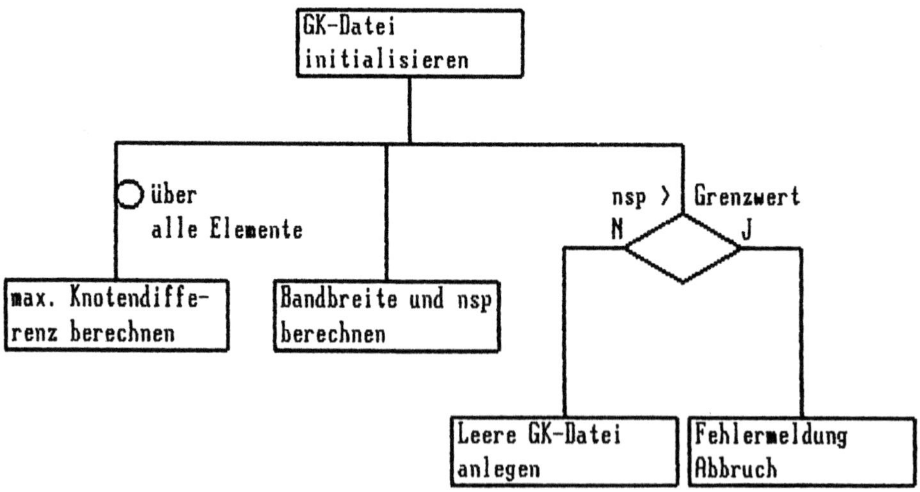

Bild 6-18 Zum Ablaufplan EbRa_Fem (Folge Bild 6-16)

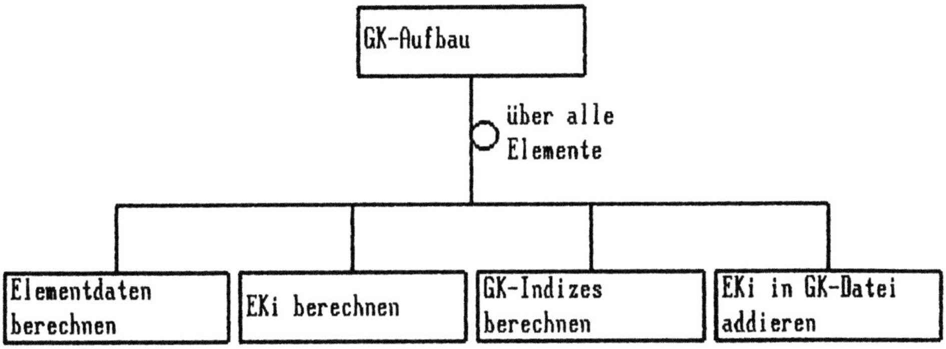

Bild 6-19 Zum Ablaufplan EbRa_Fem (Folge Bild 6-16)

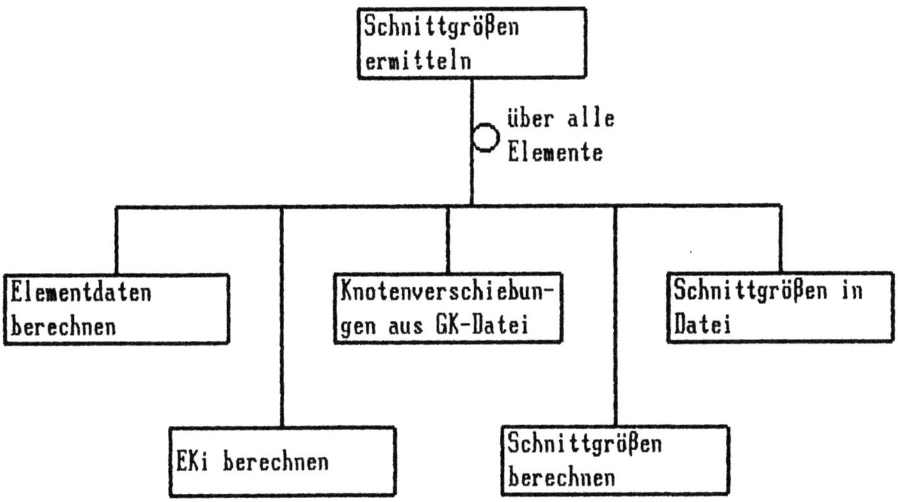

Bild 6-20 Zum Ablaufplan EbRa_Fem (Folge Bild 6-16)

Genügt dem Anwender aus irgendeinem Grund die Genauigkeit der mit begrenzter Stellenzahl gerundet in die Knotendatei übertragenen Knotenverschiebungen nicht, so kann er die Lösungen mit der programmintern verwendeten Genauigkeit im Gleitkommaformat auf Bildschirm oder Drucker ausgeben lassen. Da die GK-Datei nicht im Textformat angelegt ist, sind deren Daten nach Beendigung des Programms nicht mehr verfügbar. Um ein versehentliches Beenden des Programms zu vermeiden, wurde als Funktionscode für "Programm beenden" die Eingabe von "-1" vorgesehen.

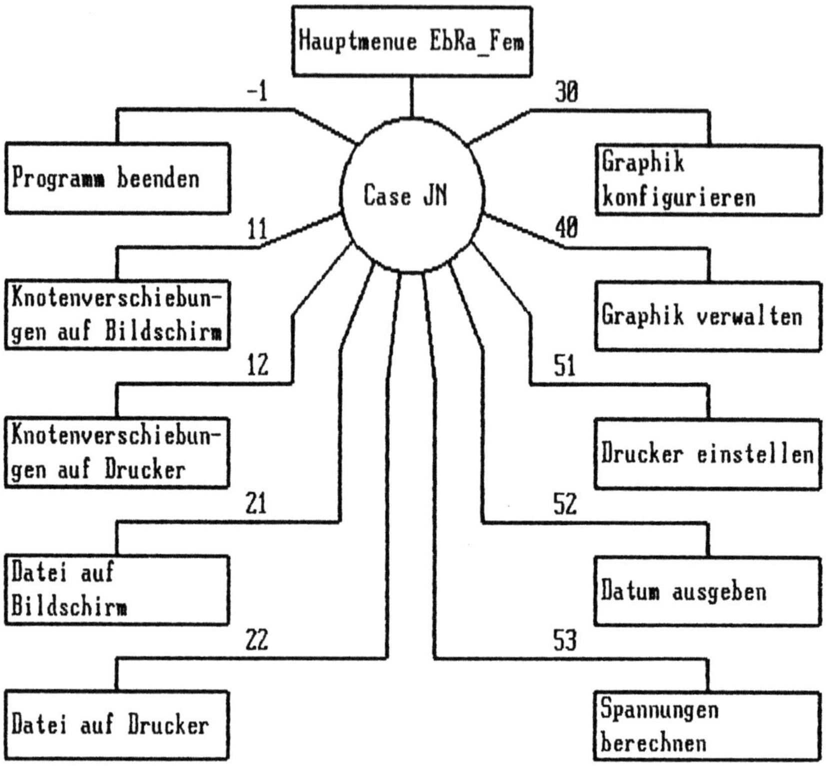

Bild 6-21 Zum Ablaufplan EbRa_Fem (Folge Bild 6-16)

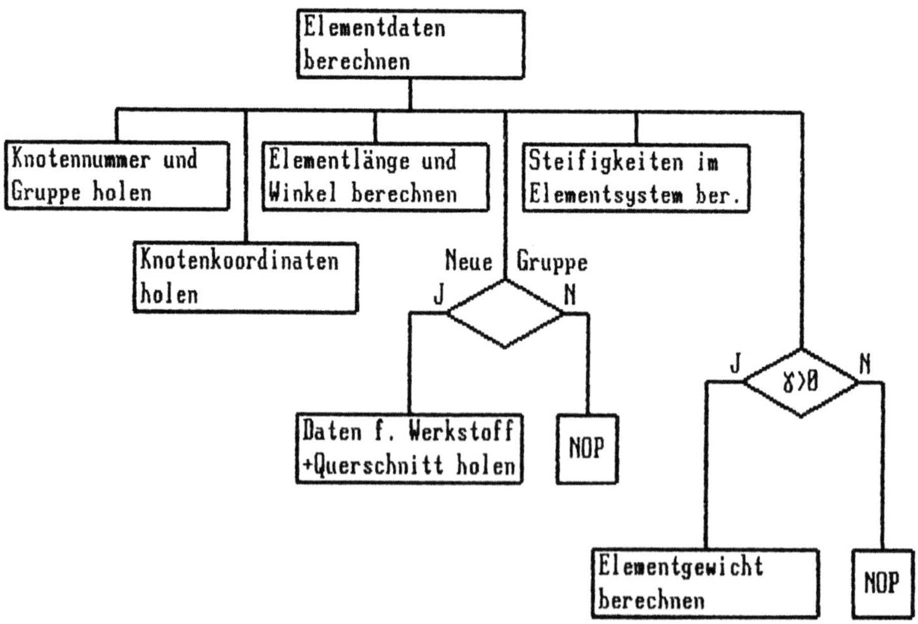

Bild 6-22 Zum Ablaufplan EbRa_Fem (Folge Bild 6-16)

6.4 Realisierung des Programms

Es wäre weder möglich noch sinnvoll, ein Programm in der Planungsphase so weit zu modularisieren, daß zur Realisierung nur noch die Prozedur- und Funktionsnamen definiert, die Variablen deklariert und die Befehlsnamen der verwendeten Programmiersprache eingesetzt werden müßten.

Im Zuge der Programmentwicklung und der Erprobung einzelner Programmteile oder Module werden immer wieder neue Wünsche und Forderungen an das Programm auftreten, die zu Änderungen und Erweiterungen gegenüber der ursprünglichen Planung führen. Auch muß man sich gelegentlich den Wunsch versagen, ein hinsichtlich seiner Funktion einwandfrei arbeitendes Unterprogramm bezüglich des Programmcodes zu optimieren, weil dadurch die Zeitvorgabe zur Fertigstellung des Gesamtprogramms in Frage gestellt wäre.

Auch die in Abschn. 6.2. angesprochenen durch Hard- und Software gegebenen Grenzen zwingen gelegentlich dazu, von der reinen Lehre der strukturierten Programmierung abzuweichen. So sind die Programme nicht frei von Sprunganweisungen (*Goto..*), weil gemäß Abschn. 6.2.6 für den Sirius mit Turbo-Pascal 2.0 programmiert werden mußte. Diese Version verfügt aber nicht über den Befehl EXIT zum vorzeitigen Verlassen eines Unterprogramms auf Grund einer Bedingung. Deshalb ist das Ende vieler Unterprogramme mit einer Sprungadresse markiert, um die *Exitfunktion* mit *Goto..* realisieren zu können.

Unkontrollierte Sprünge werden in Turbo-Pascal dadurch verhindert, daß Sprungadressen (*Labels*) nur in dem Unterprogramm verfügbar sind, für das sie deklariert wurden. Deshalb konnten ohne Verlust der Übersicht des Programmablaufs und ohne Einschränkung der Lesbarkeit des Quellcodes auch gelegentlich sequentiell abzuarbeitende Blöcke (*Begin ... End;*) mit Sprungadressen markiert werden, um so auf einfache Weise den Block entweder rekursiv wiederholt aufrufen oder mit "Exit"-Charakter mit einem Sprung zum nächsten Block verlassen zu können.

Die nachfolgenden Erläuterungen beziehen sich auf die im Anhang abgedruckten Quellprogramme:

Mechanische Struktur	Programmname: Ein-/Ausgabe	FEM-Rechnung
Ebene Fachwerke	EbFa_IO	EbFa_Fem
Durchlaufträger mit einer Biege-Ebene	EbDu_IO	EbDu_Fem
Ebene biegesteife Rahmen	EbRa_IO	EbRa_Fem

Es würde den Rahmen dieses Buches sprengen, die programmtechnische Codierung des in den vorangegangenen Abschnitten dargestellten Rechengangs und Programmablaufs in allen Einzelheiten zu beschreiben. Statt dessen werden allgemeine Hinweise zur Aufteilung der Quellprogramme, zur *Overlay-Technik*, zur Dateiverwaltung und zu den sich aus der Implementierung der Programme auf verschiedenen Rechnersystemen ergebenden Problemen gegeben. Darüber hinaus sind die Quellprogramme selbst ausführlich kommentiert.

6.4.1 Gliederung des Quellcodes

Die Aufteilung des Quellcodes in verschiedene Textdateien ist schon deshalb unumgänglich, weil der Turbo-Editor nur Textdateien bis zur Größe von 64 Kbyte verwalten kann. Der Compiler unterstützt die Aufteilung des Quelltextes durch die Möglichkeit, sog. *Include-Dateien*, deren Name im Quellprogramm in Kommentarklammern (z.B. { $I Name.PAS }) enthalten ist, beim Kompilieren von einem Massenspeicher zu laden und in den Laufcode einzubinden. *Include*-Dateien können beliebig groß sein und beliebig viele Unterprogramme enthalten. Sie werden vom Compiler so behandelt, als würde ihr Inhalt unmittelbar anstelle des aufrufenden Dateinamens im Quellprogramm stehen.

Include-Dateien bieten sich besonders für solche Unterprogramme an, die unverändert in mehreren Programmen verwendet werden können. Grundsätzlich lassen sich verschiedene Gruppen unterscheiden:

(1) Prozeduren und Funktionen auf niedriger hierarchischer Ebene, die ihrer Verwendung nach eine Erweiterung des von der Programmiersprache bereitgestellten Befehlsvorrats darstellen,

(2) Module zur Ausführung von Operationen, die in mehreren gleichartigen Programmen benötigt werden,

(3) Module, die nur in einem speziellen Programm gebraucht werden, aber aus Platzgründen nicht im Quelltext des Programms plaziert werden können.

Turbo-Pascal erlaubt Deklarationen an beliebigen Stellen in einem Programm. Dadurch ist es möglich, in einer *Include*-Datei außerhalb von Prozeduren Konstanten und Variable zu deklarieren, die beim Einbinden der *Include*-Datei dann als globale Größen im Gesamtprogramm verfügbar sind. Somit entfällt die Notwendigkeit, die in den Prozeduren einer *Include*-Datei als globale Größen benötigten Werte im Kopf des Hauptprogramms deklarieren zu müssen, und die Modularisierung des Quellprogramms wird wesentlich erleichtert.

Besondere Erwähnung verdient der Umstand, daß Turbo-Pascal beim Programmstart keine Initialisierung der Variablen vornimmt. Bevor also einer Variablen vom Programm ein Wert zugewiesen wird, enthält sie den zufälligen Inhalt des ihr vom Programm zugewiesenen Speicherplatzes. Soll eine Variable ohne ausdrückliche Wertzuweisung beim Programmablauf einen Anfangswert haben, so ist sie als *Typisierte Konstante* zu deklarieren.

Unterprogramme zu (1) enthält die *Include*-Datei GrundFem. Die meisten dieser Prozeduren sind in jedem Turbo-Pascal-Programm zu gebrauchen (Warteschleife, Ja/Nein-Abfrage, Tastatureingabe, Zahlenumwandlung, Bildschirmverwaltung, Einlesen einer Textdatei). Da es sich um Befehlsfolgen handelt, die auf der niedrigsten Hierarchie-Ebene angesiedelt sind, wird die Datei "GrundFem" als erste *Include*-Datei im Hauptprogramm plaziert. Dadurch sind die Prozeduren in allen nachfolgenden Unterprogrammen zur Verwendung bekannt. Außerdem sind in der Datei "GrundFem" verschiedene allgemeine Variablen und Konstanten deklariert, die auch in anderen als den hier beschriebenen Programmen Verwendung finden.

Ebenfalls zu (1) gehören die *Include*-Dateien **Drucker** (Konfiguration des Druckers) und **DirFem** (*Directory* lesen und freien Diskettenplatz anzeigen), die wegen ihrer Größe als eigene Diskettendateien angelegt wurden.

Zur Gruppe (2) sind Unterprogramme zu rechnen, die in allen Programmen der obigen Tabelle verwendet werden. Dazu gehören die *Include*-Datei **FemGraph**, die einen Grundvorrat an Graphikbefehlen bereitstellt, das Programm **Cholesky** zur Lösung des Gleichungssystems, sowie verschiedene Routinen zur Dateiverwaltung, insbesondere zur Ausgabe der Datendateien auf Bildschirm und Drucker. Die Namen dieser *Include*-Dateien sind **RanTex..** und **Dat_Aus**.

Weiterhin sind hier die jeweils für Ein-/Ausgabe- und FEM-Rechenprogramm derselben mechanischen Struktur identischen Programme zur Konfiguration und Verwaltung der Bildschirmgraphik zu nennen: **EbFaGraf**, **RaFaGraf**, **EbDuGraf** und **EbRaGraf**. Auch das Progamm zum Einlesen der Überschrift-Textdateien **UbRead** gehört in diese Gruppe.

Wesentliche Vertreter der Gruppe (3) sind die Programme zur automatisierten *Strukturgenerierung* innerhalb der Ein-/Ausgabeprogramme. Da sie mit der Codezahl 13 aus dem Hauptmenü aufgerufen werden und im wesentlichen die Knotenkoordinaten und Knotenzuordnungen der Struktur berechnen, wurde für diese Programme der Strukturname, ergänzt um "Kn13" gewählt, also **EbRaKn13** usw. Auch das Tabellenprogramm zur *Datengenerierung* muß hier genannt werden. Zwar ist der Kern dieser Module für alle Programme gleich, aber auf Grund der verschiedenen Struktureigenschaften und Dateiformate konnten sie nur für die beiden Fachwerkprogramme völlig identisch ausgeführt werden. Die Namen der *Include*-Dateien sind: **FaWeTab**, **EbDuTab** und **EbRaTab**.

Auch wenn vorstehend nicht alle in den Programmen enthaltenen *Include*-Dateien aufgeführt wurden, dürfte das Prinzip der Gliederung und Benennung klar geworden sein. Auch wurden kleinere Routinen, die in mehreren Programmen vorkommen, nicht generell als *Include*-Datei ausgelagert, da die Platzersparnis in diesem Fall gering ist, die Lesbarkeit und das Verständnis für das Programm aber leiden, wenn zu viele Prozeduren außerhalb des Gesamtprogramms gesucht werden müssen.

6.4.2 Overlay-Technik

Bereits im Abschn. 6.2.5 wurde darauf hingewiesen, daß Turbo-Pascal in der verwendeten Version nur ca. 64 Kbyte kompilierten Code erzeugen kann. Wird diese Grenze beim Kompilieren erreicht, erfolgt die Fehlermeldung "Memory Overflow", und der Compiler zeigt die entsprechende Position im Quellcode an. Bei den hier zu programmierenden Problemen reicht die angegebene mögliche Größe des Laufzeitcodes für keines der Einzelprogramme aus.

Turbo-Pascal bietet als Ausweg einerseits die Möglichkeit, ein System aus mehreren sich gegenseitig aufrufenden Programmen zu erzeugen, die einen gemeinsamen Speicherbereich für globale Variable benutzen, oder bestimmte Unterprogramme in einer gemeinsamen *Overlay-Datei* auf einen Massenspeicher zu legen und nur bei Bedarf in den Hauptspeicher zu laden.

Im vorliegenden Fall wurde die letzte Möglichkeit angewendet. Ein Unterprogramm wird dadurch zur *Overlay-Routine* erklärt, indem vor den Prozedurnamen das Wort *Overlay* eingefügt wird. Folgen im Quellprogramm mehrere *Overlay*-Prozeduren aufeinander, so werden sie beim Kompilieren in eine gemeinsame Diskettendatei geschrieben, und in dem auf 64 Kbyte beschränkten Speicherbereich der .COM-Datei wird für die gesamte *Overlay*-Gruppe nur soviel Platz vorgesehen, wie die größte Prozedur der Gruppe benötigt. Auf diese Weise können theoretisch Programme erzeugt werden, deren Gesamtgröße den Grenzwert von 64 Kbyte um ein Mehrfaches übersteigt.

In der Praxis sind natürlich einige Einschränkungen zu beachten. Als oberstes Gebot gilt, daß sich *Overlay*-Prozeduren derselben Gruppe nicht gegenseitig aufrufen dürfen. Da der Compiler Verstöße gegen dieses Gebot nicht erkennt, ist der Programmierer selbst für dessen Beachtung verantwortlich. Ein diesbezüglicher Fehler wird bei Probeläufen auch nicht zwangsläufig entdeckt, da in einem umfangreichen Programm die sich aus dem Wahlangebot der Benutzerführung ergebenden Kombinationsmöglichkeiten beträchtlich sein können. Eine sorgfältige Programmplanung mit hierarchischer Gliederung gibt aber dem Programmierer sichere Entscheidungshilfen zur Bildung entsprechender *Overlay*-Gruppen.

Als nächstes ist zu beachten, daß eine *Overlay*-Prozedur im Hauptspeicher vorhanden sein muß, bevor sie ausgeführt werden kann. Nach der Ausführung verbleibt sie so lange im Hauptspeicher, bis eine andere Prozedur derselben Gruppe aufgerufen wird. Daraus folgt, daß der Programmablauf nur wenig durch Zugriffe auf den Massenspeicher gestört wird, wenn in einer *Overlay*-Gruppe viele selten benötigte Prozeduren mit einer häufig benötigten kombiniert werden. Letztere ist dann die meiste Zeit im Hauptspeicher resident und verfügbar.

Ein gewisses Problem entsteht dadurch, daß Prozeduren von anderen Programmteilen nur dann aufgerufen werden können, wenn sie im Quelltext vor dem erstmaligen Aufruf plaziert sind. Dies ist bei umfangreichen Programmen manchmal schwierig, und deshalb enthält Turbo-Pascal die Möglichkeit, eine Prozedur unabhängig von der Plazierung ihres Befehlsblocks vorher zu deklarieren. Die Möglichkeit gilt aber nicht für *Overlay*-Prozeduren. Aus plausiblen Gründen dürfen sich *Overlay*-Prozeduren außerdem nicht selbst aufrufen (*Rekursion*).

Obwohl sich die genannten Beschränkungen umgehen lassen (eine Hilfsprozedur wird "forward" deklariert und ruft das *Overlay*-Programm auf, ebenso rekursiver Aufruf durch ein Hilfsprogramm), erfordert die Konfiguration großer Programme mittels der *Overlay*-Technik doch eine gewisse Geschicklichkeit. Im vorliegenden Fall handelt es sich um Programme mit Gesamtgrößen zwischen 110 bis 150 Kbyte, deren Konfiguration noch vergleichsweise problemlos zu bewerkstelligen war.

6.4.3 Dateiverwaltung

Im Abschn. 6.2.3 wurde die Forderung vertreten, die externen Dateien im Textformat anzulegen. Die programmtechnische Umsetzung dieser Forderung erwies sich in verschiedener Beziehung als schwierig:

(1) Turbo-Pascal kann Textdateien nur sequentiell lesen und schreiben. Das Rechenprogramm muß aber auf die Dateien zum Lesen und Schreiben wahlfrei zugreifen können (Random Access).

(2) Zahlen werden aus den Dateien als Zeichenkette gelesen und müssen zum Rechnen in eine Zahlenvariable überführt werden. Turbo-Pascal bietet dazu den Befehl *Val(String,Zahl,Code)*, worin *String* die Zeichenkette ist, *Zahl* die Zahlenvariable und *Code* eine Fehlervariable. Dabei darf aber die Zeichenkette nur Ziffern, den Dezimalpunkt und ein vorangestelltes Minuszeichen enthalten. Zeichenketten mit führenden Leerzeichen oder dem Plus-Vorzeichen werden nicht umgewandelt. Dadurch ist die gesamte Funktion für die Umwandlung von Zeichenketten, die rechtsbündig in den Spalten einer als Tabelle angeordneten Datei stehen, direkt nicht zu gebrauchen.

Das erste Problem wurde dadurch gelöst, daß für die Dateien der Datentyp *Record* in Form einer Zeichenkette konstanter Länge zur Aufnahme einer ganzen Dateizeile gewählt wurde. Dadurch wurde der wahlfreie Zugriff auf jede Dateizeile möglich. Innerhalb einer Zeile kann auf jedes einzelne Zeichen mittels *String-Index* zugegriffen werden. So kann durch die Festlegung von Zahlenparametern die Zeile in eine bestimmte Anzahl von Spalten unterteilt werden, deren Länge verschieden sein darf. Das erste Zeichen der Kette erhält in Turbo-Pascal den Index Null und enthält die Stringlänge in Form des ASCII-Codes dieses Zeichens. Es wird beim Editieren der Zeichenkette durch Turbo-Pascal unterdrückt.

Da die Länge der Zeile bei der *Deklarierung des Records* durch eine Konstante festgelegt werden muß, kann die zur Verwaltung der Datei geschriebene Prozedur nur Records genau dieser Länge lesen und schreiben.

Zur effektiven und speichersparenden Datenaufnahme sind aber Dateien mit verschiedenen Zeilenlängen sinnvoll. Um andererseits die Zahl der Unterprogramme zur Dateiverwaltung zu begrenzen, wurde eine Stufung der Zeilenlängen in Schritten von 5 Zeichen vorgesehen, und in einem Programm wurden nicht mehr als drei verschiedene Zeilenformate verwendet.

In den Prozedurnamen wurde das Wort "RanTex" (für *Random-Access-Textdatei*) mit Kennzeichnung der Zeilenlänge, also RanTex80 für 80 Zeichen pro Zeile verwendet. Entsprechend den für die Dateiverwaltung üblichen Funktionen Öffnen, Lesen und Schreiben ergeben sich z.B. die Prozeduren RanTexOpen80, RanTexEin80 und RanTexAus80.

Alle zur Verwaltung einer Datei bestimmter Länge benötigten Prozeduren einschließlich der erforderlichen Deklarierungen sind in einer *Include*-Datei entsprechenden Namens zusammengefaßt. Alle relevanten Variablennamen enthalten die Zeilenlänge, so daß die *Include*-Datei zur Verwaltung einer Datei anderer Länge leicht durch Ändern nur dieser Zahlenangabe in allen Namen erzeugt werden kann.

Die variable Aufteilung einer Dateizeile wird durch Parameter erreicht, die als Zahlen in der ersten Zeile jeder Datei enthalten sind. Die Anzahl der Parameter gibt die Zahl der Tabellenspalten an und der Wert der Parameter die Länge der einzelnen Spalten. Da die Tabellen überwiegend Zahlenangaben aufnehmen müssen, die formatiert rechtsbündig in den Spalten stehen sollen, ist in der zweiten Dateizeile jeder Tabellenspalte ein weiterer Parameter zugeordnet, der die Zahl der Nachkommastellen für die Zahlenumwandlung angibt. Hinter den spaltenbezogenen Angaben steht in dieser Zeile noch die Zahl der Überschriftzeilen der Tabelle.

Nach dem erstmaligen Öffnen einer Datei liest das Programm zunächst nur die erste Zeile, berechnet Spaltenlängen und Zeilenlänge aus den Parametern und überführt sie in Variable des Programms. Nachdem die Zeilenlänge bekannt ist, kann auf jede Zeile der Datei wahlfrei zugegriffen werden. So ist als nächstes die Auswertung der Nachkommastellen in Zeile zwei und ihre Übernahme in Programmvariable möglich. Auf Grund der Dateivariablen für Spaltenlängen und Nachkommastellen kann nun die gesamte Datei wie eine Tabelle verwaltet werden, in der jede Zeilen- und Spaltenposition zum Schreiben und Lesen formatierter Zahlen herausgegriffen werden kann.

Zum Anlegen neuer Dateien sind auf der Programmdiskette Überschriftdateien mit den Parameterzeilen vorhanden, die vom Programm ausgewertet werden. Da der Anwender diese Überschriftdateien mit Hilfe eines Texteditors bearbeiten kann, ist es möglich, die Tabellenformate und den Text der Überschriften zu verändern, ohne in das Programm eingreifen zu müssen. Voraussetzung für eine fehlerfreie Dateiverwaltung ist aber, daß durch derartige Manipulationen die Zeilenlänge der jeweiligen Datei nicht verändert wird.

Die Überschriftdateien sind im Anhang abgedruckt. Für die Balkenstrukturen sind zwei Formate vorgesehen, die mit folgenden Grundeinheiten für Kräfte und Längen arbeiten:

- Format 1 für allgemeinen Maschinenbau: Kräfte in kN, Längen in cm,
- Format 2 für Feinwerktechnik: Kräfte in N, Längen in mm.

Unabhängig von den durch die Tabellenparameter vorgegebenen Zahlenformaten können Zahlen aber auch völlig frei in Exponentialschreibweise eingegeben werden. Dazu ist lediglich im Tabelleneditor durch ESC r der Textmodus zu aktivieren. Mit ESC R kann auf den formatierten Zahlenmodus zurückgeschaltet werden.

Um beim Ausgeben der Dateien des Tabellenformat einzuhalten, sind die letzten beiden Zeichen jeder Dateizeile mit den Steuerzeichen RETURN (ASCII 13) und LINE FEED (ASCII 10) belegt. An drittletzter Position steht das druckbare Zeichen "<". Dadurch wird verhindert, daß beim Laden einer Datei in ein Textsystem die Leerzeichen am Ende einer Dateizeile abgetrennt werden, wodurch die Datei für das Rechenprogramm unbrauchbar werden würde. Als nutzbare Länge einer RanTex80-Zeile bleiben somit 77 Zeichen übrig.

Das zweite Problem wurde durch das in der *Include*-Datei "GrundFem" enthaltene Unterprogramm zur Zahlenumwandlung umgangen, indem die führenden Leerzeichen eines Zahlenwortes vor der Umwandlung in eine Zahlenvariable abgetrennt werden. Dabei sind die Wortlänge und die Nachkommastellen in Form der Tabellenparameter bekannt.

Im Gegensatz zu den externen Datendateien kommt es bei der GK-Datei nicht auf leichte Editierbarkeit, sondern auf kurze Zugriffzeiten und geringen Platzbedarf zum Speichern von *Real-Variablen* an. Turbo-Pascal bietet hierzu den Dateityp "File" an. Eine als *File* deklarierte Datei besteht aus aneinandergereihten 128-Byte-Blöcken. Ein solcher Block oder auch mehrere zusammen können wahlfrei gelesen und geschrieben werden. Somit lassen sich *Random-Access-Dateien* konfigurieren, deren Zeilenlänge in Stufen von 128 Bytes variiert werden kann. In der Zeile werden die Daten Byte für Byte hintereinander abgelegt.

Um die benötigte Zeilenlänge zum Abspeichern der GK-Datei zu bestimmen, ist einerseits die Bandbreite der *Koeffizientenmatrix* (Abschn. 4.2.1) zu bestimmen und andererseits der Speicherbedarf zur Codierung einer *Real-Variablen* zu berücksichtigen. Dieser ist bei der Compilerversion zur Unterstützung des Arithmetikprozessors größer als bei Standard-Turbo-Pascal. Die wesentlichen Unterschiede beider Versionen sind in der folgenden Tabelle gegenübergestellt:

Compilerversion	Turbo-Standard	Turbo 87
Zahlenbereich	1.0E-38 bis 1.0E+38	4.19E-307 bis 1.67E+308
Mantisse	10 bis 11 Ziffern	16 Ziffern
Speicherbedarf	6 Bytes	8 Bytes

In einem 128-Byte-Block können bei Turbo Standard also 21 Zahlen gespeichert werden, bei Turbo 87 aber nur 16. Werden diese Grenzwerte wegen der Bandbreite überschritten, so muß die Dateizeile um einen 128-Byte-Block verlängert werden. In den Rechenprogrammen wird die Zahl der Blöcke pro Datenzeile über die Variable "BlockReal" im Unterprogramm "...GKIn" gesteuert. Damit der Quellcode weitgehend unabhängig von der Compilerversion bleibt, wird die Größe dieser Variablen über den Programmnamen festgelegt, der als Stringvariable "ProgNam" deklariert wird. Um also eine Rechenprogramm in Turbo 87 zu kompilieren, muß lediglich die Variable "ProgNam" im Quelltext von "...._Fem" auf "....7Fem" geändert werden.

Aufgrund der beschriebenen Dateikonfiguration kann die Größe der GK-Datei nur in Ausnahmefällen voll genutzt werden. Dieser Mangel wird im Interesse einer unkomplizierten und sicheren Datenverwaltung in Kauf genommen, da als Hardwarekonfiguration ausreichend große Massenspeicher (Festplatte oder 1,2-Mbyte-Disketten) vorausgesetzt werden dürfen und die GK-Datei nach Beendigung des Rechenlaufs ohnehin wieder gelöscht wird.

Wenngleich der blockweise Zugriff auf die GK-Datei und die Übertragung der Daten in Programmvariable nur wenig Zeit benötigt, würden die zahlreichen innerhalb des Lösungsalgortihmus erforderlichen Dateioperationen doch zu einer merklichen Verlangsamung des Rechenlaufs führen. Wie in Abschn. 4.2 beschrieben, führt jeder der für einen Freiheitsgrad der Struktur durchzuführenden Eliminationsschritte über ein Datenfeld in Dreieckform, dessen Breite (Zahl der Spalten) und Höhe (Zahl der Zeilen) durch die Bandbreite bestimmt wird.

Die Rechnung läuft erheblich schneller, wenn die für einen Eliminationsschritt erforderlichen GK-Daten im Hauptspeicher des Rechners vorhanden sind. Dazu wird im Unterprogramm "Cholesky" ein Datenfeld dimensioniert (GK[77,76]), in das vor dem ersten Rechenschritt so viele Zeilen der GK-Datei geschrieben werden, wie der Bandbreite entsprechen.

Sind die Rechenoperationen zur Reduzierung der Koeffizienten für einen Freiheitsgrad beendet, so wird die oberste Zeile des Datenfeldes in die GK-Datei zurückgeschrieben, alle folgenden Zeilen werden durch Umnumerieren der Zeilenindizes eine Zeile nach oben verlagert, und in die unterste Zeile des Datenfeldes wird die nächste Zeile aus der GK-Datei eingelesen. Das interne Datenfeld wird gewissermaßen wie ein Fenster zeilenweise nach unten über die GK-Datei geschoben. Auf diese Weise werden zur Reduzierung des Gleichungssystems pro Freiheitsgrad nur zwei Dateizugriffe benötigt. Beim Rückeinsetzen läuft ein analoger Vorgang ab, indem das Datenfeld zeilenweise nach oben geschoben wird.

6.4.4 Anpassung an verschiedene Rechnersysteme

Im Abschn. 6.2.6 wurden schon einige Probleme angesprochen, die sich aus der Anpassung der Programme an den Sirius einerseits und den von IBM gesetzten Industriestandard andererseits ergeben. Um wesentliche Teile der Quellprogramme für beide Systeme identisch gestalten zu können, wurden einige Module als Austauschprogramme geschrieben. Diese enthalten in Form von Prozeduren einen Befehlsvorrat zur Systemkonfiguration (Bildschirmsteuerung, Tastaturcode, Zeichensatz, Graphikmodus), wobei die jeweiligen Prozedurnamen in beiden Versionen gleich sind, während die Anweisungen im Innern der Prozeduren auf das jeweilige Rechnersystem abgestimmt sind. Funktionen, die nur in einem System verfügbar sind, werden im anderen System als Blindprozeduren ohne Wirkung mitgeführt. Austauschprogramme in diesem Sinne sind einige Prozeduren der *Include*-Datei "GrundFem" sowie die gesamte *Include*-Datei "FemGraph".

Obwohl die im Anhang abgedruckten Quellprogramme sich auf den Industriestandard beziehen, sind die Programme grundsätzlich für die Möglichkeiten des Sirius entwikkelt worden. Während beim Sirius z.B. die Bildschirmausgabe sehr einfach mittels ESC-Sequenzen auf Unterstreichen, Inversdarstellung oder Fettdruck umgestellt werden kann, wurden für die IBM-Version nur die beiden von Turbo-Psacal unterstützten Modi "NormVideo" und "LowVideo" verwendet. Weiterhin wurde ein in die Ein-/Ausgabeprogramme der Siriusversion integriertes Taschenrechner-Simulationsprogamm nicht in die IBM-Version übernommen, da dieses Programm auf einer speziellen Zuordnung von Sonderzeichensatz und Tastaturbelegung beruht. Bei dem Programm handelt es sich um die Pascal-Adaption eines in [12] ausführlich beschriebenen BASIC-Programms.

Die Bildschirmgraphik benötigt im Prinzip nur wenige Befehle:

Linientyp wählen, Strichstärke wählen, Linie zeichnen, Beschriften.

Ein wesentlicher Anteil der Graphikprogramme besteht in der Ermittlung der Zeichenmaßstäbe und der Berechnung der Bildschirmkoordinaten. Hierfür wurde der Sirius-Bildschirm mit 800 Punkten horizontal und 400 Punkten vertikal mit Nullpunkt links oben zugrunde gelegt. Zur Anpassung an die diversen hard- und softwareabhängigen Graphikmodi des Industriestandards wurde die *Turbo-Graphix-Toolbox* herangezogen. Diese unterstützt die Umrechnung der Bildschirmkoordinaten über ein frei definierbares Fenster. Dieses Fenster mußte also lediglich mit dem Punktraster des Sirius definiert werden, um eine Koordinatenumrechnung auf die jeweilige Gaphikversion zu veranlassen. Keiner der unter dem Industriestandard üblichen Graphikmodi gibt allerdings die hohe Bildschirm-Auflösung des Sirius wieder. Deshalb wurden die in diesem Buch enthaltenen Zeichnungen als *Hardcopy* des Sirius-Bildschirms reproduziert.

6.4.5 Abdruck der Quellprogramme

Die Quellprogramme sind im Anhang als Reproduktion der von einem Matrixdrucker erstellten Originale wiedergegeben. Um den Mehrfachabdruck größerer Teilprogramme zu vermeiden, wurde die Aufteilung nach Abschn. 6.4.1 zugrunde gelegt. Insgesamt ergeben sich folgende Gruppen von Quellprogrammen:

(1) Beispielprogramme zum Lösungsalgorithmus aus Kap. 4
(2) Grundmodule, die unabhängig von der mechanischen Struktur in allen Progammen verwendet werden
(3) Hauptprogramme und spezifische Module zu den mechanischen Strukturen
   1. Fachwerke
   2. Ebene Durchlaufträger
   3. Ebene Rahmen.

Die zu einem Hauptprogramm gehörenden *Include*-Dateien sind im Quelltext stichwortartig kommentiert.

In [11] findet sich der Satz: "Man kann durch Tests lediglich die Anwesenheit von Fehlern nachweisen, niemals jedoch deren Abwesenheit." In diesem Sinne kann hier lediglich versichert werden, daß schon während der Programmentwicklung die wichtigsten Module auf korrektes Arbeiten geprüft und auch immer wieder Testrechnungen mit den Gesamtprogrammen durchgeführt wurden. Alle dabei entdeckten Fehler und Ungereimtheiten wurden nach bestem Wissen lokalisiert und beseitigt.

Weiterhin gilt die Erfahrung, daß ein Programm niemals fertig wird. Abgesehen davon, daß auch in dem als "fertig" angesehenen Programm noch Fehler entdeckt werden, deren Beseitigung eine Programmänderung erfordert, gibt es immer wieder Anlässe (oft genug aufgrund von Anregungen der Anwender nach Auslieferung des Produkts), das Programm in der einen oder anderen Hinsicht zu verbessern.

Die hierarchische Modularisierung nach der Methode der strukturierten Programmierung bietet dabei den Vorteil, nachträgliche Änderungen und Ergänzungen mit verhältnismäßig geringem Aufwand vornehmen zu können. Da jedes Unterprogamm sein

Innenleben vor den anderen Unterprogrammen versteckt, kann seine Änderung prinzipiell keine Rückwirkung auf andere Programmteile haben.

Werden später angefügte Module als *Overlay* deklariert, so benötigen sie lediglich zusätzlichen Platz auf dem das Gesamtprogramm enthaltenden Massenspeicher und nicht im Hauptspeicher des Rechners.

7 Beispiele und Hinweise zur effektiven Programmnutzung

Der Anhang enthält außer den Quellprogrammen Auszüge der den Programmdisketten als Textdateien beigegebenen Bedienungsanleitungen sowie eine Bespielsammlung als Reproduktion der von den Programmen angelegten Dateien und Bildschirmgraphiken.

Da die Datendateien im Textformat geschrieben sind, wurde die Möglichkeit genutzt, kommentierende Erklärungen zu den berechneten Strukturen an die Dateien anzufügen. Diese Möglichkeit steht selbstverständlich jedem Programmanwender offen. Datendateien mit angehängten Kommentarzeilen können auch zu weiteren Rechenläufen benutzt werden, wenn die Zeilenlängen genau eingehalten werden und in der ersten Tabellenspalte keine als Zahl zu wertenden Einträge stehen. Am besten läßt man die erste Spalte gänzlich leer.

An dieser Stelle werden deshalb nachfolgend nur einige allgemeine Hinweise gegeben, die für alle Programme unabhängig von der zu bearbeitenden Struktur gelten.

Die Programme eignen sich hervorragend zur Bearbeitung der täglichen Statik- und Festigkeitsprobleme des Ingenieurs in der Praxis, für die einerseits eine Handrechnung nicht anwendbar (mehrfach statisch unbestimmte Systeme) oder zu zeitaufwendig ist, und für die andererseits der FEM-Einsatz eines Großrechners zu umständlich und teuer wäre.

Für Strukturen bis zu ca. 500 Freiheitsgraden reicht die mit der Standardversion des Turbo-Pascal-Compilers erstellte Programmversion aus. Auf Hardware, die über einen Arithmetik-Koprozessor verfügt, sollten die mit der Turbo87-Version kompilierten Programme eingesetzt werden. Diese können Strukturen bis mindestens 3000 Freiheitsgrade mit ausreichender Genauigkeit berechnen.

Die leichte Handhabung prädestiniert die Programme für Variationsrechnungen (z.B. Einfügen von Gelenken, zusätzlichen Lagern und Stäben, Ändern von Knotenkoordinaten oder Elementeigenschaften). Unmittelbar nach der Rechnung ist die graphische Auswertung der Ergebnisse als Verformungsplot oder Schnittgrößendiagramm verfügbar. Dadurch können die Auswirkungen einer Variation auch für den weniger erfahrenen Anwender anschaulich bewertet werden, was die Programme für den Einsatz zu Lehr- und Übungszwecken auch in der Grundausbildung geeignet macht.

Für Übungen zur Finite-Elemente-Methode selbst enthalten die Quellprogramme Module zur Ausgabe der Einzelsteifigkeitsmatrizen (MatAusEK) und der Matrix GK vor und nach dem Lösen des Gleichungssystems (MatAusGK). Um diese Module zu aktivieren, ist vor dem Kompilieren das Quellprogamm von ".....Fem" in " .....Mat" umzubenennen, das führende Leerzeichen in der Kommentarklammer, die den Namen der zugehörigen *Include*-Datei enthält, zu entfernen und der Block des Unterprogramms "MtrAus" durch Setzen einer Kommentarklammer zu aktivieren.

Die Beispielsammlung enthält eine Reihe von Berechnungen kleinerer Strukturen, an denen die Möglichkeiten der Variationsrechnung gezeigt werden, und einige wenige größere Rechenbeispiele, deren Dateien aber aus Platzgründen nicht in voller Länge abgedruckt wurden.

7.1 Ebenes Fachwerk, Vergleich EbFa/EbRa

Mechanisch stabile ebene Fachwerke können sowohl mit dem Programm "EbFa" als auch mit den Programm "EbRa" bearbeitet werden. Im ersten Fall werden die Knoten als reibungsfreie Gelenke behandelt, und die Stäbe haben keine Biegesteifigkeit. Das Rahmenprogramm "EbRa" verlangt statt dessen die Dimensionierung der Elemente als Biegebalken und geht von der Übertragung von Drehmomenten in den Knoten aus.

Deshalb überrascht zunächst die weitgehende Übereinstimmung der Ergebnisse beider Rechnungen. Sie ist aber plausibel, wenn man bedenkt, daß die Fachwerkstäbe wegen ihrer im Verhältnis zur Länge kleinen Querschnittabmessungen eine vernachlässigbar kleine Biegesteifigkeit aufweisen. Die Fachwerkstruktur wäre als Rahmen ohne Diagonalstäbe gar nicht tragfähig.

7.2 Durchlaufträger, Vergleich EbDu/EbRa

Als universelles Programm für biegesteife ebene Strukturen kann das Programm "EbRa" natürlich gerade Durchlaufträger ebenso berechnen wie das speziell für diese Aufgabe konfigurierte Programm "EbDu". Unterschiede bestehen hauptsächlich in der Art der Datengenerierung und der Grapik.

"EbDu" benötigt keine Knotenzuordnung der Elemente, da alle Knoten und alle Elemente von links nach rechts fortlaufend numeriert werden. Während in den anderen drei Programmen die Struktur stets als Drahtmodell gezeichnet wird, wertet "EbDu" die Elementdaten zu einer (unmaßstäblichen) Darstellung von Querschnittsprüngen aus. Der Schnittgrößenverlauf wird wie in der klassischen Technischen Mechanik als Diagramm im Koordinatensystem dargestellt. Spannungen können für ein Element an zwei Punkten des Querschnitts berechnet werden.

"EbRa stellt die Schnittgrößen über der Struktur als Drahtmodell dar (Bilder 5-2 und 5-3). Die Elementorientierung kann vom Anwender durch Manipulation der Knotenzuordnungen oder Koordinaten beeinflußt werden, wodurch Vorzeichenumkehrungen der Schnittgrößen bewirkt werden können.

Wegen der Datenmengen ist zur Spannungsberechnung eine zusätzliche Datei anzulegen, die folgenden Vorteil bietet: Einerseits wird die Spannungsrechnung nur an ausgewählten Elementen vorgenommen, deren Nummer in die erste Spalte jeder Dateizeile einzutragen ist, andererseits können aber für ein Element mehrere Zeilen angelegt werden, um Spannungen an mehr als zwei Punkten des Querschnitts zu berechnen.

Beim Vergleich der Ergebnisse aus beiden Programmen sind die verschiedenen Strukturkoordinatensysteme zu beachten, die zu einer unterschiedlichen Vorzeichendefinition der Querkraft führen.

7.3 Räumliches Fachwerk

Die Beispiele zu diesem Gebiet sollen hauptsächlich die Leistungsfähigkeit des Programms "RaFa" bei der Berechnung größerer Strukturen sowie die Benutzerfreundlichkeit bei der Datengenerierung und die beliebig konfigurierbare graphische Darstellung demonstrieren.

Zu erwähnen ist noch, daß wegen der für beide Fachwerkstrukturen identischen Dateiformate auch ebene Fachwerke mit "RaFa" berechnet werden können. Da die für das Programm "EbFa" generierten Fachwerke aber keine Knotensteifigkeiten in Z-Richtung aufweisen, werden derartige Strukturen von "RaFa" während des Lösungsalgortihmus automatisch in Z-Richtung gelagert, wenn der Anwender vergessen haben sollte, vor dem Start der Rechnung die Zahl der Knotenfreiheitsgrade auf KF = 2 gesetzt zu haben.

7.4 Sonderanwendungen von EbRa

Schon die Ausführungen zu 7.1 und 7.2 machen deutlich, daß das Programm "EbRa" universell zur Berechnung ebener Balkenstrukturen herangezogen werden kann. Das Hilfsprogramm "EbRaKn13" unterstützt die Datengenerierung für fachwerkähnliche Strukturen (auch mit Zwischenknoten auf den Fachwerkstäben), geschlossene Rahmen als N-Eck bis hin zum Kreis sowie Durchlaufträger mit gerader und gekröpfter Achse bis hin zum Kreisbogen.

Die in "EbRa" enthaltenen Möglichkeiten zur Entkopplung von Steifigkeiten (Abschn. 3.4) erlauben aber auch die Berechnung von Strukturen, die keine Ähnlichkeit mit einem ebenen Rahmen haben. Als Beispiel hierfür steht der auf drei Pendelstützen gelagerte Biegebalken.

Literaturverzeichnis

[1] *Szilard, R.*: Finite Berechnungsmethoden der Strukturmechanik, Band 1, Stabwerke. Berlin, München: Wilhelm Ernst & Sohn 1982.

[2] *Hahn, H.G.*: Methode der finiten Elemente in der Festigkeitslehre. Wiesbaden: Akademische Verlagsgesellschaft 1982.

[3] *Schwarz, H.R.*: Methode der finiten Elemente. Stuttgart: B.G. Teubner 1980.

[4] *Argyris, J.; Mlejnek, H.P.*: Die Methode der finiten Elemente, Band 1, Verschiebungsmethode in der Statik. Braunschweig: Vieweg 1986.

[5] *Holzmann; Meyer; Schumpich*: Technische Mechanik, Teil 3, Festigkeitslehre. Stuttgart: B.G. Teubner 1975.

[6] *Papula, L.*: Mathematik für Ingenieure 2. Braunschweig: Vieweg 1984.

[7] *Papula, L.*: Mathematische Formelsammlung für Ingenieure und Naturwissenschaftler. Braunschweig: Vieweg 1986.

[8] Programmierhandbücher: Torbo Pascal 3.0, Turbo Graphix Toolbox, Turbo Tutor. München: Heimsoeth Software 1985.

[9] *Beitz, W.; Küttner, K.-H.*: Dubbel, Taschenbuch für den Maschinenbau, 14. Auflage. Berlin, Heidelberg, New York: Springer 1981.

[10] Akademischer Verein Hütte: Hütte I, des Ingenieurs Taschenbuch, 28. Auflage. Berlin: Wilhelm Ernst & Sohn 1955.

[11] *Fischer, A.*: Leitfaden zur strukturierten Programmierung, Bericht Nr. 2 der Projektgruppe Programmiermethodik, 3. Auflage. Hannover: Regionales Rechenzentrum für Niedersachsen bei der Technischen Universität, Mai 1978.

[12] *Oldenburg, W.*: Sirius als Taschenrechner-Simulator. In: Mikrocomputer-Jahrbuch 1985 (Hrsg.: *H. Schumny*), S. 226 - 235. Braunschweig: Vieweg 1984.

Anhang

Übersicht

Der Anhang gliedert sich wie folgt:

A Quellprogramme

B Beispiele

C Diskette zum Buch, Benutzeranleitung EbFa

Die Quellprogramme zu jeder der Strukturen Fachwerke, Durchlaufträger und Rahmen umfassen etwa 120 bis 150 kByte Quelltext. Selbst wenn die in mehreren Programmen verwendeten Grundmodule als Include-Dateien nur einmal wiedergegeben werden, ist es aus Platzgründen nicht möglich, alle Quellprogramme in voller Länge abzudrucken.

Anhang A 3.1 enthält deshalb die Steuerprogramme EbFa_IO.HGC und EbFa_FEM.HGC mit allen Include-Dateien, sofern sie nicht bereits im Anhang A 2 enthalten sind, so daß die Quelltexte zu den Programmen auf der Diskette zum Buch vollständig wiedergegeben sind. Verzichtet wurde auf den Abdruck der Steuer- und Rechenprogramme RaFa_IO.HGC, RaFa_FEM.HGC und RaFaFem.OVL, da diese sich aus den entsprechenden EbFa-Modulen durch Erweiterung auf die dritte Dimension (Z-Koordinate) leicht herleiten lassen.

Im Anhang A 3.2 und A 3.3 wurden die Programme und Module weggelassen, die sich von den entsprechenden Programmteilen aus Teil A 3.1 nur durch einige strukturspezifische Parameter unterscheiden. Außerdem wurden die Steuerprogramme EbDu_FEM.HGC und EbRa FEM.HGC um die Passagen gekürzt, die weitgehend identisch im Programm EbFa FEM.HGC enthalten sind.

Einige Module wurden aus den Toolboxen Turbo-Tutor bzw. Turbo-Graphix übernommen, für die das Copyright der Fa. Heimsoeth Software, München, zu beachten ist. Sie konnten deshalb hier nicht abgedruckt werden.

A 1.1 Programm Lin_Glei.PAS

```
(* ================================================================== *)
(* Das Programm Lin_Glei berechnet die Lösungen linearer Gleichungssysteme  *)
(* mit quadratischer Koeffizientenmatrix bis zu 20 Unbekannten.             *)
(* ================================================================== *)
Program Lin_Glei;
(* --- Deklarierungen --- *)
label 10,20,100;
const Nmax  :Integer=20;
      ler   :String(.3.)='   ';
var Ai      :Array(.1..20,1..21.) of Real;
    V       :Array(.1..20.)       of Real;
    Cg,Sg   :                        Real;
    i,j,k,n :                        Integer;
    a       :                        Char;
    Frage   :String(.40.);
    JN      :Integer     ;
(* --- UP zu J/N-Abfragen --- *)
Procedure JN_Frage;                                (* Verzweigungen werden    *)
BegiN                                              (* mit der Variablen JN    *)
    JN:=0;                                         (* gesteuert. Als JA wird  *)
    Write(Frage,' J/N ? ');Read(kbd,a);Writeln;    (* Eingabe von j,J oder    *)
    if (a='j') or (a='J') or (a=^M) then JN:=1;    (* RETURN gewertet, jede   *)
EnD;                                               (* andere Eingabe als NEIN *)
(* --- UP zur Korrektur einzelner Werte --- *)
Procedure Korrektur;
BegiN
Frage:='Korrektur auf Drucker';JN_Frage;
    Write('Korrektur in Zeile ');Read(i);Write('  und Spalte ');ReadLn(k);
    Write('Alter Wert Ai(',i,',',k,') = ',Ai(.i,k.),ler);ReadLn(Ai(.i,k.));
if JN=1 then Begin
   WriteLn(lst,'Korrigierter Wert: Ai(',i,',',k,') = ',Ai(.i,k.));
   WriteLn(lst);
   End;
EnD;
(* --- UP zur Eingabe der Koeffizienten und rechten Seiten --- *)
Procedure Eingabe;
label 5,10;
BegiN
Frage:='Eingaben auf Drucker';JN_Frage;
Writeln;
WriteLn('Wert mit RETURN bestätigen oder neu eingeben:');
for i:=1 to n do Begin
    Writeln;
    WriteLn('Eingabe Zeile ',i);
    if JN=1 then WriteLn(lst,'Eingaben Zeile ',i,':');
    for k:=1 to n do Begin
        5: Write('Spalte ',k,' : ',Ai(.i,k.),ler);ReadLn(Ai(.i,k.));
        if (i=k) and (Ai(.i,k.)=0) then Begin
           WriteLn('Keine Null auf Hauptdiagonale! Eingabe wiederholen:');
           Goto 5;
        End;
        if JN=1 then Write(lst,Ai(.i,k.));
    End;
    k:=n+1;Write('Rechte Seite Zeile ',i,' : ',Ai(.i,k.),ler);ReadLn(Ai(.i,k.));
    if JN=1 then Begin
       WriteLn(lst);
       WriteLn(lst,'Rechte Seite Zeile ',i,' : ',Ai(.i,k.));
       WriteLn(lst);
    End;
End;
```

```
10:Frage:='Eingaben ok';JN_Frage;
if jn=0 then Begin
   Korrektur;Goto 10;
End;
EnD;
(* --- UP zum Lösen des Gleichungssystems --- *)
Procedure Gauss;
var GK :Array(.1..20,1..11.) of Real;
BegiN
(* --- Eingabedaten in Matrix GK übertragen --- *)
for i:=1 to n do Begin
    for k:=1 to n+1 do Begin
        GK(.i,k.):=Ai(.i,k.);
    End;
End;
(* --- Eliminieren der Freiheitsgrade --- *)
for i:=1 to n-1 do Begin
    for j:=i+1 to n do Begin
        Cg:=GK(.j,i.)/GK(.i,i.);
        for k:=i to n+1 do Begin
            GK(.j,k.):=GK(.j,k.)-CG*GK(.i,k.);
        End;
    End;
End;
(* --- Rückeinsetzen --- *)
V(.n.):=GK(.n,n+1.)/GK(.n,n.);          (* Letzte Lösung *)
for i:=n-1 downto 1 do Begin
    Sg:=GK(.i,n+1.);
    for k:=i+1 to n do Begin
        Sg:=Sg-GK(.i,k.)*V(.k.);
    End;
    V(.i.):=Sg/GK(.i,i.);
End;
EnD;
(* --- UP zur Ausgabe der Lösungen --- *)
Procedure Ausgabe;
BegiN
Frage:='Lösungen auf Drucker';JN_Frage;
Writeln;WriteLn('Lösungsvektor:');
if JN=1 then WriteLn(lst,'Lösungsvektor:');
For i:=1 to n do Begin
    WriteLn('Lösung V(',i,') = ',V(.i.));
    if JN=1 then WriteLn(lst,'Lösung V(',i,') = ',V(.i.));
End;
if JN=1 then WriteLn(lst);
EnD;

(* ====================== Hauptprogramm ==================================== *)
BEGIN
ClrScr;
(* --- Benutzer-Information --- *)
WriteLn(
'Dieses Programm berechnet die Lösungen eines linearen Gleichungssystems mit');
WriteLn(
'einer quadratischen Koeffizientenmatrix für maximal ',Nmax,' Unbekannte.');
Writeln;
WriteLn(
'Die Koeffizienten und rechten Seiten Ai werden zeilenweise abgefragt. Nach');
WriteLn('vollständiger Eingabe können einzelne Werte korrigiert werden.');
```

```
WriteLn('Für n Unbekannte heißen die Koeffizienten Ai(1,1) bis Ai(n,n) und die');
WriteLn('rechten Seiten Ai(1,n+1) bis Ai(n,n+1)');
Writeln;
WriteLn(
'Eingaben, Korrekturen und Lösungen können auf einen angeschlossenen Drucker');
WriteLn('als Protokoll ausgegeben werden.');
Writeln;
WriteLn(
'Die Rechnung kann mit den gleichen oder geänderten Eingabedaten wiederholt');
WriteLn('werden.');
Writeln;
(* --- Anfang Eingabe --- *)
Write('Zahl der Unbekannten n = ');ReadLn(n);
if n>Nmax then Begin
   Writeln;WriteLn('Zahl der Unbekannten zu groß !');Goto 100;
End;
if n<2 then Begin
   Writeln;WriteLn('Zahl der Unbekannten zu klein !');Goto 100;
End;
(* --- Initialisierung --- *)
for i:=1 to n do Begin
    V(.i.):=0;
    for k:=1 to n+1 do Begin
        Ai(.i,k.):=0;
    End;
End;
(* ---------------------- *)
Eingabe;                     (* Dateneingabe       *)
Gauss;                       (* Gleichungen lösen *)
Ausgabe;                     (* Datenausgabe       *)
20:
Frage:='Rechnung wiederholen';JN_Frage;
if JN=1 then Begin
   10:
   Frage:='Alle Eingaben überprüfen';JN_Frage;
   if JN=1 then Eingabe;
   if JN=0 then Begin
      Frage:='Eingaben ok';JN_Frage;
      if JN=0 then Begin
         Korrektur;Goto 10;
      End;
   End;
   if JN=1 then Begin
      Gauss;Ausgabe;Goto 20;
   End;
End;
100: END.
(* ==================== Programm Lin_Glei.PAS --- Ende --- ============== *)
```

A 1.2 Unterprogramm Chol_Qua.PAS

```
(* ======================================================================= *)
(* Das Unterprogramm Chol_Qua dient zur Lösung von Gleichungssystemen mit   *)
(* quadratischer positiv definiter Koeffizientenmatrix nach der Methode von *)
(* Cholesky bei bis zu 20 Unbekannten. Es kann das Unterprogramm Gauss im   *)
(* Programm Lin_Glei ersetzen                                               *)
(* ======================================================================= *)
Procedure Chol_Qua;
var GK :Array(.1..20,1..21.) of Real;
    Sg :Real;
BegiN
(* --- Eingabedaten in Matrix GK übertragen --- *)
for i:=1 to n do Begin
    for k:=1 to n+1 do GK(.i,k.):=Ai(.i,k.);
End;
(* --- Eliminieren der Freiheitsgrade --- *)
for i:=1 to n do Begin
    GK(.i,i.)  :=sqrt(GK(.i,i.));          (* Koeffizienten der Hauptdiagonale *)
    GK(.i,n+1.):=GK(.i,n+1.)/GK(.i,i.);    (* Rechte Seite Zeile 1 *)
    for j:=i+1 to n do Begin                   (* schrittweise Reduzierung *)
        GK(.i,j.):=GK(.i,j.)/GK(.i,i.);                  (* Zeile 1        *)
        for k:=i+1 to j do Begin                         (* übrige Zeilen  *)
            GK(.k,j.):=GK(.k,j.)-GK(.i,j.)*GK(.i,k.);
        End;
        GK(.j,n+1.):=GK(.j,n+1.)-GK(.i,j.)*GK(.i,n+1.); (* rechte Seiten *)
    End;
End;
(* --- Rückeinsetzen --- *)
V(.n.):=GK(.n,n+1.)/GK(.n,n.);            (* Letzte Lösung *)
for i:=n-1 downto 1 do Begin
    Sg:=GK(.i,n+1.);
    for k:=i+1 to n do Begin
        Sg:=Sg-GK(.i,k.)*V(.k.);
    End;
    V(.i.):=Sg/GK(.i,i.);
End;
EnD;
(* ===================== Programm Chol_Qua.PAS --- Ende --- =============== *)
```

A 1.3 Programm Chol_Re.PAS

```
(* ====================================================================== *)
(* Das Programm Chol_Re berechnet die Lösungen linearer Gleichungssysteme   *)
(* bis zu 100 Unbekannten, deren Koeffizientenmatrix symmetrisch und posi-  *)
(* tiv definit ist, nach der Methode von Colesky. Die halbe Bandbreite ein- *)
(* schließlich der Hauptdiagonalen darf nicht größer als 20 sein.           *)
(* ====================================================================== *)
Program Chol_Re;
(* --- Deklarationen --- *)
label 10,20,100;
const Nmax  :Integer=100;
      NBmax :Integer=20;
      ler   :String(.3.)='   ';
var Ai      :Array(.1..100,1..21.) of Real;
    V       :Array(.1..100.)       of Real;
    i,j,k,n :                         Integer;
    NB,B    :                         Integer;
    a       :                         Char;
    Frage   :String(.40.);
    JN      :Integer    ;
(* --- UP zu J/N-Abfragen --- *)
Procedure JN_Frage;
BegiN
    JN:=0;
    Write(Frage,' J/N ? ');Read(kbd,a);Writeln;
    if (a='j') or (a='J') or (a=^M) then JN:=1;
EnD;
(* --- UP zur Korrektur einzelner Werte --- *)
Procedure Korrektur;
BegiN
Frage:='Korrektur auf Drucker';JN_Frage;
    Write('Korrektur in Zeile ');Read(i);Write('  und Spalte ');ReadLn(k);
    Write('Alter Wert Ai(',i,',',k,') = ',Ai(.i,k.),ler);ReadLn(Ai(.i,k.));
if JN=1 then Begin
   WriteLn(lst,'Korrigierter Wert: Ai(',i,',',k,') = ',Ai(.i,k.));
   WriteLn(lst);
   End;
EnD;
(* --- UP zur Eingabe der Koeffizienten und rechten Seiten --- *)
Procedure Eingabe;
label 5,10;
BegiN
Frage:='Eingaben auf Drucker';JN_Frage;
Writeln;
WriteLn('Wert mit RETURN bestätigen oder neu eingeben:');
for i:=1 to n do Begin
    B:=NB;if B>n-i+1 then B:=n-i+1;
    Writeln;
    WriteLn('Eingabe Zeile ',i);
    if JN=1 then WriteLn(lst,'Eingaben Zeile ',i,':');
    for k:=1 to B do Begin
        5: Write('Spalte ',k,' : ',Ai(.i,k.),ler);ReadLn(Ai(.i,k.));
        if (k=1) and (Ai(.i,k.)<=0) then Begin
           WriteLn('Keine Null auf Hauptdiagonale! Eingabe wiederholen:');
           Goto 5;
        End;
        if JN=1 then Write(lst,Ai(.i,k.));
    End;
    k:=NB+1;Write('Rechte Seite Zeile ',i,' : ',Ai(.i,k.),ler);ReadLn(Ai(.i,k.));
```

```
    if JN=1 then Begin
       WriteLn(lst);
       WriteLn(lst,'Rechte Seite Zeile ',i,' : ',Ai(.i,k.));
       WriteLn(lst);
    End;
End;
10:
Frage:='Eingaben ok';JN_Frage;
if jn=0 then Begin
   Korrektur;Goto 10;
End;
EnD;
(* --- UP zum Lösen des Gleichungssystems --- *)
Procedure Chol_Ram;
var GK :Array(.1..100,1..21.) of Real;
    Sg :Real;
BegiN
(* --- Eingabedaten in Matrix GK übertragen --- *)
for i:=1 to n do Begin
    for k:=1 to NB+1 do Begin
        GK(.i,k.):=Ai(.i,k.);
    End;
End;
(* --- Eliminieren der Freiheitsgrade --- *)
for i:=1 to n do Begin
    B:=NB;if B>n-i+1 then B:=n-i+1;
    GK(.i,1.)  :=sqrt(GK(.i,1.));          (* Koeffizienten der Hauptdiagonale *)
    GK(.i,NB+1.):=GK(.i,NB+1.)/GK(.i,1.);(* Rechte Seite *)
    for j:=2 to B do Begin                 (* schrittweise Reduzierung im Band *)
        GK(.i,j.):=GK(.i,j.)/GK(.i,1.);    (* 1. Zeile       *)
        for k:=2 to j do Begin             (* übrige Zeilen der Bandbreite     *)
            GK(.i-1+k,1+j-k.):=GK(.i-1+k,1+j-k.)-GK(.i,j.)*GK(.i,k.);
        End;
        GK(.i-1+j,NB+1.):=GK(.i-1+j,NB+1.)-GK(.i,j.)*GK(.i,NB+1.);(* rechte  *)
    End;                                              (* Seiten der Bandbreite  *)
End;
(* --- Rückeinsetzen --- *)
V(.n.):=GK(.n,NB+1.)/GK(.n,1.);          (* Letzte Lösung *)
for i:=n-1 downto 1 do Begin
    B:=NB;if B>1+n-i then B:=1+n-i;
    for j:=2 to B do Begin
        Sg:=GK(.i,NB+1.);
        for k:=2 to j do Begin
            Sg:=Sg-GK(.i,k.)*V(.i-1+k.);
        End;
    End;
    V(.i.):=Sg/GK(.i,1.);
End;
EnD;
(* --- UP zur Ausgabe der Lösungen --- *)
Procedure Ausgabe;
BegiN
Frage:='Lösungen auf Drucker';JN_Frage;
Writeln;WriteLn('Lösungsvektor:');
if JN=1 then WriteLn(lst,'Lösungsvektor:');
For i:=1 to n do Begin
    WriteLn('Lösung V(',i,') = ',V(.i.));
    if JN=1 then WriteLn(lst,'Lösung V(',i,') = ',V(.i.));
End;
if JN=1 then WriteLn(lst);
EnD;
```

```
(* ====================== Hauptprogramm ==================================== *)
BEGIN
ClrScr;
(* --- Benutzer-Information --- *)
WriteLn(
'Dieses Programm berechnet die Lösungen eines linearen Gleichungssystems mit');
WriteLn(
'einer symmetrischen Koeffizientenmatrix mit Bandstruktur für maximal ');
WriteLn(Nmax,' Unbekannte.');
WriteLn(
'Die Koeffizienten der oberen Dreiecksmatrix und die rechten Seiten Ai werden');
WriteLn(
'zeilenweise abgefragt. Die Hauptdiagonale steht in der 1. Spalte des Rechtecks');
Writeln;
WriteLn('Nach vollständiger Eingabe können einzelne Werte korrigiert werden.');
WriteLn(
'Für n Unbekannte heißen die Koeffizienten Ai(1,1) bis Ai(n,NB) und die');
WriteLn(
'rechten Seiten Ai(1,NB+1) bis Ai(n,NB+1). NB ist die halbe Bandbreite ein-');
WriteLn('schließlich der Hauptdiagonale.');
Writeln;
WriteLn(
'Eingaben, Korrekturen und Lösungen können auf einen angeschlossenen Drucker');
WriteLn('als Protokoll ausgegeben werden.');
Writeln;
WriteLn(
'Die Rechnung kann mit den gleichen oder geänderten Eingabedaten wiederholt');
WriteLn('werden.');
Writeln;
(* --- Anfang Eingabe --- *)
Write('Zahl der Unbekannten n = ');ReadLn(n);
if n>Nmax then Begin
   Writeln;WriteLn('Zahl der Unbekannten zu groß !');Goto 100;End;
if n<2 then Begin
   Writeln;WriteLn('Zahl der Unbekannten zu klein !');Goto 100;End;
Write('Bandbreite NB = ');ReadLn(NB);
if (NB>NBmax) or (NB>n) then Begin
   Writeln;WriteLn('Bandbreite zu groß !');Goto 100;End;
if NB<2 then Begin
   Writeln;WriteLn('Bandbreite zu klein !');Goto 100;End;
(* --- Initialisierung --- *)
for i:=1 to n do Begin
    V(.i.):=0;
    for k:=1 to n+1 do Ai(.i,k.):=0;
End;
(* ---------------------- *)
Eingabe;                    (* Dateneingabe      *)
Chol_Ram;                   (* Gleichungen lösen *)
Ausgabe;                    (* Datenausgabe      *)
20:Frage:='Rechnung wiederholen';JN_Frage;
if JN=1 then Begin
   10:Frage:='Alle Eingaben überprüfen';JN_Frage;
   if JN=1 then Eingabe;
   if JN=0 then Begin
      Frage:='Eingaben ok';JN_Frage;
      if JN=0 then Begin Korrektur;Goto 10;End;
   End;
   if JN=1 then Begin Chol_Ram;Ausgabe;Goto 20;End;
End;
100: END.
(* ===================== Programm Chol_Re.PAS --- Ende --- =============== *)
```

A 2.1 Include-Datei Fem_Type.DEF

```
(* ===== Include-Datei  Fem_Type.DEF ====================================== *)
(* ----- Deklarierungen zu den Programmen ????_IO ????_FEM und ????_MAT --- *)
type Ar6m11b =Array(.1..6,1..11.) of Byte;
     Ar6m11w =Array(.1..6,1..11.) of String(.20.);
     Vk11b   =Array(.1..11.) of Byte;
     Vk11i   =Array(.1..11.) of Integer;
     Vk11r   =Array(.1..11.) of Real;
     Vk20r   =Array(.1..20.) of Real;
     Vk6i    =Array(.1.. 6.) of Integer;
     Vk6r    =Array(.1.. 6.) of Real;
     Vk3r    =Array(.1.. 3.) of Real;
     Vk7w80  =Array(.0.. 7.) of String(.80.);
     Vk90r   =Array(.1..90.) of Real;
     Ar6m6r  =Array(.1.. 6,1.. 6.) of Real;
     Ar77m76r=Array(.1..77,1..76.) of Real;
const Nk  :Integer=0;                (* Zahl der Knoten                      *)
      Ne  :Integer=0;                (* Zahl der Elemente                    *)
      BZ  :Byte=1;                   (* Blockzahl f. GK-Datei                *)
      NL  :Byte=1;                   (* Zahl der Rechenlaeufe                *)
      blockReal :Integer=20;         (* 20 f. 8088-,15 f. 8087-Prozessor     *)
      CLvst     :Real=1.0e6;         (* Faktor zur Simulation starrer Lager  *)
      qFlag     :Real=0;             (* Steuerkonstante f. Streckenlasten    *)
      gFlag     :Real=0;             (*     "        "   Eigengewicht        *)
      qDat      :Byte=0;             (*     "        "   q-Zusatzdatei       *)
      ExtNam:String(.8.)='-';        (* Externer Dateiname                   *)
      Grmrk     :Integer=1;          (* 1. Elementgruppe                     *)
var
i,j,k,Nr,k1,k2,iL  :Integer; (* allgemeine Indizes                           *)
Nkmerk,Nemerk      :Integer; (* Merkwerte                                    *)
LEin,KEin    :String(.2.);   (* Einheiten f. Laengen und Kraefte             *)
UbW    :Vk7w80;              (* Ueberschriftzeilen                           *)
UbZ    :Vk11b;               (* Zahl der Ueberschriftzeilen                  *)
LsLine:Vk11i;                (* Letzte Dateizeile in Benutzer-Numerierung    *)
SpL    :Ar6m11b;             (* Spaltenlaengen                               *)
SpA    :Ar6m11b;             (* Spaltenanfaenge                              *)
Nks    :Ar6m11b;             (* Nachkommastellen                             *)
tb     :Ar6m11w;             (* Spaltenworte                                 *)
tbm    :Ar6m11w;             (*     "          zum Merken                    *)
kmax   :Vk11b;               (* max. Spaltenzahl                             *)
kim    :Vk11b;               (* Flag f. Uebernahme in naechste Tab.-Zeile    *)
xyr    :Vk11r;               (* Spaltenwerte als Real                        *)
xyi    :Vk11i;               (*     "        "  Integer                      *)
F      :Vk6r;                (* Knotenkraefte:  F(1,2,3)=Fx,Fy,Mz,           *)
q      :Vk6r;                (* Streckenlasten:q(1,2,3,4)=qxa,qxe,qya,qye    *)
TbW    :Vk7w80;              (* Tabellenzeile                                *)
TbMerk:Vk7w80;               (*     "          zum Merken                    *)
adr,mataus          :Byte;   (* Steuerflags                                  *)
GelFlg:Integer;              (* Flag z. Unterdruecken der Laengssteifigkeit  *)
nn     :Integer;             (* Gesamtzahl der Freiheitsgrade: nn=Nk*KF      *)
Kdif   :Integer;             (* max. Knotendifferenz an einem Element        *)
Nsp    :Integer;             (* Spalte der GK-Datei mit Knotenlasten         *)
Aq,Iy,Iz,Sk         :Real;   (* Elementdaten aus Gruppendatei                *)
L,Lmin,Lmerk        :Real;   (* Elementlaenge                                *)
C,S    :Real;                (* Elementrichtungen gegen X-Achse:C=Cos,S=Sin  *)
Kos    :Vk3r;                (* Richtungs-Cosinus: Kos(1,2,3)=Cx,Cy,Cz       *)
Xa,Xe,Ya,Ye,Za,Ze   :Real;   (* Elementkoordinaten Anfang-Ende               *)
Gr     :Integer;             (* Elementgruppe                                *)
Fg,FyG,FzG          :Real;   (* Einzel-, Gesamtgewicht                       *)
CSmax :Real;                 (* Element-Steifigkeit, Grenzwert               *)
```

```
C1,C2,C3,C4,C6     :Real;     (* Element-Steifigkeiten                     *)
CE    :Vk6r;                  (* Element-Steifigkeiten                     *)
CL    :Vk3r;                  (* Lagersteifigkeit: CL(1,2,3)=CL(x,y,z)     *)
CLmax :Real;                  (* max. Lagersteifigkeit                     *)
GKr,Gkc            :Real;     (* Rechenkonstanten                          *)
igk   :Vk6i;                  (* Index-Umrechnung von EKi auf GK           *)
Ek    :Ar6m6r;                (* Einzelsteifigkeitsmatrix                  *)
gkDatei  :file;               (* Datei zum Speichern der Matrix GK         *)
gkx   :Vk90r;                 (* Zeile der GK-Datei als Vektor: 90 Real    *)
Gstz,Nkst          :Integer;  (* Zahlenformat f. Matrizenausgabe           *)
(* =================== Fem_Type.DEF --- Ende --- ======================= *)
```

A 2.2 Include-Datei GrafType.FEM

```
(* ===== Include-Datei  GrafType.FEM ===================================== *)
(* mit Deklarationen, die zusaetzlich zu den Definitionen zur Turbo Graphix
   Toolbox in Datei TypeDef.SYS erforderlich sind.
(*-------------------- Typdefinition ---------------------------------------*)
type ScrNam  = String(.14.);
     TextStr = String(.80.);
(*--------------------- Typisierte Konstanten ----------------------------*)
const
X    :Integer=0 ;Y   :Integer=0 ;   (* Aktuelle Bildschirm-Koordinaten       *)
X0   :Integer=0 ;Y0  :Integer=0 ;   (* Nullpunkt des Bildschirms links oben  *)
X1   :Integer=0 ;Y1  :Integer=0 ;   (* Anfangskoordinaten einer Linie        *)
X2   :Integer=0 ;Y2  :Integer=0 ;   (* Endkoordinaten     einer Linie        *)
LT   :Integer=0 ;                   (* Linientyp, 0 = Durchgezogene Linie    *)
LS   :Integer=2 ;                   (* Strichstärke, nur bei Sirius          *)
Pen  :Integer=0 ;                   (* Pen=1: Zeichnen                       *)
DiNr:Integer=1 ;ScNr:Integer=1;     (* DisPlay/Work Screen Nr., nur Sirius   *)
inScreen       :Boolean=False ;     (* CS-Adresse nicht im Screen-Bereich    *)
(* ---- Begrenzungen ----- *)
Xs1 :Integer=  0;Ys1 :Integer=  0; (* linke  obere  Ecke des Bildschirms    *)
Xs2 :Integer=799;Ys2 :Integer=383; (* rechte untere Ecke des Bildschirms    *)
Xw1 :Integer=0  ;Yw1 :Integer=  0; (* Grafikfenster links  oben             *)
Xw2 :Integer=799;Yw2 :Integer=383; (* Grafikfenster rechts unten            *)
LinA:Integer= 25;LinE:Integer= 25; (* Textfenster Zeile Anfang/Ende         *)
ZeiA:Integer=  1;ZeiE:Integer=  1; (* Knoten-Nr. f.  Bildausschnitt         *)
(* ----- Schrittweiten ---- *)
XchSt:Integer=10;YchSt:Integer=16; (* Char-Abstand *)
X0St :Integer=80;Y0St :Integer=48; (* Quasi-Quadrat *)
XcSt :Integer=1 ;YcSt :Integer=1 ; (* Zentriermaß  *)
XuSt :Integer=80;YuSt :Integer=48; (* Usermaß      *)
Xstp :Integer=80;YStp :Integer=48; (* aktuelles Maß *)
cxy :Real=1.5  ;                   (* Bildschirm-Verzerrung x/y-Raster      *)
ky  :Real=0.9  ;                   (* Vertikal-Verzerrung f. FX 80-Hardcopy *)
i1  :Integer=  0;i2  :Integer=  0; (* x-Koordinaten einer Linie             *)
j1  :Integer=  0;j2  :Integer=  0; (* y-Koordinaten einer Linie             *)
xyw:String(.11.)='           ';    (* String zur Cursor-Positionierung      *)

SartW :Array(.1..2.) of String(.6 .)=('Normal','Breit ');
Zeisa:Integer=1;                   (* Zeichensatz, 1 = System-Zeichensatz   *)
Sart :Integer=1;                   (* Schriftart                            *)
Smod :Integer=1;                   (* Schriftmodus                          *)
Pfeil:Integer=0;                   (* Code zum Pfeilezeichnen               *)
SCR_Nam :String(.12.)='--';        (* Name einer Bildschirmdatei            *)
Xmerk:Array(.0..7.) of Integer=(0,0,0,0,0,0,0,0);  (* Merkwerte von sieben  *)
Ymerk:Array(.0..7.) of Integer=(0,0,0,0,0,0,0,0);  (* RAM-Bildschirmen      *)
```

```
(* ----- Deklarierungen zur strukturspezifischen Graphik ------------------ *)
const Vv          :Integer=100;      (* Vergroesserung der Verformungen      *)
      Bv          :Real=1;           (* Bildvergroesserung gegen Grundmasstab *)
      Vs          :Real=1;           (*                                       *)
      Per         :Integer=1;        (* Perspektive: 1 = X-Achse horizontal   *)
      DatWhl      :Real   =1.0;      (* Datenauswahl f. grafische Darstellung *)
      DatSchr     :String(.6.)='120000';      (* Code-String f. Datenauswahl *)
      AutoSchr    :String(.7.)='1204560';     (* Code-String f. Beschriftung *)
      X00         :Integer= 50;               (* Bildkoordinaten f.          *)
      Y00         :Integer=368;               (* Nullpunkt der Darstellung   *)
      NfStr       :Byte   =0  ;               (*                             *)
      NfScr       :Byte   =0  ;               (*                             *)
      MaxFlag     :Byte=0;                    (* Flag f. Grafik-Initialisier.*)
      Ys0         :Integer=384;               (*                             *)
      BetaX       :Integer= 20;               (* voreingestellte             *)
      BetaY       :Integer=-30;               (*     Drehwinkel der          *)
      BetaZ       :Integer=  0;               (*         Raumperspektive     *)
      GrundFlVerz:Real=0.1;                   (* Verzerr.Faktor zur Perspekt.*)
var   i1merk                        :Integer;(* Merkwert                     *)
      Vbx,Vby,VbG,Vvv               :Real;    (* Vergroesserungsfaktoren     *)
      Xmax,Ymax,Zmax                :Real;    (* Grenzwerte für die          *)
      Xmin,Ymin,Zmin                :Real;    (*                             *)
      Qymax,Qymin,Qzmax,Qzmin       :Real;    (* Darstellung der Werte       *)
      Mymax,Mymin,Mzmax,Mzmin       :Real;    (*                             *)
      Nxmax,Nxmin                   :Real;    (* auf dem Bildschirm          *)
      Vxmax,Vyman,Vzmax             :Real;    (*       "        "            *)
      Vxmin,Vymin,Vzmin             :Real;    (*       "        "            *)
      Amax,qmax,qmin                :Real;    (*       "        "            *)
      qXmx ,qXmn ,qYmx ,qYmn        :Real;    (*       "        "            *)
      h                :Vk6i;                 (* Vertikalaufteilung des      *)
      hv,hva,hve,hv0   :Integer;              (* Bildschirms                 *)
      Vxx,Vxy,Vxz,Vyx,Vyy,Vyz       :Real;    (* Faktoren f. Raumperspektive *)
(* ==================== Ende Datei GrafType.FEM ========================== *)
```

A 2.3 Include-Datei GrundFem.IBM

```
(* ===== Include-Datei  Grundfem.IBM ===================================== *)
(* Copyright (C) Wolfgang Oldenburg 1988                                   *)
(*
Die Datei GrundFem.??? enthaelt eine Reihe von Unterprogrammen, die in jedem
Anwendungsprogramm immer wieder nutzbringend verwendet werden koennen. Es
geht dabei um Bildschirmverwaltung, Tastatureingabe, Warteschleifen, Ja-
Nein-Abfrage Zahlenumwandlung und Lesen von Textdateien.
Die speziellen Eigenschaften sind im Kopf jedes Unterprogramms selbst als
Kommentar angegeben.
Am Anfang sind einige globale Variable als typisierte Konstanten deklariert.
(* ---------------------------------------------------------------------- *)
const
prg :Byte=0 ;                           (* --- Programm-Kennung f. IBM --- *)
sz  :Byte=0 ;     (* Flag f. Sonderzeichen: Umlaute als IBM-Graphik-Zeichen *)
(* -------------------- Allgemeine Uebergabe-Variable -------------------- *)
jn  :Integer=0      ;pr  :Integer=0   ;lpr :Integer=0     ;  (* Steuer-Flags *)
frg :String(.75.)='';zeich:Char=' '   ;ein :String(.80.)='';
XXX :Real=0         ;YYY :Real=0      ;ZZZ :Real=0        ;TTT :Real=0      ;
xx  :Integer=1      ;yy  :Integer=1   ;zz  :Integer=22    ;tt  :Integer=64  ;
ii  :Integer=0      ;jj :Integer=0    ;kk  :Integer=0     ;nnn :Integer=0   ;
ij  :Integer=0      ;ik  :Integer=0   ;ia  :Integer=0     ;ie  :Integer=0   ;
ji  :Integer=0      ;jk  :Integer=0   ;ki  :Integer=0     ;kj  :Integer=0   ;
XXXr:Real=0         ;YYYr:Real=0      ;ZZZr:Real=0        ;TTTr:Real=0      ;
ok  :Boolean=false  ;men :Integer=0   ;code:Integer=0     ;
zeile:String(.132.)=' ';Zeichen:Char=' ';
```

```
CrLf  :String(.2.) = #13#10;
ler   :String(.132.)=
'
                                   ';
LstPtr:Integer=0;                  (* Variable fuer Drucker-Parallel-Port *)
(* ----- Mathematisch-technische Konstanten ---- *)
g0    :Real=9.8066  ;o     :Real=57.29577951 ;Gam  :Real=78.6 ;
Em    :Real=21000   ;Gm    :Real=8100        ;
(* ----- Dateiverwaltung ----- *)
d     :Integer=1          ;dmerk :Integer=0          ;NeuDat   :Integer=0;
TextZeile :String(.255.)='';
Dat   :Array(.1..10.) of Integer=(0,0,0,0,0,0,0,0,0,0);
danam :Array(.1..10.) of String(.14.)=('--','--','--','--','--','--','--','--','--','-
-');
Lw    :Array(.1..10.) of Char=('a','a','a','a','a','a','a','a','a','a');
Ext :String(.4.)='';DatLaeng :Integer=0;
(* ----- Variable zur Drucker-Konfiguration ----- *)
const
druck:Integer=0;   (* Drucker angeschlossen = 1                         *)
ZeSa :Integer=2;   (* deutscher nationaler Zeichensatz                  *)
Sa   :Integer=2;   (* Schriftart                                        *)
Lr   :Integer=10;  (* Linker Rand                                       *)
Cpl  :Integer=88;  (* Länge der Druckzeile incl. Lr                     *)
Pf   :Integer=0;   (* Perforations-Sprung, d.h. Leerzeilen am Seitenende *)
Up1 :String(.3.)=^Ä'-1';Up0 :String(.3.)=^Ä'-0';(* Unterstreichen Ein/Aus *)
Pe1 :String(.2.)=^Ä'9' ;Pe0 :String(.2.)=^Ä'8' ;(* Papierende-Erk.Ein/Aus *)
(* ----- Definition der FX-Schriftarten ----- *)
dm  :Array(.1..14.) of String(.3.)=
(^Ä'!'#4  ,^Ä'!'#1  ,^Ä'!'#0  ,^Ä'!'#36 ,^Ä'!'#49 ,^Ä'!'#48 ,^Ä'!'#20,
 ^Ä'!'#17 ,^Ä'!'#8  ,^Ä'!'#52 ,^Ä'!'#57 ,^Ä'!'#40 ,^Ä'!'#24 ,^Ä'!'#56);
(*=====================================================================*)
(* -------------------- Bildschirmverwaltung -----------------------------
Bei Sirius 1 koennen die drei Attribute FETTDRUCK, INVERS und UNTERSTREICHEN
als ESC-Sequenzen vom Programm gesetzt werden. In IBM-Programmen werden ersatz-
weise die Turbo-Pascal-Standard-Proceduren NormVideo und LowVideo auch fuer
Invers und Unterstreichen verwendet, um die Programme fuer Sirius und IBM
weitgehend identisch halten zu koennen.                                *)
(* -------------------- Fettdruck EIN/AUS ------------------------------ *)
Procedure it1; BEGIN NormVideo;END;
Procedure it0; BEGIN LowVideo ;END;
(* -------------------- Inversdruck EIN/AUS ---------------------------- *)
Procedure rv1; BEGIN  It1     ;END;
Procedure rv0; BEGIN  It0     ;END;
(* -------------------- Unterstreichen EIN/AUS ------------------------- *)
Procedure un1; BEGIN  It1     ;END;
Procedure un0; BEGIN  It0     ;END;
(*-------------------- Anfang -------------------------------------------
Der Bildschirm besteht bei Sirius 1 aus Hauptfeld (Zeilen 1 .. 24) und der
Statuszeile 25. Nachdem diese aktiviert ist, kann sie vom Hauptprogramm mit
GotoXY(xx,25) adressiert werden. Bei IBM-kompatiblen Rechnern ist Zeile 25
immer aktiv. Die Procedure Anfang ist deshalb auf Loeschen des Bildschirms
und LowVideo reduziert.
--------- *)
Procedure Anfang;
BEGIN
     LstPtr:=LstOutPtr;                      (* DruckerPort:=Parallel *)
          ClrScr;                            (* Bildschirm loeschen   *)
          It0;                               (* LowVideo              *)
END;
(*-------------------- Zeile loeschen, Rest hochschieben -----------------
Zeile y wird geloescht und der Bildschirminhalt darunter wird um eine Zeile
hochgeschoben                                                          *)
Procedure LineUp(y:Byte); BEGIN Gotoxy(1,y);DelLine;END;
```

```
(*---------------------- Zeile 25 loeschen ---------------------------------
Wenn der Cursor auf dem Hauptbildschirm ist, loescht der Befehl ClrScr nur die
Zeilen 1 .. 24 (bei Sirius und Zenith). Dieses UP adressiert Zeile 25, loescht
diese, und fuehrt den Cursor auf den Hauptbildschirm zurueck in Zeile 24.
--------- *)
Procedure Cl25; BEGIN Gotoxy(1,25);ClrEol;Gotoxy(1,24);END;
(*--------------------- Bildschirm ab CS loeschen --------------------------
Bildschirm wird geloescht ab zeile y bis zum Ende. Anschliessend steht der
Cursor in Zeile y, Spalte 1.
--------- *)
Procedure Cle(y:Byte); var i:Byte;
BEGIN  for i:=y to 25 do Begin Gotoxy(1,i);ClrEol;End;Gotoxy(1,y);END;
(*--------------------- Ende -----------------------------------------------
Dieses UP wird vor der Rueckkehr vom Pascal-Programm ins Betriebssystem auf-
gerufen. Es verhindert, dass der Cursor bei Sirius in Zeile 25 haengenbleibt,
wodurch im Betriebssystem nur eine Bildschirmzeile zur Anzeige zur Verfuegung
staende.
--------- *)
Procedure Ende;
BEGIN   LstOutPtr:=LstPtr;                    (* DruckerPort:=Parallel *)
        Writeln;Cl25;ClrEol;                  (* Zeile 25 loeschen     *)
        Write('                             ');
        rv1;WriteLn(' *** Ende *** ');rv0;
END;
(*--------------------- Sonderzeichen  anpassen --------------------------
Dieses UP bewirkt die Umwandlung der im String Zeile enthaltenen deutschen
Sonderzeichen nach folgender Zuordnung zwischen ASCII-Zeichensatz und IBM-
Graphik-Zeichensatzes. Wenn der Parameter pr=1 ist, wird Zeile auf den Bild-
schirm ausgegeben.
ASCII Zeichensatz IBM-Gr.-Zeichensatz  ASCII Zeichensatz IBM-Gr.-Zeichensatz
----------------- -------------------  ----------------- -------------------
   91     [         142     Ä             123     {         132     ä
   92     \         153     Ö             124     ¦         148     ö
   93     ]         154     Ü             125     }         129     ü
                                          126     ~         225     ß
---------- *)
Procedure SoZeiUm(pr:Byte);
var k :Byte;
BEGIN
if sz=0 then Begin (* -- Umlaute als IBM-Graphik-Zeichen -- *)
   for k:=1 to ord(Zeile(.0.)) do Begin
       if zeile(.k.)=chr( 91) then zeile(.k.):=chr(142);
       if zeile(.k.)=chr( 92) then zeile(.k.):=chr(153);
       if zeile(.k.)=chr( 93) then zeile(.k.):=chr(154);
       if zeile(.k.)=chr(123) then zeile(.k.):=chr(132);
       if zeile(.k.)=chr(124) then zeile(.k.):=chr(148);
       if zeile(.k.)=chr(125) then zeile(.k.):=chr(129);
       if zeile(.k.)=chr(126) then zeile(.k.):=chr(225);
   End;
End;
if sz=1 then Begin (* -- Umlaute als deutsche ASCII-Zeichen -- *)
   for k:=1 to ord(Zeile(.0.)) do Begin
       if zeile(.k.)=chr(142) then zeile(.k.):=chr( 91);
       if zeile(.k.)=chr(153) then zeile(.k.):=chr( 92);
       if zeile(.k.)=chr(154) then zeile(.k.):=chr( 93);
       if zeile(.k.)=chr(132) then zeile(.k.):=chr(123);
       if zeile(.k.)=chr(148) then zeile(.k.):=chr(124);
       if zeile(.k.)=chr(129) then zeile(.k.):=chr(125);
       if zeile(.k.)=chr(225) then zeile(.k.):=chr(126);
   End;
End;
if pr=1 then WriteLn(Zeile);if pr=2 then Write(Zeile);
END;
```

```
(*---------------------- J/N-Schleife ------------------------------------
Dieses UP dient zur Beantwortung von Fragen im Bildschirm-Dialog. Vor Aufruf
ist die Frage an den String frg zu uebergeben. Die Frage wird in Zeile 25 an-
gezeigt. Das Programm wartet dann auf eine Tastatureingabe fuer Ja oder Nein.

Gewertet werden: J, j und Enter/Return als Ja
                 N, n und 0             als Nein

Alle anderen Eingaben werden ignoriert. Das UP setzt die Integer-Variable JN
auf 1 bei Ja und auf 0 bei Nein.
Aus der JN-Schleife kann das gesamte Programm mit ^C abgebrochen werden.
--------- *)
Procedure JNab;
var Eing : Char;
BEGIN zeile:=frg;SoZeiUm(0);frg:=Zeile;
      Gotoxy(1,25);ClrEol;Write(frg,' ');rv1;Write('j/n ?');rv0;Write(' ');
        Repeat
           Read(kbd,Eing);
           if eing=#3 then halt;
           if Eing=#13 then Eing:='j';
        until UpCase(Eing) in (.'j','J','n','N','0'.);
           if (Eing='J') or (Eing='j')
           then Begin jn:=1;eing:='j';
                End;
         if (Eing='N') or (Eing='n') or (Eing='0')
         then Begin jn:=0;eing:='n';
                End;
       Write(eing);
END;
(*--------------------- Warten -------------------------------------------
Das UP wartet auf Eingabe von Enter/Return.
Mit ^C kann das gesamte Programm aus der Warteschleife abgebrochen werden.
--------- *)
Procedure Warten;
var Eing : Char;
BEGIN    Gotoxy(77,25);Write('>');it1;Write('CR');it0;
         Repeat
           Read(kbd,Eing);
           if eing=#3 then Begin cl25;halt;End;
           if eing=#13 then eing:=' ';
         until UpCase(Eing) in (.' '.);
END;
(*---------------------- Tastatur-Eingabe --------------------------------
Tastatur-Eingabe einer Zeichenkette bis zu 78 Zeichen. Konfiguration mit den
Integer-Variablen xx, yy und zz:
xx: Spalte des 1. Zeichens
yy: Bildschirmzeile der Eingabe
zz: Laenge der Zeichenkette
Die Eingabe steht anschliessend als String-Variable EIN zur Verfuegung.
--------- *)
Procedure KbdEin(xx,yy,zz:Integer);
label 10,20;
var Eing : Char  ; Emerk: Char  ;
    x    :Integer; y    :Integer; z    :Integer;
    Xmax :Integer; Zmax :Integer;
BEGIN
     y   :=yy ; if y<1  then y:=1 ;
                if y>25 then y:=25;
     Zmax:=zz ; if Zmax<1  then Zmax:=1 ;
                if Zmax>79 then Zmax:=79;
     x   :=xx ; if x<1     then x   :=1;
                if x>80-Zmax then x :=80-Zmax;
                Xmax:=x+Zmax-1 ;
```

```
      ein:='' ;eing:=' '; z:=0; jn:=1 ;
      if Zeich='T' then Begin
         ein:=Zeichen;z:=1;jn:=0;
      End;
      if Zeich='R' then Begin
         ein:=frg;z:=1;jn:=0;
      End;
           10: Gotoxy(x,y);Write(ein);
               if z<zmax then
                  Begin Gotoxy(x+z-jn,y);Write(eing); End;
               Gotoxy(x+z,y); Read(kbd,eing);
                 if eing=#13 then Goto 20;
                   if (eing=#8) and (z>0) then Begin
                      eing:=' ';
                      if z<=Zmax then Begin
                         delete(ein,z,1);
                         if jn=1 then jn:=0 ;
                         z:=z-1;
                      End;
                      Goto 10;
                   End;
                    if jn=0 then jn:=1;
                    if Integer(eing)<32  then Goto 10;
                    if Integer(eing)=127 then Goto 10;
               if z<=Zmax then Begin
                  ein:=ein+eing ;Emerk:=eing;
                  Delete(ein,Zmax+1,Length(ein)-Zmax);
                  if z<Zmax then z:=z+1;
               End;
            Goto 10;
20: END;
(*--------------------- Zahlen-Umwandlung --------------------------------
Wandelt unformatierten String ZahlWort um in:
Real-   Variable    Zahl
Integer-Variable    ZahlInt
formatierten String ZahlForm mit Gst Gesamtstellen
                             und Nst Nachkommastellen

Das UP benutzt die Val-Funktion von Turbo-Pascal. Diese verlangt, dass der
umzuwandelnde String weder fuehrende Leerzeichen noch das Vorzeichen + ent-
halten darf. Dadurch ist die Funktion direkt kaum zu gebrauchen. Das UP
schneidet deshalb bei dem String Zahlwort vor Aufruf der Val-Funktion fueh-
rende Leerzeichen und das Vorzeichen + ab. Dadurch kann ein beliebiger Zah-
lenstring verarbeitet werden.

Die Kombination der Unterprogramme KbdEin und Zahlen ermoeglicht eine sehr
komfortable Zahleneingabe von der Tastatur in Form der folgenden Befehls-
Folge:
         KbdEin(xx,yy,zz);Zahlen(Ein,Gst,Nst);
Der Eingabestring EIN kann auch im Exponentialformat geschrieben sein, z.B.
         ein:='  2.23e-12';
Da manche Tastaturen im Ziffernblock das Komma anstelle des Dezimalpunktes
verwenden, wird ',' im Eingabestring in '.' umgewandelt.
--------- *)
type ZhlWrt =String(.23.);
const
ZahlForm :String(.50.)='' ;Zahl :Real=0 ;
Gst      :Integer=16      ;Nst      :Integer=6       ;ZahlInt:Integer=0;
Procedure Zahlen(ZahlWort:ZhlWrt;Gst,Nst:Integer);
label 10;
var   i :Integer;
```

```
BEGIN
  if Zahlwort>'' then Begin
      for i:=1 to length(ZahlWort) do Begin
          if ZahlWort(.i.)=',' then ZahlWort(.i.):='.';
      End;
      for i:=1 to length(ZahlWort) do Begin
          if (integer(ZahlWort(.i.))>47)
          or (Integer(ZahlWort(.i.))=45)
          or (Integer(ZahlWort(.i.))=46)
             then Goto 10;
      End;
      10: delete(ZahlWort,1,i-1);
  End;
    val(ZahlWort,Zahl,code);val(ZahlWort,ZahlInt,code);
    str(Zahl:gst:nst,Zahlform);
END;
(* -------------------- Drucker Port setzen ---------------------------- *)
(* Wenn vor Programmstart im Betriebssystem die Serielle Schnittstelle dem
   AUX-Ausgang zugeordnet wurde, kann vom Pascalprogramm die Druckerausgabe
   wahlweise auf den Parrallel- oder Serialausgang geleitet werden.

   Dieses UP wird nur in Sirius-Programmen verwendet. Es ist aber auch in IBM-
   Programmen zumindest als Blindprozedur erforderlich, um Kompatibilitaet der
   Quellprogramme zu erhalten.
----- *)
Procedure DruckerPort;
Begin                                               (* Lst-Port ist die im     *)
  frg:='Drucker Ausgabe auf Lst-Port';jnab;         (* Betriebssystem gesetzte *)
  if jn=1 then LstOutPtr:=LstPtr;                   (* Druckerschnittstelle    *)
  if jn=0 then Begin
     frg:='Druckerausgabe auf Aux-Port';jnab;
     if jn=1 then LstOutPtr:=AuxOutPtr;
  End;
End;
(*--------------------- Textdatei einlesen -------------------------------
Dieses UP liest eine externe Textdatei von Zeile ki bis Zeile kj ein und zeigt
sie auf dem Bildschirm an, sofern die Steuer-Variable pr den Wert 1 hat.
Nach jeweils 22 Zeilen geht das UP in eine Warteschleife.
Vor Aufruf muss der Name der Textdatei der String-Variablen danam(.10.) ueber-
geben werden.

Das UP enthaelt eine Fehlerroutine fuer den Fall, dass die Datei nicht auf dem
angemeldeten Laufwerk vorhanden ist. Es kann dann ein anderes Laufwerk angege-
ben oder das UP abgebrochen werden.
--------- *)
Procedure TextRead(ki,kj:Integer);
label 10,20;
type  EinDatei = Text;
var   TextDatei:Eindatei;
      i,j       :Integer;
      DateiName:String(.12.);
      ok        :Boolean;
      TextZeile:String(.255.);

BEGIN Dateiname:=danam(.10.);j:=0;
10:  assign(TextDatei,danam(.10.));Dateiname:=danam(.10.);
     (*$I-*)reset(TextDatei)(*$I+*);
     ok:=(IOresult=0);
```

```
     if not ok then Begin cle(24); j:=j+1;if j=3 then Goto 20;
        Writeln('Text-Datei nicht auf dem aktuellen Laufwerk !');
        frg:='Anderes Laufwerk eingeben';jnab;
        if jn=1 then Begin
           cle(24);Write('Laufwerk > ');Read(kbd,lw(.10.));
           danam(.10.):=lw(.10.)+':'+Dateiname;Goto 10;
        End;
        if jn=0 then Goto 20;
     End;

cle(yy);i:=0;
while not eof(Textdatei) do Begin
      i:=i+1;ReadLn(TextDatei,Textzeile);
      if (pr=1) or (lpr=1) then Begin
         Zeile:=TextZeile;SoZeiUm(0);TextZeile:=Zeile;
         if pr=1 then Begin
            if (i>=ki) and (i<=kj) then Begin
               ClrEol;WriteLn(TextZeile);
               if (lpr=0) and (i-ki>0) then Begin
                  if (i-ki)/22=trunc((i-ki)/22) then Begin warten;cle(25);End;
               End;
            End;
         End;
         if lpr=1 then Begin
            if (i>=ki) and (i<=kj) then Begin
               WriteLn(lst,TextZeile);
               if (tt>0) and (tt<72) then Begin
                  if i/tt=trunc(i/tt) then Write(lst,#12);
               End;                      (* Seitenvorschub nach tt Zeilen *)
            End;
         End;
     End;
End;Close(TextDatei);
20: pr:=0;
END;
(*---------------------- Datum von MS-DOS holen ----------------------------*)
var Jhr,Mon,Tag : Integer;
    Datum       : String(.9.);
Procedure HoleDatum;
type RegPack = record AX,BX,CX,DX,BP,DI,SI,DS,ES,Flags:Integer;End;
var  Regs    : RegPack;
BEGIN
  Datum:='';
  with Regs do Begin
       AX:=$2A00;MsDos(Regs);
       Jhr:=CX-1900;Mon:=hi(DX);Tag:=lo(DX);
  End;
       str(Tag:2,ein);Datum:=Datum+ein+'.';
       str(Mon:2,ein);Datum:=Datum+ein+'.';
       str(Jhr:2,ein);Datum:=Datum+ein    ;
       if Tag<10 then Datum(.1.):='0';if Mon<10 then Datum(.4.):='0';
END;
(*---------------------- Ende Dateizeile markieren -------------------------*)
Procedure LineEnd;
Begin
     zeile(.Rl(.d.)-2.):='<';zeile(.Rl(.d.)-1.):=^M;zeile(.Rl(.d.).):=^J;
End;
(* ===== Ende Include-Datei  Grundfem.IBM ================================ *)
```

A 2.4 Include-Datei Drucker.OVL

```
(* ===== Include-Datei   Drucker.OVL ===================================== *)
(* Deklarierungen in Datei GrundFem                                        *)
(*--------------------- Drucker-Einstellung ------------------------------*)
Overlay Procedure Drucker(pr :Byte);
label 5,10,15,20,30,40,50;
var  Eingabe : String(.3.);
     Code    : Integer;
     Pfs     : String(.4.);
Begin
if druck=0 then Goto 50;if pr=0 then Goto 15;
if prg=1 then DruckerPort;   (* Wahl Parallel-/SerialA-Port nur bei Sirius *)
if prg=0 then ZeSa:=0;              (* USA-Zeichensatz f. IBM-Programme *)
Gotoxy(1,1);ClrScr;Un1;
 zeile:='Einstellparameter für Epson-Drucker:';SoZeiUm(1);Writeln;
WriteLn('Nationaler Zeichensatz:');Un0;
WriteLn('0          U.S.A');            WriteLn('1          Frankreich');
WriteLn('2          Deutschland');      WriteLn('3          England');
 zeile:='4          Dänemark';SoZeiUm(1);WriteLn('5          Schweden');
WriteLn('6          Italien');          WriteLn('7          Spanien');
Un1;
WriteLn('Schrift Druckmodus Zeichen/Zoll     Schrift Druckmodus Zeichen/Zoll');
Un0;
WriteLn(' 1      Einfach    16.5             7       Doppelt    16.5');
WriteLn(' 2         "       12               8          "       12');
WriteLn(' 3         "       10               9          "       10');
WriteLn(' 4         "        8              10          "        8');
WriteLn(' 5         "        6              11          "        6');
WriteLn(' 6         "        5              12          "        5');
Writeln;
WriteLn('13       Fett      10              14       Fett        5');
cle(24);Write
('Zeichensatz    Schrift         Linker Rand    Zeichen/Zeile  Format-Sprung');
15:Gotoxy(1,25);ClrEol;Write
('ZeiSa:         Schr:           LiRa:          Zei/Zeil:      FormSpr:');
It0;Gotoxy(8,25);
  Write(ZeSa);
   Gotoxy(22,25);Write(sa);
                  Gotoxy(38,25);Write(lr);
                                 Gotoxy(56,25);Write(cpl);
                                                 Gotoxy(72,25);Write(pf);It1;
 5: Gotoxy( 8,25);Read(Eingabe);if eingabe<>'' then val(eingabe,ZeSa,code);
    Gotoxy( 8,25);Write(ZeSa,'  ');if (ZeSa<0) or (ZeSa>8) then Goto  5;
10: Gotoxy(22,25);Read(Eingabe);if eingabe<>'' then val(eingabe,sa,code);
    Gotoxy(22,25);Write(sa,'  '); if (sa<1) or (sa>14)    then Goto 10;
20: Gotoxy(38,25);Read(eingabe);if eingabe<>'' then val(eingabe,lr,code);
    Gotoxy(38,25);Write(lr,'  '); if (lr<0) or (lr>80)    then Goto 20;
30: Gotoxy(56,25);Read(eingabe);if eingabe<>'' then val(eingabe,cpl,code);
    Gotoxy(56,25);Write(cpl,'  ');if (cpl<1) or (cpl>132) then Goto 30;
40: Gotoxy(72,25);Read(eingabe);if eingabe<>'' then val(eingabe,pf,code);
    Gotoxy(72,25);Write(pf,'  '); if (pf<0) or (pf>8)     then Goto 40;
It0;frg:='Druckereinstellung ok';jnab;if jn=0 then Goto 15;
 Pfs:=^Ä'O';  if pf>0 then Pfs:=^Ä'N'+chr(pf);
 Write(Lst,^Ä'R',chr(ZeSa));          (* Zeichensatz ZeSa     *)
 Write(Lst,dm(.sa.));                 (* Schriftart sa        *)
 Write(Lst,^Ä'l',chr(lr));            (* Linker Rand lr       *)
 Write(Lst,^Ä'Q',chr(lr+cpl));        (* Rechter Rand lr+cpl *)
 Write(Lst,Pfs);                      (* Formatsprung         *)
 Write(Lst,^Ä'2');                    (* Normaler Zeilenabstand *)
50:cl25;
End;
(* ===== Include-Datei   Drucker.OVL --- Ende --- ======================== *)
                         (* Seite A 2-10 *)
```

A 2.5 Include-Datei RanTex70.PAS

```
(* ===== Include-Datei RanTex70.PAS ======================================= *)
(* ----- Definition der Random-Textdatei für RL 70 ----- *)
type  DatZeiL70 = record
                  line70 :String(.70.);
                  End;
const Linie70  : DatzeiL70=(line70:'');
type  RanDat70 = file of DatzeiL70;
var   RanTex70 : Array(.1..6.) of Randat70;
(*--------------------- Random-Text-Datei mit RL 70 öffnen ----------------*)
Procedure RanTexOpen70(r:Byte); (* Aufruf mit r=1 vom Rechenprogramm  ..FEM *)
BEGIN assign(RanTex70(.d.),danam(.d.));    (* r=0 vom Eingabeprogramm ..I_O *)
      NeuDat:=0;
      (*$I-*)reset(RanTex70(.d.))(*$I+*);
      ok:=(IOresult=0);
      if ok then Begin
         if r=0 then Begin
            frg:='Vorhandene Datei löschen und überschreiben';jnab;NeuDat:=jn;
            if jn=1 then Begin
               frg:='Löschbefehl bestätigen:';jnab;NeuDat:=jn;
               if jn=1 then Rewrite(Rantex70(.d.));
            End;
         End;
         Reset(Rantex70(.d.));dat(.d.):=1;
      End;
      if not ok then Begin
         NeuDat:=1;
         if r=0 then Begin
            rewrite(RanTex70(.d.));Reset(Rantex70(.d.));dat(.d.):=1;
         End;
      End;
END;
(*--------------------- Random-Textdatei mit RL 70 lesen ------------------*)
Procedure RanTexEin70(j,prt,lprt:Integer);
var i:Integer;
BEGIN   i:=j+UbZ(.d.);
        if i<filesize(RanTex70(.d.)) then Begin
           seek(RanTex70(.d.),i);Read(RanTex70(.d.),Linie70);
           with Linie70 do Zeile:=Line70;
           if lprt=1 then Begin
              if ZeSa=0 then sz:=0;if ZeSa=2 then sz:=1;
              SoZeiUm(0);Write(lst,zeile);
           End;
           sz:=prg;SoZeiUm(0);
           if prt=1  then Begin ClrEol;Write(zeile);End;
        End;
END;
(*--------------------- Random-Text-Datei mit RL 70 schreiben -------------*)
Procedure RanTexAus70(j:Integer);
var i:Integer;
BEGIN   i:=j+UbZ(.d.);
        LineEnd;                        (* Zeilenende mit CrLf markieren *)
        with Linie70 do Line70:=Zeile;
        if i<filesize(RanTex70(.d.)) then Begin
           seek(RanTex70(.d.),i);Write(RanTex70(.d.),Linie70);
        End
        else Begin
             seek(RanTex70(.d.),Filesize(RanTex70(.d.)));
             Write(RanTex70(.d.),Linie70);
        End;
END;
(* ===== Include-Datei RanTex70.PAS --- Ende --- ========================= *)
```

(* Seite A 2-11 *)

A 2.6 Include-Datei OP-Tabel.PAS

```
(* ===== Include-Datei   Op_Tabel.PAS ===================================== *)
(* mit folgenden Modulen zur Tabellenverwaltung:                            *)
(* StringEin;     StringAus;     RealinTab;     ZahlAusTab;     ZahlAusDatei;   *)
(* xyNull;        TbLeer;                                                   *)
(*--------------------- KurzString in LangString einfügen -----------------*)
Procedure StringEin;
var i,j :Integer;
Begin spa(.d,1.):=1;
      for i:=1 to SpL(.d,kk.) do Begin
          j:=SpA(.d,kk.)-1+i;
          TbW(.d.)(.j.):=Tb(.d,kk.)(.i.);
      End;
End;
(*---------------------- KurzString aus LangString holen -------------------*)
Procedure StringAus;
Begin
    Tb(.d,kk.):=Copy(TbW(.d.),Spa(.d,kk.),SpL(.d,kk.));
End;
(*----------------------- Realzahl in Tabelle ------------------------------*)
Procedure RealinTab;
Begin
     if abs(xyr(.kk.))<1.0E-25 then Begin
        if xyr(.kk.)>0 then xyr(.kk.):=0 else xyr(.kk.):=-1.0E-20;
     End;
     str(xyr(.kk.):SpL(.d,kk.):Nks(.d,kk.),Tb(.d,kk.));
     StringEin;
End;
(*----------------------- Zahlen aus Tabelle -------------------------------*)
Procedure ZahlAusTab;
Begin
     StringAus;
     gst:=SpL(.d,kk.);nst:=Nks(.d,kk.);zahlen(Tb(.d,kk.),gst,nst);
     xyr(.kk.):=zahl;xyi(.kk.):=zahlint;Tb(.d,kk.):=zahlform;
End;
(*----------------------- Zahlenzeile aus Rantex-Datei ---------------------*)
Procedure ZahlAusDatei(Nr,k1,k2:Integer);
Begin
     DatRead(Nr,0,0);
     for kk:=k1 to k2 do ZahlAusTab;
End;
(*--------------------- Tabellenzahlen Null setzen ------------------------*)
Procedure xyNull(k,j :Integer);
var i :Byte;
Begin
  if j>10 then j:=10;
  for i:=1 to 10 do Begin xyr(.i.):=0;xyi(.i.):=0;End;
End;
(*--------------------- Tabellenworte leer setzen -------------------------*)
Procedure TbLeer(k,j :Byte);
var i :Byte;
Begin
  if j>kmax(.d.) then j:=kmax(.d.);
  for i:=k to j do Tb(.d,i.):=ler;
End;
(* ===== Include-Datei   Op_Tabel.PAS --- Ende --- ======================== *)
```

A 2.7 Include-Datei OP_Daten.PAS

```
(* ===== Include-Datei   OP_Daten.PAS ===================================== *)
(* mit Modulen zur Datenauswertung der Tabellendateien:                     *)
(* ReadKN;  ReadEL;  ReadEG;  ReadLA;  ReadFQ;  ReadKQ;                     *)
(*---------------------- Koordinaten und Verschiebungen aus Datei ----------*)
Procedure ReadKN(i,j,k:Integer);
Begin
    d:=1;ZahlAusDatei(i,j,k);
End;
(*---------------------- Elementdaten aus EL-Datei ------------------------*)
Procedure ReadEL(i,j,k:Integer);
Begin
    d:=2;ZahlAusDatei(i,j,k);
End;
(*---------------------- Elementdaten aus Gruppendatei --------------------*)
Procedure ReadEG(i,j,k:Integer);
Begin
    d:=3;ZahlAusDatei(i,j,k);
End;
(*---------------------- Lagerdaten aus Datei -----------------------------*)
Procedure ReadLA(i,j,k:Integer);
var l :Byte;
Begin
    ein:='';
    d:=4;ZahlAusDatei(i,j,k);
    if xyi(.1.)>0 then Begin
       for l:=4 to 6 do if xyr(.l.)>0 then ein:=ein+chr(l+84);
       kk:=3;StringAus;ein:=ein+tb(.d,kk.);
       if xx=xyi(.1.) then ein:=frg;
    End;
    xx:=xyi(.1.);frg:=ein;
End;
(*---------------------- Knotenkräfte aus Datei ---------------------------*)
Procedure ReadFQ(i,j,k:Integer);
Begin
    d:=5;ZahlAusDatei(i,j,k);
End;
(*---------------------- Knotenkräfte aus verteilten lasten aus Datei ------*)
Procedure ReadKQ(i,j,k:Integer);
Begin
    d:=6;ZahlAusDatei(i,j,k);
End;
(* ===== Include-Datei   OP_Daten.PAS --- Ende --- ======================= *)
```

A 2.8 Include-Datei Dat_Aus.OVL

```
(* ===== Include-Datei  Dat_Aus.OVL ====================================== *)
(*--------------------- Ausgabe Formatieren ------------------------------ *)
Overlay Procedure AusgabeForm;
label 10;
var j:Integer;
Begin
     frg:='Gesamte Datei ausgeben';jnab;
     if jn=1 then Begin
        if lpr=1 then Writeln(lst,Pgw,Kdw,Datum);
        Goto 10;
     End;
  Gotoxy(1,25);ClrEol;Write('Daten ausgeben von Zeile >');
    kbdein(28,25,4);zahlen(ein,gst,nst);
    if zahlint<1 then Zahlint:=1;
    ia:=zahlint;
```

```
  Gotoxy(35,25);Write('bis Zeile >');
               kbdein(47,25,4);zahlen(ein,gst,nst);ie:=zahlint;
    if ie<ia then ie:=ia;
if men<21 then Begin
   if ie>nk then ie:=nk;Goto 10;
End;
    if ie>LsLine(.d.) then ie:=LsLine(.d.);;
frg:='Ausgabe der Zeilen mit Überschrift';jnab;
if jn=1 then Begin
   Writeln;if lpr=1 then Writeln(lst,Pgw,Kdw,Datum);
   for j:=2-UbZ(.d.) to 0 do Begin
       DatRead(j,pr,lpr);
       if (j=-1) then Begin (* -- Ueberschrift unterstreichen -- *)
          un1;if lpr=1 then Write(lst,up1);
       End;
       if (j=0) then Begin
          WriteLn;un0;
          if lpr=1 then Write(lst,up0);
       End;
   End;
End;
10: End;
(*---------------------- Datei ausgeben -----------------------------------*)
Overlay Procedure DateiAus;
label 10;
var i,j :Integer;
Begin
   Writeln;
   if druck=0 then lpr:=0;
   zeich:=' ';if lpr=1 then Write(lst,pe0);
   for i:=ia to ie do Begin
       DatRead(i,pr,lpr);
       if i=-1 then Begin (* -- Ueberschrift unterstreichen -- *)
          un1;if lpr=1 then Write(lst,up1);
       End;
       if i=0 then Begin
          WriteLn;un0;
          if lpr=1 then Write(lst,up0);
       End;
       if (lpr=1) then Begin
          if i/5=trunc(i/5) then WriteLn(lst);
          if i>40 then Begin
             if (ie-ia>50) and((i/50=trunc(i/50))) then Begin
                WriteLn(lst,#12,pe1);
                if (d=1) and (i>=Nk) then Goto 10;
                if (d=2) and (i>=Ne) then Goto 10;
                Writeln(lst,Pgw,Kdw,Datum);
                for j:=2-UbZ(.d.) to 0 do Begin
                    DatRead(j,pr,lpr);
                    if j=-1 then Write  (lst,up1);
                End;WriteLn(lst,up0,pe0);
             End;
          End;
       End;
       if (lpr=0) and (ie-ia>15) then Begin
          if (i>5) and (i/15=trunc(i/15)) then Begin
             Writeln;warten;Writeln;Gotoxy(1,24);
          End;
       End;
   End;Writeln;if lpr=1 then WriteLn(lst,pe1);
10:End;
(* ===== Include-Datei  Dat_Aus.OVL --- Ende --- ========================= *)
```

A 2.9 Include-Datei UbRead.PAS

```
(* ===== Include-Datei   UbRead.PAS ========================================= *)
Procedure UbRead; (* --- Überschrift aus Textdatei lesen --- *)
label 10,20;
type EinDatei = Text;
var  TextDatei:Eindatei;
     Dateiname:String(.12.);
     Drive    :String(.2.);
     i        :Integer;
BEGIN Dateiname:=Ubnam(.d.);str(d,Drive);
10:assign(textdatei,Ubnam(.d.));
(*$I-*)reset(TextDatei)(*$I+*);ok:=(IOresult=0);
if not ok then Begin cle(24);
   zeile:='Überschrift für Datei '+Drive+' nicht auf dem aktuellen Laufwerk !';
   SoZeiUm(1);frg:='Anderes Laufwerk eingeben';jnab;
   if jn=1 then Begin
      cle(24);Write('Laufwerk > ');Read(kbd,lw(.d.));
      Ubnam(.d.):=lw(.d.)+':'+dateiname;Goto 10;
   End;
   if jn=0 then Goto 20;
End;
i:=-2;
while not eof(Textdatei) do Begin
      i:=i+1;ReadLn(Textdatei,zeile);
      LineEnd;SoZeiUm(0);
      if i>-1 then UbW(.i.):=zeile;
End;Close(TextDatei);
20:END;
(* ===== Include-Datei   UbRead.PAS --- Ende --- ========================== *)
```

A 2.10 Include-Datei DanamFem.PAS

```
(* ===== Include-Datei   DaNamFem zur Eingabe der Dateinamen ============== *)
Procedure DateiName;
label 20,30,40;
var dir:String(.25.);
    DGK:String(. 4.);
BEGIN     xx:=25;yy:=24;DGK:=Copy(Prognam,1,4);
          ii:=3 ;(* 3 mal Laufwerk-Eingabe vorgesehen   *)
20:cle(24);Write('Das aktuelle Laufwerk f. Datei ',d,' ist ');rv1;
   Write(' ',lw(.d.),' ');rv0;frg:='Laufwerk ok';jnab;
   if jn=0 then Begin
      cle(24);Write('Laufwerk eingeben:');
      Read(kbd,Lw(.d.));rv1;Write(' ',lw(.d.),' ');rv0;
      Goto 20;
   End;
   frg:='Dateien anzeigen';jnab;
   if jn=1 then direct;xx:=25;yy:=24;
30: if d<8 then danam(.d.):=Lw(.d.)+':'+Extnam+Zusa(.d.);
    if d=8 then danam(.d.):=Lw(.d.)+':'+DGK+'.GK';
    cle(24);Write('Der aktuelle Dateiname ist ');rv1;Write(danam(.d.));rv0;
    if d<8 then Begin
       frg:='Name ok';jnab;
       if jn=0 then Begin
          ii:=ii-1;if ii=0 then Goto 20;
          cle(24);Write('Dateinamen eingeben ( ohne Zusatz .???): ');zz:=8 ;
          xx:=43;kbdein(xx,yy,zz);
          ExtNam:=ein ;Goto 30;
       End;
    End else Writeln;
40: End;
(* ===== Include-Datei   DanamFem.PAS --- Ende --- ======================== *)
```

A 2.11 Include-Datei TabPar.PAS

```
(* ===== Include-Datei  TabPar.PAS ========================================= *)
Procedure SpaltenParam;                   (* Parameterzeilen auswerten *)
label 10,20;
var i,j,k,z :Integer;
   Zahlwort:String(.23.);
Begin
      TbW(.d.):=ubw(.0.);
      i:=0;z:=1;SpA(.d,1.):=1;            (* Spaltenlängen und Positionen *)
  10: ZahlWort:='';                       (* der Spaltenanfänge *)
      for j:=1+i to i+3 do Begin
          Zahlwort:=Zahlwort+TbW(.d.)(.j.);
      End;
      zahlen(ZahlWort,gst,nst); Spl(.d,z.):=Zahlint;
      if z>1 then Spa(.d,z.):=Spa(.d,z-1.)+Spl(.d,z-1.);
      if Spl(.d,z.)>0 then Begin
         kmax(.d.):=z;z:=z+1; i:=i+3;          (* Spaltenzahl      *)
         Goto 10;
      End;
  TbW(.d.):=ubw(.1.);i:=0;z:=1;                (* Nachkommastellen *)
  20: ZahlWort:='';
      for j:=1+i to i+3 do Begin
          Zahlwort:=Zahlwort+TbW(.d.)(.j.);
      End;
      zahlen(ZahlWort,gst,nst);
      if z<kmax(.d.)+1 then Nks(.d,z.):=Zahlint else UbZ(.d.):=zahlint+1;
      i:=i+3;z:=z+1;
      if z<kmax(.d.)+2 then Goto 20;
      (* --- Spaltenworte initialisieren --- *)
      for i:=1 to kmax(.d.) do tb(.d,i.):=Copy(ler,SpA(.d,i.),SpL(.d,i.));
End;
(* ===== Include-Datei  TabPar.PAS --- Ende --- ========================== *)
```

A 2.12 Include-Datei Menu_IO.OVL

```
(* ===== Include-Datei  Menu_IO.OVL ======================================== *)
(* Dieses Unterprogramm kann verwendet werden fuer: EbFa, RaFa, EbDu        *)
(* Mit kleinen Aenderungen fuer:                    EbRa                    *)
(* ---------------------------------------------------------------------- *)
Overlay Procedure Menue;
label 10;
var i,k :Byte;menu :Array(.1..2,0..20.) of String(.39.);
BEGIN
     for i:=1 to 2 do for k:=0 to 20 do menu(.i,k.):='';
menu(.1, 0.):='0  Information zum Programm';
menu(.1, 2.):='1  Dateien bearbeiten';
       zeile:='11 Datei öffnen';           SoZeiUm(0);menu(.1, 3.):=zeile;
menu(.1, 4.):='12 Tabellenprogramm';
menu(.1, 5.):='13 Hilfsprogramme';
       zeile:='14 Überschrift ändern';     SoZeiUm(0);menu(.1, 6.):=zeile;
menu(.1, 8.):='3  Graphik konfigurieren';
menu(.1, 9.):='31 Perspektive';
menu(.1,10.):='32 Automatisch beschriften';
       zeile:='33 Maßstäbe';               SoZeiUm(0);menu(.1,11.):=zeile;
       zeile:='34 Darzustellende Daten wählen';SoZeiUm(0);menu(.1,12.):=zeile;
if prg=1 then menu(.1,13.):='35 Manuelles Beschriften';
menu(.1,15.):='5  Sonderfunktionen';
menu(.1,16.):='51 Drucker einstellen';
menu(.1,17.):='52 Datum ausgeben';
menu(.1,18.):='53 Extremwerte in Datei suchen';
```

```
              menu(.2, 0.):='-1 Programm '+ProgNam+' beenden';
              menu(.2, 2.):='2  Dateien ausgeben';
              menu(.2, 3.):='21 Datei auf Bildschirm';
              menu(.2, 4.):='22 Datei auf Drucker';
              menu(.2, 5.):='23 Info-Dateien auf Bildschirm';
              menu(.2, 6.):='24 Info-Dateien auf Drucker';
              menu(.2, 8.):='4  Graphik erstellen und ausgeben';
              menu(.2, 9.):='41 Struktur zeichnen';
              menu(.2,10.):='42 Graphik als SCR-Datei auf Disk';
              menu(.2,11.):='43 Graphik von SCR-Datei laden';
              menu(.2,12.):='44 Hardcopy auf Drucker';
 if prg=1 then menu(.2,15.):='6  Taschenrechner';
 if prg=1 then menu(.2,16.):='61 Programm ENTER aufrufen';
Kopfzeile;
for k:=0 to 18 do Begin Un0;
   if (k=0) or (k=2) or (k=8) or (k=15) then Un1;
   Gotoxy( 1,k+5);Write(menu(.1,k.));Gotoxy(40,k+5);Write(menu(.2,k.));
End;
10:END;
(* ===== Include-Datei  Menu_IO.OVL --- Ende --- ========================= *)
```

A 2.13 Include-Datei Menu_Fem.OVL

```
(* ===== Include-Datei  Menu_Fem.OVL ====================================== *)
Overlay Procedure Menue;
label 10;
var i,k :Byte;
   menu :Array(.1..2,0..20.) of String(.39.);
BEGIN
  for i:=1 to 2 do for k:=0 to 20 do menu(.i,k.):='';
menu(.1, 0.):='0  Information zum Programm';
menu(.1, 2.):='1  Knotenverschiebungen aus GK-Datei';
      zeile:='11 KV auf Bildschirm';          SoZeiUm(0);menu(.1, 3.):=zeile;
menu(.1, 4.):='12 KV auf Drucker';
menu(.1, 8.):='3  Graphik konfigurieren';
menu(.1, 9.):='31 Perspektive';
menu(.1,10.):='32 Automatisch beschriften';
      zeile:='33 Maßstäbe';                   SoZeiUm(0);menu(.1,11.):=zeile;
      zeile:='34 Darzustellende Daten wählen';SoZeiUm(0);menu(.1,12.):=zeile;
if prg=1 then menu(.1,13.):='35 Manuelles Beschriften';
menu(.1,15.):='5  Sonderfunktionen';
menu(.1,16.):='51 Drucker einstellen';
menu(.1,17.):='52 Datum ausgeben';
menu(.1,18.):='53 Extremwerte suchen';
              menu(.2, 0.):='-1 Programm '+ProgNam+' beenden';
              menu(.2, 2.):='2  Dateien ausgeben';
              menu(.2, 3.):='21 Datei auf Bildschirm';
              menu(.2, 4.):='22 Datei auf Drucker';
              menu(.2, 8.):='4  Graphik erstellen und ausgeben';
              menu(.2, 9.):='41 Struktur zeichnen';
              menu(.2,10.):='42 Graphik als SCR-Datei auf Disk';
              menu(.2,11.):='43 Graphik von SCR-Datei laden';
              menu(.2,12.):='44 Hardcopy auf Drucker';
Kopfzeile;
for k:=0 to 18 do Begin Un0;
   if (k=0) or (k=2) or (k=8) or (k=15) then Un1;
   Gotoxy( 1,k+4);Write(menu(.1,k.));Gotoxy(40,k+4);Write(menu(.2,k.));
End;
10:END;
(* ===== Include-Datei  Menu_Fem.OVL --- Ende --- ======================== *)
```

A 2.14 Include-Datei Suchen.OVL

```
(* ===== Include-Datei  Suchen.OVL ========================================= *)
(*-------------------- Extremwerte suchen ---------------------------------*)
Overlay Procedure Suchen;
label 20,40;
var j,k,isuch,imerk :Integer;
    tol             :Real;
const maxWert :Real=-1.0e-30;
      minWert :Real= 1.0e30;
(* ------------------------- *)
Procedure SuchLauf1;
BEGIN
if j=1 then
   if abs(xyr(.k.))<abs(minWert) then Begin minWert:=xyr(.k.);isuch:=i;End;
if j=2 then
   if abs(xyr(.k.))>abs(maxWert) then Begin maxWert:=xyr(.k.);isuch:=i;End;
if j=3  then if xyr(.k.)<minWert then Begin minWert:=xyr(.k.);isuch:=i;End;
if j=4  then if xyr(.k.)>maxWert then Begin maxWert:=xyr(.k.);isuch:=i;End;
END;
(* ------------------------- *)
Procedure SuchLauf2;
BEGIN
if j=1 then Begin
   if (abs(xyr(.k.))>=abs(minWert)*(1-tol)) and
      (abs(xyr(.k.))<=abs(minWert)*(1+tol)) then isuch:=i;
End;
if j=2 then Begin
   if (abs(xyr(.k.))>=abs(maxWert)*(1-tol)) and
      (abs(xyr(.k.))<=abs(maxWert)*(1+tol)) then isuch:=i;
End;
if j=3 then Begin
   if (xyr(.k.)>=minWert) and (xyr(.k.)<=minWert+abs(minWert*tol))
      then isuch:=i;
End;
if j=4 then Begin
   if (xyr(.k.)<=maxWert) and (xyr(.k.)>=maxWert-abs(maxWert*tol))
      then isuch:=i;
End;
END;
(* ------------------------- *)
Begin
Gotoxy(1,1);ClrScr;
if druck=1 then Begin frg:='Suchwerte drucken';jnab;lpr:=jn;End;Gotoxy(1,1);
DatReset;ia:=2-Ubz(.d.);ie:=0;pr:=1;
DateiAus;
for j:=1 to kmax(.d.)-1 do Begin
    i:=SpL(.d,j.)-2;if i<1 then i:=1;
    Str(j:i,Tb(.d,j.));Gotoxy(SpA(.d,j.),8);Write(Tb(.d,j.));
End;
cle(12);Write('Suchspalte eingeben > ');kbdein(24,12,2);Zahlen(ein,gst,nst);
k:=Zahlint;if k<1 then k:=1;if k>Kmax(.d.)-1 then k:=kmax(.d.)-1;
WriteLn;Writeln;
WriteLn('1  Kleinsten Betrag suchen');
 zeile:='2  Größten   Betrag suchen' ;SoZeiUm(1);
WriteLn('3  Kleinsten Wert   suchen ');
 zeile:='4  Größten   Wert   suchen' ;SoZeiUm(1);
cle(23);Write('Kennziffer eingeben oder RETURN > ');
kbdein(36,23,1);if ein='' then Goto 40;
Zahlen(ein,gst,nst);j:=Zahlint;if (j<1) or (j>4) then Goto 40;
```

```
for i:=1 to LsLine(.d.) do Begin
    if d=1 then ReadKN(i,k,k);
    if d=2 then ReadEL(i,k,k);
    if d=3 then ReadEG(i,k,k);
    if d=4 then ReadLA(i,k,k);
    if d=5 then ReadFQ(i,k,k);
    if d=6 then ReadKQ(i,k,k);
    SuchLauf1;
End;
Gotoxy(1,8);
DatRead(isuch,1,lpr);               (* Zeile mit Suchwert auf Bildschirm *)
frg:='Weitersuchen';jnab;if jn=0 then Goto 40;
cle(23);Write('Suchtoleranz in % eingeben > ');
kbdein(30,23,2);Zahlen(ein,gst,nst);tol:=Zahlint/100;
Gotoxy(1,9);
isuch:=0;yy:=0; (* Weitersuchen mit tol % Toleranz in der gesamten Datei *)
Repeat
  imerk:=isuch;
  for i:=imerk+1 to LsLine(.d.) do Begin
      if d=1 then ReadKN(i,k,k);
      if d=2 then ReadEL(i,k,k);
      if d=3 then ReadEG(i,k,k);
      if d=4 then ReadLA(i,k,k);
      if d=5 then ReadFQ(i,k,k);
      if d=6 then ReadKQ(i,k,k);
      SuchLauf2;if imerk<>isuch then Goto 20;
  End;
  20:
  if imerk<>isuch then Begin
      DatRead(isuch,1,lpr);yy:=yy+1;
      if lpr=0 then Begin
         if yy/20=trunc(yy/20) then Begin Writeln;warten;cl25;Writeln;End;
      End;
      if lpr=1 then Begin
         if yy/5 =trunc(yy/5 ) then Writeln(lst);
         if yy/50=trunc(yy/50) then Writeln(lst,#12);
      End;
  End;
until imerk=isuch;
if lpr=1 then WriteLn(lst);warten;
40:End;
(* ===== Include-Datei   Suchen.OVL --- Ende --- ========================= *)
```

A 2.15 Include-Datei FemGraph.IBM

```
(* ===== Include-Datei   FemGraph.IBM ===================================== *)
(* ---------------------------------------------------------------------- *)
procedure WartenGraf;
Begin
  GotoXY(1,25);Warten;GotoXY(77,25);ClrEol;
End;
(* ---------------------------------------------------------------------- *)
Procedure JNGraf;
var Eing : Char;
BEGIN StoreWindow(1);zeile:=frg;SoZeiUm(0);frg:=Zeile;
  Gotoxy(1,25);ClrEol;Write(frg,' ');rv1;Write('j/n ?');rv0;Write(' ');
  RestoreWindow(1,0,0);
  Repeat
    Read(kbd,Eing);
    if eing=#3 then halt;
    if Eing=#13 then Eing:='j';
```

```
  until UpCase(Eing) in (.'j','J','n','N','0'.);
  if (Eing='J') or (Eing='j') then jn:=1;
  if (Eing='N') or (Eing='n') or (Eing='0') then jn:=0;
  GotoXY(1,25);ClrEol;
END;
(* ----------------------------------------------------------------------- *)
procedure TextSmall(x,y,ul:Integer;TextW:TextStr);
label 10;var l:Integer;
Begin  x:=x+2;y:=y+6;DrawTextW(x,y,1,TextW);
if ul=1 then Begin (* Unterstreichen *)
   l:=trunc(i/1000);if l>0 then Begin l:=24;Goto 10;End; (* Laenge zum      *)
   l:=trunc(i/ 100);if l>0 then Begin l:=18;Goto 10;End; (* Unterstreichen  *)
   l:=trunc(i/  10);if l>0 then l:=12 else l:=6;         (* berechnen       *)
10:DrawLine(x,y+7,x+l,y+7);
End;
End;
(* ----------------------------------------------------------------------- *)
Procedure TextCs(i1,j1:Integer);
Begin
   x:=round(i1/Xchst)+1;y:=round(j1/Ychst)+1;
   if x<1 then x:=1;if x>80 then x:=80;
   if y<1 then y:=1;if y>25 then y:=25;
   GotoXY(x,y);
End;
(* ----------------------------------------------------------------------- *)
Procedure TextNormal(i1,j1:Integer;TextW:TextStr);
Begin  TextCs(i1,j1);Write(TextW);
End;
(* ----------------------------------------------------------------------- *)
Procedure TextMode;
Begin  StoreWindow(1);LeaveGraphic;TextCs(x2,y2);
End;
(* ----------------------------------------------------------------------- *)
Procedure HiRes;
Begin  EnterGraphic;RestoreWindow(1,0,0);
End;
(* ----------------------------------------------------------------------- *)
Procedure Draw(i1,j1,i2,j2,Ls:Integer);
Begin DrawLine(i1,j1,i2,j2);
End;
(* ----- Blindprozeduren zur Kompatibilitaet mit der Sirius-Graphik ------- *)
Procedure PrintInit;                                 Begin End;
Procedure DrawTextV (x,y:Integer;TextW:TextStr); Begin End;
Procedure TextPrintV(x,y:Integer;TextW:TextStr); Begin End;
Procedure SchriftArt (i:Byte);                       Begin End;
Procedure SchriftMode(i:Byte);                       Begin End;
(* ----------------------------------------------------------------------- *)
Procedure GrafInit;
Begin InitGraphic;
  xx:=trunc(0.95*XmaxGlb);                    (* Fenster auf 95 % der Bild-   *)
  yy:=trunc(0.95*YmaxGlb);                    (* schirmflaeche definieren     *)
  DefineWindow(1,0,0,xx,yy);
  DefineWorld(1,0,0,Xs2,Ys2);                 (* Sirius-Koordinaten als Welt *)
  SelectWindow(1);SelectWorld(1);
  StoreWindow(1);                             (* Fenster auf Stack legen      *)
End;
(* ------------------- Name f. Bildschirm-Datei ------------------------- *)
Overlay Procedure Danam_SCR(lad :Byte);
label 10,20;
var SCR_Datei :file;
BEGIN d:=9;
10:cle(24);zeile:='Das aktuelle Laufwerk für SCR-Datei ist ';SoZeiUm(2);
```

```
   Rv1;Write(' ',lw(.d.),' ');Rv0;frg:='Laufwerk ok';jnab;
   if jn=0 then Begin
      cle(24);Write('Laufwerk eingeben:');Read(kbd,lw(.d.));
      Rv1;Write(' ',lw(.d.),' ');Rv0;Goto 10;
   End;
   frg:='Dateien anzeigen';jnab;if jn=1 then direct;xx:=25;yy:=24;
20:danam(.d.):=lw(.d.)+':'+SCR_Nam;
   if prg=1 then danam(.d.):=danam(.d.)+'.SCR';
   cle(24);Write('Der aktuelle Dateiname ist ');Rv1;Write(danam(.d.));Rv0;
   frg:='Name ok';jnab;
   if jn=0 then Begin
      cle(24);Write('Dateinamen eingeben:');
      kbdein(22,24,12);SCR_Nam:=ein;Goto 20;
   End;
   assign(SCR_Datei,danam(.d.));ij:=1; (* Flag f. Dateizugriff *)
   (*$I-*)Reset(SCR_Datei)(*$I+*);ok:=(IOresult=0);
   if ok then if lad=0 then Begin
      frg:='Vorhandene Datei löschen und überschreiben';jnab;
      if jn=1 then Begin frg:='Löschbefehl bestätigen';jnab;ij:=jn;End;
   End;
   if not ok then if lad=1 then Begin
      frg:='Datei nicht vorhanden ! Funktion abbrechen';jnab;ij:=jn+1;
      if jn=0 then Goto 10;
   End;
   danam(.d.):=lw(.d.)+':'+SCR_Nam;
END;
(* -------------------- Kraft-/Momentensymbole (Pfeile) ------------------- *)
Overlay Procedure KraftPfeil;
const PfL :Integer=10; PfB :Integer=4; (* y-Einheiten *)
var xdif,ydif,Lx,Ly :Integer;
    L,DeltX,DeltY :Real;
Begin  i2:=x2;j2:=y2;
   DeltX:=x2-x1; DeltY:=y2-y1;
   L:=sqrt(DeltX*DeltX+DeltY*DeltY);
   if L>0 then Begin
      Lx:=round(PfL*DeltX/L);if DeltY=0 then Lx:=round(PfL*DeltX*cxy/L);
      Ly:=round(PfL*DeltY/L);
      xdif:=round(PfB*DeltY*cxy/L);ydif:=round(PfB*DeltX/L/cxy);
   End;
   i1:=x2-lx-xdif ;j1:=y2-ly+ydif ;Draw(i1,j1,x2,y2,Ls);
   i1:=x2-lx+xdif ;j1:=y2-ly-ydif ;Draw(i1,j1,x2,y2,Ls);
   if Pfeil=2 then Begin (* 2. Spitze f. Momentenpfeil *)
      x2:=x2-lx;y2:=y2-ly;
      i1:=x2-lx-xdif ;j1:=y2-ly+ydif ;Draw(i1,j1,x2,y2,Ls);
      i1:=x2-lx+xdif ;j1:=y2-ly-ydif ;Draw(i1,j1,x2,y2,Ls);
      x:=i2;y:=j2;Draw(x,y,x,y,Ls);
   End;
End;
(* --------------------- Kraft-/Momentensymbole (Kreise) ---------------- *)
Overlay Procedure KraftKreis;
var j,x1,y1,Xm,Ym :Integer;
    Xr,Yr        :Real;
(* ----- Ellipse ----- *)
Procedure Ellipse;
var i,j,k :Integer;
Begin
  for i:=0 to 72 do Begin
     x1:=Xm+round(Xr*cos(i*5/o));
     y1:=Ym-round(Yr*sin(i*5/o));
     x2:=Xm+round(Xr*cos((i+1)*5/o));
     y2:=Ym-round(Yr*sin((i+1)*5/o));
     Draw(x1,y1,x2,y2,Ls);
  End;
```

```
  Draw(Xm,Ym,Xm,Ym,Ls);
End;
(* -------------------------------- *)
BEGIN (* -- UP Kraftkreis -- *)
  x1:=x;y1:=y;Xm:=x;Ym:=y;
(* ----- Innenkreis mit Punkt ----- *)
   i1:=x-1;i2:=x+2;j1:=y;j2:=j1;Draw(i1,j1,i2,j2,Ls);
   Xr:=9;Yr:=9/cxy*ky;Ls:=1;Ellipse;
if (Pfeil=3) or (Pfeil=5) then Begin       (* -- Kreuz einzeichnen -- *)
   i1:=Xm+6;j1:=Ym-round(6/cxy*ky);i2:=Xm-6;j2:=Ym+round(6/cxy*ky);
   Draw(i1,j1,i2,j2,Ls);
   i1:=Xm-6;j1:=Ym-round(6/cxy*ky);i2:=Xm+6;j2:=Ym+round(6/cxy*ky);
   Draw(i1,j1,i2,j2,Ls);
End;
if Pfeil>3 then Begin                      (* -- Aussenkreis -- *)
   Xr:=13;Yr:=13/cxy*ky;Ellipse;
End;
x:=Xm;y:=Ym;Draw(x,y,x,y,Ls);
End;
(* ----- Include-Datei  PasZei.PAS --------------------------------------- *)
(* -------------------- Manuell zeichnen ---------------------------------- *)
Overlay Procedure Zeichnung;       (* bei IBM nur zur Cursor-Positionierung *)
label 40,50,100;                   (* f. Ausschnittvergroesserung           *)
var ch :Char;
    Wrt:String(.2.);
(* --- CS nur innerhalb des Fensters bewegen --- *)
Procedure Xre;begin if x+Xstp<Xs2 then x2:=x+Xstp;end;
Procedure Xli;begin if x-Xstp>0   then x2:=x-Xstp;end;
Procedure Yho;begin if y-Ystp>0   then y2:=y-Ystp;end;
Procedure Yab;begin if y+Ystp<Ys2 then y2:=y+Ystp;end;
BEGIN                           (* bei IBM Cursor nur auf TextSreen sichtbar *)
   TextCs(x2,y2);
(* ----- Tastaturbefehle eingeben ----- *)
40:x:=x2;y:=y2;Wrt:='';Read(kbd,ch);wrt:=ch;
   if ch=#27 then Begin Read(kbd,ch);wrt:=wrt+ch;End;
(* ----- Exit ----- *)
if (wrt=#27+#27) or (wrt=^M) then Goto 100;
(* ----- Cursorposition eingeben ----- *)
if (wrt='8') or (wrt=#27+'H') then Begin (* nach oben         *)
   x1:=x;y1:=y;x2:=x;Yho;End;
if (wrt='2') or (wrt=#27+'P') then Begin (* nach unten        *)
   x1:=x;y1:=y;x2:=x;Yab  ;End;
if (wrt='4') or (wrt=#27+'K') then Begin (* nach links        *)
   x1:=x;Xli  ;y1:=y;y2:=y;End;
if (wrt='6') or (wrt=#27+'M') then Begin (* nach rechts       *)
   x1:=x;Xre  ;y1:=y;y2:=y;End;
if wrt='7' then Begin                    (* nach links  oben  *)
   x1:=x;Xli  ;y1:=y;Yho  ;End;
if wrt='9' then Begin                    (* nach rechts oben  *)
   x1:=x;Xre  ;y1:=y;Yho  ;End;
if wrt='3' then Begin                    (* nach rechts unten *)
   x1:=x;Xre  ;y1:=y;Yab  ;End;
if wrt='1' then Begin                    (* nach links  unten *)
   x1:=x;Xli  ;y1:=y;Yab  ;End;
(* --- Schrittweiten einstellen --- *)
if wrt='5' then Begin Xstp:=XchSt;Ystp:=YchSt;End; (* Quasi Quadrat *)
if wrt='0' then Begin Xstp:=X0St ;Ystp:=Y0St ;End; (* Schriftraster *)
(* --- Cursor positionieren --- *)
TextCs(x2,y2);
Goto 40;
100:END;
(* ---------------------------------------------------------------------- *)
```

```
Procedure Bildausschnitt;
BEGIN Textmode;
if Bv>1 then Begin
   cle(25);Write('Zeichnen von Knoten       bis Knoten ');
   KbdEin(21,25,4);zahlen(ein,gst,nst);
   ZeiA:=zahlint;if ZeiA<1 then ZeiA:=1;
   KbdEin(40,25,4);zahlen(ein,gst,nst);ZeiE:=zahlint;
   if ZeiE<ZeiA then ZeiE:=ZeiA;if ZeiE>nk then ZeiE:=nk;
End;
cle(25);
if ProgNam(.3.)='D' then
     Write('X-Pos. des Cursors wird Anfangsknoten der Darstellung zugeordnet')
else Write('Position des Cursors wird Bezugsknoten zugeordnet');warten;
   (* --- Bezugspunkt auf Bildschirm --- *)
   x2:=X00;y2:=Y00;
   Gotoxy(1,25);ClrEol;Write('Bezugspunkt verschieben oder RETURN');
   Zeichnung;
   X00:=X2;Y00:=Y2;
if ProgNam(.3.)<>'D' then Begin   (* Bezugsknoten zum Bezugspunkt, nicht f. *)
   cle(25);Write('Bezugsknoten eingeben >');            (* Durchlauftraeger *)
   KbdEin(25,25,3);Zahlen(ein,gst,nst);Nr:=Zahlint;
   if Nr<1 then Nr:=1;   if Nr>nk then Nr:=nk;
   ReadKN(Nr,2,4);xxx:=xyr(.2.); yyy:=xyr(.3.);
End;
HiRes;
END;
(* ===== Include-Datei   FemGraph.IBM --- Ende --- ======================= *)
```

A 2.16 Include-Datei Cholesky.OVL

```
(* ===== Include-Datei   Cholesky.OVL ==================================== *)
Overlay Procedure GkLoesen;
var i,j,k,kn,NB : Integer;
    gk :Ar77m76r;
(* ----- Zusatzlager anzeigen ----- *)
Procedure ZusatzLager;
Begin
      yy:=trunc((kf-1+kn)/kf);yyyr:=(kf-1+i)/kf-yy;
(* ----- Benutzer-Information ----- *)
   cl25;Write('Knoten ',yy,' ');
   if (yyyr<  (0.9/kf))                          then Write(' in x-Richtung');
   if (yyyr>  (0.9/kf)) and (yyyr<2*(0.9/kf)) then Write(' in y-Richtung');
   if (yyyr>2*(0.9/kf)) and (yyyr<3*(0.9/kf)) then Write(' in z-Richtung');
   if (yyyr>3*(0.9/kf)) and (yyyr<4*(0.9/kf)) then Write(' um x-Achse    ');
   if (yyyr>4*(0.9/kf)) and (yyyr<5*(0.9/kf)) then Write(' um y-Achse    ');
   if (yyyr>5*(0.9/kf)) and (yyyr<6*(0.9/kf)) then Write(' um y-Achse    ');
   WriteLn(' zusaetzlich gelagert');Writeln;
End;
(* -------------------------------- *)
BegiN Writeln;Writeln;cle(23);
      WriteLn('Gleichungssystem reduzieren:');(* -- Benutzer-Information -- *)
NB:=nsp-1; (* Nutzbare Bandbreite *)
(* ----- 1. Block aus Gk-Datei in gk-Matrix eintragen ----- *)
for i:=1 to NB do Begin gkRead(i);
    if gkx(.1.)=0 then Begin
       gkx(.1.):=Csmax*ClVst; (* Fehl.Lagerbed. ergaenzen  *)
       kn:=i;ZusatzLager;
    End;
    for j:=1 to nsp do Begin
        gk(.i,j.):=gkx(.j.);
    End;
End;
```

```
(* ----- Bandmatrix reduzieren nach Cholesky ----- *)
for i:=1 to nn do BEGIN
    gkRead(i);
    cl25;Write('Freiheitsgrad ',i,' ');      (* --- Benutzer-Information --- *)
    ik:=NB;if ik>nn-i+1 then ik:=nn-i+1;
    gk(.1,1.):=sqrt(gk(.1,1.));
    for j:=2 to ik do Begin
        gk(.1,j.):=gk(.1,j.)/gk(.1,1.);
        for k:=2 to j do Begin
            gk(.k,1+j-k.):=gk(.k,1+j-k.)-gk(.1,j.)*gk(.1,k.);
        End;
    End;
    (* ----- Vektor der Knotenkraefte reduzieren ----- *)
    gk(.1,nsp.):=gk(.1,nsp.)/gk(.1,1.);
    for k:=2 to ik do Begin
        gk(.k,nsp.):=gk(.k,nsp.)-gk(.1,k.)*gk(.1,nsp.);
    End;
    (* ----- red. 1. Zeile des Blocks in gk-Datei zurueck ----- *)
    for k:=1 to nsp do Begin
        gkx(.k.):=gk(.1,k.);
    End;
    gkWrite(i);
    (* ----- restlichen Block eine Zeile hoch schieben ----- *)
    for k:=2 to NB do Begin
        for j:=1 to nsp do gk(.k-1,j.):=gk(.k,j.);
    End;
    (* ----- Neue Zeile aus gk-Datei in letzte Zeile des Blocks schreiben -- *)
    if i<=nn-NB then Begin
       xx:=i+NB;gkRead(xx);
       if gkx(.1.)=0 then Begin
          gkx(.1.):=Csmax*ClVst; (* Fehl.Lagerbed. ergaenzen  *)
          kn:=i+NB;ZusatzLager;
       End;
       for k:=1 to nsp do Begin
           gk(.NB,k.):=gkx(.k.);
       End;
    End;
    (* ----- naechsten Freiheitsgrad bearbeiten ----- *)
 END;(* der i-nn-Schleife *)

 (* ----- Rueckeinsetzen nach Gk-Reduzierung ----- *)
   Writeln;Writeln;Writeln;Cle(23);
   WriteLn('Einsetzen nach Reduzierung');   (* --- Benutzer-Information --- *)
 ik:=NB; (* Bandbreite *)
    gkRead(nn);
    for k:=1 to nsp do Begin
        gk(.ik,k.):=gkx(.k.);
    End;
    gk(.ik,nsp+1.):=gk(.ik,nsp.)/gk(.ik,1.);
    gkx(.nsp+1.):=gk(.ik,nsp+1.);
    gkWrite(nn);  (* Ergebnis zu Freiheitsgrad nn in Gk-Datei *)
 for i:=nn-1 downto 1 do BEGIN
    cl25;Write('Freiheitsgrad ');
        Gotoxy(15,24);Write(i,' ');         (* --- Benutzer-Information --- *)
    kj:=ik;if kj>1+nn-i then kj:=1+nn-i;
    kk:=1+ik-kj;
    GkRead(i);
    for k:=1 to nsp do Begin
        gk(.kk,k.):=gkx(.k.);
    End;
```

```
    for j:=2 to kj do Begin
        gkc:=gk(.kk,nsp.);
        for k:=2 to j do gkc:=gkc-gk(.kk,k.)*gk(.kk-1+k,nsp+1.);
        gk(.kk,nsp+1.):=gkc/gk(.kk,1.);
     End;
    (* ----- Ergebnis i in gk-Datei schreiben ----- *)
    for k:=1 to nsp+1 do gkx(.k.):=gk(.kk,k.);
    gkWrite(i);
    (* ----- restlichen Block eine Zeile nach unten schieben ----- *)
    if kk=1 then Begin
       for k:=ik-1 downto 1 do Begin
           for j:=1 to nsp+1 do gk(.k+1,j.):=gk(.k,j.);
       End;
    End;
    (* ----- Naechstes Ergebnis ermitteln ----- *)
END;Writeln;
EnD;
(* ===== Include-Datei  Cholesky.OVL --- Ende --- ========================= *)
```

A 2.17 Include-Datei FG_Code.PAS

```
(* ===== Include-Datei  FG_Code ============================================ *)
(* ---------------------- Freiheitsgrade in Kodezahl umrechnen ------------ *)
Procedure FG_Code;
var i,j,k,m,z :Integer;
Begin    j:=0;k:=0;m:=0;xx:=0;yy:=0;zz:=0;
     for i:=1 to spl(.d,kk.) do Begin
         if (Tb(.d,kk.)(.i.)='x') or (Tb(.d,kk.)(.i.)='X') then j:=Integer('X');
         if (Tb(.d,kk.)(.i.)='y') or (Tb(.d,kk.)(.i.)='Y') then k:=Integer('Y');
         if (Tb(.d,kk.)(.i.)='z') or (Tb(.d,kk.)(.i.)='Z') then m:=Integer('Z');
     End;
     z:=j+k+m;
     if (z=88) or (z=177) or (z=178) or (z=267) then xx:=1;
     if (z=89) or (z=177) or (z=179) or (z=267) then yy:=1;
     if (z=90) or (z=178) or (z=179) or (z=267) then zz:=1;
End;
(* ===== Include-Datei  FG_Code --- Ende --- ============================== *)
```

A 2.18 Include-Datei OP_GK.PAS

```
(* ===== Include-Datei  OP_GK.PAS ========================================== *)
(* mit Modulen zur Verwaltung der GK-Datei und Benutzer-Information        *)
(*---------------------- GK-Datei lesen -----------------------------------*)
Procedure gkRead(i:Integer);
Begin seek(gkdatei,BZ*(i-1));blockRead(gkdatei,gkx,BZ);End;
(*---------------------- GK-Datei schreiben -------------------------------*)
Procedure gkWrite(i:Integer);
Begin seek(gkdatei,BZ*(i-1));blockWrite(gkdatei,gkx,BZ);End;
(*---------------------- Index f. GK-Zeile berechnen ----------------------*)
Procedure GKIndex(ia,ie :Integer);
var j :Integer;
Begin
for j:=1 to kf do Begin igk(.j.):=kf*ia-(kf-j);igk(.j+kf.):=kf*ie-(kf-j);End;
End;
(*---------------------- Benutzer-Information -----------------------------*)
Procedure UserInf(i:Integer;wort:TextStr);
Begin cl25;write(wort,' ',i,' ');End;
(* ===== Include-Datei  Op_GK.PAS --- Ende --- ============================ *)
```

A 3.1.1 Programm EbFa_FEM.HGC

```
(* ------------------- Programm EbFa_Fem.HGC -------------------------------
                          (C) Prof. W. Oldenburg, 6301 Wettenberg, 1988

FEM-Programm zur Berechnung der Matrix GK und der Knotenverschiebungen
                                                          EBener FAchwerke

Mit Postprozessor zur Schnittgroessenberechnung und Datenausgabe.
---------------------------------------------------------------------------
Compiler: Turbo Pascal 2.0/8087

Das compilierte Programm EbFa_Fem.COM erwartet als Hilfsdateien auf dem
aktuellen Laufwerk:

Ueberschriftdateien:                   FaWe_FKN.IBM
                                       FaWe_FEL.IBM
                                       FaWe_FEG.IBM
                                       FaWe_FLA.IBM
                                       FaWe_FFQ.IBM
                                       FaWe_FKQ.IBM

Information/Hilfe:                     RaFaFem .INF
                                       FEM_Fehl.INF
                                       RaFaGraf.INF

Zeichensaetze:                         4x6     .FON
                                       14x9    .FON
==========================================================================*)
(*$C-*)
PROGRAM EbFa_Fem;
(*========================================================================*)
label 10,40,50,100;
const ProgNam:String(.12.)='EbFa_Fem.HGC';
      PgW    :String(.30.)='FEM-Programm OLEFFH01.806   ';
      KdW    :String(.25.)='Copyright VIEWEG 1988   ';
      UbNam:Array(.1..6.) of String(.14.)= (* Namen d. Ueberschriftdateien  *)
         ('FaWe_FKN.IBM','FaWe_FEL.IBM','FaWe_FEG.IBM',
          'FaWe_FLA.IBM','FaWe_FFQ.IBM','FaWe_FKQ.IBM');
      Zusa :Array(.1..6.) of String(.4.)= (* Ext. zu Namen der Datendateien *)
         ('.FKN','.FEL','.FEG','.FLA','.FFQ','.FKQ');
      Rl   :Array(.1..6.) of Byte =      (* Recordlaengen der Datendateien *)
         (70,55,70,70,70,55);
      KF  :Byte=2;                       (* Knoten-Freiheitsgrade          *)
(* --------------------- Include-Dateien -------------------------------- *)
(*$I c:Fem_Type.DEF *)  (* Deklarierungen zu den FEM-Programmen            *)
(*$I c:TypeDef.SYS  *)  (* Deklarierungen zur Turbo Graphix Toolbox        *)
(*$I c:GrafType.FEM *)  (* Deklarierungen zur FEM-Graphik                  *)
(*$I c:GrundFem.IBM *)  (* Proc: It1;It0;Rv1;Rv0;Un1;Un0;Anfang;Ende;      *)
                        (*       LineUp;Cl25;Cle;SoZeiUm;JNab;Warten;      *)
                        (*       KbdEin;Zahlen;TextRead;HoleDatum;         *)
                        (*       DruckerPort;LineEnd;                      *)
(*$I c:Drucker.OVL  *)
(*$I c:DirFem.OVL   *)  (* modifizierte Turbo-Tutor-Toolbox-Datei          *)
(*$I c:RanTex55.PAS *)  (* Proc: RanTexOpen55;RanTexEin55;RanTexAus55;     *)
(*$I c:RanTex70.PAS *)  (* Proc: RanTexOpen70;RanTexEin70;RanTexAus70;     *)
(*$I b:FaWeDtei.PAS *)  (* Proc: DatReset;DatRead;DatWrite;DatClose;       *)
(*$I c:Op_Tabel.PAS *)  (* Proc: StringEin;StringAus;RealinTab;ZahlAusTab; *)
                        (*       ZahlAusDatei;xyNull;TbLeer;               *)
(*$I c:Op_Daten.PAS *)  (* ReadEL;ReadKN;ReadLA;ReadFQ;ReadKQ;             *)
(*$I c:Graphix.HGC  *)  (* orig. Turbo-Graphix-Toolbox-Datei               *)
```

```
(*$I c:Kernel.FEM   *)  (* red.   "     "     "     "               *)
(*$I c:Windows.FEM  *)  (* red.   "     "     "     "               *)
(*$I c:FemGraph.IBM *)  (* Module zur FEM-Graphik                   *)
(*$I c:DanamFem.PAS *)  (* Procedure: Dateiname;                    *)
(*$I c:TabPar.PAS   *)  (* Procedure: Spaltenparam;                 *)
(*$I b:FaWe_Par.PAS *)  (* Proc: Einheiten;NkNe;ParamDat;           *)
(*$I c:Op_GK.PAS    *)  (* Proc: GKRead;GKWrite;GKIndex;            *)
(*--------------------- Druckerabfrage zur Datenausgabe ------------------*)
Procedure DruckAb;
Begin
   if druck=1 then Begin
      if prg=1 then Begin
         frg:='Druckerport setzen';jnab;if jn=1 then DruckerPort;
      End;
      lpr:=1;Drucker(0);
   End
   else Begin Gotoxy(1,25);Write('Drucker nicht aktiviert !');warten;End;
End;
(*--------------------- Datei oeffnen ------------------------------------*)
Procedure DatFemOpen;
label 10,50;
var op:Byte;
Begin op:=1;
if (d=1) or (d=8) then Dateiname
   else Begin danam(.d.):=Lw(.d.)+':'+Extnam+Zusa(.d.);End;
10:if Rl(.d.)=55 then RantexOpen55(op);
   if Rl(.d.)=70 then RantexOpen70(op);
if d=6 then Begin (* Datei FKQ immer neu anlegen *)
   assign(RanTex55(.d.),danam(.d.));Neudat:=0;
   Rewrite(RanTex55(.d.));Reset(Rantex55(.d.));dat(.d.):=1;
End;
   if Neudat=1 then Begin
      dat(.d.):=0;cle(24);Write('Datei ',danam(.d.),' nicht vorhanden !');
      frg:='Programm abbrechen';jnab;
      if jn=1 then Begin DatClose;Ende;HALT;End
         else Begin Dateiname;Goto 10;End;
   End;
   jn:=0;
   for i:=1 to 6 do jn:=jn+dat(.i.);     (* Laufwerk der zuerst geöffneten *)
   if jn=1 then Begin                    (* Datei allen Dateien zuordnen   *)
      for i:=1 to 6 do Lw(.i.):=Lw(.d.);
      Lw(.8.):='C'                       (* Laufwerk f. GK-Datei vorwählen *)
   End;
50:End;
(*--------------------- Ueberschriften aktualisieren ---------------------*)
Procedure UpdateUb;
var i,j,k :Integer;
Begin
  for k:=2 to 3 do Begin                     (* Überschriftzeilen  *)
     DatRead(k-Ubz(.d.),0,0);Ubw(.k.):=zeile; (* der aktiven        *)
  End;                                       (* Dateien holen      *)
  if d=1 then Begin
     kk:=7;Str(nn:4,Tb(.d,kk.));insert(ler,Tb(.d,kk.),5);StringEin;
  End;
  if d=2 then Begin
     kk:=8;Str(Kdif:4,Tb(.d,kk.));insert(ler,Tb(.d,kk.),5);StringEin;
  End;
  if d=3 then Begin kk:=5;
     if Gam>0 then Str(FyG:SpL(.d,kk.):Nks(.d,kk.),Tb(.d,kk.))
        else Tb(.d,kk.):=ler;
     StringEin;
  End;
```

```
  if d=4 then Begin
     kk:=7;Str(CLmax:SpL(.d,kk.),Tb(.d,kk.));StringEin;
     kk:=9;Str(CLVst:Spl(.d,kk.),Tb(.d,kk.));StringEin;
  End;
  if d=5 then Begin
     kk:=5;Str(nsp :4,Tb(.d,kk.));insert(ler,Tb(.d,kk.),5);StringEin;
     kk:=8;Str(BZ  :4,Tb(.d,kk.));insert(ler,Tb(.d,kk.),5);StringEin;
  End;
  Ubw(.3.):=TbW(.d.);DatWrite(3-Ubz(.d.));      (* Parameter in Überschrift  *)
  kk:=6;
  if (d=3) or (d=6) then kk:=4;if d=5 then kk:=5;(* Dateinamen aktualisieren *)
  tb(.d,kk.):=ler;j:=spl(.d,kk.)-8;if j<0 then j:=0;
  insert(Extnam,Tb(.d,kk.),j+1);tb(.d,kk.):=tb(.d,kk.)+'        ';
  TbW(.d.):=Ubw(.2.);StringEin;Ubw(.2.):=TbW(.d.);
  if d=1 then Begin
     kk:=4;tb(.d,kk.):=Datum+Ler;StringEin;
  End;
  if d=4 then Begin
     kk:=9;Str(NL  :4,Tb(.d,kk.));insert(ler,tb(.d,kk.),5);StringEin;
  End;
  if d=5 then Begin
     kk:=8;Str(NL  :4,Tb(.d,kk.));insert(ler,tb(.d,kk.),5);StringEin;
  End;
  DatWrite(2-Ubz(.d.));                        (* Dateiname in Überschrift  *)
End;
(* -------------------- Include-Dateien -------------------------------- *)
(*$I c:Dat_Aus.OVL  *)  (* Proc: AusgabeForm;DateiAus;                    *)
(*$I b:RaFaGraf.OVL *)  (* Proc: RaFaGraf1;RaFaGraf2;                     *)
(*$I c:Cholesky.OVL *)  (* Procedure Cholesky                             *)
(*$I c:FG_Code.PAS  *)  (* Procedure FG_Code                              *)
(*$I b:EbFaFem.OVL  *)  (* Proc: ElemDaten;Eki;EkinGk;Knotenkraefte;      *)
                        (*       Streckenlasten;Lagersteifigkeiten;       *)
                        (*       InnereKraefte;Auswertung;                *)
(*$I c:UbRead *)        (* Procedure: UbRead;                             *)
(*--------------------- Kopfzeile auf Bildschirm ------------------------*)
Procedure Kopfzeile;
Begin
Gotoxy(1 ,1);ClrEol;Write('Programm ');It1;Write(Prognam);It0;Write(', ',cpw);
  Gotoxy(1 ,2);ClrEol;Write(KdW);
End;
(*--------------------- Leere Datei anlegen -----------------------------*)
Procedure DateiLeer;
label 50;
var j,j1,j2 :Integer;
Begin if d<>6 then Goto 50;
  UbRead;
  j1:=0;j2:=Ubz(.d.);
  for j:=j1 to j2 do Begin
      TbW(.d.):=Ubw(.j.);DatWrite(j-Ubz(.d.));
  End;
  UpdateUb;
  j1:=1;j2:=nk;TbW(.d.):=ler;
  for j:=j1 to j2 do Begin
      str(j:spl(.d,1.),Tb(.d,1.));kk:=1;StringEin;DatWrite(j);
  End;
50:End;
(*--------------------- Benutzer-Info einlesen ---------------------------*)
Overlay Procedure Info;
Begin
  if men=0 then Begin
     danam(.10.):='RaFaFem.INF';yy:=3;pr:=1;TextRead(1,1000);
     warten;cl25;ClrScr;
  End;
```

```
  if (men=4) or (men=3) then Begin
     danam(.10.):='RaFaGraf.INF';yy:=3;pr:=1;TextRead(1,1000);
     warten;cl25;ClrScr;
  End;
End;
(* ----- Include-Dateien -------------------------------------------------- *)
(*$I b:RaFa_KV.OVL  *)   (* Proc: KVAus;KVinDatei;                          *)
(*$I b:FaWeNum.OVL  *)   (* Procedure: DatNum;                              *)
(*$I b:EbFaUser.OVL *)   (* Procedure: UserInit;                            *)
(*$I b:RaFaGkIn.OVL *)   (* Procedure: GkInit;                              *)
(*$I c:Menu_Fem.OVL *)   (* Procedure: Menue;                               *)
(*$I c:Suchen.OVL   *)   (* Procedure: Suchen                               *)
(*---------------------- Initialisierung ---------------------------------*)
Overlay Procedure ProgInit;
Begin Anfang;
  frg:='Drucker nach EPSON-Standard angeschlossen';jnab;druck:=jn;Drucker(1);
  HoleDatum;                              (* Datum von MS-DOS holen        *)
  DatWhl:=3;                              (* Strukturplot mit Verformungen  *)
  for d:=1 to 6 do Begin
     dat(.d.):=0;                         (* Datei-Flag setzen             *)
     TbW(.i.):=ler;                       (* Tabellenzeile initialisieren  *)
     UbRead;                              (* Parameterzeilen d. Ueberschrift-*)
     Spaltenparam;                        (* dateien f. Spalten- und Zahlen- *)
  End;                                    (* formate auswerten             *)
  Vxx:= 0.8660254;Vxy:= 0        ;Vxz:=-0.5       ; (* Vorwahl der          *)
  Vyx:=-0.1710101;Vyy:= 0.9396926;Vyz:=-0.2961998; (*      Perspektive     *)
End;
(*----------------------- Benutzer-Information --------------------------- *)
Overlay Procedure Anzeige(i:Integer);
BEGIN
if (i=1) or (i=Ne) or (i/10=round(i/10)) then Begin
   cl25;Write(ein,i);
End;
END;
(*---------------------- GK_Aufbau ---------------------------------------*)
Procedure GK_AufBau;
Begin  Writeln;
FOR i:=1 to ne do Begin                       (* Elementdaten holen        *)
   if pr=0 then Begin ein:='EKi berechnen: Element ';Anzeige(i);End;
   ElemDaten(i,0);
   if L>0 then Begin EKi;                     (* Eki berechnen             *)
      GKIndex(ia,ie);                         (* Index umrechnen           *)
      EKinGK;                                 (* EKi in GK addieren        *)
   End;
END;Writeln;
End;
(* ********************* Anfang Hauptprogramm EbFa_Fem.HGC *************** *)
BEGIN
ProgInit;UserInit;                (* -- Initialisierung, Benutzer-Eingaben -- *)
GKInit;                           (* --- Leere GK-Datei anlegen ------------ *)
   Csmax:=0;                    (* Lagersteifigkeit am Anfang Null setzen      *)
   FyG:=0;                      (* Gesamtgewicht FyG vor Summierung Null setzen *)
   Gk_Aufbau;                     (* --- EKi berechnen und in GK addieren --- *)
   Knotenkraefte;Writeln;                      (* Knotenlasten in GK         *)
   if (qFlag<>0) or (gFlag<>0) then Begin
      if qDat=1 then Begin                     (* Datei f. Knotenkraefte    *)
         d:=6;danam(.d.):=Lw(.d.)+':'+Extnam+Zusa(.d.);
         DatFemOpen;DateiLeer;                 (* aus verteilten Lasten     *)
         DatClose;DatReset;Writeln;            (* anlegen                   *)
      End;
   End;
```

```
    if qFlag<>0 then Streckenlasten;             (* Streckenlast auswerten  *)
    Writeln;
    Lagersteifigkeiten(0);Writeln;               (* Lagerbedingungen in GK  *)
    GkLoesen;      (* Gleichungssystem reduzieren mit Cholesky-Algorithmus *)
    Writeln;
    Lagersteifigkeiten(1);Writeln;             (* Lagerreaktionen in Datei  *)
FOR i:=1 to ne do Begin                        (* Elementdaten holen        *)
    ElemDaten(i,0);
    if L>0 then Begin EKi;                     (* Eki berechnen             *)
       InnereKraefte;Auswertung;               (* Ergebnisse auswerten      *)
       ein:='Ergebnisse in Element-Datei: Element ';Anzeige(i);
    End;
END;Writeln;
    KVinDatei;                                (* Verschiebungen in KN-Datei *)
for d:=1 to 5 do if dat(.d.)=1 then UpDateUb;(* Parameter in Ueberschriften *)
(* ----- Menue f. Datenausgabe ----- *)
40: Gotoxy(1,25);ClrScr; Gotoxy(1,1);ClrScr;Menue;
50: cle(24);Gotoxy(1,25);Write('Kennzahl >');kbdein(12,25,2);
    if ein<>'' then Begin
       zahlen(ein,gst,nst);jn:=zahlint;men:=jn;cle(24);End
    else Goto 50;
if jn=-1 then Goto 100;               (* ----- Programm Ende ----- *)
pr:=0;lpr:=0;
if jn=11 then Begin                   (* --- Knotenverschiebungen aus *)
   ia:=1;ie:=nk;AusgabeForm;cle(24);KVaus; (* GK-Datei auf Bildschirm  *)
   Goto 40;End;
if jn=12 then Begin                   (* --- Knotenverschiebungen aus *)
   lpr:=Druck;                        (*     GK-Datei auf Drucker --- *)
   if lpr=0 then Begin DruckAb;Goto 40;End;
   ia:=1;ie:=nk;AusgabeForm;
   cle(24);KVaus;Goto 40;End;
if jn=21 then Begin                   (* --- Datei auf Bildschirm --- *)
   DatNum;if dat(.d.)=0 then Goto 40;
   DatReset;ia:=2-Ubz(.d.);ie:=LsLine(.d.);pr:=1;
   AusgabeForm;DateiAus;warten;Goto 40;End;
if jn=22 then Begin                   (* --- Datei auf Drucker --- *)
   DatNum;if dat(.d.)=0 then Goto 40;
   DatReset;ia:=2-Ubz(.d.);ie:=LsLine(.d.);pr:=1;lpr:=Druck;
   AusgabeForm;DateiAus;Goto 40;End;
if jn=51 then DruckAb;                (* --- Drucker einstellen --- *)
if jn=52 then Begin                   (* --- Datum ausgeben --- *)
   HoleDatum;Gotoxy(1,25);ClrEol;
   Write('Aktuelles Datum :',Datum);warten;
   Goto 50;End;
if jn=53 then Begin                   (* --- Extremwerte suchen --- *)
   DatNum;if dat(.d.)=0 then Goto 40;
   Suchen;Goto 40;End;
if jn>40 then Begin
   if (men=42) and (GrafFlag=0) then Goto 40;
   GrafInit;if (men=41) or (men=43) then TextMode;End;
if jn=41 then Begin                   (* --- Struktur zeichnen --- *)
   for d:=1 to 5 do if d<>3 then DatReset;
   RaFaGraf1;Goto 40;End;
if jn>29 then RaFaGraf2;              (* --- Abfragen zur Graphik --- *)
if jn<10 then Info;                   (* --- Info-Datei einlesen  --- *)
Goto 40;
(* ----- Programm-Ende ----- *)
100: for d:=1 to 6 do if dat(.d.)=1 then DatClose;Close(gkDatei);
     frg:='GK-Datei löschen';jnab;if jn=1 then Erase(gkDatei);
Ende;END.
(* ******************** Ende Hauptprogramm EbFa_Fem.SIR ***************** *)
(* (C) Prof. W. Oldenburg, 6301 Wettenberg, 1988                           *)
```

A 3.1.2 Include-Datei EbFaFem.OVL

```
(* ===== Include-Datei  EbFaFem.OVL ======================================== *)
(*--------------------- Elementeigenschaften berechnen ---------------------*)
Procedure ElemDaten(i,qd :Integer);      (* i=Element-Nr. *)
label 10;
var x1,y1,x2,y2 :Real;
(* ---------------------- *)
Procedure RechneLaenge;
Begin
L:=sqrt((X2-X1)*(X2-X1)+(Y2-Y1)*(Y2-Y1));(* Laenge aus Koordinatendifferenz *)
if L>0 then Begin
   Kos(.1.):=(Xe-Xa)/L;Kos(.2.):=(Ye-Ya)/L;  (* Winkelfunktionen aus Koord. *)
End;
End;
(* ---------------------- *)
Begin (* ElemDaten *)
   ReadEL(i,2,4);Gr:=xyi(.2.);if Gr=0 then Gr:=Grmrk;
   ia:=xyi(.3.);ie:=xyi(.4.);                (* Anfangs- und Endknoten    *)
   ReadKN(ia,2,1+kf);X1:=xyr(.2.);Xa:=X1;Y1:=xyr(.3.);Ya:=Y1;
   ReadKN(ie,2,1+kf);X2:=xyr(.2.);Xe:=X2;Y2:=xyr(.3.);Ye:=Y2;
if qd<>0 then Goto 10;
if (Gr=1) or (Gr<>Grmrk) then Begin
   ReadEG(Gr,2,5);
   em:=xyr(.2.); Aq:=xyr(.3.);gam:=xyr(.4.);sk:=xyr(.5.);
   if gFlag=0 then gFlag:=gam;
End;
RechneLaenge;if L<=0 then Goto 10;
   C1:=Em*Aq/L; if abs(C1)>Csmax then Csmax:=abs(C1);
   Fg:=(gam/1000)*Aq*(L/1000);
10:Grmrk:=GR;
End;
(*--------------------- EKi berechnen ------------------------------------*)
Procedure EKi;
var i,k :Byte;
    kc  :Real;
Begin
  for i:=1 to kf do Begin
      kc:=C1*Kos(.i.);
      for k:=1 to kf do Begin
          Ek(.i   ,k.):= kc*Kos(.k.);Ek(.i+kf,k+kf.):= Ek(.i,k.);
          Ek(.i+kf,k.):=-Ek(.i,k.);Ek(.i   ,k+kf.):=-Ek(.i,k.);
      End;
  End;
End;
(*--------------------- Eki in GK addieren --------------------------------*)
Procedure EKinGK;
var i,j,k,m :Integer;
Begin
  for j:=1 to 2*kf do Begin
      for k:=1 to 2*kf do Begin
          i:=igk(.j.) ;m:=igk(.k.)-i+1;
          if m>0 then Begin
             gkRead(i);gkx(.m.):=gkx(.m.)+ek(.j,k.);gkWrite(i);
          End;
      End;
```

```
      if Fg<>0 then Begin                (* --- Eigengewicht in GK --- *)
         if (j=2) or (j=2+kf) then Begin
            i:=igk(.j.);gkRead(i);gkx(.nsp.):=gkx(.nsp.)-Fg/2;gkWrite(i);
         End;
      End;
  End;
End;
(* ---------------------- Knotenkraefte aus FQ-Datei --------------------- *)
Overlay Procedure Knotenkraefte;
label 10;
var i,j,k,l,k1,k2 :Integer;
Begin xx:=0;zz:=0;Writeln;cl25;
WriteLn('Knotenlasten in GK-Datei');   (* --- Benutzer-Information --- *)
  for i:=1 to LsLine(.5.) do Begin
      for j:=1 to kf do F(.j.):=0;
      ReadFQ(i,1,8);k1:=xyi(.1.);k2:=xyi(.2.);
      for j:=6 to 8 do Begin            (* Marke f. Streckenlast setzen *)
          if (xyr(.j.)<>0) and (qFlag=0) then qFlag:=xyr(.j.);
      End;
      if (k1=xx) and (k2=zz) then k1:=0;
      if k2<k1 then k2:=k1;if k1=0 then k2:=k1;
      for j:=k1 to k2 do Begin
          if (k1=0) and (k2=0) then Goto 10;
          for k:=1 to kf do F(.k.):=xyr(.k+2.);
          for l:=1 to kf do
              if F(.l.)<>0 then Begin
                 k:=kf*j-(kf-1);gkRead(k);
                 gkx(.nsp.):=gkx(.nsp.)+F(.l.);gkWrite(k);
              End;
     End; (* j-Schleife *)
     xx:=k1;zz:=k2;
  10:End; (* i-Schleife *)
End;
(*---------------------- Streckenlasten aus FQ-Datei ----------------------*)
Overlay Procedure Streckenlasten;
label 10;
var i,j,k,l,j1,j2 :Integer;
    FQ :Array(.1..3.) of Real;
Begin
xx:=0;zz:=0;Writeln;cl25;
WriteLn('Streckenlasten in GK-Datei');   (* --- Benutzer-Information --- *)
for i:=1 to LsLine(.5.) do Begin
    for j:=1 to kf do q(.j.):=0;
    ReadFQ(i,1,8);j1:=xyi(.1.);j2:=xyi(.2.);
    for k:=1 to kf do q(.k.):=xyr(.k+5.);
    if (j1=xx) and (j2=zz) then j1:=0;if j2<j1 then j2:=j1;if j1=0 then j2:=j1;
    for j:=j1 to j2 do Begin
        if (j1=0) and (j2=0) then Goto 10;
        if (q(.1.)=0) and (q(.2.)=0) and (q(.kf.)=0) then Goto 10;
        ElemDaten(j,1);
        cl25;Write('Element ',j);     (* --- Benutzer-Information --- *)
        FQ(.1.):=(q(.1.)/2)*Abs(sqrt((Ye-Ya)*(Ye-Ya)+(Ze-Za)*(Ze-Za)));
        FQ(.2.):=(q(.2.)/2)*Abs(sqrt((Xe-Xa)*(Xe-Xa)+(Ze-Za)*(Ze-Za)));
        FQ(.3.):=(q(.3.)/2)*Abs(sqrt((Ye-Ya)*(Ye-Ya)+(Xe-Xa)*(Xe-Xa)));
        gkIndex(ia,ie);
        for l:=1 to kf do
            if q(.l.)<>0 then Begin
               gkRead(igk(.l.));
               gkx(.nsp.):=gkx(.nsp.)+FQ(.l.);gkWrite(igk(.l.));
               gkRead(igk(.l+kf.));
               gkx(.nsp.):=gkx(.nsp.)+FQ(.l.);gkWrite(igk(.l+kf.));
```

```
            if qDat=1 then Begin
               d:=6;kk:=1+2;
               ZahlausDatei(ia,kk,kk);
               xyr(.kk.):=xyr(.kk.)+FQ(.1.);RealinTab;DatWrite(ia);
               ZahlausDatei(ie,kk,kk);
               xyr(.kk.):=xyr(.kk.)+FQ(.1.);RealinTab;DatWrite(ie);
            End;
         End;
   End; (* j-Schleife *)
   xx:=j1;zz:=j2;
10:End; (* i-Schleife *)
End;
(* ---------------------- Lagersteifigkeiten berechnen -------------------- *)
Overlay Procedure Lagersteifigkeiten(v:Integer);(* Aufruf: v=0 vor  GKloesen *)
var i,j :Integer;                              (*         v=1 nach GKloesen *)
(* ----- Lagersteifigkeiten in GK-Datei ----- *)
Procedure LagerInGK;
var i,j:Integer;
Begin CLmax:=0;
cl25;Write('Lagerbedingungen in GK-Datei');(* -- Benutzer-Information -- *)
   for i:=1 to kf do Begin
      if CL(.i.)>0 then Begin
         if CLmax<CL(.i.) then CLmax:=CL(.i.);
         j:=igk(.i.);gkRead(j);gkx(.1.):=gkx(.1.)+CL(.i.);gkWrite(j);
      End;
   End;
End;
(* ----- Lagerkraefte in FLA-Datei ----- *)
Procedure Lagerkraefte;
var i,j :Integer;
Begin
cl25;Write('Lagerreaktionen in Ausgabedatei');(*-- Benutzer-Information --*)
   for i:=1 to kf do Begin
      if CL(.i.)>0 then Begin
         gkRead(igk(.i.));
         kk:=i+6;xyr(.kk.):=-gkx(.nsp+1.)*CL(.i.);RealInTab;
      End;
   End;
   for kk:=7 to 9 do StringEin;
   DatWrite(ie);
End;
(* ---- Lagerbedingungen aus LA-Datei holen ----- *)
BEGIN   (* Lagersteifigkeiten *)
Writeln;
for i:=1 to LsLine(.4.) do Begin
    for j:=1 to 3 do CL(.j.):=0;
    ReadLA(i,1,6);kk:=1;ZahlausTab;ia:=xyi(.1.);ie:=i;TbLeer(7,9);
 if ia>0 then Begin
    kk:=3;FG_Code;
    if xx=1 then CL(.1.):=Csmax*Clvst;
    if yy=1 then CL(.2.):=Csmax*Clvst;
    if zz=1 then CL(.3.):=Csmax*Clvst;
    for j:=1 to kf do if CL(.j.)=0 then CL(.j.):=xyr(.j+3.);
    GKIndex(ia,0);
    if v=0 then LagerInGK;
    if v=1 then Lagerkraefte;
 End;
End;
END;
```

```
(* ------------------- Innere Kraefte aus Knotenverschiebungen ---------- *)
Overlay Procedure InnereKraefte;
var j :Byte;
Begin xyr(.5.):=0;
   GKIndex(ia,ie);
   for j:=1 to kf do Begin                    (* Knotenversch. aus GK-Datei *)
       GKRead(igk(.j+kf.));XXXr:=gkx(.nsp+1.);
       GKRead(igk(.j   .));xyr(.j.):=Kos(.j.)*(XXXr-gkx(.nsp+1.));
       xyr(.5.):=xyr(.5.)+C1*xyr(.j.);            (* Stabkraft         *)
   End;
   xxxr:=xyr(.5.);
End;
(* --------------------- Loesungen auswerten -------------------------- *)
Overlay Procedure Auswertung;
var j :Byte;
Begin
xyNull(1,10);xyr(.5.):=xxxr;
   if abs(xyr(.5.))<0.0001 then xyr(.5.):=0;
   if xyr(.5.)<>0 then Begin
      xyr(.6.):=xyr(.5.)/Aq;                     (* Stabspannung       *)
      if xyr(.5.)<0 then                         (* Traegheitsmoment   *)
         xyr(.7.):=-sk*xyr(.5.)*L*L/(pi*pi*Em);  (* f. Knickstab       *)
   End;
   if gFlag>0 then Begin                         (* Stabgewicht Fg     *)
      xyr(.8.):=Fg;FyG:=FyG+Fg;                  (* Ges.Gewicht FyG    *)
      if qDat=1 then Begin                       (* Lasten aus Gewicht *)
         ReadKQ(ia,2,2);xyr(.2.):=xyr(.2.)-Fg/2;RealinTab;DatWrite(ia);
         ReadKQ(ie,2,2);xyr(.2.):=xyr(.2.)-Fg/2;RealinTab;DatWrite(ie);
      End;
   End;
   d:=2;TbLeer(5,8);                             (* alte Werte loeschen *)
   for kk:=5 to 8 do Begin                       (* neue Werte in      *)
       if xyr(.kk.)<>0 then RealinTab;           (*      Tabellenzeile *)
   End;
   for kk:=5 to 8 do StringEin;DatWrite(i);      (* Werte in .FEL Datei *)
End;
(* ===== Include-Datei  EbFaFem.OVL --- Ende --- ========================= *)
```

A 3.1.3 Include-Datei RaFaGraf.OVL

```
(* ===== Include-Datei  RafaGraf.OVL ===================================== *)
(* mit Modulen                                                              *)
(* RaFaGraf1: Proceduren zum Erstellen der Bildschirmgraphik               *)
(* RaFaGraf2: Proceduren zur Konfiguration der Graphik durch den Anwender  *)
(* ======================================================================= *)
Overlay Procedure RaFaGraf1;
label 10,20,30,40,45,50,100;
var Imerke,Jmerke,Kmerke :Integer;
    V :Vk6r                 ;            (* Knotenverschiebungen *)
(*--------------------- Extremwerte der Struktur ------------------------*)
Procedure Extremwert;
Begin
  Xmax:=-1.0e30;Ymax:=-1.0e30;Zmax:=-1.0e30;
  Xmin:= 1.0e30;Ymin:= 1.0e30;Zmin:= 1.0e30;
  for i:=1 to nk do Begin
      ReadKN(i,2,4);
      if xyr(.2.)>Xmax then Xmax:=xyr(.2.);
      if xyr(.3.)>Ymax then Ymax:=xyr(.3.);
      if xyr(.4.)>Zmax then Zmax:=xyr(.4.);
      if xyr(.2.)<Xmin then Xmin:=xyr(.2.);
      if xyr(.3.)<Ymin then Ymin:=xyr(.3.);
      if xyr(.4.)<Zmin then Zmin:=xyr(.4.);
  End;
End;
(*--------------------- Grundmasstab ermitteln --------------------------*)
Procedure GrundMass;
var Xm :Array(.1..6.) of Real;
    Ym :Array(.1..6.) of Real;
    Xma,Xmi,Yma,Ymi :Real;
    i  :Integer;
Begin
(* ----- Schraeglage der Y-Achse f. Beschriftung auswerten ----- *)
Per:=1;
   Xm(.1.):=0      ;Ym(.1.):=0      ;
   Xm(.2.):=100*Vxy;Ym(.2.):=100*Vyy;
if abs(Ym(.2.)-Ym(.1.))<abs(Xm(.2.)-Xm(.1.)) then Per:=2;
(* ----- Extremwerte der Struktur in Bildkoordinaten umrechnen ----- *)
  Vvv:=Vv;
  Xm(.1.):=Xmax*Vxx;Ym(.1.):=Xmax*Vyx;
  Xm(.2.):=Xmin*Vxx;Ym(.2.):=Xmin*Vyx;
  Xm(.3.):=Ymax*Vxy;Ym(.3.):=Ymax*Vyy;
  Xm(.4.):=Ymin*Vxy;Ym(.4.):=Ymin*Vyy;
  Xm(.5.):=Zmax*Vxz;Ym(.5.):=Zmax*Vyz;
  Xm(.6.):=Zmin*Vxz;Ym(.6.):=Zmin*Vyz;
Xma:=(abs(Xm(.1.)-Xm(.2.))+abs(Xm(.3.)-Xm(.4.))+abs(Xm(.5.)-Xm(.6.)));
if Xma=0 then Xma:=1;Vbx:=600/Xma;VbG:=Vbx*Bv;
Yma:=(abs(Ym(.1.)-Ym(.2.))+abs(Ym(.3.)-Ym(.4.))+abs(Ym(.5.)-Ym(.6.)));
if Yma=0 then Yma:=1;Vby:=288*cxy/Yma;if Vby<VbG then VbG:=Vby*Bv;
if Bv<=1 then Begin
   Xmi:=Xm(.2.);Yma:=Ym(.3.);
   for i:=1 to 6 do Begin
       if Xmi>Xm(.i.) then Xmi:=Xm(.i.);
       if Yma<Ym(.i.) then Yma:=Ym(.i.);
   End;
   X00:=50-round(Xmi*VbG);
   Y00:=48+round(Yma*VbG/cxy);
End;
```

```
  if (NfStr<>0) and (NfScr<>0) then Begin(* Masstab f. Vertikalanschluss *)
     if (Per=1) and (Ymax-Ymin>Xmax-Xmin) then YYYr:=(Ymax-Ymin)/NfStr;
     if (Per=2) and (Xmax-Xmin>Ymax-Ymin) then YYYr:=(Xmax-Xmin)/NfStr;
     TTTr:=(Ys2+1)/NfScr/ky;
     if Per=1 then VbG:=TTTr*cxy/YYYr;
     if Per=2 then VbG:=TTTr*cxy/YYYr;
     Bv:=1.1;
     Y00:=round(TTTr*ky)-32;
  End;
End;
(*--------------------- Knoten-Nr. eintragen ----------------------------*)
Procedure KnotNr(i,i1,j1:Integer);
Begin
SchriftMode(0); (* Normal *)
str(i,ein);
if Per=1 then Begin x:=i1-20;y:=j1-14;End;
if Per=2 then Begin x:=i1-16;y:=j1+16;End;
if per =1 then TextSmall(x,y,0,ein) else DrawTextV(x,y,ein);
End;
(*--------------------- Element-Nr. eintragen ---------------------------*)
Procedure ElemNr;
Begin
     SchriftMode(1);  (* Unterstreichen *)
  x:=round((i2+i1)/2+5) ;y:=round((j2+j1)/2-1) ;
  if Per=2 then y:=y-2;
  str(i,ein);
  if per =1 then TextSmall(x,y,1,ein) else DrawTextV(x,y,ein);
End;
(*--------------------- Lager unten zeichnen ----------------------------*)
Procedure LagerUnten;
Begin
    if Per=1 then Begin
       i1:=x1   ;j1:=y1    ;i2:=x1+5 ;j2:=y1+10;Draw(i1,j1,i2,j2,Ls);
       i1:=x1   ;j1:=y1    ;i2:=x1-5 ;j2:=y1+10;Draw(i1,j1,i2,j2,Ls);
       i1:=x1-9 ;j1:=y1+10 ;i2:=x1+9 ;j2:=y1+10;Draw(i1,j1,i2,j2,Ls);
        x:=x1-5 ; y:=y1+10 ;TextSmall(x,y,0,ein);
    End;
    if Per=2 then Begin (* Lager rechts *)
       i1:=x1   ;j1:=y1    ;i2:=x1+20;j2:=y1+4 ;Draw(i1,j1,i2,j2,Ls);
       i1:=x1   ;j1:=y1    ;i2:=x1+20;j2:=y1-4 ;Draw(i1,j1,i2,j2,Ls);
       i1:=x1+20;j1:=y1+6  ;i2:=x1+20;j2:=y1-6 ;Draw(i1,j1,i2,j2,Ls);
        x:=x1+24; y:=y1-6  ;DrawTextV(x,y,ein);
    End;
End;
(*--------------------- Lager oben zeichnen -----------------------------*)
Procedure LagerOben;
Begin
    if Per=1 then Begin
       i1:=x1   ;j1:=y1    ;i2:=x1+5 ;j2:=y1-10;Draw(i1,j1,i2,j2,Ls);
       i1:=x1   ;j1:=y1    ;i2:=x1-5 ;j2:=y1-10;Draw(i1,j1,i2,j2,Ls);
       i1:=x1-9 ;j1:=y1-10 ;i2:=x1+9 ;j2:=y1-10;Draw(i1,j1,i2,j2,Ls);
        x:=x1-5 ; y:=y1-28 ;TextSmall(x,y,0,ein);

    End;
    if Per=2 then Begin (* Lager links *)
       i1:=x1   ;j1:=y1    ;i2:=x1-20;j2:=y1+4 ;Draw(i1,j1,i2,j2,Ls);
       i1:=x1   ;j1:=y1    ;i2:=x1-20;j2:=y1-4 ;Draw(i1,j1,i2,j2,Ls);
       i1:=x1-20;j1:=y1+6  ;i2:=x1-20;j2:=y1-6 ;Draw(i1,j1,i2,j2,Ls);
        x:=x1-34; y:=y1-6  ;DrawTextV(x,y,ein);
    End;
End;
```

```
(*---------------------- Ueberschrift eintragen --------------------------*)
Overlay Procedure UbSchr;
const Vscript :Byte=0;
Procedure Schreiben;
Begin if Vscript=1 then TextPrintV(x,y,ein) else TextNormal(x,y,ein);End;
BEGIN (* UbSchr *)
  if per=2 then Begin frg:='Überschrift vertikal';jnab;Vscript:=jn;End;
  Schriftart(1);SchriftMode(1);
  x:=0;y:=0;if Vscript=1 then y:=Yw2;
  ein:='Dateiname:';;Schreiben;
  SchriftMode(0);
  if Vscript=1 then y:=y-Xchst*(length(ein)) else x:=110;
  ein:=' '+ExtNam;Schreiben;
  if (DatWhl=2) or (DatWhl=3) then Begin
     if Vscript=1 then y:=y-XchSt*(length(ein)) else x:=210;
     str(Vv,ein);ein:=' (V='+ein+')'    ;Schreiben;
  End;
  if AutoSchr(.7.)='7' then Begin
     if Vscript=1 then y:=y-XchSt*length(ein) else x:=310;
        str(BetaX,ein);zeile:='(ßx='+ein+',';SozeiUm(0);ein:=zeile;Schreiben;
     if Vscript=1 then y:=y-XchSt*length(ein) else x:=400;
        str(BetaY,ein);zeile:= 'ßy='+ein+',';SozeiUm(0);ein:=zeile;Schreiben;
     if Vscript=1 then y:=y-XchSt*length(ein) else x:=490;
        str(BetaZ,ein);zeile:= 'ßz='+ein+')';SozeiUm(0);ein:=zeile;Schreiben;
  End;
END;
(*---------------------- Knoten-Kraefte eintragen --------------------------*)
Procedure XYZKraft;
var PfL,LPf:Integer;
(* ----- Kraftpfeil zeichnen ----- *)
Procedure ZeichneKraft;
label 10;
Begin if (round(xxxr)=0) and (round(yyyr)=0) then Goto 10;
   x1:=x2-round(xxxr*cxy) ;y1:=y2+round(yyyr);
   Draw(x1,y1,x2,y2,Ls);KraftPfeil;
10:End;
(* ------------------------------- *)
Begin
   Pen:=1;PfL:=28;x2:=i1;y2:=j1;
   Ls:=4 ;if DatWhl=2 then Ls:=2;
if F(.1.)<>0 then Begin
   LPf:=Pfl  ;if F(.1.)<0 then LPf:=-Pfl  ;
   xxxr:=LPf*Vxx  ;yyyr:=LPf*Vyx ;ZeichneKraft;
End;
if F(.2.)<>0 then Begin
   LPf:=Pfl  ;if F(.2.)<0 then LPf:=-Pfl  ;
   xxxr:=LPf*Vxy  ;yyyr:=LPf*Vyy ;ZeichneKraft;
End;
if F(.3.)<>0 then Begin
   LPf:=Pfl  ;if F(.3.)<0 then LPf:=-Pfl  ;
   xxxr:=LPf*Vxz  ;yyyr:=LPf*Vyz ;ZeichneKraft;
End;
End;
(*---------------------- Achsenkreuz eintragen ---------------------------*)
Procedure Achsenkreuz;
label 10,20,30,50;
var X0k,Y0k,XxL,YxL,XyL,YyL,XzL,YzL,PfL :Integer;
```

```
(* ------------------------- *)
Procedure ZeichneAchse(XL,YL :Integer);
Begin
  x1:=X0k;x2:=X0k+XL;y1:=Y0k;y2:=Y0k+YL;
  Draw(x1,y1,x2,y2,Ls);KraftPfeil;
End;
(* ------------------------- *)
Begin
     Pen:=1;Ls:=1;PfL:=24;
   X0k:=740          ;Y0k:=32      ;Pfeil:=0;
   XxL:=round(Pfl*Vxx*cxy) ;YxL:=-round(Pfl*Vyx*ky);
   XyL:=round(Pfl*Vxy*cxy) ;YyL:=-round(Pfl*Vyy*ky);
   XzL:=round(Pfl*Vxz*cxy) ;YzL:=-round(Pfl*Vyz*ky);
10:(* ----- x-Achse ----- *)
   if (XxL=0) and (YxL=0) then Begin
      Pfeil:=3;
      if (XyL*YzL<0) or (XzL*YyL>0) then Pfeil:=1;
   End;
   if Pfeil>0 then Begin
      x :=X0k          ;y :=Y0k      ;KraftKreis;
      x :=X0k+8        ;y :=Y0k+1    ;TextSmall(x,y,0,'X');
      Pfeil:=0;Goto 20;
   End;
   ZeichneAchse(XxL,YxL);
   x :=X0k+XxL+6       ;y :=Y0k+YxL  ;TextSmall(x,y,0,'X');
20:(* ----- y-Achse ----- *)
   if (XyL=0) and (YyL=0) then Begin
      Pfeil:=3;
      if (XxL*YzL>0) or (XzL*YxL<0) then Pfeil:=1;
   End;
   if Pfeil>0 then Begin
      x :=X0k          ;y :=Y0k      ;KraftKreis;
      x :=X0k+8        ;y :=Y0k+1    ;TextSmall(x,y,0,'Y');
      Pfeil:=0;Goto 30;
   End;
   ZeichneAchse(XyL,YyL);
   x :=X0k+XyL+6       ;y :=Y0k+YyL  ;TextSmall(x,y,0,'Y');
30:if kf<3 then Goto 50; (* ----- z-Achse, nicht bei EbFa ----- *)
   if (XzL=0) and (YzL=0) then Begin
      Pfeil:=3;
      if (XxL*YyL<0) or (XyL*YxL>0) then Pfeil:=1;
   End;
   if Pfeil>0 then Begin
      x :=X0k          ;y :=Y0k      ;KraftKreis;
      x :=X0k+8        ;y :=Y0k+1    ;TextSmall(x,y,0,'Z');
      Pfeil:=0;Goto 50;
   End;
   ZeichneAchse(XzL,YzL);
   x:=X0k+XzL+6        ;y:=Y0k+YzL   ;TextSmall(x,y,0,'Z');

50:End;
(*---------------------- Bildkoordinaten berechnen ------------------------*)
Procedure BildKoor(Vx1,Vy1,Vz1,Vx2,Vy2,Vz2 :Real);
Begin
  if Bv=1 then Begin xxx:=0;yyy:=0;End;
  if DatWhl=1 then Begin Vx1:=0;Vy1:=0;Vx2:=0;Vy2:=0;Vz1:=0;Vz2:=0; End;
  xxxr :=(Xa+Vx1*Vvv)*Vxx+(Ya+Vy1*Vvv)*Vxy+(Za+Vz1*Vvv)*Vxz;
       i1:=X00+round((xxxr-xxx)*VbG);
  xxxr :=(Xe+Vx2*Vvv)*Vxx+(Ye+Vy2*Vvv)*Vxy+(Ze+Vz2*Vvv)*Vxz;
       i2:=X00+round((xxxr-xxx)*VbG);
```

```
  yyyr :=(Xa+Vx1*Vvv)*Vyx+(Ya+Vy1*Vvv)*Vyy+(Za+Vz1*Vvv)*Vyz;
       j1:=Y00-round((yyyr-yyy)*VbG*ky/cxy);
  yyyr :=(Xe+Vx2*Vvv)*Vyx+(Ye+Vy2*Vvv)*Vyy+(Ze+Vz2*Vvv)*Vyz;
       j2:=Y00-round((yyyr-yyy)*VbG*ky/cxy);
End;
(* -------------------- Struktur zeichnen ------------------------------- *)
Procedure StrukZei;
label 50,100;
(* ----- Elemente zeichnen ----- *)
Procedure ElemDraw;
label 50;
var j,k,Schr :Integer;
(* ----- Element zeichnen ----- *)
Procedure StabZei;
Begin
  SetLineStyle(Lt);
  Draw(i1,j1,i2,j2,Ls);                    (* Element zeichnen      *)
  if Schr>0 then Begin                     (* Beschriftung          *)
     if AutoSchr(.2.)='2' then Begin
        KnotNr(ia,i1,j1);KnotNr(ie,i2,j2);(* Knoten-Nr.  eintragen *)
     End;
     if AutoSchr(.3.)='3' then ElemNr;     (* Element-Nr. eintragen *)
  End;
End;
(* --------------------------- *)
BEGIN    (* Procedure ElemDraw *)
    Pen:=1;
for i:=1 to 6 do V(.i.):=0;                     (* Verschiebungen Null setzen  *)
for i:=1 to ne do Begin                         (* Schleife ueber Element-Nr.  *)
    ReadEL(i,3,4);ia:=xyi(.3.);ie:=xyi(.4.);    (* Elementknoten holen         *)
    if (ia<ZeiA) or (ia>ZeiE) or                (* Bildgrenzen auswerten       *)
       (ie<ZeiA) or (ie>ZeiE) then Goto 50;
  ReadKN(ia,2,7);                               (* Koord. und Verschieb. holen *)
  xa:=xyr(.2.);ya:=xyr(.3.);za:=xyr(.4.);       (* Werte f. Knoten ia holen    *)
  for j:=5 to 7 do V(.j-4.):=xyr(.j.);
  ReadKN(ie,2,7);
  xe:=xyr(.2.);ye:=xyr(.3.);ze:=xyr(.4.);       (* Werte f. Knoten ie holen    *)
  for j:=5 to 7 do V(.j-1.):=xyr(.j.);
  if (DatWhl=1) or (DatWhl=3) then Begin        (* unverformte Struktur        *)
     BildKoor(0,0,0,0,0,0);
     LT:=0;LS:=2;Schr:=1;StabZei;               (* mit Beschriftung            *)
  End;
  if DatWhl=2 then Begin                        (* verformte Struktur          *)
     BildKoor(V(.1.),V(.2.),V(.3.),V(.4.),V(.5.),V(.6.));
     LT:=0;LS:=1;Schr:=1;StabZei;               (* mit Beschriftung            *)
  End;
  if DatWhl=3 then Begin                        (* verformte Struktur          *)
     BildKoor(V(.1.),V(.2.),V(.3.),V(.4.),V(.5.),V(.6.));
     LT:=2;LS:=1;Schr:=0;StabZei;               (* ohne Beschriftung           *)
  End;
50:End; (* der i-Element-Schleife *)
End;    (* UP ElemDraw *)
(* ----- Daten f. Knotenkraefte holen ----- *)
Procedure FiDraw(Vrs:Integer);
label 50;
var i,j,k,l :Integer;
BegiN d:=5;
Lt:=0;SetLineStyle(Lt);
for i:=1 to 6 do V(.i.):=0;                     (* Verschiebungen Null setzen  *)
```

```
for i:=1 to LsLine(.d.) do Begin              (* Schleife Belastungsdaten    *)
   ReadFQ(i,1,5);ia:=xyi(.1.);ie:=xyi(.2.); (* Kraefte-Knoten holen        *)
   if ie<ia then ie:=ia;
   for j:=1 to 3 do F(.j.):=xyr(.j+2.);     (* Fx, Fy, Fz festhalten       *)
   for j:=ia to ie do Begin
       if (j<ZeiA) or (j>ZeiE) then Goto 50;(* Bildgrenzen auswerten       *)
       k:=7;if Vrs=0 then k:=4;             (* Koord. und Verschieb. holen *)
       ReadKN(j,2,k);xa:=xyr(.2.);ya:=xyr(.3.);za:=xyr(.4.);
       if Vrs>0 then for l:=5 to 7 do V(.l-4.):=xyr(.l.);
       BildKoor(V(.1.),V(.2.),V(.3.),V(.4.),V(.5.),V(.6.));
       XYZKraft;
   50:End;
End;
EnD;
(* ---- Lagerbedingungen aus Datei holen ----- *)
Procedure LagerDraw;
label 50;
var i,j,k :Integer;
    LagW  :String(.4.);
Begin
   d:=4;Lt:=0;SetLineStyle(Lt);Ls:=1;
   SchriftMode(0);
   for i:=1 to LsLine(.d.) do Begin (* Lagerdatei auswerten *)
      ReadLA(i,1,6);LagW:=ein;j:=xyi(.1.);if j<=0 then Goto 50;
      if (j>=ZeiA) and (j<=ZeiE) then Begin
         ReadKN(j,2,4);xa:=xyr(.2.);ya:=xyr(.3.);za:=xyr(.4.);
         BildKoor(0,0,0,0,0,0);
         x1:=i1;y1:=j1;ein:=LagW;
         if (Ymax-Ya)<(Ya-Ymin) then LagerOben
            else LagerUnten;
      End;
   End; (* Ende der i-Schleife Lagerdatei *)
50: End; (* Lagerbedingungen *)
(* ----- Anfang UP Strukzei ----- *)
BEGIN
ZeiA:=1;ZeiE:=nk;
GrundMass;
if AutoSchr(.1.)='1' then UbSchr;
if AutoSchr(.4.)='4' then Achsenkreuz;
danam(.9.):='SMALL';if Per=2 then danam(.9.):='SmVert';
if Bv<>1 then Begin
   BildAusschnitt;
   xxx:=xyr(.2.)*Vxx+xyr(.3.)*Vxy+xyr(.4.)*Vxz;
   yyy:=xyr(.2.)*Vyx+xyr(.3.)*Vyy+xyr(.4.)*Vyz;
End;
if men=12 then Begin  (* --- Knotennummern aus UP ..KN13 zeichnen --- *)
   for i:=ZeiA to ZeiE do Begin
       ReadKN(i,2,4);Xa:=xyr(.2.);Ya:=xyr(.3.);Za:=xyr(.4.);
       DatWhl:=1;BildKoor(0,0,0,0,0,0);
       KnotNr(i,i1,j1);
   End;
   Goto 100;
End;
ElemDraw;                                   (* --- Struktur zeichnen --- *)
if men<40 then Goto 100;                   (* --- Exit aus UP ..KN13 --- *)
if AutoSchr(.5.)='5' then Begin  (* --- Knotenkraefte einzeichnen --- *)
   if DatWhl=2 then FiDraw(1) else FiDraw(0);
End;
if AutoSchr(.6.)='6' then LagerDraw;      (* --- Lager einzeichnen --- *)
100:END; (* UP StrukZei *)
(*======================================================================*)
```

```
BEGIN (* ----- UP RaFaGraf1 ----- *)          (* Struktur zeichnen *)
   if MaxFlag=0 then Begin
      Extremwert;MaxFlag:=1;GrafInit;
   End;
   HiRes;ClearScreen;StrukZei;ij:=0;
   wartenGraf;Textmode;
END;
(*=======================================================================*)
Overlay Procedure RaFaGraf2;
(*--------------------- Parametereingabe zur Graphik ---------------------*)
Procedure Perspektive;
label 10,50,100;
(* ----- Faktoren f. Raumkoordinaten berechnen ----- *)
Procedure RaumKoor;
var al,bt,gm :Real;
Begin
bt:=BetaX/o;gm:=BetaY/o;al:=-BetaZ/o;
  Vxx:=( sin(gm)*sin(al)*sin(bt)+cos(gm)*cos(al));
  Vxy:=( sin(al)*cos(bt))                         ;
  Vxz:=(-cos(gm)*sin(al)*sin(bt)+sin(gm)*cos(al));
  Vyx:=( sin(gm)*cos(al)*sin(bt)-cos(gm)*sin(al));
  Vyy:=( cos(al)*cos(bt))                         ;
  Vyz:=(-cos(gm)*cos(al)*sin(bt)-sin(gm)*sin(al));
End;
(* ---------------------------------------------------- *)
BEGIN     ClrScr;
WriteLn('Die Struktur wird auf dem Bildschirm als Drahtmodell in Parallelprojektion');
WriteLn('dargestellt.');
 zeile:='Nullstellung für die Lage des Koordinatensystems:';SoZeiUm(1);
WriteLn('  X-Achse horizontal nach rechts (-->)');
WriteLn('  Y-Achse vertikal   nach oben    ( ^ )');
WriteLn('  Z-Achse horizontal nach vorn)   ( . )');
WriteLn
('Durch Kombination der Winkel kann die Struktur aus den verschiedensten Rich-');
zeile:=
'tungen dargestellt werden. Das Programm führt die Drehungen in der Reihenfolge';
SoZeiUm(1);
zeile:='  --> ßz --> ßx --> ßy durch (Winkelangaben in Altgrad)';SoZeiUm(1);
WriteLn('Sofern die beiden anderen Winkel Null sind, bewirkt ein Winkel');
 zeile:='ßz>0: Drehung der Achsen  X nach oben   / Y nach links' ;SoZeiUm(1);
 zeile:='ßx>0:    "      "    "    Y nach vorn   / Z nach unten' ;SoZeiUm(1);
 zeile:='ßy>0:    "      "    "    X nach hinten / Z nach rechts';SoZeiUm(1);
 zeile:='1  ßz ändern';SoZeiUm(1);
 zeile:='2  ßx ändern';SoZeiUm(1);
 zeile:='3  ßy ändern';SoZeiUm(1);
 zeile:='4  Ansicht von der Seite mit ßz=  0  / ßx=  0  / ßy=  0  wählen';
 SoZeiUm(1);
 zeile:='5  Ansicht von oben      mit ßz=  0  / ßx= 90  / ßy=  0  wählen';
 SoZeiUm(1);
 zeile:='6  Ansicht von vorn      mit ßz=  0  / ßx=  0  / ßy=-90  wählen';
 SoZeiUm(1);
 zeile:='7  X-Achse horizontal    mit ßz=  0  / ßx= 30  / ßy=  0  wählen';
 SoZeiUm(1);
 zeile:='8  X-Achse vertikal      mit ßz= 90  / ßx= 30  / ßy=  0  wählen';
 SoZeiUm(1);
 zeile:='9  Voreinstellung        mit ßz=  0  / ßx= 20  / ßy=-30  wählen';
 SoZeiUm(1);Writeln;
10:
cle(23);
zeile:='Aktuelle Parameter:        ßz=';SoZeiUm(2);rv1;Write(' ',BetaZ,' ');rv0;
Gotoxy(36,23);ClrEol;   zeile:='/ ßx=';SoZeiUm(2);rv1;Write(' ',BetaX,' ');rv0;
Gotoxy(47,23);ClrEol;   zeile:='/ ßy=';SoZeiUm(2);rv1;Write(' ',BetaY,' ');rv0;Writeln
;
```

```
ClrEol;zeile:='Kennziffer wählen oder RETURN:';SoZeiUm(2);
   cle(25);Write('Kennziffer >');KbdEin(15,25,1);if ein='' then Goto 100;
   Zahlen(ein,gst,nst);
   if (Zahlint<1) or (Zahlint>3) then Goto 50;
   xx:=40;yy:=25;zz:=4;
   if Zahlint=1 then Begin
      cle(25);zeile:='Drehung um Z-Achse mit Winkel ßz = ';SozeiUm(2);
      Kbdein(xx,yy,zz);zahlen(ein,gst,nst);BetaZ:=zahlint;Goto 10;
   End;
   if Zahlint=2 then Begin
      cle(25);zeile:='Drehung um X-Achse mit Winkel ßx = ';SozeiUm(2);
      Kbdein(xx,yy,zz);zahlen(ein,gst,nst);BetaX:=zahlint;Goto 10;
   End;
   if Zahlint=3 then Begin
      cle(25);zeile:='Drehung um Y-Achse mit Winkel ßy = ';SozeiUm(2);
      Kbdein(xx,yy,zz);zahlen(ein,gst,nst);BetaY:=zahlint;Goto 10;
   End;
50:
   if Zahlint=4 then Begin BetaX:= 0;BetaY:=  0;BetaZ:= 0;End;
   if Zahlint=5 then Begin BetaX:=90;BetaY:=  0;BetaZ:= 0;End;
   if Zahlint=6 then Begin BetaX:= 0;BetaY:=-90;BetaZ:= 0;End;
   if Zahlint=7 then Begin BetaX:=30;BetaY:=  0;BetaZ:= 0;End;
   if Zahlint=8 then Begin BetaX:=30;BetaY:=  0;BetaZ:=90;End;
   if Zahlint=9 then Begin BetaX:=20;BetaY:=-30;BetaZ:= 0;End;
   NfStr:=0;NfScr:=0;
100:RaumKoor;
END;
(*--------------------- Automatische Beschriftung ------------------------*)
Procedure AutoSchrift;
label 10,50;
BEGIN    ClrScr;
Un1;WriteLn('Automatische Beschriftung:');Un0;Writeln;
 zeile:='1  Dateiname als Überschrift';SoZeiUm(1);
WriteLn('2  Knoten- Nummern einzeichnen');
WriteLn('3  Element-Nummern einzeichnen');
WriteLn('4  Achsenkreuz einzeichnen');
 zeile:='5  Knotenkräfte einzeichnen';SoZeiUm(1);
WriteLn('6  Lagerungen einzeichnen');
WriteLn('7  Drehwinkel der Perspektive einzeichnen');
Writeln;
WriteLn('9  Keine Beschriftung');
Writeln;
 zeile:='Eingabe der negativen Kennziffer löscht die Funktion !';SoZeiUm(1);
10:
cle(23);Write('Aktuelle Parameter: ');rv1;WriteLn(' ',AutoSchr,' ');rv0;
zeile:='Kennziffer wählen oder RETURN:';SoZeiUm(2);
cle(25);Write('Kennziffer >');KbdEin(15,25,2);if ein='' then Goto 50;
Zahlen(ein,gst,nst);
   if Zahlint=1  then Begin AutoSchr(.1.):='1';Goto 10;End;
   if Zahlint=2  then Begin AutoSchr(.2.):='2';Goto 10;End;
   if Zahlint=3  then Begin AutoSchr(.3.):='3';Goto 10;End;
   if Zahlint=4  then Begin AutoSchr(.4.):='4';Goto 10;End;
   if Zahlint=5  then Begin AutoSchr(.5.):='5';Goto 10;End;
   if Zahlint=6  then Begin AutoSchr(.6.):='6';Goto 10;End;
   if Zahlint=7  then Begin AutoSchr(.7.):='7';Goto 10;End;
   if Zahlint=-1 then Begin AutoSchr(.1.):='0';Goto 10;End;
   if Zahlint=-2 then Begin AutoSchr(.2.):='0';Goto 10;End;
   if Zahlint=-3 then Begin AutoSchr(.3.):='0';Goto 10;End;
   if Zahlint=-4 then Begin AutoSchr(.4.):='0';Goto 10;End;
   if Zahlint=-5 then Begin AutoSchr(.5.):='0';Goto 10;End;
   if Zahlint=-6 then Begin AutoSchr(.6.):='0';Goto 10;End;
   if Zahlint=-7 then Begin AutoSchr(.7.):='0';Goto 10;End;
```

```
   if Zahlint=9  then Begin
      for ij:=1 to 6 do Begin
          AutoSchr(.ij.):='0';
      End;
      Goto 10;
   End;
50:END;
(*---------------------- Darzustellende Daten waehlen ----------------------*)
Procedure DatWahl;
label 50;
BEGIN     ClrScr;
Un1;WriteLn('Darzustellende Strukturdaten:');Un0;Writeln;
WriteLn('1  Unverformte Struktur');Writeln;
WriteLn('2  Verformte Struktur')  ;Writeln;
WriteLn('3  Unverformte und verformte Struktur als kombinierte Graphik');
Writeln;ii:=trunc(DatWhl);
cle(23);Write('Aktueller Parameter: ');rv1;WriteLn(' ',ii,' ');rv0;
cle(24);zeile:='Kennziffer wählen oder RETURN:';SoZeiUm(2);
cle(25);Write('Kennziffer >');KbdEin(15,25,1);if ein='' then Goto 50;
Zahlen(ein,gst,nst);
   if (Zahlint>0) and (Zahlint<4) then DatWhl:=Zahlint;
50:END;
(*---------------------- Masstaebe waehlen ----------------------------------*)
Procedure Masstab;
label 10,20,50;
BEGIN     ClrScr;
Un1;zeile:='Maßstäbe wählen:';SoZeiUm(1);Un0;
Writeln;
zeile:='1  Gesamte Struktur darstellen (Grundmaßstab)';SoZeiUm(1);
Writeln;
 zeile:='2  Ausschnittvergrößerung (Vielfaches des Grundmaßstabes)';SoZeiUm(1);
Writeln;
 zeile:='3  Faktor für Vergrößerung der Verformungen';SoZeiUm(1);Writeln;
 zeile:='4  Faktor für Vertikalverzerrung zur Druckeranpassung';SoZeiUm(1);
 Writeln;
if prg=1 then Begin (* nur f. Sirius *)
   zeile:=
'5  Vertikalanschluß beim Drucken (für Strukturen aus gleich langen Feldern)';
   SoZeiUm(1);Writeln;
End;
Writeln;
20:cle(24);zeile:='Kennzahl wählen oder RETURN:';SoZeiUm(2);
   cle(25);Write('Kennzahl >');KbdEin(12,25, 5);if ein='' then Goto 50;
   Zahlen(ein,gst,nst);tt:=zahlint;
   if tt=0 then Goto 50;
   if tt=1 then Begin Bv:=1;NfStr:=0;NfScr:=0;End;
   if tt=2 then Begin       NfStr:=0;NfScr:=0;
      cle(24);Write('Aktueller Faktor: ');rv1;Write(bv:6:3);rv0;
      cle(25);Write('Faktor >');KbdEin(10,25,6);Zahlen(ein,gst,nst);
      if ein<>'' then bv:=Zahl;
   End;
   if tt=3 then Begin
      cle(24);
      zeile:='Aktueller Vergrößerungsfaktor: ';SoZeiUm(2);rv1;Write(vv);rv0;
      cle(25);Write('Faktor >');KbdEin(10,25,6);Zahlen(ein,gst,nst);
      if ein<>'' then Vv:=Zahlint;
   End;
   if tt=4 then Begin
      cle(17);Writeln;
      Writeln('Hardcopy x:y=1.1 auf Drucker');Writeln;
```

```
      WriteLn('Epson FX mit Verzerrungsfaktor 0.90');
      WriteLn('Epson LQ mit Verzerrungsfaktor 0.75');
      cle(23);Write('Aktueller Verzerrungsfaktor');Rv1;Write(ky:6:3);Rv0;
      cle(25);Write('Faktor >');KbdEin(30,25,4);
      Zahlen(ein,gst,nst);if ein<>'' then ky:=zahl;
   End;
   if (tt=5) and (prg=1) then Begin
      cle(24);zeile:='Wert in der Klammer ändern oder RETURN:';SoZeiUm(2);
      cle(25);Write('Zahl der Strukturfelder (',NfStr,'): ');
      KbdEin(30,25,2);Zahlen(ein,gst,nst);
      if ein<>'' then NfStr:=Zahlint;
      cle(25);
      zeile:='Felder für 1 Bildschirm (';SoZeiUm(2);Write(NfScr,'): ');
      KbdEin(30,25,2);Zahlen(ein,gst,nst);
      if ein<>'' then NfScr:=Zahlint;
      cle(25);zeile:=
      'Grundflächenverzerrung (';SoZeiUm(2);Write(GrundFlVerz:4:3,'): ');
      KbdEin(40,25,6);Zahlen(ein,gst,nst);
      if ein<>'' then GrundFlVerz:=zahl;
      if NfScr>NfStr then NfScr:=NfStr;
      BetaX:=30;BetaY:=0;BetaZ:=0;
      if Xmax-Xmin>Ymax-Ymin then BetaZ:=90;
   End;
   Goto 20;
50:END;
(*=========================================================================*)
BEGIN (* UP RaFaGraf2 *)
if men=31 then Perspektive;               (* Perspektive/Bildschirmebene *)
if men=32 then AutoSchrift;               (* Automatische Beschriftung   *)
if men=33 then Masstab;                   (* Masstaebe waehlen *)
if (men=35) and (prg=1)then Begin         (* Manuell beschriften *)
   ClrScr;Un1;WriteLn('Beschriften des Graphik-Bildschirms:');Un0;
   Writeln;WriteLn('Ablauf:');Writeln;
   WriteLn('>  Cursor positionieren');
    zeile:='>  Taste "w" drücken';SoZeiUm(1);
   WriteLn('>  Text bis 40 Zeichen eingeben/RETURN');
   PrintInit;HiRes;Zeichnung;PrintInit;TextMode;
End;
if men=34 then DatWahl;                (* Darzustellende Daten waehlen   *)
if men=42 then Begin                   (* Graphik als SCR-Datei auf Disk *)
   d:=9;Danam_SCR(0);
   if ij=1 then Begin
      HiRes;GraphWindow(xs1,ys1,xs2,ys2);SaveWindow(1,danam(.d.));Textmode;
   End;
End;
if men=43 then Begin                      (* Graphik von SCR-Datei laden *)
   d:=9;Danam_SCR(1);
   if ij=1 then Begin
      HiRes;GraphWindow(xs1,ys1,xs2,ys2);
      LoadWindow(1,xs1,ys1,danam(.d.));Textmode;
   End;
End;
if men=44 then Begin          (* Graphik auf Drucker *)
   if Druck=1 then Begin
      HiRes;frg:='Zeichnung ok';jnGraf;
      if jn=1 then Hardcopy(false,1);Textmode;End
   else Druckab;
End;
END; (* --- UP RaFaGraf2 --- *)
(* ===== Include-Datei  RafaGraf.OVL --- Ende --- ====================== *)
```

A 3.1.4 Programm EbFa_IO.HGC

```
(*--------------------- Programm EbFa_IO .HGC -------------------------------
                            (C) Prof. W. Oldenburg, 6301 Wettenberg, 1988

Programm zum Erstellen der Eingabe-Dateien für die FEM-Rechnung
                                                          EBener FAchwerke
---------------------------------------------------------------------------
Compiler : Turbo Pascal 2.0/8087

Das compilierte Programm EbFa_IO.COM erwartet als Hilfsdateien auf dem
aktuellen Laufwerk:

Ueberschrift der Daten-Dateien: FaWe_FKN.IBM  Knoten     Ein-/Ausgabe
                                FaWe_FEL.IBM  Elemente   Ein-/Ausgabe
                                FaWe_FEG.IBM  Elemente   Eingabe
                                FaWe_FLA.IBM  Lagerung   Ein-/Ausgabe
                                FaWe_FFQ.IBM  Belastung  Eingabe
                                FaWe_FKQ.IBM  q-Kraefte  Ausgabe

Zeichensaetze:                  4x6    .FON
                                14x9   .FON

Information/Hilfe:              EbFa_IO .INF
                                EbFa_IO .T13
                                RaFaGraf.INF
                                RaFaFem .INF
                                FEM_Fehl.INF
                                FemTab  .T22
===========================================================================*)
(*$C-*)
program EbFa_IO;
label 10,40,50,100;
const ProgNam:String(.12.)='EbFa_IO.HGC'; (* Programm-Name,Endung gibt Hin- *)
                                          (* weis auf die Graphik-Version:  *)
                                          (* SIR  Sirius     800 * 400      *)
                                          (* IBM  CGA        640 * 200      *)
                                          (* HGC  Hercules   720 * 350      *)
                                          (* OLI  Olivetti   640 * 400      *)
                                          (* VEC  HP Vectra  640 * 400      *)
      PgW    :String(.30.)='FEM-Programm OLEFIH01.806  ';
      KdW    :String(.25.)='Copyright VIEWEG 1988  ';
      UbNam  :Array(.1..6.) of String(.14.)=(* Namen d. Ueberschriftdateien *)
          ('FaWe_FKN.IBM','FaWe_FEL.IBM','FaWe_FEG.IBM',
           'FaWe_FLA.IBM','FaWe_FFQ.IBM','FaWe_FKQ.IBM');
      Zusa :Array(.1..6.) of String(.4.)= (* Ext. zu Namen der Datendateien *)
          ('.FKN','.FEL','.FEG','.FLA','.FFQ','.FKQ');
      Rl    :Array(.1..6.) of Byte =       (* Recordlängen der Datendateien  *)
          (70,55,70,70,70,55);
      KF   :Byte=2;                     (* Knoten-Freiheitsgrade            *)
(* --------------------- Include-Dateien ----------------------------------- *)
(*$I c:Fem_Type.DEF *)   (* Deklarierungen zu den FEM-Programmen             *)
(*$I c:TypeDef.SYS  *)   (* Deklarierungen zur Turbo Graphix Toolbox         *)
(*$I c:GrafType.FEM *)   (* Deklarierungen zur FEM-Graphik                   *)
(*$I c:GrundFem.IBM *)   (* Proc: It1;It0;Rv1;Rv0;Un1;Un0;Anfang;Ende;       *)
                         (*       LineUp;C125;Cle;SoZeiUm;JNab;Warten;       *)
                         (*       KbdEin;Zahlen;TextRead;HoleDatum;          *)
                         (*       DruckerPort;LineEnd;                       *)
(*$I c:RanTex55.PAS *)   (* Proc: RanTexOpen60;RanTexEin60;RanTexAus60;      *)
```

```
(*$I c:RanTex70.PAS *)   (* Proc: RanTexOpen70;RanTexEin70;RanTexAus70;      *)
(*$I b:FaWeDtei.PAS *)   (* Proc: DatReset;DatRead;DatWrite;DatClose;        *)
(*$I c:Op_Tabel.PAS *)   (* Proc: StringEin;StringAus;RealinTab;ZahlAusTab; *)
                         (*       ZahlAusDatei;xyNull;TbLeer;                *)
(*$I c:Op_Daten.PAS *)   (* Proc: ReadEL;ReadKN;ReadLA;ReadFQ;ReadKQ;        *)
(*$I c:Drucker.OVL  *)   (* Procedure: Drucker;                              *)
(*$I c:DirFem.OVL   *)   (* modifizierte Turbo-Tutor-Toolbox-Datei           *)
(*$I c:Dat_Aus.OVL  *)   (* Proc: AusgabeForm;DateiAus;                      *)
(*$I c:Graphix.HGC  *)   (* orig. Turbo-Graphix-Toolbox-Datei                *)
(*$I c:Kernel.FEM   *)   (* red.       "        "        "       "           *)
(*$I c:Windows.FEM  *)   (* red.       "        "        "       "           *)
(*$I c:FemGraph.IBM *)   (* Module zur FEM-Graphik                           *)
(*$I c:UbRead.PAS   *)   (* Procedure: UbRead;                               *)
(*$I c:DanamFem.PAS *)   (* Procedure: Dateiname                             *)
(*$I c:TabPar.PAS   *)   (* Procedure: Spaltenparam                          *)
(*$I b:FaWe_Par.PAS *)   (* Proc: Einheiten;NkNe;ParamDat;                   *)
(*--------------------- Druckerabfrage zur Datenausgabe ------------------*)
Procedure DruckAb;
Begin
   if druck=1 then Begin
         frg:='Druckerport setzen';jnab;if jn=1 then DruckerPort;
      lpr:=1;Drucker(0);
   End else
      Begin Gotoxy(1,25);ClrEol;Write('Drucker nicht aktiviert !');warten;End;
End;
(*--------------------- Leere Datei anlegen ------------------------------*)
Procedure DateiLeer;
var j,j1,j2 :Integer;
Begin
     UbRead;
     j1:=0;j2:=Ubz(.d.);
     for j:=j1 to j2 do Begin
         TbW(.d.):=Ubw(.j.);DatWrite(j-Ubz(.d.));
     End;
     j1:=1;j2:=1;TbW(.d.):=ler;
     if d=1 then j2:=Nk;if d=2 then j2:=Ne;
     for j:=j1 to j2 do Begin
         str(j:spl(.d,1.),Tb(.d,1.));kk:=1;StringEin;DatWrite(j);
     End;
End;
(* -------------------- Include-Dateien -------------------------------- *)
(*$I b:RaFaGraf.OVL *)   (* Proc: RaFaGraf1;RaFaGraf2;                       *)
(*--------------------- Ueberschriften aktualisieren ---------------------*)
Overlay Procedure UpdateUb;
var i,j,k :Integer;
Begin
  for k:=2 to 3 do Begin
      DatRead(k-Ubz(.d.),0,0);UbW(.k.):=zeile;
  End;
  kk:=6;if (d=3) or (d=6) then kk:=4;if d=5 then kk:=5;
  tb(.d,kk.):=ler;j:=spl(.d,kk.)-8;if j<0 then j:=0;
  insert(Extnam,Tb(.d,kk.),j+1);
  TbW(.d.):=Ubw(.2.);StringEin;Ubw(.2.):=TbW(.d.);
  DatWrite(2-Ubz(.d.));
  if (d=1) or (d=2) then Begin
     TbW(.d.):=Ubw(.3.);
     if d=1 then Begin
        kk:=5;Str(Nk   :4,Tb(.d,kk.));insert(ler,Tb(.d,kk.),5);StringEin;
        kk:=7;Str(Nk*kf:5,Tb(.d,kk.));insert(ler,Tb(.d,kk.),6);StringEin;
     End;
     if d=2 then Begin
        kk:=6;Str(Ne   :4,Tb(.d,kk.));insert(ler,Tb(.d,kk.),6);StringEin;
     End;
```

```
    Ubw(.3.):=TbW(.d.);DatWrite(3-Ubz(.d.));
  End;
End;
(*--------------------- Datei oeffnen ------------------------------------*)
Procedure DatOpen;
Begin
   if dat(.d.)=0 then Dateiname;
   if Rl(.d.)=55 then RantexOpen55(0);
   if Rl(.d.)=70 then RantexOpen70(0);
   if Neudat=1 then Begin
      cle(24);yy:=25;xx:=28;zz:=4;Gotoxy(1,25);
      if (d=1) and (Nk=0) then Begin
         Write('Knotenzahl eingeben Nk = ');
         KbdEin(xx,yy,zz);zahlen(ein,gst,nst);nk:=zahlint;
      End;
      if (d=2) and (Ne=0) then Begin
         Write('Elementzahl eingeben Ne = ');
         KbdEin(xx,yy,zz);zahlen(ein,gst,nst);ne:=zahlint;
      End;
      DateiLeer;UpdateUb;
   End;
   jn:=0;
   for i:=1 to 6 do jn:=jn+dat(.i.);       (* Laufwerk der zuerst geöffneten *)
   if jn=1 then Begin                       (* Datei allen Dateien zuordnen   *)
      for i:=1 to 6 do Lw(.i.):=Lw(.d.);
   End;
End;
(*--------------------- Kopfzeile auf Bildschirm ------------------------*)
Procedure Kopfzeile;
BEGIN
Gotoxy(1 ,1);ClrEol;Write('Programm ');It1;Write(Prognam);It0;Write(', ',cpw);
Gotoxy(1 ,2);ClrEol;Write(KdW);
Gotoxy(1 ,3);ClrEol;Write('Datei ',d,': ',danam(.d.));
Gotoxy(30,3);Write('aktive Einheiten: ');It1;Write(KEin,' / ',LEin);It0;
Gotoxy(60,3);Write('Tabelle:          ');
Gotoxy(70,3);It1;Write(ij,'/',ik);It0;Write(' (',LsLine(.d.),')');
END;
(* ----- Include-Dateien ------------------------------------------------ *)
(*$I b:FaWeTab.IBM  *)    (* Procedure: Tabelle;                            *)
(*$I b:EbFaKn13.OVL *)    (* Procedure: Knoten13;                           *)
(*$I b:FaWeNum.OVL  *)    (* Procedure: DatNum;                             *)
(*$I c:Menu_IO.OVL  *)    (* Procedure: Menue;                              *)
(*$I b:RaFa_INF.OVL *)    (* Procedure: InfoAus;                            *)
(*$I c:Suchen.OVL   *)    (* Procedure: Suchen;                             *)
(*---------------------- Initialisierung ---------------------------------*)
Overlay Procedure ProgInit;
Begin Anfang;
  frg:='Drucker nach EPSON-Standard angeschlossen';jnab;druck:=jn;Drucker(1);
  HoleDatum;                            (* Datum von MS-DOS holen          *)
  for d:=1 to 6 do Begin
     dat(.d.):=0;                       (* Datei-Flag setzen               *)
     TbW(.i.):=ler;                     (* Tabellenzeile initialisieren    *)
     UbRead;Spaltenparam;               (* Parameterzeilen der Überschrift-*)
     LsLine(.d.):=0;                    (* dateien für Spalten- und Zahlen-*)
     if d=5 then Einheiten;             (* formate auswerten, aktive Mass- *)
  End;                                  (* einheiten holen                 *)
  Vxx:= 1.0      ;Vxy:= 0     ;Vxz:= 0       ;  (* Vorwahl der             *)
  Vyx:=  0       ;Vyy:= 1.0   ;Vyz:= 0       ;  (*          Perspektive    *)
  BetaX:=0       ;BetaY:=0    ;BetaZ:=0      ;
End;
(* ------------------- Alle Dateien oeffnen ----------------------------- *)
Overlay Procedure AllDatOpen;
BEGIN
```

```
   for d:=1 to 5 do Begin
       if (men=41) and (d=3) then d:=4;
       if d<6 then Begin
          if dat(.d.)=0 then Begin
             DatOpen;ParamDat;UpdateUb;DatClose;DatReset;
          End
          else DatReset;
       End;
   End;
END;
(*********************** Anfang Hauptprogramm *******************************)
BEGIN ProgInit;
(* ----- Haupt-Menue EbFa_IO ----- *)
40: Gotoxy(1,25);ClrEol; Gotoxy(1,1);ClrScr;Menue;
50: cle(24);Gotoxy(1,25);Write('Kennzahl >');kbdein(12,25,2);
    if ein<>'' then Begin
       zahlen(ein,gst,nst);jn:=zahlint;men:=jn;cle(24);End
    else Goto 50;
if jn=-1 then Begin
   for d:=1 to 6 do if (dat(.d.)=1) then DatClose;
   Goto 100;End;
    pr:=0;lpr:=0;
if jn=0 then Begin          (* ----- Info zu EbFa_IO ----- *)
   danam(.10.):='RaFa_IO.INF';yy:=3;pr:=1;TextRead(1,1000);warten;
   End;
if jn=11 then BEGIN                (* --- Datei oeffnen --- *)
   frg:='Alle Dateien öffnen';jnab;
   if jn=1 then AllDatOpen
   else Begin DatNum;DatOpen;ParamDat;UpDateUb;End;
   DatClose;
   Goto 40;END;
if jn=12 then BEGIN                (* --- Einstieg Tabelle --- *)
   DatNum;if dat(.d.)=0 then Goto 10;
   Tabelle(1);
   Goto 40;END;
if jn=13 then BEGIN                (* --- Hilfsprogramm Knotengenerierung --- *)
   Knoten13;
   Goto 40;END;
if jn=14 then BEGIN                (* --- Überschrift neu --- *)
   DatNum;if dat(.d.)=0 then Goto 10;
   Tabelle(2-UbZ(.d.));DatReset;NkNe;
   Goto 40;END;
if jn=21 then BEGIN                (* --- Datei auf Bildschirm --- *)
   DatNum;if dat(.d.)=0 then Goto 10;
   DatReset;ia:=2-UbZ(.d.);ie:=LsLine(.d.);pr:=1;
   AusgabeForm;DateiAus;warten;
   Goto 40;END;
if jn=22 then BEGIN                (* --- Datei auf Drucker --- *)
   DatNum;if dat(.d.)=0 then Goto 10;
   DatReset;ia:=2-UbZ(.d.);ie:=LsLine(.d.);pr:=1;lpr:=Druck;
   AusgabeForm;DateiAus;
   Goto 40;END;
if (jn=23) or (jn=24) then BEGIN  (* --- Info-Dateien ausgeben --- *)
   InfoAus;
   Goto 40;END;
if jn=51 then DruckAb;             (* --- Drucker einstellen --- *)
if jn=52 then BEGIN                (* --- Datum ausgeben --- *)
   HoleDatum;Gotoxy(1,25);ClrEol;
   Write('Aktuelles Datum: ',datum);warten;Goto 50;END;
if jn=53 then BEGIN                (* --- Extremwerte suchen --- *)
   DatNum;if dat(.d.)=0 then Goto 10;
   if (d<1) or (d>6) then Goto 40;Suchen;Goto 40;END;
```

```
  if jn=45 then BEGIN          (* ----- Masstab-Reset ----- *)
     MaxFlag:=0;Goto 40;END;
  if jn>40 then BEGIN
     if (men=42) and (GrafFlag=0) then Goto 40;
     GrafInit;if (men=41) or (men=43) then TextMode;
     END;
  if jn=41 then BEGIN          (* ----- Struktur zeichnen ----- *)
     AllDatOpen;RaFaGraf1;
     Goto 40;END;
  if jn>29 then RaFaGraf2;     (* ----- Abfragen zur Graphik ----- *)
  if jn=6 then Begin           (* ----- Info zu ENTER ----- *)
     if prg=0 then Goto 40;    (* nur bei Sirius *)
     danam(.10.):='EnterPa.INF';yy:=3;pr:=1;TextRead(1,1000);warten;
     End;
  Goto 40;
  10:Gotoxy(1,25);ClrEol;zeile:='Datei öffnen !';SoZeiUm(2);warten;Goto 40;
  100: for d:=1 to 6 do if dat(.d.)=1 then DatClose; (* --- Programm-Ende --- *)
  Ende;End.
  (* ********************* Ende Hauptprogramm EbFa_IO.HGC ****************** *)
  (* (C) Prof. W. Oldenburg, 6301 Wettenberg, 1988                           *)
```

A 3.1.5 Include-Datei EbFaKn13.OVL

```
(* ---- Include-Datei    EbFaKn13.OVL ------------------------------------ *)
(*---------------------- Hilfsprogramme Knotendaten -----------------------*)
Overlay Procedure Knoten13;
label 10,20,25,50,100;
var   NkZ,NkO,Nke,nkdif,Iaa,Iae     :Integer;
      NeZ,NeO,Nee,nedif,Iea,Iee     :Integer;
      iz,j,k,j1,j2,IaDif,IkDif      :Integer;
      Xa,Ya,Xe,Ye,Xdif,Ydif         :Real;
(* ------------------------- *)
Procedure WerteAus;
label 10;
Begin
  DatRead(iz,0,0);
  if d=1 then for kk:=2 to 3 do RealinTab;
  if d=2 then for kk:=3 to 4 do RealinTab;
  DatWrite(iz);
10:End;
(* ------------------------- *)
Procedure Eingabe;
Begin xx:=60;
      cl25;zeile:=frg;SoZeiUm(0);frg:=zeile;
      Gotoxy(1,yy);Write(frg);
      Gotoxy(xx,yy);Write(XXXr:zz:ii);kbdein(xx,yy,zz);
      if ein<>'' then Begin
         zahlen(ein,gst,nst);XXXr:=zahl;
         Gotoxy(xx,yy);Write(XXXr:zz:ii);
      End;
      Writeln;
End;
(* ------------------ Alle Dateien oeffnen ------------------------------ *)
Overlay Procedure AllDatOpen;
BEGIN  for d:=1 to 5 do Begin
          if d<>3 then Begin
             if dat(.d.)=0 then Begin
                DatOpen;ParamDat;UpdateUb;DatClose;DatReset;
             End else DatReset;
          End;
       End;
END;
```

```
(* ------------------- generierte Werte anzeigen ----------------------- *)
Overlay Procedure Anzeige;
Begin
  cle(24);ClrScr;
  Un1;WriteLn('Letzte generierte Knotenreihe:');Un0;
  Write('Erster  Knoten Nr.  ');It1;Write(Nk0:4);It0;
  Write(' mit X = ');It1;Write  (Xa:10:3);It0;
  Write(' und Y = ');It1;WriteLn(Ya:10:3);It0;
  Write('Letzter Knoten Nr.  ');It1;Write(Nke:4);It0;
  Write(' mit X = ');It1;Write  (Xe:10:3);It0;
  Write(' und Y = ');It1;WriteLn(Ye:10:3);It0;
  WriteLn('Zuwachs der Knotennummern: ',NkDif:4);
Writeln;
  Un1;WriteLn('Letzte generierte  Elementreihe:');Un0;
  Write('Erstes  Element Nr. ');It1;Write(Ne0:4);It0;
  Write(' mit Ia = ');It1;Write  (Iaa:4);It0;
  Write(' und Ie = ');It1;WriteLn(Iea:4);It0;
  Write('Letztes Element Nr. ');It1;Write(Nee:4);It0;
  Write(' mit Ia = ');It1;Write  (Iae:4);It0;
  Write(' und Ie = ');It1;WriteLn(Iee:4);It0;
  WriteLn('Zuwachs der Elementnummern: ',NeDif:4);
End;
(* ------------------- Initialisierung --------------------------------- *)
Overlay Procedure Kn13Init;
Begin
  Iaa:=0;Iae:=0;Iea:=0;Iee:=0;IaDif:=1;IkDif:=1;
  NkZ:=0;NkDif:=1;Nk0:=0;Nke:=0;
  Nez:=0;NeDif:=1;Ne0:=0;Nee:=0;
  Xa:=0;Ya:=0;Ya:=0;Ye:=0;
End;
(* ------------------- Allgemeine Information -------------------------- *)
Overlay Procedure Kn13Info;
BEGIN ClrScr;
zeile:=
'Die folgenden Hilfsfunktionen dienen zur Unterstützung der Datengenerierung';
SoZeiUm(1);zeile:='für regelmäßig gebaute Strukturen. ';
SoZeiUm(1);Writeln;zeile:=
'Geradlinig in gleichem Abstand aufeinander folgende Knoten können als Knoten-';
SoZeiUm(1);zeile:=
'reihe mit Anfangsknoten, Endknoten und beliebig vielen Zwischenknoten erzeugt';
SoZeiUm(1);zeile:=
'werden. Das Programm berechnet die Koordinaten der Zwischenknoten aus den ';
SoZeiUm(1);zeile:=
'Werten für Anfangs- und Endknoten der Reihe und trägt alle Koordinaten in ';
SoZeiUm(1);zeile:='die  KN-Datei ein.';
SoZeiUm(1);Writeln;zeile:=
'In gleicher Weise können die Elemente mit den zugehörigen Knotennummern in';
SoZeiUm(1);zeile:=
'Form von beliebig vielen Elementreihen gebildet werden. ';
SoZeiUm(1);Writeln;zeile:=
'Vorraussetzung ist, daß vor Aufruf der Hilfsfunktionen ausreichend große ';
SoZeiUm(1);zeile:=
'Knoten- und Element-Dateien angelegt wurden (Kennzahl 11 im Haupmenue).';
SoZeiUm(1);
END;
(* ------------------- Blindprozedur zur Trennung der Overlays ---------- *)
Procedure Blind; Begin End;
(* ------------------- Menue ------------------------------------------- *)
Overlay Procedure Kn13Menu;
Begin cle(24);
  Anzeige;Writeln;It1;zeile:=
  '0  Info-Datei einlesen              -1 Generierung Überprüfen';SoZeiUm(1);
  It0;Writeln;
```

```
  WriteLn(
  '1  Information Knotengenerierung      2  Information Elementgenerierung');
  WriteLn(
  '11 Knotenreihe generieren            21 Elementreihe generieren');
  WriteLn(
  '12 Knoten zeichnen                   22 Elemente zeichnen');
  Writeln;Writeln;WriteLn('Kennzahl eingeben oder RETURN');
End;
(* -------------------- Info Knotenreihe -------------------------------- *)
Overlay Procedure InfoKnoten;
Begin ClrScr;
zeile:=
'Einzugeben sind:';SoZeiUm(1);
Writeln   ;zeile:='Nummer des ersten Knotens der Reihe,';
SoZeiUm(1);zeile:='Koordinaten des ersten  Knotens der Reihe,';
SoZeiUm(1);zeile:='Koordinaten des letzten Knotens der Reihe,';
SoZeiUm(1);zeile:='die Zahl der Zwischenknoten in  der Reihe,';
SoZeiUm(1);zeile:=
'der Zuwachs der Knotennummern aufeinanderfolgender Knoten (Knoten-Inkrement).';
SoZeiUm(1);Writeln;zeile:=
'Das Knoten-Inkrement kann auch negativ sein, wenn vom Anfangsknoten ausgehend';
SoZeiUm(1);zeile:='fallende Knotennummern erzeugt werden sollen. ';
SoZeiUm(1);Writeln;zeile:=
'Knotennummern kleiner als 1 oder größer als Nk führen zu einer Fehlermeldung !';
SoZeiUm(1);warten;cle(24);
End;
(* -------------------- Info Elementreihe -------------------------------- *)
Overlay Procedure InfoElemente;
Begin ClrScr;
zeile:=
'Einzugeben sind:';SoZeiUm(1);
Writeln   ;zeile:='Zahl der Elemente der Reihe,';
SoZeiUm(1);zeile:='Nummer des ersten Elements der Reihe,';
SoZeiUm(1);zeile:=
'Zuwachs der Elementnummern aufeinanderfolgender Elemente (Element-Inkrement),';
SoZeiUm(1);zeile:='Anfangsknoten des ersten Elements (Ia),';
SoZeiUm(1);zeile:=
'Zuwachs der Anfangsknotennummern aufeinanderfolgender Elemente (Ia-Inkrement),';
SoZeiUm(1);zeile:='Knotendifferenz der Elemente,';
SoZeiUm(1);Writeln;zeile:=
'Die Inkremente können auch negativ sein, wenn vom Anfangselement ausgehend';
SoZeiUm(1);zeile:=
'fallende Element- bzw. Knotennummern erzeugt werden sollen. ';
SoZeiUm(1);Writeln;zeile:=
'Elementnummern kleiner als 1 oder größer als Ne führen zu einer ';
SoZeiUm(1);zeile:='Fehlermeldung !';SoZeiUm(1);
warten;cle(24);
End;
(* -------------------- Knotenreihe generieren -------------------------- *)
Overlay Procedure KnGen;
(* ----- Werte abfragen ----- *)
Procedure WerteAbfragen;
label 15,25;
Begin
cle(17);men:=1;
25:yy:=17;ii:=0;frg:='Nummer des 1. Knotens der Reihe  ';
     XXXr:=Nk0  ;Eingabe;if ein<>'' then Nk0:=zahlint;
if men=1 then Begin ReadKN(Nk0,2,3);Xa:=xyr(.2.);Ya:=xyr(.3.);End;
   yy:=18;ii:=2;frg:='X-Koordinate des 1. Knotens:            Xa/'+LEin+' =';
     XXXr:=Xa;Eingabe;if ein<>'' then Xa:=zahl;
   yy:=19;ii:=2;frg:='Y-Koordinate des 1. Knotens:            Ya/'+LEin+' =';
     XXXr:=Ya;Eingabe;if ein<>'' then Ya:=zahl;
```

```
   yy:=20;ii:=0;frg:='Zahl der Zwischenknoten: ';
      XXXr:=NkZ;Eingabe;if ein<>'' then NkZ:=zahlint;
   yy:=21;ii:=0;frg:='Zuwachs der Knotennummern:              NkDif = ';
      XXXr:=NkDif;Eingabe;if ein<>'' then NkDif:=zahlint;
Nke:=NkO+(NkZ+1)*NkDif;
if men=1 then Begin ReadKN(Nke,2,3);Xe:=xyr(.2.);Ye:=xyr(.3.);End;
   yy:=22;ii:=2;frg:='X-Koord. des letzten Knotens der Reihe:  Xe/'+LEin+' =';
      XXXr:=Xe;Eingabe;if ein<>'' then Xe:=zahl;
   yy:=23;ii:=2;frg:='Y-Koord. des letzten Knotens der Reihe:  Ye/'+LEin+' =';
      XXXr:=Ye;Eingabe;if ein<>'' then Ye:=zahl;
frg:='Bisherige Eingaben ok';jnab;men:=jn;if jn=0 then Goto 25;
if (NkO<1) or (NkO>Nk) then Begin
   cle(24);Write('Nummer des 1. Knotens falsch ! Bitte korrigieren !');
   warten;Goto 25;
End;
if (Nke<1) or (Nke>Nk) then Begin
   cle(24);Write('Nummer des letzten Knotens falsch ! Bitte korrigieren !');
   warten;Goto 25;
End;
End;
(* ------------------- *)
BEGIN  (* KnGen *)
  d:=1;Anzeige;NkO:=Nke+NkDif;WerteAbfragen;
j1:=1;j2:=NkZ+2;Xdif:=(Xe-Xa)/(NkZ+1);Ydif:=(Ye-Ya)/(NkZ+1);
for j:=j1 to j2 do Begin
    iz:=NkO+(j-1)*NkDif;
    xyr(.2.):=Xa+(j-1)*Xdif;xyr(.3.):=Ya+(j-1)*Ydif;
    WerteAus;
End;
END;
(* ------------------- Elementreihe generieren ------------------------ *)
Overlay Procedure ElGen;
var ia,ie :Real;
(* ----- Werte abfragen ----- *)
Procedure WerteAbfragen;
label 15,25;
Begin cle(17);
25:yy:=18;ii:=0;frg:='Zahl der Elemente der Reihe: ';
      XXXr:=NeZ;Eingabe;if ein<>'' then NeZ:=zahlint;
   yy:=19;ii:=0;frg:='Nummer des 1. Elements der Reihe  ';
      XXXr:=NeO  ;Eingabe;if ein<>'' then NeO:=zahlint;
   yy:=20;ii:=0;frg:='Zuwachs der Elementnummern:            NeDif =';
      XXXr:=NeDif;Eingabe;if ein<>'' then NeDif:=zahlint;
   yy:=21;ii:=0;frg:='Anfangsknoten des 1. Elements:         Ia    =';
      XXXr:=Iaa;Eingabe;if ein<>'' then Iaa:=zahlint;
   yy:=22;ii:=0;frg:='Zuwachs der Anfangs-Knotennummern:     IaDif = ';
      XXXr:=IaDif;Eingabe;if ein<>'' then IaDif:=zahlint;
   yy:=23;ii:=0;frg:='Knotendifferenz der Elemente:          IkDif =';
      XXXr:=IkDif;Eingabe;if ein<>'' then IkDif:=zahlint;
frg:='Bisherige Eingaben ok';jnab;if jn=0 then Goto 25;
Nee:=NeO+(NeZ-1)*NeDif;
if (NeO<1) or (NeO>Ne) then Begin
   cle(24);Write('Nummer des 1. Elements falsch ! Bitte korrigieren !');
   warten;Goto 25;
End;
if (Nee<1) or (Nee>Ne) then Begin
   cle(24);Write('Nummer des letzten Elements falsch ! Bitte korrigieren !');
   warten;Goto 25;
End;
End;
(* ------------------- *)
```

```
BEGIN  (* ElGen *)
  Anzeige;NeO:=Nee+NeDif;WerteAbfragen;
  d:=2;j1:=1;j2:=NeZ;
for j:=j1 to j2 do Begin
    iz:=NeO+(j-1)*NeDif;
    xyr(.3.):=Iaa+(j-1)*Iadif;ia:=xyr(.3.);
    xyr(.4.):=xyr(.3.)+Ikdif ;ie:=xyr(.4.);
    if (ia>0) and (ia<=Nk) then Begin
       if (ie>0) and (ie<=Nk) then WerteAus
       else Begin
            cle(23);WriteLn('Fehler:');
       Writeln('Knoten-Nummern am Element ',i,' nicht im Bereich 0..Nk !');
            Writeln;Writeln;warten;
       End;
    End;
    if j=1 then Iea:=trunc(ie);
End;
Iae:=trunc(ia);Iee:=trunc(ie);cle(24);
END;
(* ------------------- Strukturdaten pruefen -------------------------- *)
Overlay Procedure StrukProof;
var i,ia,ie,ifh,fhl,Nkmax :Integer;
    L,xa,ya,xe,ye :Real;
BEGIN fhl:=0;Nkmax:=0;
For i:=1 to ne do Begin
    ReadEl(i,3,4);ia:=xyi(.3.);ie:=xyi(.4.);kdif:=ie-ia;
    if Nkmax<ia then Nkmax:=ia;if Nkmax<ie then Nkmax:=ie;
    if kdif=0 then Begin ifh:=i;
       cle(23);WriteLn('Warnung:');
       Writeln('Knotendifferenz am Element ',i,' ist null !');
       write('Element ',i);
       zeile:=' wird bei der Rechnung nicht berücksichtigt !';
       SoZeiUm(1);Writeln;Writeln;warten;
    End;
    if ifh<>i then Begin
       if (ia<1) or (ie<1) then Begin fhl:=fhl+1;
          cle(23);WriteLn('Fehler:');
          Writeln('Knoten-Nr. am Element ',i,' ist <1  !');
          Writeln;Writeln;warten;
       End;
    End;
    if Nkmax>Nk then Begin fhl:=fhl+1;
       cle(23);WriteLn('Fehler:');
       Writeln('Knoten-Nr. am Element ',i,' ist >Nk !');
       Writeln;Writeln;warten;
    End;
    if ia<>ie then Begin
       ReadKN(ia,2,3);xa:=xyr(.2.);ya:=xyr(.3.);
       ReadKN(ie,2,3);xe:=xyr(.2.);ye:=xyr(.3.);
       L:=sqrt((xe-xa)*(xe-xa)+(ye-ya)*(ye-ya));
       if L=0 then Begin
          cle(23);WriteLn('Warnung:');
          zeile:='Länge von Element ';SoZeiUm(2);Writeln(i,' ist null !');
          write('Element ',i);
          zeile:=' wird bei der Rechnung nicht berücksichtigt !';
          SoZeiUm(1);zeile:='Koordinaten der Elementknoten überprüfen !';
          SoZeiUm(1);Writeln;Writeln;warten;
       End;
    End;
End;
if fhl=0 then Begin cle(23);WriteLn;
    Write('Es wurden keine Fehler gefunden.');warten;
End;
```

```
if fhl>0 then Begin
    cle(23);WriteLn('Es wurden ',fhl,' Fehler gefunden !');
    zeile:='Strukturdaten in Knoten- und Element-Datei überprüfen !';
    SoZeiUm(2);warten;
End;
if Nkmax<Nk then Begin
   frg:='Grö
te Element-Knoten-Nr. ist <Nk. Nk in Datei korrigieren';jnab;
   if jn=1 then Begin Nk:=Nkmax;d:=1;UpDateUb;fhl:=0;
      For i:=1 to ne do Begin
          ReadEl(i,3,4);ia:=xyi(.3.);ie:=xyi(.4.);
          if (ia>Nk) or (ie>Nk) then Begin fhl:=fhl+1;
             cle(23);WriteLn('Fehler:');
             Writeln('Knoten-Nr. am Element ',i,' ist >Nk !');
             Writeln;Writeln;warten;
          End;
      End;
      if fhl>0 then Begin
          cle(23);WriteLn('Es wurden ',fhl,' Fehler gefunden !');
          zeile:='Strukturdaten in Knoten- und Element-Datei überprüfen !';
          SoZeiUm(2);warten;
      End;
   End;
End;
END;
(* -------------------- Knoten zeichnen ---------------------------------- *)
Procedure KnDraw;
Begin AllDatOpen;MaxFlag:=0;RafaGraf1;End;
(* -------------------- Elemente zeichnen -------------------------------- *)
Procedure ElDraw;
Begin
  frg:='Elementnummern einzeichnen';jnab;
  if jn=1 then AutoSchr(.3.):='3' else AutoSchr(.3.):='0';
  AllDatOpen;RafaGraf1;
End;
(* ================================================================== *)
BEGIN (* UP Knoten13 *)
Kn13Init;Kn13Info;frg:='Generierungsfunktionen gewünscht';jnab;
  if jn=0 then Goto 100; (* Exit *)
  if (Nk=0) or (Ne=0) then Begin
     cl25;Gotoxy(1,24);zeile:='Dateien 1 und 2 öffnen !';SoZeiUm(0);
     Write(zeile);warten;Goto 100;
  End
  else Begin for d:=1 to 2 do DatReset;End;
10: Kn13Menu;
20: cle(24);Gotoxy(1,25);Write('Kennzahl >');kbdein(12,25,2);
    if ein<>'' then Begin
       Zahlen(ein,gst,nst);jn:=Zahlint;men:=jn;cle(24);End
    else Goto 100; (* Exit *)
if jn=0  then Begin
   danam(.10.):='EbFa_IO.T13';yy:=3;pr:=1;TextRead(1,1000);warten;
End;
if jn=-1 then Begin StrukProof;Goto 100;End;
if jn=1  then InfoKnoten;
if jn=2  then InfoElemente;
if jn=11 then KnGen;    (* Knotenreihe  generieren *)
if jn=21 then ElGen;    (* Elementreihe generieren *)
if jn=12 then KnDraw;   (* Knoten   zeichnen *)
if jn=22 then ElDraw;   (* Elemente zeichnen *)
Goto 10;
100:END;
(* ===== Include-Datei  EbFaKN13.OVL --- Ende --- ======================== *)
```

A 3.1.6 Include-Datei FaWeTab.IBM

```
(* ===== Include-Datei  FaWeTab.IBM ======================================== *)
(*--------------------- Tabellenprogramm ---------------------------------- *)
Procedure Tabelle(j:Integer);
label 10,20,30,100;
var i           :Integer;
    k,n,s,z     :Byte;
    EscDat,autoz:Byte;
    Za,Ze,Ka,Ke :Byte;
    ch          :Char;
    wt          :String(.2.);
(* ---------------------------------- *)
Procedure UbZeilen;
Begin Kopfzeile;Gotoxy(1,5);
      for jj:=2-Ubz(.d.) to 0 do Begin
          Write(UBW(.jj+Ubz(.d.).));if jj=-1 then Un1;
      End;Un0;
End;
(* ---------------------------------- *)
Procedure ZeilAnz;
Begin LineEnd;Gotoxy(1,z);ClrEol;Write(Zeile);End;
(* ---------------------------------- *)
Procedure ZeilInDatei;
Begin if TbW(.d.)<>TbMerk(.d.) then DatWrite(i);End;
(* ---------------------------------- *)
Procedure AutoZeilNum;
Begin str(i:Spl(.d,1.),Tb(.d,1.));
      TbW(.d.):=zeile;kk:=1;StringEin;Zeile:=TbW(.d.);ZeilAnz;
End;
(* ---------------------------------- *)
Procedure ZeilAuf;
Begin ZeilInDatei;
      if z>za then z:=z-1
         else if i>1 then Begin Gotoxy(1,za);InsLine;End;
      if i>ia then i:=i-1;
End;
(* ---------------------------------- *)
Procedure ZeilAb;
label 10;
Begin ZeilInDatei;
      if (d=1) and (i=Nk) and (EscDat=1) then Goto 10;
      if (d=2) and (i=Ne) and (EscDat=1) then Goto 10;
      if z<ze then z:=z+1
         else Begin Gotoxy(1,za);DelLine;Gotoxy(1,ze);End;
      i:=i+1;
10:End;
(* ---------------------------------- *)
Begin (* --- Up Tabelle --- *)
   DatReset;
(* ----- Tabelle initialisieren -----*)
      Gotoxy(1,1);ClrScr;
      for jj:=2-Ubz(.d.) to 0 do Begin
          DatRead(jj,0,0);
          Ubw(.jj+Ubz(.d.).):=zeile;
      End;
      for k:=1 to kmax(.d.) do kim(.k.):=0;       (* Spaltenuebernahme aus *)
      UbZeilen;
```

```
  Za:=4+ubz(.d.);Ze:=23;                            (* Anfangs-/Endzeile      *)
  Ka:=1;Ke:=kmax(.d.)-1;                            (* Anfangs-/Endspalte     *)
  z:=Za;s:=1;n:=1;                                  (* n=1 --> Zahlenmodus    *)
  autoz:=0;         (* automatische Zeilennumerierung bei Zeilenwechsel AUS *)
  if d=1 then Begin ka:=2;ke:=1+kf;End;
  if d=2 then Begin ka:=3;ke:=4   ;End;
  if d=3 then Begin ka:=2;ke:=3;if men=12 then autoz:=1;End;
  if d=4 then ke:=3;
  if d=5 then ke:=2+kf;
  i:=j;ia:=j;k:=ka;EscDat:=1;
(* ----- Datei-Update, neue Zeile aus Datei ----- *)
10: zeile:=ler;
    DatRead(i,0,0);
    TbMerk(.d.):=zeile;
    for kk:=1 to kmax(.d.) do Begin
       if kim(.kk.)=1 then Begin
          Tb(.d,kk.):=TbM(.d,kk.);
          TbW(.d.):=Zeile;StringEin;zeile:=TbW(.d.);
       End;
    End;
    if autoz=1 then AutoZeilNum;
(* ----- letzte Zeile anzeigen ----- *)
20: if men=14 then n:=0;      (* String-Modus ein f. Ueberschrift *)
    ij:=i;ik:=k;
    Gotoxy(70,3);It1;Write(ij,'/',ik);It0;Write(' (',LsLine(.d.),')');
    ZeilAnz;s:=SpA(.d,k.);
(* ----- Zeichen eingeben ----- *)
     wt:='';Gotoxy(s,z);Read(kbd,ch);wt:=ch;
     if ch=^Ä then Begin Read(kbd,ch);wt:=wt+ch;End;
(* ----- Tabelle verlassen ----- *)
if wt=^C then Goto 100;
if wt=^M then Goto 100;
(* ----- Cursor in Tabelle bewegen ----- *)
if (wt=^Ä+'C') or (wt=^Ä+'M') then Begin
   k:=k+1; (* eine Spalte nach rechts *)
   if k=kmax(.d.) then Begin k:=ka;Zeilab;Goto 10;End;
   if d=4 then Begin          (* Spalte 2 ueberspringen, String-Modus ein *)
      if k=2 then k:=k+1;
      if k=3 then n:=0 else n:=1;
   End;
   if d=3 then Begin if k=6 then n:=0 else n:=1;End;
   Goto 20;
   End;
if (wt=^Ä+'D') or (wt=^Ä+'K') then Begin
   k:=k-1;n:=1; (* eine Spalte nach links *)
   if k<1 then k:=kmax(.d.)-1;
   if d=4 then Begin          (* Spalte 2 ueberspringen, String-Modus ein *)
      if k=2 then k:=k-1;
      if k=3 then n:=0 else n:=1;
   End;
   if d=3 then Begin if k=6 then n:=0 else n:=1;End;
   if k=kmax(.d.)-1 then Begin Zeilauf;Goto 10;End;
   Goto 20;
   End;
if (wt=^Ä+'B') or (wt=^Ä+'P') then Begin  ZeilAb;  Goto 10;End;
if (wt=^Ä+'A') or (wt=^Ä+'H') then Begin  ZeilAuf; Goto 10;End;
(* ----- Steuerzeichen auswerten ----- *)
if wt=^Ä+'N' then Begin autoz:=1;Goto 20;End;     (* automatische Zeilen-   *)
if wt=^Ä+'n' then Begin autoz:=0;Goto 20;End;     (* numerierung ein/aus    *)
if wt=^Ä+'<' then Begin ka:=k;Goto 20;End;        (* Anfangsspalte          *)
if wt=^Ä+'>' then Begin ke:=k;Goto 20;End;        (* Endspalte              *)
```

```
if wt=^Ä+'R' then Begin n:=1;men:=12;Goto 20;End;(* Zahlen-Modus           *)
if wt=^Ä+'r' then Begin n:=0;men:=14;Goto 20;End;(* String-Modus           *)
if wt=^Ä+'Z' then Begin kim(.k.):=1 ;Goto 20;End;(* Spalte in Folgezeile   *)
if wt=^Ä+'z' then Begin kim(.k.):=0 ;Goto 20;End;(* uebernehmen ein/aus    *)
if wt=^Ä+'E' then Begin EscDat:=0;Goto 20;End;   (* Dateiende offen        *)
if wt=^Ä+'e' then Begin EscDat:=1;Goto 20;End;   (*     "      bei Nk/Ne   *)
if wt=^Ä+'?' then Begin
   danam(.10.):='FemTab.T22';yy:=3;pr:=1;TextRead(1,1000);warten;cl25;
   ClrScr;Ubzeilen;Goto 10;End;
(* ----- Werte eingeben ----- *)
   xx:=SpA(.d,k.);yy:=z;zz:=SpL(.d,k.);Zeichen:=ch;Zeich:='T';
   kbdein(xx,yy,zz);Tb(.d,k.):=ein+ler;Zeichen:=' ';Zeich:=' ';
(* ----- Eingabe als Zahl auswerten ----- *)
   if n=1 then Begin
      zahlen(Tb(.d,k.),SpL(.d,k.),Nks(.d,k.));Tb(.d,k.):=zahlform;
   End;
   TbM(.d,k.):=Tb(.d,k.); (* Eingabe merken *)
(* ----- Eingabe in Tabellenzeile aufnehmen ----- *)
   TbW(.d.):=zeile;kk:=k;StringEin;zeile:=TbW(.d.);
   if (k=ke) or (k=kmax(.d.)-1) then Begin
      ZeilAnz;ZeilAb;k:=ka;
      if d=4 then Begin
         if k=2 then k:=k+1;
         if k=3 then n:=0 else n:=1;
      End;
      if d=3 then Begin if k=6 then n:=0 else n:=1;End;
      Goto 10;
   End
   else k:=k+1;
   if d=4 then Begin
      if k=2 then k:=k+1;
      if k=3 then n:=0 else n:=1;
   End;
   if d=3 then Begin if k=6 then n:=0 else n:=1;End;
Goto 20;
100:ZeilInDatei;
    frg:='Nochmals in die Tabelle';jnab;
    if jn=1 then Begin cl25;
       Gotoxy(1,25);ClrEol;Write('Springen in Zeile: ');
       kbdein(20,25,4);zahlen(ein,gst,nst);i:=zahlint;
       if i>LsLine(.d.) then i:=LsLine(.d.);
       if i<1 then i:=1;
       if (d=1) and (i>nk) then i:=Nk;
       if (d=2) and (i>ne) then i:=Ne;
       z:=za;Cle(z);Gotoxy(1,z);ClrEol;Goto 10;
    End;
DatClose;
End; (* --- UP Tabelle --- *)
(* ===== Include-Datei  FaWeTab.IBM --- Ende --- ========================= *)
```

A 3.1.7 Include-Datei FaWe_Par.PAS

```
(* ===== Include-Datei  FaWe_Par.PAS ====================================== *)
(*-------------------- aktive Masseinheiten holen ------------------------*)
Procedure Einheiten;
Begin             (* --- Einheiten aus letzter Ueberschriftzeile lesen --- *)
  LEin:=UbW(.5.)(.48.)+UbW(.5.)(.49.);             (* LEin = Laengeneinheit *)
  KEin:=UbW(.5.)(.45.)+UbW(.5.)(.46.);             (* KEin = Kraefteeinheit *)
End;
```

```
(*-------------------- Nk,Ne aus Überschrift ------------------------------*)
Procedure NkNe;
Begin
  DatRead(3-UbZ(.d.),0,0);
  if d=1 then Begin kk:=5;ZahlAusTab;Nk:=xyi(.kk.);End;
  if d=2 then Begin kk:=6;ZahlAusTab;Ne:=xyi(.kk.);End;
End;
(*--------------------- Parameter vorhandener Dateien holen ---------------*)
Procedure ParamDat;
Begin
      for k:=0 to 1 do Begin                              (* Parameter der *)
          DatRead(k-Ubz(.d.),0,0);Ubw(.k.):=zeile;        (* geöffneten    *)
      End;                                                (* Dateien       *)
      Spaltenparam;                                       (* holen         *)
      if Nk=0 then Begin if (d=1) and (dat(.1.)=1) then NkNe;End;
      if Ne=0 then Begin if (d=2) and (dat(.2.)=1) then NkNe;End;
      if d=5 then Begin
         DatRead(0,0,0);UbW(.5.):=zeile;
         Einheiten;                          (* aktive Masseinheiten holen *)
      End;
      DatClose;DatReset;
End;
(* ===== Include-Datei  FaWe_Par.PAS --- Ende --- ======================== *)
```

A 3.1.8 Include-Datei FaWeDtei.PAS

```
(* ===== Include-Datei  FaWeDtei.PAS ===================================== *)
(* mit Modulen zur Verwaltung der RanTex-Dateien:                          *)
(*--------------------- Datei I/O-Vorbereitung ----------------------------*)
Procedure DatReset;
Begin
   if Rl(.d.)=70 then Reset(Rantex70(.d.));
   if Rl(.d.)=55 then Reset(Rantex55(.d.));
End;
(*--------------------- Datei lesen ---------------------------------------*)
Procedure DatRead(i,j,k:Integer);
Begin   zeile:=ler;
        if Rl(.d.)=70 then RantexEin70(i,j,k);
        if Rl(.d.)=55 then RantexEin55(i,j,k);
        TbW(.d.):=zeile;
End;
(*--------------------- Datei schreiben -----------------------------------*)
Procedure DatWrite(j:Integer);
Begin
   zeile:=Tbw(.d.);
   if Rl(.d.)=70 then RantexAus70(j);
   if Rl(.d.)=55 then RantexAus55(j);
End;
(*--------------------- Datei schließen -----------------------------------*)
Procedure DatClose;
Begin
   if Rl(.d.)=70 then Begin
      LsLine(.d.):=Filesize(Rantex70(.d.))-UbZ(.d.);Close(Rantex70(.d.));
   End;
   if Rl(.d.)=55 then Begin
      LsLine(.d.):=Filesize(Rantex55(.d.))-UbZ(.d.);Close(Rantex55(.d.));
   End;
End;
(* ===== Ende Include-Datei   FaWeDtei.PAS =============================== *)
```

A 3.1.9 Include-Datei FaWeNum.OVL

```
(* ===== Include-Datei  FaWeNum.OVL ======================================= *)
Overlay Procedure DatNum;  (* --- Datei wählen --- *)
label 10;
Begin
  ClrScr;zeile:='Datei auswählen:';SoZeiUm(1);
  Writeln;
WriteLn('1  Datei  .FKN  Knotendaten:');
WriteLn('   Eingabe: Koordinaten');
WriteLn('   Ausgabe: Verschiebungen');
Writeln;
WriteLn('2  Datei  .FEL  Elementdaten:');
WriteLn('   Eingabe: Elementgruppe, Knotenzuordnungen');
 zeile:='   Ausgabe: Kräfte, Spannungen, Trägheitsmomente, Gewichte';SoZeiUm(1);
Writeln;
WriteLn('3  Datei  .FEG  Elementdaten:');
WriteLn('   Eingabe: E-Modul, Querschnitt, spez.Gewicht, Knicksicherheit');
WriteLn('            der Elementgruppen');
Writeln;
WriteLn('4  Datei  .FLA  Lagerdaten:');
WriteLn('   Eingabe: Lagerknoten und -richtung / Lagersteifigkeit');
 zeile:='   Ausgabe: Lagerkräfte';SoZeiUm(1);
Writeln;
WriteLn('5  Datei  .FFQ  Belastungsdaten:');
 zeile:='   Eingabe: Knotenkräfte, konstante Element-Streckenlasten';
 SoZeiUm(1);Writeln;
WriteLn('6  Datei  .FKQ  Knotendaten aus verteilten Lasten:');
 zeile:='   Ausgabe: Knotenkräfte aus Streckenlasten und Eigengewicht';
 SoZeiUm(1);
10:
  Gotoxy(1,25);ClrEol;Write('Kennziffer eingeben: ');
  KbdEin(22,25,1);Zahlen(ein,gst,nst);
  if ein<>'' then Begin
     if (Zahlint>0) and (Zahlint<7) then d:=Zahlint
        else Goto 10;
  End;
End;
(* ===== Include-Datei  FaWeNum.OVL --- Ende --- ======================== *)
```

A 3.1.10 Include-Datei EbFaUser.OVL

```
(* ===== Include-Datei  EbFaUser.OVL ======================================= *)
(*-------------------- Benutzer-Eingaben zum Programmstart ----------------*)
Overlay Procedure UserInit;
label 10,30;
BEGIN  ClrScr;mataus:=0;
10:Gotoxy(1,1);
  Write('Programm ');It1;Write(ProgNam);It0;
  zeile:=' zur Finite-Elemente-Berechnung ebener Fachwerke';SoZeiUm(1);
Gotoxy(1,3);
Zeile:=cpw;SoZeiUm(1);
Gotoxy(1,4);zeile:=kdw;SoZeiUm(1);
Gotoxy(1,6);Un1;
zeile:='Verfügbare Optionen';SoZeiUm(2);Gotoxy(60,6);
                                        Write('Aktuelle Parameter');Un0;
Gotoxy(1,8);
 Write('0  Information zum Programm einlesen');
```

```
Gotoxy(1,10);
 Write('1  Faktor zur Simulation starrer Lager, aktueller Wert: ');
                                        Gotoxy(63,10);Write(CLvst:12);
Gotoxy(1,15);
 Write('4  Information zu Fehlerquellen einlesen');
Gotoxy(1,16);
 Write('5  Information zur Graphik einlesen');
Gotoxy(1,20);
zeile:='7  Ausgabedatei mit Knotenkräften aus Streckenlasten anlegen,';
SoZeiUm(1);
WriteLn('   falls Eingabedaten Streckenlast oder spez. Gewicht');
Gotoxy(1,22);Write('   enthalten:');    Gotoxy(63,22);ClrEol;
                             if qDat=1 then Write('Ja') else Write('Nein');
cle(25);
Write('Kennziffer eingeben oder RETURN');
  kbdein(33,25,1);
  if ein<>'' then Begin
     Zahlen(ein,gst,nst);tt:=Zahlint;
     if tt=0 then Begin
        danam(.10.):='RaFaFem.INF';yy:=3;pr:=1;TextRead(1,1000);
        warten;cl25;ClrScr;
     End;
     if tt=1 then Begin
        Cle(25);Write('Faktor eingeben > ');
        kbdein(20,25,22);zahlen(ein,gst,nst);CLvst:=zahl;
        Zahlint:=20;
     End;
     if tt=4 then Begin
        danam(.10.):='FEM_Fehl.INF';yy:=3;pr:=1;TextRead(1,1000);
        warten;cl25;ClrScr;
     End;
     if tt=5 then Begin
        danam(.10.):='RaFaGraf.INF';yy:=3;pr:=1;TextRead(1,1000);
        warten;cl25;ClrScr;
     End;
     if tt=7 then Begin
        frg:='Zusatzdatei anlegen';jnab;qDat:=jn;
     End;
     Goto 10;
  End;
  cl25;ClrEol;Zeile:='Zu bearbeitende Dateien öffnen:';SoZeiUm(1);
  for d:=1 to 5 do Begin
      DatFemOpen;ParamDat;    (* Dateien oeffnen und Parameter holen *)
  End;
  cl25;ClrEol;SCR_Nam:=ExtNam;
  30:
  Writeln('Laufwerk f. Datei der Gesamtsteifigkeitsmatrix eingeben :');
  Writeln('(Platzbedarf beachten !)');
  d:=8;DatFemOpen;
  frg:='Laufwerk f. GK-Datei ok';jnab;if jn=0 then Goto 30;
  Writeln;
  cle(23);
  if kf=2 then Begin
     BetaX:=0;BetaY:=0;BetaZ:=0;                (* Darstellung in der  *)
     Vxx:=1;Vxy:=0;Vxz:=0;Vyx:=0;Vyy:=1;Vyz:=0; (* XY-Ebene f. kf=2    *)
  End;
  per:=1;
END;
(* ===== Ende Datei EbFaUser.OVL ========================================= *)
```

A 3.1.11 Include-Datei RaFaGkIn.OVL

```
(* ===== Include-Datei  RaFaGkIn.OVL ===================================== *)
(* -------------------- Parameter f. GK-Datei ermitteln ------------------ *)
Overlay Procedure GKInit;
var i,k,nB :Integer;
BegiN
   if ProgNam(.5.)='7' then BlockReal:=15;(* 8087  braucht 8 Byte/Real-Zahl  *)
   Writeln;cle(24);                        (* Benutzer-Information           *)
   WriteLn('Aufstellen der Struktur-Matrix, Ablegen in GK-Datei:');
   nn:=kf*nk;kdif:=0;nnn:=nn;              (* nnn=Zeilenzahl der Gk-Datei     *)
   for d:=1 to 5 do DatReset;
   for i:=1 to ne do Begin                 (* max. Knotendifferenz ermitteln *)
       ReadEL(i,3,4);k:=abs(xyi(.4.)-xyi(.3.));
       if k>kdif then kdif:=k;
   End;
   nsp:=(kdif+1)*kf+1;           (* Spalte nsp  : Knotenkraefte              *)
   nB :=nsp;                     (*  "    nsp+1: Knotenverschiebungen        *)
   if NL>1 then nB:=nsp+2;       (*  "    nsp+2: Koordinaten zwischenspeich. *)
                                 (*  "    nsp+3: Knotenversch.       "       *)
   BZ:=trunc(nB/blockReal)+1;       (* rec-Zahl eines Blocks  f. GK-Datei    *)
if nsp>75 then Begin                (* max. 76 Spalten f. GK-Datei           *)
   Gotoxy(1,24);ClrEol;             (* kdif max = 24 f. RaFa, 36 f. EbFa     *)
   Writeln('Knotendifferenz am Element Kdif=',kdif,' zu groß !');
   WriteLn(
   'Erforderliche Spaltenzahl der GK-Datei=',nsp,' größer als Grenzwert 63.');
   Writeln;WriteLn('Programm bricht ab !.');Writeln;
   WriteLn('Knotennumerierung der Struktur in den Eingabedateien verbessern');
   WriteLn('und Rechnung neu starten !');
   warten;cle(24);Ende;HALT;
End;
   for i:=1 to 77 do Begin gkx(.i.):=0;End;                (* GK-Vektor leer *)
   d:=8;assign(gkdatei,danam(.d.));rewrite(gkdatei);       (* Leere GK-Datei *)
   for i:=1 to nnn+1 do GKWrite(i);                        (* anlegen        *)
   close(GKDatei);Reset(GKDatei);                      (* Gk-Datei muss Zeilen f. alle *)
EnD;                                                   (* Freiheitsgrade bereitstellen *)
(* ===== Ende Include-Datei  RaFaGKIn.OVL ================================= *)
```

A 3.1.12 Include-Datei RaFa_KV.OVL

```
(* ===== Include-Datei  RaFa_KV.OVL ====================================== *)
(*-------------------- Knotenverschiebungen ausgeben ---------------------*)
Overlay Procedure KVaus;
var i,j :Integer;
BEGIN Writeln;reset(gkdatei);frg:='Ausgabe mit Überschrift';jnab;
   if jn=1 then Begin Writeln;
      un1;WriteLn('Knotenverschiebungen in ',Lein,' Name: ',Extnam);un0;
      if lpr=1 then
         WriteLn(lst,up1,'Knotenverschiebungen in ',Lein,' Name: ',Extnam,up0);
   End;
```

```
    for i:=ia to ie do Begin
        GkIndex(i,0);
        Write(i:4);if lpr=1 then Write(lst,i:4);
        for j:=1 to kf do Begin
            gkRead(igk(.j.)) ;Write(gkx(.nsp+1.),' ');
            if lpr=1 then Write(lst,gkx(.nsp+1.),' ');
        End;
        Writeln;if lpr=1 then WriteLn(lst);
        if (lpr=0) and (i/20=trunc(i/20)) then Begin
           Writeln;warten;cle(24);Writeln;
        End;
    End;Writeln;if lpr=1 then WriteLn(lst);
    close(gkdatei);
    if lpr=0 then warten;
END;
(*--------------------- Knotenverschiebungen in Datei ----------------------*)
Overlay Procedure KVinDatei;
var i,j:Integer;
BEGIN d:=1;Writeln;cle(24);WriteLn('Knotenverschiebungen in Datei ');Writeln;
    cle(24);Write('Knoten ');              (* ----- Benutzer-Information ----- *)
    for i:=1 to nk do Begin
        Gotoxy(8,24);Write(i);             (* ----- Benutzer-Information ----- *)
        DatRead(i,0,0);
        GKIndex(i,0);
        for j:=1 to kf do Begin
            gkRead(igk(.j.));kk:=j+4;xyr(.kk.):=gkx(.nsp+1.);RealinTab;
        End;
        DatWrite(i);
    End;
END;
(* ===== Include-Datei  RaFa_KV.OVL --- Ende --- ========================== *)
```

A 3.1.13 Include-Datei EbFa_Inf.OVL

```
(* ===== Include-Datei  EbFa_Inf.OVL ====================================== *)
Overlay Procedure InfoAus;
label 10,20,50;
Begin ClrScr;ki:=1;kj:=32000; (* Zeilenbereich f. Dateiausgabe *)
xx:=-1;lpr:=0;pr:=0;jj:=0;
Un1;zeile:='Auszugebende Informations-Datei mit Kennziffer wählen';SoZeiUm(1);
Un0;Writeln;
WriteLn('0  RaFa_IO .INF zum Ein-/Ausgabe-Programm');
WriteLn('1  RaFaFem .INF zum FEM-Rechenprogramm');
WriteLn('2  FemTab  .T22 zum Tabelleneditor');
WriteLn('3  EbFa_IO .T13 zur Strukturgenerierung');
WriteLn('4  RaFaGraf.INF zur Bildschirm-Graphik');Writeln;
WriteLn('5  FEM_Fehl.INF zur Angabe von Fehlerquellen');Writeln;
WriteLn('6  Beliebige Textdatei mit Namen nach Eingabe');Writeln;
if prg=1 then WriteLn('7  EnterPa .INF zum Taschenrechner ENTER');
cle(24);zeile:='Kennziffer wählen oder RETURN';SoZeiUm(2);
cle(25);Write('Kennziffer >');KbdEin(15,25,1);
if ein<>'' then Begin Zahlen(ein,gst,nst);xx:=Zahlint;End else Goto 50;
   if xx=0 then danam(.10.):='RaFa_IO.INF';
   if xx=1 then danam(.10.):='RaFaFem.INF';
   if xx=2 then danam(.10.):='FemTab.T22';
   if xx=3 then danam(.10.):='EbFa_IO.T13';
   if xx=4 then danam(.10.):='RaFaGraf.INF';
   if xx=5 then danam(.10.):='FEM_Fehl.INF';
   if (xx=7) and (prg=1) then danam(.10.):='EnterPa.INF';
```

```
   if xx=6 then Begin d:=10;
      frg:='Dateien anzeigen';jnab;
      if jn=1 then Begin
         10:cle(24);
         Write('Das aktuelle Laufwerk ist ');Rv1;Write(' ',lw(.d.),' ');Rv0;
         frg:='Laufwerk ok';jnab;
         if jn=0 then Begin cle(25);
            Write('Laufwerk eingeben:');Read(kbd,lw(.d.));Goto 10;
         End;
         direct;
      End;
      cle(24);Write('Dateinamen (mit Laufwerk) eingeben:');
      cle(25);Write('Dateiname  >');KbdEin(15,25,14);
      danam(.10.):=ein;
      frg:='Überschrift zur Dateiausgabe (eine Bildschirmzeile)';jnab;jj:=jn;
      if jn =1 then Begin cle(25);KbdEin(1,25,79);End else ein:='';
   End;
frg:='Umlaute als deutsche ASCII-Zeichen ausgeben';jnab;sz:=jn;
if (druck=1) and (men=24) then lpr:=1;
if lpr=0 then Begin yy:=3;pr:=1;End;
if (pr=1) and (jj=1) then Begin
   Gotoxy(1,1);ClrScr;WriteLn(ein);WriteLn(ler);
End;
if lpr=1 then Begin
   Write(lst,#27'O');                  (* Formatsprung am Drucker auf Null *)
   if jj=1 then Begin WriteLn(lst,ein);WriteLn(lst,ler);End;
   20:cle(24);
   Write('Das aktuelle Seitenformat ist ');Write(tt);Write(' Zeilen/Seite');
      frg:='Zeilenzahl ok';jnab;
      if jn=0 then Begin cle(25);
         Write('Zeilenzahl eingeben:');kbdein(22,25,5);
         if ein<>'' then Begin Zahlen(ein,gst,nst);tt:=Zahlint;End;
         Goto 20;
      End;
End;
   frg:='Gesamte Datei ausgeben';jnab;
   if jn=0 then Begin
      cle(24);Write('Das aktuelle Seitenformat ist ',tt,' Zeilen/Seite:');
      cle(25);Write('Ausgabe von Seite     bis Seite');
      kbdein(19,25,2);Zahlen(ein,gst,nst);
      if ein<>'' then ki:=1+(Zahlint-1)*tt;
      kbdein(33,25,2);Zahlen(ein,gst,nst);
      if ein<>'' then kj:=Zahlint*tt;
   End;
pr:= 1;TextRead(ki,kj);warten;
if pf>0 then
   Write(lst,#27'N',chr(pf));   (* Formatsprung am Drucker auf alten Wert *)
50:sz:=prg;
End;
(* ===== Include-Datei  EbFa_Inf.OVL --- Ende --- ====================== *)
```

A 3.2.1 Programm EbDu_FEM.HGC

```
(* -------------------- Programm EbDu_Fem.HGC --------------------------------
                              (C) Prof. W. Oldenburg, 6301 Wettenberg, 1988

FEM-Programm zur Berechnung der Matrix GK und der Knotenverschiebungen ebener
Durchlauftraeger. Mit Postprozessor zur Schnittgroessenberechnung und Daten-
ausgabe.
******************************************************************************
Der Aufbau des Programms ist weitgehend mit dem des Programms RaFa_FEM.HGC
identisch. Unterschiede werden durch strukturspezifische Parameter berück-
sichtigt. Deshalb wird nur das den Gang der FEM-Rechnung steuernde Hauptpro-
gramm wiedergegeben.
============================================================================*)
(*$C-*)
PROGRAM EbDu_Fem;
(*==========================================================================*)
(********************** Anfang Hauptprogramm ******************************)
BEGIN
ProgInit;UserInit;GKInit;      (* -- Initialisierung, Benutzer-Eingaben -- *)
   if mataus=1 then MtrAus(0);(* Konfiguration zur EK-Ausgabe, nur EbDu_Mat *)
for i:=1 to 2*kf do Begin      (* --- EKi berechnen und in GK addieren --- *)
    for k:=1 to 2*kf do Begin
        EK(.i,k.):=0;          (* vor Beginn der Rechnung EKi leer setzen  *)
    End;
End;
FOR i:=1 to ne do Begin                          (* Elementdaten holen      *)
    ElemDaten(i,5);
    if (L<>Lmerk) or (Gr<>Grmrk) then EKi;       (* Eki berechnen           *)
    if pr=1 then MtrAus(1);                   (* Eki ausgeben, nur EbDu_Mat *)
    if pr=0 then Begin
       cl25;Write('EKi berechnen: Element ',i);      (* Benutzer-Information *)
    End;
    GKIndex(ia,ie);EKinGK;                       (* EKi in GK               *)
    Lmerk:=L;Grmrk:=Gr;                          (* Elementlaenge merken    *)
END;Writeln;
Knotenkraefte;                                   (* Knotenlasten in GK      *)
if qFlag<>0 then Streckenlasten;                 (* Streckenlast auswerten  *)
Lagersteifigkeiten(0);Writeln;Writeln;
   if mataus=1 then MtrAus(2);(* GK ausgeben vor  Reduzierung, nur EbDu_Mat *)
GkLoesen;            (* Gleichungssystem reduzieren mit Procedure Cholesky *)
   if mataus=1 then MtrAus(3);(* GK ausgeben nach Reduzierung, nur EbDu_Mat *)
KVinDatei;                              (* Knotenverschiebungen in Datei   *)
Lagersteifigkeiten(1);Writeln;Writeln;           (* Lagerraktionen in Datei *)
FzG:=0;                     (* Gesamtgewicht FzG vor Summierung Null setzen *)
Lmin:=1.0E10;Lmerk:=0;
for i:=1 to ne do Begin
    cl25;                                        (* Benutzer-Information    *)
    Write('Ergebnisse in Element-Datei: Element ',i);
    ElemDaten(i,7);
    if (L<>Lmerk) or (Gr<>Grmrk) then EKi;       (* Eki berechnen           *)
    Schnittreaktionen(i);
    Auswertung;                                  (* Ergebnisse auswerten    *)
    Lmerk:=L;Grmrk:=Gr;                          (* Elementlaenge merken    *)
End;
for d:=1 to 5 do UpDateUb;                    (* Parameter in Überschriften *)
(* ----- Menue f. Datenausgabe (weitgehend identisch mit RaFa_FEM.HGC) ---- *)
END.
(* ********************* Ende Hauptprogramm EbDu_Fem.HGC ***************** *)
(* (C) Prof. W. Oldenburg, 6301 Wettenberg, 1988                           *)
```

A 3.2.2 Include-Datei EbDuFem.OVL

```
(* ===== Include-Datei  EbDuFem.PAS ======================================== *)
(*--------------------- Elementeigenschaften berechnen --------------------*)
Procedure ElemDaten(i,qd :Integer);      (* i=Element-Nr. *)
label 10;
(* --- Fq-Spalten in KN-Datei löschen --- *)
Procedure DelFqSpalten(i:Integer);
Begin
   if (qd=5) and (gFlag=0) then Begin
      d:=1;xyNull(6,7);tbLeer(6,7);
      for kk:=6 to 7 do StringEin;
      DatWrite(i);
   End;
End;
(* ---------------------------- *)
Begin xx:=0;yy:=0;zz:=0;
   ia:=i;ie:=i+1;
   ReadKN(i  ,2,2);Xa:=xyr(.2.);DelFqSpalten(i  );
   ReadKN(i+1,2,2);Xe:=xyr(.2.);DelFqSpalten(i+1);
   ReadEL(i,2,2);Gr:=xyi(.2.);if Gr=0 then Gr:=Grmrk;
   if (Gr=1) or (Gr<>Grmrk) then Begin
      d:=3;ReadEG(Gr,2,qd);
      em:=xyr(.2.); Aq:=xyr(.3.);Iy:=xyr(.4.);
      gam:=xyr(.5.);if gFlag=0 then gFlag:=gam;
      if qd=7 then Begin Za:=xyr(.6.);Ze:=xyr(.7.);End
         else Begin Za:=0;Ze:=0;End;
   End;
   L:=(Xe-Xa);if (L>0) and (Lmin>L) then Lmin:=L;
   Fg:=(gam/1000)*Aq*(L/1000);          (* Gelenk ohne Eigengewicht wegen L=0   *)
   if L=0 then Begin L:=Lmin/10;        (* Simulierte Laenge zur Berechnung der *)
      d:=3;DatRead(Gr,0,0);kk:=9;       (* Gelenk-Steifigkeiten notwendig       *)
      StringAus;FG_Code;
   End;

   CE(.1.):=   Em*Aq/L    ;if abs(CE(.1.))>CSmax then CSmax:=abs(CE(.1.));
   CE(.2.):= 4*Em*Iy/L    ;
   CE(.3.):=12*Em*Iy/L/L/L;if abs(CE(.3.))>CSmax then CSmax:=abs(CE(.3.));
   CE(.4.):= 6*Em*Iy/L/L  ;if abs(CE(.4.))>CSmax then CSmax:=abs(CE(.4.));
   CE(.5.):= 2*Em*Iy/L    ;

   if Xe-Xa=0 then Begin      (* Gelenk-Code auswerten *)
      if (zz=1) and (qd=5) then Begin cle(24);Writeln;Writeln;rv1;WriteLn(
         'Entkopplung nur der Querkraft an Element ',i,' nicht erlaubt !');
         Writeln;WriteLn(
         'Programm entkoppelt auch das Biegemoment !');RvO;Writeln;Writeln;
      End;
      if zz=1 then Begin CE(.3.):=0;yy:=1;End;
      if xx=1 then CE(.1.):=0;
      if yy=1 then Begin CE(.2.):=0;CE(.5.):=0;CE(.4.):=0;End;
   End;
10:End;
(*---------------------- EKi berechnen -------------------------------------*)
Procedure EKi;
BEGIN
EK(.1,1.):= CE(.1.);EK(.1,4.):=-CE(.1.);EK(.4,1.):=-CE(.1.);EK(.4,4.):= CE(.1.);
EK(.2,2.):= CE(.2.);EK(.2,3.):=-CE(.4.);EK(.2,5.):= CE(.5.);EK(.2,6.):= CE(.4.);
EK(.3,2.):=-CE(.4.);EK(.3,3.):= CE(.3.);EK(.3,5.):=-CE(.4.);EK(.3,6.):=-CE(.3.);
EK(.5,2.):= CE(.5.);EK(.5,3.):=-CE(.4.);EK(.5,5.):= CE(.2.);EK(.5,6.):= CE(.4.);
EK(.6,2.):= CE(.4.);EK(.6,3.):=-CE(.3.);EK(.6,5.):= CE(.4.);EK(.6,6.):= CE(.3.);
END;
```

```
(*--------------------- Eki in GK addieren --------------------------------*)
Procedure EKinGK;
var i,j,k,m :Integer;
Begin
  for j:=1 to 2*kf do Begin
      for k:=1 to 2*kf do Begin
          i:=igk(.j.) ;m:=igk(.k.)-i+1;
          if m>0 then Begin
             gkRead(i);gkx(.m.):=gkx(.m.)+ek(.j,k.);gkWrite(i);
          End;
      End;
      if Fg<>0 then Begin                (* --- Eigengewicht in GK --- *)
         if j=3 then Begin
            i:=igk(.j.);gkRead(i);gkx(.nsp.):=gkx(.nsp.)+Fg/2;
            gkx(.nsp+3.):=Fg/2;gkWrite(i);
         End;
         if j=3+kf then Begin
            i:=igk(.j.);gkRead(i);gkx(.nsp.):=gkx(.nsp.)+Fg/2;
            gkx(.nsp+2.):=Fg/2;gkWrite(i);
         End;
      End;
  End;  (* j-Schleife *)
  if Fg<>0 then Begin d:=1;
     DatRead(ie,0,0);kk:=6;xyr(.6.):=Fg/2;RealinTab;DatWrite(ie);
     DatRead(ia,0,0);kk:=7;xyr(.7.):=Fg/2;RealinTab;DatWrite(ia);
  End;
End;
(* ---------------------- Knotenkräfte aus FQ-Datei ---------------------- *)
Procedure Knotenkraefte;
label 10;
var i,j,k,l,k1,k2 :Integer;
Begin xx:=0;zz:=0;
Writeln;cl25;
WriteLn('Knotenlasten in GK-Datei');   (* --- Benutzer-Information --- *)
  for i:=1 to LsLine(.5.) do Begin
      for j:=1 to kf do F(.j.):=0;
      ReadFQ(i,1,7);k1:=xyi(.1.);k2:=xyi(.2.);
      for j:=6 to 7 do Begin           (* Marke f. Streckenlast setzen *)
          if (xyr(.j.)<>0) and (qFlag=0) then qFlag:=xyr(.j.);
      End;
      if (k1=xx) and (k2=zz) then k1:=0;
      if k2<k1 then k2:=k1;if k1=0 then k2:=k1;
      for j:=k1 to k2 do Begin
          if (k1=0) and (k2=0) then Goto 10;
          for k:=1 to kf do F(.k.):=xyr(.k+2.);
          for l:=1 to kf do
              if F(.l.)<>0 then Begin
                 k:=kf*j-(kf-1);gkRead(k);
                 gkx(.nsp.):=gkx(.nsp.)+F(.l.);gkWrite(k);
              End;
     End; (* j-Schleife *)
     xx:=k1;zz:=k2;
  10:End; (* i-Schleife *)
End;
(*---------------------- Streckenlasten aus FQ-Datei ----------------------*)
Overlay Procedure Streckenlasten;
label 10;
var i,j,k,j1,j2 :Integer;
    F,FqR,FqD,L,x :Vk3r;  (* Indizes: 1, 2, 3 --> Knoten j-1, j, j+1 *)
    qa,qe  :Real;
```

```
(* --- Knotenkraefte aus Streckenlast --- *)
Procedure q_Kraft(j1,j2:Integer);
var Lmax,qdif :Real;
    j,k :Integer;
Begin ReadKN(j1,2,2);xa:=xyr(.2.);ReadKN(j2,2,2);xe:=xyr(.2.);
Lmax:=xe-xa;qdif:=qe-qa;
for j:=j1 to j2 do Begin     (* -- Schleife über Knoten der Streckenlast -- *)
    ReadKN(j,2,2);x(.2.):=xyr(.2.);              (* Koordinate Knoten j     *)
    if j>j1 then Begin ReadKN(j-1,2,2);x(.1.):=xyr(.2.);End
       else x(.1.):=x(.2.);                      (* Koordinate Knoten j-1   *)
    if j<j2 then Begin ReadKN(j+1,2,2);x(.3.):=xyr(.2.);End
       else x(.3.):=x(.2.);                      (* Koordinate Knoten j+1   *)
    L(.1.):=x(.2.)-x(.1.);L(.2.):=x(.3.)-x(.2.); (* Feldlängen li/re        *)
    for k:=1 to 3 do                             (* Hoehe der Streckenlast *)
        q(.k.):=qa+qdif*(x(.k.)-xa)/Lmax;        (* der drei Knoten         *)
    for k:=1 to 2 do Begin                  (* Kraftanteile aus den zwei    *)
        FqR(.k.):=q(.k.)*L(.k.);FqD(.k.):=(q(.k+1.)-q(.k.))*L(.k.)/2;
    End;                                    (* Rechtecken und Dreiecken     *)
    F(.2.):=FqR(.1.)/2+2*FqD(.1.)/3;        (* Kraftanteil links  vom Knoten *)
    F(.3.):=FqR(.2.)/2+  FqD(.2.)/3;        (* Kraftanteil rechts vom Knoten *)
    F(.1.):=F(.2.)+F(.3.);                  (* Knotenkraft aus Streckenlast  *)
    gkIndex(j,0);gkRead(igk(.3.));          (* Gk-Zeile f. Z-FG des Knotens  *)
    gkx(.nsp.):=gkx(.nsp.)+F(.1.);
    for k:=2 to 3 do gkx(.nsp+k.):=gkx(.nsp+k.)+F(.k.);
    gkWrite(igk(.3.));                      (* Werte in Gk-Datei             *)
    ReadKN(j,6,7);
    for kk:=6 to 7 do Begin
        xyr(.kk.):=xyr(.kk.)+F(.kk-4.);if xyr(.kk.)<>0 then RealinTab;
    End;
    DatWrite(j);                            (* Werte in KN-Datei             *)
End; (* j-Schleife *)
End;
(* --------------------------- *)
Begin      (* UP Streckenlasten *)
xx:=0;zz:=0;Writeln;cl25;
WriteLn('Streckenlasten in Datei');   (* --- Benutzer-Information --- *)
  for i:=1 to LsLine(.5.) do Begin
      for j:=1 to kf do q(.j.):=0;
      ReadFQ(i,1,7);j1:=xyi(.1.);j2:=xyi(.2.);qa:=xyr(.6.);qe:=xyr(.7.);
      if (j1=xx) and (j2=zz) then j1:=0;
      if j2<j1 then j2:=j1;if j1=0 then j2:=j1;
      if (j1=0) and (j2=0) then Goto 10;
      if (qa=0) and (qe=0) then Goto 10;
      q_Kraft(j1,j2);
      xx:=j1;zz:=j2;
  10:End; (* i-Schleife *)
End;
(* ---------------------- Lagerbedingungen auswerten ---------------------- *)
Overlay Procedure Lagersteifigkeiten(v:Integer);
                                         (* Aufruf mit v=0 vor  GKloesen *)
var i,j :Integer;                        (*            v=1 nach GKloesen *)
(* ----- Lagersteifigkeiten in GK-Datei ----- *)
Procedure LagerInGK;
var i,j:Integer;
Begin CLmax:=0;
cl25;Write('Lagerbedingungen in GK-Datei');(* -- Benutzer-Information -- *)
   for i:=1 to kf do Begin
       if CL(.i.)>0 then Begin
          if CLmax<CL(.i.) then CLmax:=CL(.i.);
          j:=igk(.i.);gkRead(j);gkx(.1.):=gkx(.1.)+CL(.i.);gkWrite(j);
       End;
   End;
End;
```

```
(* ----- Lagerkräfte in LA-Datei ----- *)
Procedure Lagerkraefte;
var i,j :Integer;
Begin
cl25;Write('Lagerreaktionen in Ausgabedatei');(*-- Benutzer-Information --*)
   for i:=1 to kf do Begin
       if CL(.i.)>0 then Begin
          gkRead(igk(.i.));
          kk:=i+6;xyr(.kk.):=-gkx(.nsp+1.)*CL(.i.);RealInTab;
       End;
   End;
   for kk:=7 to 9 do StringEin;
   DatWrite(ie);
End;
(* ---- Lagerbedingungen aus FLA-Datei holen ----- *)
BEGIN Writeln;   (* Lagersteifigkeiten *)
for i:=1 to LsLine(.4.) do Begin
    for j:=1 to 3 do CL(.j.):=0;
    ReadLA(i,1,6);kk:=1;ZahlausTab;ia:=xyi(.1.);ie:=i;TbLeer(7,9);
 if ia>0 then Begin
    kk:=3;FG_Code;
    if xx=1 then CL(.1.):=Csmax*Clvst;
    if yy=1 then CL(.2.):=Csmax*Clvst;
    if zz=1 then CL(.3.):=Csmax*Clvst;
    for j:=1 to kf do if CL(.j.)=0 then CL(.j.):=xyr(.j+3.);
    GKIndex(ia,0);
    if v=0 then LagerInGK;
    if v=1 then Lagerkraefte;
 End;
End;
END;
(* ---------------------- Schnittreaktionen aus EKi und KV berechnen ----- *)
Overlay Procedure Schnittreaktionen(i:Integer);
var V,Fq :Vk6r;
    j,k  :Byte;
BEGIN
for j:=1 to kf do Begin F(.j.):=0;F(.j+kf.):=0;End;(* Werte auf Null setzen *)
GKIndex(i,i+1);
for j:=1 to kf do Begin
    gkRead(igk(.j    .));V(.j    .):=gkx(.nsp+1.);   (* Knotenverschiebungen  *)
    if j=3 then Fq(.j.):=gkx(.nsp+3.);               (* und Fq-Anteile        *)
    gkRead(igk(.j+kf.));V(.j+kf.):=gkx(.nsp+1.);     (* aus GK-Datei holen    *)
    if j=3 then Fq(.j+kf.):=gkx(.nsp+2.);
End;
F(.4.):=EK(.4,1.)*V(.1.)+EK(.4,4.)*V(.4.);           (* Normalkraft Fx        *)
for j:=2 to kf do Begin
    for k:=2 to 2*kf do Begin
        F(.j    .):=F(.j    .)-EK(.j    ,k.)*V(.k.); (* Biegemomente My und   *)
        F(.j+kf.):=F(.j+kf.)+EK(.j+kf,k.)*V(.k.);    (* Querkräfte Fz         *)
    End;
End;
F(.3.):=F(.3.)+Fq(.3.);F(.6.):=F(.6.)-Fq(.6.);       (* Querkraft-Korrektur   *)
END;
(* ---------------------- Lösungen auswerten  ---------------------------- *)
Overlay Procedure Auswertung;
var j      :Byte;
    W,S1,S2 :Real;
BEGIN
xyNull(1,10);
                 xyr(.3.):=F(.4.);               (* Normalkraft  Fx      *)
xyr(.4.):=F(.3.);xyr(.5.):=F(.6.);               (* Querkräfte   Fz      *)
xyr(.6.):=F(.2.);xyr(.7.):=F(.5.);               (* Biegemomente My      *)
```

```
if Za<>0 then Begin                          (* max. Spannung rechnen  *)
   W :=Iy/Za;                                (* Widerstandsmoment      *)
   S1:=F(.4.)/Aq+F(.2.)/W;                   (* Spannung im Abstand    *)
   S2:=F(.4.)/Aq+F(.5.)/W;                   (* Z1 von der Achse       *)
   if abs(S1)>abs(S2) then xyr(.8.):=S1      (* Maximalbetrag in Datei *)
      else xyr(.8.):=S2;
End;
if Ze<>0 then Begin                          (* max. Spannung rechnen  *)
   W :=Iy/Ze;                                (* Widerstandsmoment      *)
   S1:=F(.4.)/Aq+F(.2.)/W;                   (* Spannung im Abstand    *)
   S2:=F(.4.)/Aq+F(.5.)/W;                   (* Z2 von der Achse       *)
   if abs(S1)>abs(S2) then xyr(.9.):=S1      (* Maximalbetrag in Datei *)
      else xyr(.9.):=S2;
End;
if gFlag>0 then Begin                        (* Stabgewicht Fg       *)
   xyr(.10.):=Fg;FzG:=FzG+Fg;                (* Ges.Gewicht FzG      *)
End;
d:=2;TbLeer(3,10);                           (* alte Werte löschen   *)
for kk:=3 to 10 do                           (* neue Werte in        *)
    if abs(xyr(.kk.))>1.0e-6 then RealinTab; (*      Tabellenzeile   *)
for kk:=3 to 10 do StringEin;DatWrite(i);    (* Werte in .FEL Datei  *)
END;
(* ===== Include-Datei  EbDuFem.OVL --- Ende --- ========================== *)
```

A 3.2.3 Include-Datei EbDuGraf.OVL

```
(* ===== Includedatei    EbDuGraf.OVL ==================================== *)
Overlay Procedure EbDuGraf1;
label 10,20,30,40,45,50,100;
(*---------------------- Knoten-Nr. eintragen ------------------------------*)
Procedure KnotNr;
Begin  SchriftMode(0); (* Normal *)        x:=i1-XchSt;y:=j1-YchSt-2;
       if i1<>i1merk then Begin str(i,ein);TextSmall(x,y,0,ein) ;End;
       i1merk:=i1;
End;
(*---------------------- Element-Nr. eintragen ----------------------------*)
Procedure ElemNr;
Begin
  SchriftMode(1);                             (* Unterstreichen bei Sirius *)
  x:=round((i2+i1)/2)-XchSt;y:=j2+4 ;
  str(i,ein);TextSmall(x,y,1,ein);            (* Unterstreichen der El-Nr. *)
End;
(*---------------------- x-Kraefte eintragen ------------------------------*)
Procedure XKraft;
Begin
   x2:=i1;y2:=j1;
   if F(.1.)<0 then Begin x1:=x2+40;y1:=y2;End;
   if F(.1.)>0 then Begin x1:=x2-40;y1:=y2;End;
   Draw(x1,y1,x2,y2,Ls);KraftPfeil;i1:=x2;j1:=y2;
End;
(*---------------------- z-Kraefte eintragen ------------------------------*)
Procedure ZKraft;
Begin
x2:=i1;y2:=j1;
   if F(.3.)<0 then Begin x1:=x2;y1:=y2+24;End;
   if F(.3.)>0 then Begin x1:=x2;y1:=y2-24;End;
   Draw(x1,y1,x2,y2,Ls);KraftPfeil;i1:=x2;j1:=y2;
End;
```

```
(*--------------------- Lager unten zeichnen -----------------------------*)
Procedure LagerUnten;
Begin
  i1:=x1   ;j1:=y1    ;i2:=x1+5 ;j2:=y1+10;Draw(i1,j1,i2,j2,Ls);
  i1:=x1   ;j1:=y1    ;i2:=x1-5 ;j2:=y1+10;Draw(i1,j1,i2,j2,Ls);
  i1:=x1-9 ;j1:=y1+10 ;i2:=x1+9 ;j2:=y1+10;Draw(i1,j1,i2,j2,Ls);
  x :=x1-9 ;y :=y1+10 ;TextSmall(x,y,0,ein);
End;
(*--------------------- Extremwerte der Struktur -------------------------*)
Procedure Extremwert;
Begin
  Xmax :=-1.0e30 ;Xmin :=1.0e30;
  Vzmax:=-1.0e30 ;Vzmin:=1.0e30;
  Nxmax:=-1.0e30 ;Nxmin:=1.0e30;
  Qzmax:=-1.0e30 ;Qzmin:=1.0e30;
  Mymax:=-1.0e30 ;Mymin:=1.0e30;
  Amax :=-1.0e30 ;
  qmax :=-1.0e30 ;qmin :=1.0e30;
  for i:=1 to nk do Begin
      ReadKN(i,2,5);
      if xyr(.2.)>Xmax  then Xmax :=xyr(.2.);    (* Koordinaten      *)
      if xyr(.2.)<Xmin  then Xmin :=xyr(.2.);
      if xyr(.5.)>Vzmax then Vzmax:=xyr(.5.);    (* z-Verschiebungen *)
      if xyr(.5.)<Vzmin then Vzmin:=xyr(.5.);
      if i<nk then Begin
         ReadEL(i,3,7);
         if xyr(.6.)>MYmax then MYmax:=xyr(.6.); (* Biegemomente     *)
         if xyr(.6.)<MYmin then MYmin:=xyr(.6.);
         if xyr(.7.)>MYmax then MYmax:=xyr(.7.);
         if xyr(.7.)<MYmin then MYmin:=xyr(.7.);
         if xyr(.3.)>NXmax then NXmax:=xyr(.3.); (* Normalkraefte    *)
         if xyr(.3.)<NXmin then NXmin:=xyr(.3.);
         if xyr(.4.)>QZmax then QZmax:=xyr(.4.); (* Querkraefte      *)
         if xyr(.4.)<QZmin then QZmin:=xyr(.4.);
         if xyr(.5.)>QZmax then QZmax:=xyr(.5.);
         if xyr(.5.)<QZmin then QZmin:=xyr(.5.);
      End;
  End;
  for i:=1 to LsLine(.3.) do Begin
      ReadEG(i,3,3);
      if xyr(.3.)>Amax then Amax:=xyr(.3.);    (* --- Querschnitte  --- *)
  End;
  for i:=1 to LsLine(.5.) do Begin
      ReadFQ(i,6,7);
      if xyr(.6.)>qmax then qmax:=xyr(.6.);    (* --- Streckenlasten --- *)
      if xyr(.7.)>qmax then qmax:=xyr(.7.);
      if xyr(.6.)<qmin then qmin:=xyr(.6.);
      if xyr(.7.)<qmin then qmin:=xyr(.7.);
  End;
if (Nxmax=0) and (Nxmin=0) then Begin Nxmax:=1;Nxmin:=-1;End;
if (Qzmax=0) and (Qzmin=0) then Begin Qzmax:=1;Qzmin:=-1;End;
if (Mymax=0) and (Mymin=0) then Begin Mymax:=1;Mymin:=-1;End;
if (Vzmax=0) and (Vzmin=0) then Begin Vzmax:=1;Vzmin:=-1;End;
End;
(*--------------------- Grundmasstab ermitteln ---------------------------*)
Procedure GrundMass;
Begin
  Vvv:=Vv;
  Vbx:=640/(Xmax-Xmin)    ;                  VbG:=Vbx*Bv;
  if Bv<=1 then Begin
     X00:=50-round(Xmin*VbG);
  End;
End;
```

```
(*---------------------- Achsenkreuz eintragen ----------------------------*)
Procedure Achsenkreuz;
Begin Pen:=1;
   Ls:=1;
if prg=1 then  LoadWindow(2,710,  0,'EbDuKoor')
   else Begin SetLineStyle(0);
   x1:=740;y1:=8    ;x2:=x1+39;y2:=y1   ;Draw(x1,y1,x2,y2,Ls);KraftPfeil;
   x:=x2+4;y:=y2-8 ;TextSmall(x,y,0,'X');
                    x2:=x1    ;y2:=y1+24;Draw(x1,y1,x2,y2,Ls);KraftPfeil;
   x:=x2+6;y:=y2-8 ;TextSmall(x,y,0,'Z');
   x:=x1  ;y:=y1   ;Pfeil:=0 ;Kraftkreis;
   x:=x1-18;y:=y1-8;TextSmall(x,y,0,'Y');
End;
End;
(*--------------------- Ueberschrift eintragen ---------------------------*)
Procedure UbSchr;
Begin Schriftart(1);x:=0;y:=0;
   SchriftMode(1);ein:='Dateiname:';TextNormal(  0,0,ein);
   SchriftMode(0);ein:=' '+ExtNam  ;TextNormal(110,0,ein);
End;
(*--------------------- Bildkoordinaten berechnen -------------------------*)
Procedure BildKoor;
BEGIN if Bv=1 then xxx:=0;
      i1:=X00+round((xa-xxx)*VbG) ;i2:=X00+round((xe-xxx)*VbG);
      j1:=Y00-round(ya*VbG*ky/cxy);j2:=Y00-round(ye*VbG*ky/cxy);
END;
(* -------------------- KO-System zeichnen ------------------------------ *)
Procedure DrawKoord(c1,c2,ka,ke:Integer;Wmax,Wmin:Real);
BEGIN
  Pfeil:=1;Ls:=1;
  ReadKN(ka,2,2);xa:=xyr(.2.);ReadKN(ke,2,2);xe:=xyr(.2.);BildKoor;
  if i1<X00 then i1:=X00;if i2>760 then i2:=760;
  x1:=i1;y1:=Y00-c1*(hva+trunc(YchSt/4));
  x2:=i1;y2:=Y00+c1*(hve+YchSt);
  Xmerk(.1.):=i1;Xmerk(.2.):=i2;
  Draw(x1,y1,x2,y2,Ls);KraftPfeil;        (* Vertikale-Achse *)
  x1:=Xmerk(.1.);x2:=Xmerk(.2.)+3*XchSt;y1:=Y00;y2:=Y00;
  Draw(x1,y1,x2,y2,Ls);KraftPfeil;        (*  x-Achse *)
  x:=x1-3*XchSt          ;y:=Y00+c1*(hve+c2*YchSt) ;TextNormal(x,y,ein);
  x:=Xmerk(.2.)+3*XchSt;y:=Y00            ;ein:='x';TextNormal(x,y,ein);
  i1:=x1-2;i2:=x1+2;
  Y1:=Y00+c1*hve;Draw(i1,Y1,i2,Y1,Ls);
  Y2:=Y00-c1*hva;Draw(i1,Y2,i2,Y2,Ls);
  str(Wmax:6:1,ein);if abs(Wmax)>999.0 then Str(Wmax:6:0,ein);
  x:=Xmerk(.1.)-5*XchSt;y:=Y1-trunc(YchSt/2);TextSmall(x,y,0,ein);
  str(Wmin:6:1,ein);if abs(Wmin)>999.0 then Str(Wmin:6:0,ein);
                       ;y:=Y2-trunc(YchSt/2);TextSmall(x,y,0,ein);
END;
(* -------------------- Zeichnungskopf beschriften ---------------------- *)
Procedure KopfSchrift;
var ys :Integer;
Begin ys:=y-10;if ys<0 then ys:=0;
  Schriftart(1);SchriftMode(1);TextNormal(x,ys,ein);SchriftMode(0);
End;
(* -------------------- Struktur zeichnen ------------------------------- *)
Procedure StrukZei;
label 50;
var mv     :Real;
    DatSum,ka,ke :Integer;
(* -------------------- Gelenk zeichnen --------------------------------- *)
Procedure DrawGelenk(i:Integer);
var xs :Integer;
```

```
Begin
  BildKoor;ReadEL(i,2,2);Gr:=xyi(.2.);ReadEG(Gr,9,9);kk:=9;StringAus;
  if prg=0 then begin
     TextSmall(i1-4,Y00-7,0,'O');TextSmall(i1+3,Y00-10,0,tb(.d,kk.));end
  else begin
       TextNormal(i1-5,Y00-9,'o');TextSmall(i1+5,Y00-13,0,tb(.d,kk.));
  end;
End;
(* ------------------- Achse beschriften -------------------------------- *)
Procedure Achsenschrift(b:Byte);          (* b=0: Kn-Nr. + El-Nr. *)
var k:Integer;
(* --- Beschriftung ausfuehren --- *)     (* b=1: Kn-Nr.          *)
Procedure Schreiben;                      (* b=2:          El-Nr. *)
Begin
  Ls:=1;Draw(i1,j1,i1,j2,Ls);
  if b=0 then Begin
     if AutoSchr(.3.)='3' then ElemNr;
     if AutoSchr(.2.)='2' then KnotNr;
  End;
  if b=1 then KnotNr;
  if b=2 then ElemNr;
End;
(* ---------------------------- *)
BEGIN (* Achsenschrift *)
  k:=trunc((ke-ka)/10);if k=0 then k:=1;
  if trunc(i/k)=i/k then Schreiben;
END;
(* -------------------- Traegerdarstellung zeichnen ------------------ *)
Overlay Procedure Balken;
Begin if ke>nk then ke:=nk;
  if AutoSchr(.4.)='4' then Achsenkreuz;
  hv:=h(.1.) ;Y00:=trunc(3*hv/4);
  hv0:=trunc(hv/5)  ;hve:=0             ;
x:=300;y:=trunc(1.3*YchSt);
ein:='Strukturmodell';KopfSchrift;
(* --- Mittellinie zeichnen --- *)
   ReadKN(ka,2,2);xa:=xyr(.2.);
   ReadKN(ke,2,2);xe:=xyr(.2.);
   Ya ::=0           ;Ye ::=0          ;
   BildKoor;
   SetLineStyle(3);Ls:=1;                 (* Mittellinie *)
   i1:=i1-20;if i1<0   then i1:=0  ;
   i2:=i2+20;if i2>Xs2 then i2:=Xs2;
   Draw(i1,Y00,i2,Y00,Ls);
   SetLineStyle(0);
(* --- Balken zeichnen --- *)
Grmrk:=1;
for i:=ka to ke-1 do Begin
     ReadKN(i  ,2,2);xa:=xyr(.2.);
     ReadKN(i+1,2,2);xe:=xyr(.2.);
        Ya ::=0           ;Ye ::=0          ;
        if xa=xe  then DrawGelenk(i);
        BildKoor;
        ReadEL(i,2,2);gr:=xyi(.2.);if Gr=0 then Gr:=Grmrk;
        if (gr=1) or (gr<>Grmrk) then Begin
           ReadEG(Gr,3,3);
        End;
        hva:=trunc(hv0*sqrt(xyr(.3.)/Amax));
        j1 ::=Y00-hva ;j2 ::=Y00+hva;
        Ls:=2;
           Draw(i1,j1,i2,j1,Ls);         (* Element zeichnen *)
           Draw(i1,j2,i2,j2,Ls);
        Ls:=1;
```

```
        if hva<>hve then Begin
           Ls:=2;if i=1 then hve:=0;
           if hve>hva then Begin
              j1:=Y00-hve;j2:=Y00+hve;
           End;
           Draw(i1,j1,i1,j2,Ls);
        End;
        if xa<>xe then Achsenschrift(0);
        if i=ke-1 then Begin
           Ls:=2;j1:=Y00-hva;j2:=Y00+hva;Draw(i2,j1,i2,j2,Ls);
           i1:=i2;i:=ke;Achsenschrift(1);
        End;
        hve:=hva;
        Grmrk:=gr;

    End; (* Ende i-Element-Schleife *)
End;    (* --- Ende Up Balken --- *)
(* ---------------------- Belastung/Lagerung zeichnen ---------------------- *)
Overlay Procedure Belastung;
(* ----- Knotenkraefte zeichnen ----- *)
Procedure FiDraw;
label 50;
var i,j,k :Integer;
BegiN
SetLineStyle(0);Ls:=4;
for i:=1 to LsLine(.5.) do Begin                (* Schleife Belastungsdaten    *)
    ReadFQ(i,1,5);ia:=xyi(.1.);ie:=xyi(.2.); (* Kraefte-Knoten holen        *)
    if ie<ia then ie:=ia;
    for j:=1 to kf do F(.j.):=xyr(.j+2.);     (* Fx, Fy     festhalten       *)
    for j:=ia to ie do Begin
        if (j<ka) or (j>ke) then Goto 50;      (* Bildgrenzen auswerten       *)
        if (j>0) and (j<=Nk) then Begin
           ReadKN(j,2,2);xa:=xyr(.2.);         (* Koordinaten holen           *)
           BildKoor;
           if F(.1.)<>0 then XKraft;if F(.3.)<>0 then ZKraft;
           if F(.2.)<>0 then Begin
              if F(.2.)>0 then Pfeil:=4;if F(.2.)<0 then Pfeil:=5;
              x:=i1;y:=j1;KraftKreis;
           End;
        End;
    50:End;
End;
EnD;
(* ----- Streckenlasten zeichnen ----- *)
Procedure q_Draw;
label 50;
var i,j,k,k1,k2 :Integer;
    q,q1,q2,x1,x2:Real;
BegiN
SetLineStyle(0);Ls:=1;j:=0;SchriftMode(0);
if abs(qmin)>qmax then qmax:=abs(qmin);
for i:=1 to LsLine(.5.) do Begin                (* Schleife Belastungsdaten    *)
    ReadFQ(i,1,7);ia:=xyi(.1.);ie:=xyi(.2.); (* Kraefte-Knoten holen        *)
    if ie<ia then ie:=ia;
    if (xyr(.6.)=0) and (xyr(.7.)=0) then Goto 50;
       q1:=xyr(.6.);q2:=xyr(.7.);
       ReadKN(ia,2,2);x1:=xyr(.2.);        (* Anfangskoordinate zu q1 holen *)
       ReadKN(ie,2,2);x2:=xyr(.2.);        (* Endkoordinate     zu q2 holen *)
       k1:=ia;if (ka>ia) and (ka<ie) then k1:=ka;
       k2:=ie;if (ke>ia) and (ke<ie) then k2:=ke;
       ReadKN(k1,2,2);xa:=xyr(.2.);ya:=0;(* Koordinaten zu Bildausschnitt *)
       ReadKN(k2,2,2);xe:=xyr(.2.);ye:=0;(* holen                         *)
```

```
      if xa=xe then Goto 50;
         q:=q1+(q2-q1)*(xa-x1)/(x2-x1);hva:=trunc(hv0*q/qmax);
         q:=q1+(q2-q1)*(xe-x1)/(x2-x1);hve:=trunc(hv0*q/qmax);
         BildKoor;
         j1:=Y00;j2:=Y00-hva;Draw(i1,j1,i1,j2,Ls);
         x:=i1+5;y:=Y00-trunc(2.6*YchSt);
         BildKoor;
         j1:=Y00-hva;j2:=Y00-hve;Draw(i1,j1,i2,j2,Ls);
         j1:=Y00    ;            Draw(i2,j1,i2,j2,Ls);
         x:=i2-15;y:=Y00-trunc(2.6*YchSt);
50:End;
EnD;
(* ---- Lagerbedingungen aus Datei holen ----- *)
Procedure LagerDraw;
label 50;
var i,j,k :Integer;LagW  :String(.4.);
Begin SetLineStyle(0);Ls:=1;SchriftMode(0);
   for i:=1 to LsLine(.4.) do Begin (* Lagerdatei auswerten *)
      ReadLA(i,1,6);LagW:=ein;j:=xyi(.1.);if j<=0 then Goto 50;
      if (j>=ka) and (j<=ke) then Begin
         ReadKN(j,2,2);xa:=xyr(.2.);
         BildKoor;x1:=i1;y1:=j1;ein:=LagW;LagerUnten;
      End;
    End; (* Ende der i-Schleife Lagerdatei *)
50: End; (* Lagerbedingungen *)
(* ------------------------------------- *)
Begin   (* UP Belastung *)
   if AutoSchr(.4.)='4' then Achsenkreuz;
   Ya :=0           ;Ye :=0          ;
   hv :=h(.2.)      ;Y00:=h(.1.)+trunc(3*hv/4);
   hv0:=trunc(hv/3) ;
x:=300;y:=h(.1.)+YchSt;
ein:='Belastung und Lagerung';KopfSchrift;
    Ls:=2;
    ReadKN(ka,2,2);xa:=xyr(.2.);ya:=0;
    ReadKN(ke,2,2);xe:=xyr(.2.);ye:=0;
    BildKoor;
    if i1<Xs1 then i1:=Xs1;if i2>Xs2 then i2:=Xs2;
    Draw(i1,Y00,i2,Y00,Ls);  (* Traegerachse *)
for i:=ka to ke do Begin
    ReadKN(i,2,2);xa:=xyr(.2.);ya:=0;
    if xyr(.2.)=xe then DrawGelenk(i-1);
    BildKoor;
    j1:=Y00+trunc(YchSt/4);j2:=Y00-trunc(YchSt/4);
    Achsenschrift(0);
    if i=nk then Begin
       Draw(i1,j1,i1,j2,Ls);
    End;
    xe:=xyr(.2.);
End;(* Ende i-Knoten-Schleife *)
FiDraw;    (* Knotenkraefte  zeichnen *)
q_Draw;    (* Streckenlasten zeichnen *)
LagerDraw; (* Lagerung einzeichnen    *)
End;       (* -- Ende Up Belastung -- *)
(* -------------------- Biegelinie zeichnen ------------------------------ *)
Overlay Procedure Biegelinie;
Begin
   hv:=h(.3.);
   mv:=0.55*hv/(Vzmax-Vzmin); (* vertikaler Maßstab *)
   hva:=trunc(-mv*vzmin);hve:=trunc(mv*vzmax);
   Y00:=h(.1.)+h(.2.)+trunc(0.2*hv-mv*vzmin);
x:=30*XchSt;;y:=Y00-hva-YchSt;
```

```
ein:='Biegelinie';KopfSchrift;
ein:='Vz/'+LEin;DrawKoord(1,1,ka,ke,Vzmax,Vzmin);
(* --- Knotenverschiebungen aus Datei --- *)
  for i:=ka to ke-1 do Begin
      ReadKN(i  ,2,5);Xa:=xyr(.2.);Ya:=xyr(.5.);  (* Koordinaten und Ver- *)
      ReadKN(i+1,2,5);Xe:=xyr(.2.);Ye:=xyr(.5.);  (* schiebungen holen    *)
      BildKoor;
      j1:=Y00+round(mv*Ya);j2:=Y00+round(mv*Ye);
      Draw(i1,j1,i2,j2,Ls);
      j1:=Y00+trunc(YchSt/4);j2:=Y00-trunc(YchSt/4);
      Achsenschrift(2);
      if i=ke-1 then Begin Ls:=1;
         Draw(i2,j1,i2,j2,Ls);
      End;
  End;
End;     (* --- Ende Up Biegelinie --- *)
(* ---------------------- Normalkraft zeichnen --------------------------- *)
Overlay Procedure Normalkraft;
Begin
   hv:=h(.6.);
   mv:=0.55*hv/(Nxmax-Nxmin); (* vertikaler Maßstab *)
   hva:=trunc(-mv*Nxmin);hve:=trunc(mv*Nxmax);
   Y00:=h(.1.)+h(.2.)+h(.3.)+h(.4.)+h(.5.)+trunc(0.2*hv+mv*Nxmax)+YchSt;
x:=30*XchSt;y:=Y00-hve-YchSt;
ein:='Normalkraft';KopfSchrift;
ein:='Nx/'+KEin;DrawKoord(-1,3-prg,ka,ke,Nxmax,Nxmin);
(* --- Normalkraefte aus Datei --- *)
  Ya:=0;
  for i:=ka to ke-1 do Begin
                        ReadEL(i  ,3,3);Ye:=xyr(.3.);
      if i>1 then Begin ReadEL(i-1,3,3);Ya:=xyr(.3.);End;
      ReadKN(i  ,2,2)  ;Xa:=xyr(.2.);
      ReadKN(i+1,2,2)  ;Xe:=xyr(.2.);
      BildKoor;
      j1:=Y00-round(mv*Ya);j2:=Y00-round(mv*Ye);
      Draw(i1,j1,i1,j2,Ls);
      Draw(i1,j2,i2,j2,Ls);
      if i=ke-1 then Draw(i2,j2,i2,Y00,Ls);
      j1:=Y00+trunc(YchSt/4);j2:=Y00-trunc(YchSt/4);
      Achsenschrift(2);
      if i=ke-1 then Begin Ls:=1;
         Draw(i2,j1,i2,j2,Ls);
      End;
  End;
End;     (* --- Ende Up Normalkraft --- *)
(* ---------------------- Querkraft zeichnen ----------------------------- *)
Overlay Procedure Querkraft;
Begin
   hv:=h(.4.);
   mv:=0.55*hv/(Qzmax-Qzmin); (* vertikaler Maßstab *)
   hva:=trunc(-mv*Qzmin);hve:=trunc(mv*Qzmax);
   Y00:=h(.1.)+h(.2.)+h(.3.)+trunc(0.2*hv+mv*Qzmax)+YchSt+XchSt;
x:=30*XchSt;y:=Y00-hve-YchSt;
ein:='Querkraft';KopfSchrift;
ein:='Qz/'+KEin;DrawKoord(-1,2,ka,ke,Qzmax,Qzmin);
(* --- Querkraefte aus Datei --- *)
  for i:=ka to ke-1 do Begin
                  ReadEL(i  ,4,5); Ya:=xyr(.4.);Ye:=xyr(.5.);
      if i>1 then ReadEL(i-1,5,5) else xyr(.5.):=0;
      ReadKN(i  ,2,2)  ;Xa:=xyr(.2.);
      ReadKN(i+1,2,2)  ;Xe:=xyr(.2.);
      BildKoor;
```

```
      j1:=Y00-round(mv*xyr(.5.));j2:=Y00-round(mv*Ya);
      Draw(i1,j1,i1,j2,Ls);
      j1:=Y00-round(mv*Ya);j2:=Y00-round(mv*Ye);
      Draw(i1,j1,i2,j2,Ls);
      if i=ke-1 then Draw(i2,j2,i2,Y00,Ls);
      j1:=Y00+trunc(YchSt/4);j2:=Y00-trunc(YchSt/4);
      Achsenschrift(2);
      if i=ke-1 then Begin Ls:=1;
         Draw(i2,j1,i2,j2,Ls);
      End;
  End;
End;     (* --- Ende Up Querkraft --- *)
(* --------------------- Biegemoment zeichnen ---------------------------- *)
Overlay Procedure Biegemoment;
Begin
   hv:=h(.5.);
   mv:=0.55*hv/(Mymax-Mymin); (* vertikaler Maßstab *)
   hva:=trunc(-mv*Mymin);hve:=trunc(mv*Mymax);
   Y00:=h(.1.)+h(.2.)+h(.3.)+h(.4.)+trunc(0.2*hv-mv*Mymin);
x:=30*XchSt;y:=Y00-hva-YchSt;
ein:='Biegemoment';KopfSchrift;
ein:='My/'+KEin+LEin;DrawKoord(1,1,ka,ke,Mymax,Mymin);
(* --- Biegemomente aus Datei --- *)
  for i:=ka to ke-1 do Begin
                ReadEL(i  ,6,7) ;Ya:=xyr(.6.);Ye:=xyr(.7.);
      if i>1 then ReadEL(i-1,7,7) else xyr(.7.):=0;
      ReadKN(i  ,2,2)  ;Xa:=xyr(.2.);
      ReadKN(i+1,2,2)  ;Xe:=xyr(.2.);
      BildKoor;
      j1:=Y00+round(mv*xyr(.7.));j2:=Y00+round(mv*Ya);
      Draw(i1,j1,i1,j2,Ls);
      j1:=Y00+round(mv*Ya);j2:=Y00+round(mv*Ye);
      Draw(i1,j1,i2,j2,Ls);
      if i=ke-1 then Draw(i2,j2,i2,Y00,Ls);
      j1:=Y00+trunc(YchSt/4);j2:=Y00-trunc(YchSt/4);
      Achsenschrift(2);
      if i=ke-1 then Begin Ls:=1;
         Draw(i2,j1,i2,j2,Ls);
      End;
  End;
End;     (* --- Ende Up Biegemoment --- *)
(* ------------------------------------------------------------ *)
BEGIN    (* Up StrukZei *)
GrundMass;
if AutoSchr(.1.)='1' then UbSchr;
ka:=1;ke:=nk;
if Bv<>1 then Begin
   Bildausschnitt;if Bv>1 then Begin ka:=ZeiA;ke:=ZeiE;End;
   ReadKn(ka,2,2);xxx:=xyr(.2.);
End;
Pen:=1;
SetLineStyle(0);
h(.1.):=trunc(Ys0/4);h(.2.):=h(.1.);
h(.3.):=Ys0         ;h(.4.):=h(.3.);h(.5.):=h(.3.);h(.6.):=h(.3.);
DatSum:=0;
for i:=1 to 6 do Begin
    if DatSchr(.i.)<>'0' then DatSum:=Datsum+ord(DatSchr(.i.));
End;
if DatSum>54 then Begin
   for i:=3 to 6 do Begin
       h(.i.):=trunc(Ys0/2);
   End;
End;
```

```
if DatWhl<20000 then Begin
   if DatSum>107 then Begin
      for i:=3 to 6 do Begin
          h(.i.):=trunc(Ys0/3);
      End;
   End;
End;
for i:=1 to 6 do Begin
    if DatSchr(.i.)='0' then h(.i.):=0;
End;
for k:=6 downto 1 do Begin
    DatSum:=0;
    for i:=1 to 6 do Begin
        if DatSchr(.i.)<>'0' then DatSum:=Datsum+ord(DatSchr(.i.));
    End;
    if DatSum>159 then DatSchr(.k.):='0';
    if (DatWhl>=20000) and (DatSum>152) then DatSchr(.k.):='0';
End;
if DatSchr(.1.)='1' then Balken;
if DatSchr(.2.)='2' then Belastung;
if DatSchr(.3.)='3' then Biegelinie;
if DatSchr(.4.)='4' then Querkraft;
if DatSchr(.5.)='5' then Biegemoment;
if DatSchr(.6.)='6' then Normalkraft;
50:END;  (* --- Up StrukZei --- *)
(*===========================================================================*)
BegiN (* --- Up EbDuGraf1 --- *)
if men=41 then Begin
   if MaxFlag=0 then Begin
      Extremwert;MaxFlag:=1;GrafInit;
   End;
   HiRes;ClearScreen;StrukZei;
   WartenGraf;TextMode;
End;
EnD; (* Up EbDugraf1 *)
(*===========================================================================*)
Overlay Procedure EbDuGraf2;
(*---------------------- Parametereingabe zur Graphik ----------------------*)
Procedure Perspektive;
BEGIN     ClrScr;
Un1; zeile:='Bildschirmebene für alle Darstellungen:';SoZeiUm(1);Un0;
Writeln;
WriteLn('X-Achse nach rechts');
Writeln;
WriteLn('Z-Achse nach unten ');
Writeln;
WriteLn('Y-Achse nach vorn');
Writeln;
END;
(*---------------------- Automatische Beschriftung -------------------------*)
Procedure AutoSchrift;
label 10,50;
BEGIN     ClrScr;AutoSchr(.5.):=' ';AutoSchr(.6.):=' ';AutoSchr(.7.):=' ';
Un1;WriteLn('Automatische Beschriftung:');Un0;
 zeile:='1  Dateiname als Überschrift';SoZeiUm(1);
 zeile:='2  Knoten- Nummern einzeichnen (für Schnittgrößen nicht wählbar)';
SoZeiUm(1);
 zeile:='3  Element-Nummern einzeichnen (für Schnittgrößen nicht abwählbar)';
SoZeiUm(1);
WriteLn('4  Achsenkreuz einzeichnen');Writeln;
WriteLn('9  Keine Beschriftung');Writeln;
 zeile:='Eingabe der negativen Kennziffer löscht die Funktion !';SoZeiUm(1);
```

```
10:cle(23);Write('Aktuelle Parameter: ');Rv1;WriteLn(' ',AutoSchr,' ');Rv0;
zeile:='Kennziffer wählen oder RETURN:';SoZeiUm(2);
   cle(25);Write('Kennziffer >');
   KbdEin(15,25, 2);if ein='' then Goto 50;Zahlen(ein,gst,nst);
   if Zahlint=1 then Begin AutoSchr(.1.):='1';Goto 10;End;
   if Zahlint=2 then Begin AutoSchr(.2.):='2';Goto 10;End;
   if Zahlint=3 then Begin AutoSchr(.3.):='3';Goto 10;End;
   if Zahlint=4 then Begin AutoSchr(.4.):='4';Goto 10;End;
   if Zahlint=-1 then Begin AutoSchr(.1.):='0';Goto 10;End;
   if Zahlint=-2 then Begin AutoSchr(.2.):='0';Goto 10;End;
   if Zahlint=-3 then Begin AutoSchr(.3.):='0';Goto 10;End;
   if Zahlint=-4 then Begin AutoSchr(.4.):='0';Goto 10;End;
   if Zahlint=9 then Begin
      for ij:=1 to 4 do Begin
          AutoSchr(.ij.):='0';
      End;
      Goto 10;
   End;
50:END;
(*--------------------- Darzustellende Daten waehlen ---------------------*)
Procedure DatWahl;
label 10,50;
BEGIN    ClrScr;
Un1;WriteLn('Darzustellende Strukturdaten:');Un0;
Writeln;
 zeile:='1  Träger als Balken darstellen  (nur Eingabedaten erforderlich)';
SoZeiUm(1);WriteLn;
WriteLn('2  Belastung und Lagerung        (nur Eingabedaten erforderlich)');
Writeln;
WriteLn('3  Biegelinie darstellen');                WriteLn;
WriteLn('4  Verlauf der Querkraft darstellen');   WriteLn;
Writeln('5  Verlauf des Biegemoments darstellen');Writeln;
Writeln('6  Verlauf der Normalkraft darstellen'); Writeln;
 zeile:='9  Löschen';SoZeiUm(1);                   WriteLn;
 zeile:='Es sind bis zu 3 Darstellungen auf einem Bildschirm möglich !';
SoZeiUm(1);Writeln;
 zeile:='Eingabe der negativen Kennziffer löscht die Funktion !';SoZeiUm(1);
10:
cle(23);Write('Aktueller Parameter: ');Rv1;WriteLn(' ',DatSchr,' ');Rv0;
zeile:='Kennziffer wählen oder RETURN:';SoZeiUm(2);
   cle(25);Write('Kennziffer >');
   KbdEin(15,25, 2);if ein='' then Goto 50;Zahlen(ein,gst,nst);
   if Zahlint=1 then Begin DatSchr(.1.):='1';Goto 10;End;
   if Zahlint=2 then Begin DatSchr(.2.):='2';Goto 10;End;
   if Zahlint=3 then Begin DatSchr(.3.):='3';Goto 10;End;
   if Zahlint=4 then Begin DatSchr(.4.):='4';Goto 10;End;
   if Zahlint=5 then Begin DatSchr(.5.):='5';Goto 10;End;
   if Zahlint=6 then Begin DatSchr(.6.):='6';Goto 10;End;
   if Zahlint=-1 then Begin DatSchr(.1.):='0';Goto 10;End;
   if Zahlint=-2 then Begin DatSchr(.2.):='0';Goto 10;End;
   if Zahlint=-3 then Begin DatSchr(.3.):='0';Goto 10;End;
   if Zahlint=-4 then Begin DatSchr(.4.):='0';Goto 10;End;
   if Zahlint=-5 then Begin DatSchr(.5.):='0';Goto 10;End;
   if Zahlint=-6 then Begin DatSchr(.6.):='0';Goto 10;End;
   if Zahlint=9 then Begin
      for ij:=1 to 6 do Begin
          DatSchr(.ij.):='0';
      End;
      Goto 10;
   End;
Zahlen(DatSchr,gst,nst);DatWhl:=Zahl;
50:END;
```

```
(*---------------------- Masstaebe waehlen ---------------------------------*)
Procedure Masstab;
label 10,20,50;
BEGIN    ClrScr;
Un1;zeile:='Maßstäbe wählen:';SoZeiUm(1);Un0;
Writeln;
 zeile:='1  Gesamte Struktur darstellen (Grundmaßstab)';SoZeiUm(1);
Writeln;
 zeile:='2  Ausschnittvergrößerung (Vielfaches des Grundmaßstabes)';
 SoZeiUm(1);Writeln;
Writeln;Writeln;
20:cle(24);zeile:='Kennzahl wählen oder RETURN:';SoZeiUm(2);
   cle(25);Write('Kennzahl >');KbdEin(12,25, 4);
   if ein='' then goto 50;
   Zahlen(ein,gst,nst);tt:=zahlint;
   if tt=0 then Goto 50;
   if tt=1 then Bv:=1;
   if tt=2 then Begin
      cle(24);Write('Aktueller Faktor: ');Rv1;Write(bv:6:3);Rv0;
      Gotoxy(1,25);Write('Faktor >');KbdEin(12,25, 4);Zahlen(ein,gst,nst);
      bv:=Zahl;
   End;
   Goto 20;
50:END;
(*========================================================================*)
BEGIN (* UP EbDuGraf2 *)
if men=31 then Perspektive;             (* Perspektive/Bildschirmebene *)
if men=32 then AutoSchrift;             (* Automatische Beschriftung   *)
if men=33 then Masstab;                 (* Masstaebe waehlen *)
if (prg=1) and (men=35) then Begin      (* Manuell beschriften *)
   ClrScr;Un1;WriteLn('Beschriften des Graphik-Bildschirms:');Un0;
   Writeln;WriteLn('Ablauf:');Writeln;
   WriteLn('>  Cursor positionieren');
    zeile:='>  Taste "w" drücken';SoZeiUm(2);
   WriteLn('>  Text bis 40 Zeichen eingeben/RETURN');
   warten;cl25;
   PrintInit;HiRes;Zeichnung;PrintInit;TextMode;
End;
if men=34 then DatWahl;      (* Darzustellende Daten waehlen *)
if men=42 then Begin         (* Graphik als SCR-Datei auf Disk *)
   d:=9;Danam_SCR(0);
   if ij=1 then Begin
      HiRes;GraphWindow(xs1,ys1,xs2,ys2);SaveWindow(1,danam(.d.));Textmode;
   End;
End;
if men=43 then Begin         (* Graphik von SCR-Datei laden *)
   d:=9;Danam_SCR(1);
   if ij=1 then Begin
      HiRes;GraphWindow(xs1,ys1,xs2,ys2);
      LoadWindow(1,xs1,ys1,danam(.d.));Textmode;
   End;
End;
if men=44 then Begin         (* Graphik auf Drucker *)
   if Druck=1 then Begin
      HiRes;frg:='Zeichnung ok';jnGraf;
      if jn=1 then Hardcopy(false,1);Textmode;End
   else Druckab;
End;
END;
(* ===== Includedatei    EbDuGraf.OVL --- Ende --- ====================== *)
```

A 3.3.1 Programm EbRa_FEM.HGC

```
(* ------------------- Programm EbRa_Fem.HGC ------------------------------
                                 (C) Prof. W. Oldenburg, 6301 Wettenberg, 1988

FEM-Programm zur Berechnung der Matrix GK und der Knotenverschiebungen ebener
Rahmen. Mit Postprozessor zur Schnittgroessenberechnung und Datenausgabe.

******************************************************************************

  Der Aufbau des Programms ist weitgehend mit dem der Programme EbFa_FEM.HGC
  und EbDu_FEM.HGC identisch. Unterschiede werden durch strukturspezifische
  Parameter berücksichtigt. Deshalb werden nur das den Gang der FEM-Rechnung
  steuernde Hauptprogramm und die unmittelbar zum Rechengang gehörenden Unter-
  programme GK_Aufbau und GK_Aktuell wiedergegeben. EbRa_FEM erlaubt zusaetz-
  lich das Aufbringen der Belastung in kleinen Schritten, um naeherungsweise
  grosse Verschiebungen berechnen zu koennen.

=============================================================================*)
(*$C-*)
PROGRAM EbRa_Fem;

(*-------------------- GK_Aufbau -----------------------------------------*)
Procedure GK_AufBau;
Begin  Writeln;
FOR i:=1 to ne do Begin                                (* Elementdaten holen   *)
    if pr=0 then Begin
       ein:='EKi berechnen: Element ';Anzeige(i);
    End;
    ElemDaten(i,1);EKi;                              (* Eki berechnen          *)
    if pr=1 then MtrAus(1);                        (* Eki ausgeben, nur EbRa_Mat *)
    GKIndex(ia,ie);                                  (* Index umrechnen        *)
    if iL<=NL then EkinGk(NL) else EkinGk(1);       (* EKi in GK addieren     *)
END;Writeln;
End;
(* ---------- Spalte 1 bis nsp der GK-Datei Null setzen, KV summieren ---- *)
Procedure GK_aktuell(LL:Byte);      (* LL=0 f. NL>1 Rechenlaeufe *)
var j,k:Integer;
BEGIN
if LL=0 then Begin                            (* --- Benutzer-Information --- *)
   Writeln;Rv1;WriteLn('Rechenlauf ',iL);RvO;Writeln;
End;
for j:=1 to nnn do Begin
    GKRead(j);
    if LL=0 then Begin
       for k:=1 to nsp do gkx(.k.):=0;
       gkx(.nsp+7.):=gkx(.nsp+7.)+gkx(.nsp+1.);(* KV in nsp+7 summieren      *)
    End;
    gkx(.nsp+1.):=gkx(.nsp+7.);                   (* KV in nsp+1 aktualisieren  *)
    GkWrite(j);
End;
END;
(* ******************** Anfang Hauptprogramm ***************************** *)
BEGIN
ProgInit;UserInit;               (* -- Initialisierung, Benutzer-Eingaben -- *)
GKInit;                          (* --- Leere GK-Datei anlegen ------------ *)
    Csmax:=0;                  (* Lagersteifigkeit am Anfang Null gesetzt     *)
    FyG:=0;                    (* Gesamtgewicht FyG vor Summierung Null setzen *)
```

```
for iL:=1 to NL+1 do Begin
    if mataus=1 then MtrAus(0);(* Konfiguration zur EK-Ausgabe,nur EbRa_Mat *)
    if iL>1 then GK_aktuell(0);
    Gk_Aufbau;                   (* --- EKi berechnen und in GK addieren --- *)
    if iL<=NL then Knotenkraefte(NL)
       else Knotenkraefte(1);Writeln;          (* Knotenlasten in GK      *)
    if (qFlag<>0) or (gFlag<>0) then Begin     (* Streckenlast auswerten  *)
       if iL<=NL then Streckenlasten(NL)
          else Streckenlasten(1);
    End;Writeln;
    Lagersteifigkeiten(0) ;Writeln;            (* Lagerbedingungen in GK  *)
    if mataus=1 then MtrAus(2);(* GK ausgeben vor Reduzierung, nur EbRa_Mat *)
    GkLoesen;          (* Gleichungssystem reduzieren mit Procedure Cholesky *)
    if mataus=1 then MtrAus(3);(* GK ausgeben nach Reduzierung,nur EbRa_Mat *)
    Writeln;
    if NL=1 then Goto 10;
End; (* -- Schleife iL ueber NL Rechenlaeufe -- *)
10: Writeln;
    Lagersteifigkeiten(1);Writeln;            (* Lagerreaktionen in Datei *)
    for i:=1 to ne do Begin
        ElemDaten(i,2);EKi;
        InnereKraefte(i);Schnittreaktionen;    (* Ergebnisse auswerten    *)
        ein:='Ergebnisse in Element-Datei: Element ';
              Anzeige(i);                      (* Benutzer-Information    *)
        SRinEl;                                (* Ergebnisse in EL-Datei  *)
    End;Writeln;
    if NL>1 then GK_aktuell(1);
    KVinDatei;Writeln;                      (* Verschiebungen in KN-Datei *)
for d:=1 to 5 do if dat(.d.)=1 then UpDateUb;(* Parameter in Ueberschriften *)
(* ----- Menue f. Datenausgabe ----- *)
40: Gotoxy(1,1);ClrScr;Menue;
50: cle(25);Write('Kennzahl >');kbdein(12,25,2);
    if ein<>'' then Begin
       zahlen(ein,gst,nst);jn:=zahlint;men:=jn;cle(24);Menwahl;End
    else Goto 50;
if jn=-1 then Goto 100;             (* ----- Programm Ende ----- *)
if jn=51 then DruckAb;              (* --- Drucker einstellen --- *)
if jn=52 then Begin                 (* --- Datum ausgeben --- *)
   HoleDatum;Gotoxy(1,25);ClrEol;
   Write('Aktuelles Datum :',Datum);warten;
   Goto 50;End;
if jn>40 then Begin GrafInit;TextMode;End;
if jn=41 then Begin                 (* --- Struktur zeichnen --- *)
   for d:=1 to 5 do if d<>3 then DatReset;
   EbRaGraf1;Goto 40;
   End;
if jn>29 then EbRaGraf2;            (* --- Abfragen zur Graphik --- *)
if jn<10 then Info;                 (* --- Info-Datei ausgeben  --- *)
Goto 40;
(* ----- Programm-Ende ----- *)
100: for d:=1 to 6 do if dat(.d.)=1 then DatClose;Close(gkDatei);
     frg:='GK-Datei löschen';jnab;if jn=1 then Erase(gkDatei);
Ende;END.
(* ********************* Ende Hauptprogramm EbRa_Mat.HGC ****************** *)
(* (C) Prof. W. Oldenburg, 6301 Wettenberg, 1988                            *)
```

A 3.3.2 Include-Datei EbRaFEM.OVL

```
(* ===== Include-Datei   EbRaFem.OVL ===================================== *)
(* mit Modulen zur FEM-Rechnung ebener Rahmen                              *)
(*--------------------- Elementeigenschaften berechnen -------------------*)
Procedure ElemDaten(i,qd :Integer);         (* qd=1: KN-Datei initialisieren *)
label 10;
var i1,i2 :Integer;
    CSlag,x1,x2,y1,y2,L0 :Real;
(* --- Fq-Spalten in KN-Datei löschen --- *)
Procedure DelFqSpalten;
Begin d:=1;
  DatRead(ia,0,0);xyNull(7,9);TbLeer(7,9);for kk:=7 to 9 do StringEin;
  if ia>0 then DatWrite(ia);
  DatRead(ie,0,0);xyNull(7,9);TbLeer(7,9);for kk:=7 to 9 do StringEin;
  if ie>0 then DatWrite(ie);
End;
(* ------------------------------------- *)
Procedure RechneLaenge;
Begin
   L0:=sqrt((X2-X1)*(X2-X1)+(Y2-Y1)*(Y2-Y1));          (* Laenge ohne Versch. *)
   L :=sqrt((Xe-Xa)*(Xe-Xa)+(Ye-Ya)*(Ye-Ya));          (* Laenge mit Versch.  *)
   if L>0 then Begin C:=(Xe-Xa)/L ;S:=(Ye-Ya)/L ;End;(* Winkel mit Versch.  *)
   if iL<=NL then L:=L0;
End;
(* ------------------------------------- *)
Begin (* UP Elemdaten *)
   ReadEL(i,2,4);Gr:=xyi(.2.);if Gr=0 then Gr:=Grmrk;
   ia:=xyi(.3.);ie:=xyi(.4.);                        (* Anfangs- und Endknoten *)
if iL=1 then Begin
   if qd=1 then DelFqSpalten;
   ReadKN(ia,2,3);X1:=xyr(.2.);Y1:=xyr(.3.);         (* Koordinaten f. ia      *)
                  Xa:=X1      ;Ya:=Y1      ;
   ReadKN(ie,2,3);X2:=xyr(.2.);Y2:=xyr(.3.);         (*      "      f. ie      *)
                  Xe:=X2      ;Ye:=Y2      ;
   if NL>1 then Begin
      GkIndex(ia,ie);
      gkRead(igk(.1.));gkx(.nsp+6.):=X1;gkWrite(igk(.1.)); (* Koordinaten f. *)
      gkRead(igk(.2.));gkx(.nsp+6.):=Y1;gkWrite(igk(.2.)); (* weitere Rechen-*)
      gkRead(igk(.4.));gkx(.nsp+6.):=X2;gkWrite(igk(.4.)); (* laeufe in gk-  *)
      gkRead(igk(.5.));gkx(.nsp+6.):=Y2;gkWrite(igk(.5.)); (* Datei ablegen  *)
   End;
End; (* if iL=1 *)
if iL>1 then Begin
   GkIndex(ia,ie);
   gkRead(igk(.1.));X1:=gkx(.nsp+6.);Xa:=X1+gkx(.nsp+7.); (* Koordinaten und *)
   gkRead(igk(.2.));Y1:=gkx(.nsp+6.);Ya:=Y1+gkx(.nsp+7.); (* Verschiebungen  *)
   gkRead(igk(.4.));X2:=gkx(.nsp+6.);Xe:=X2+gkx(.nsp+7.); (* gkDatei holen   *)
   gkRead(igk(.5.));Y2:=gkx(.nsp+6.);Ye:=Y2+gkx(.nsp+7.);
End;
   if (Gr=1) or (Gr<>Grmrk) then Begin
      ReadEG(Gr,2,6);                              (* Element-Gruppen-Daten  *)
      em:=xyr(.2.); Aq:=xyr(.3.);gam:=xyr(.5.);Iz:=xyr(.4.);GelFlg:=xyi(.6.);
      if gFlag=0 then gFlag:=gam;
   End;
   RechneLaenge;
   Fg:=(gam/1000)*Aq*(L0/1000);              (* Eigengewicht mit Grundlaenge L0 *)
   if GelFlg=-1 then Aq:=0;                  (* Element ohne Laengssteifigkeit  *)
```

```
if iL=1 then Begin
   if (qd=2) and (Fg>0) then Begin kk:=9; (* Gewichte in KN-Datei summieren  *)
      ReadKN(ia,9,9);xyr(.kk.):=xyr(.kk.)-Fg/2;RealinTab;DatWrite(ia);
      ReadKN(ie,9,9);xyr(.kk.):=xyr(.kk.)-Fg/2;RealinTab;DatWrite(ie);
   End;
End;
   if L0=0 then Begin                      (* Gelenk bezogen auf Mb-Uebertragung *)
      ReadEL(GelFlg,3,4);                  (* Referenz-Element auswerten:        *)
      i1:=xyi(.3.);i2:=xyi(.4.);                       (* ia und ie              *)
      ReadKN(i1,2,3);X1:=xyr(.2.);Y1:=xyr(.3.);       (* Koordinaten f. ia    - *)
                     Xa:=X1      ;Ya:=Y1      ;
      ReadKN(i2,2,3);X2:=xyr(.2.);Y2:=xyr(.3.);       (*      "       f. ie     *)
                     Xe:=X2      ;Ye:=Y2      ;
      RechneLaenge;L:=L0/10;                         (* L,C,S des Referenz-Elem. *)
      Xa:=0;Ya:=0;Xe:=0;Ye:=0;                       (* keine Laenge f. q-Lasten *)
      GelFlg:=-10;
   End;
   C1:=   Em*Aq/L    ;   C2:=12*Em*Iz/L/L/L;   C3:= 4*Em*Iz/L    ;
                         C4:= 6*Em*Iz/L/L  ;   C6:= 2*Em*Iz/L    ;
if iL=1 then Begin
                      CSlag:=C1;                     (* max. Elememtsteifigkeit *)
   if C2>Cslag then CSlag:=C2;                       (* f. Simulation starrer   *)
   if C3>CSlag then CSlag:=C3;                       (* Lager ermitteln         *)
   if C4>CSlag then CSlag:=C4;
   if (GelFlg=0) and (CSlag>CSmax) then               (* Gelenksteifigkeit nicht *)
      CSmax:=CSlag;                                   (* f. Lagersimulation      *)
End;
   if GelFlg=-10 then Begin GelFlg:=0;
      C3:=0;C6:=0;C4:=0;                             (* Biegemoment eliminieren *)
      if qd=2 then ReadEL(i,3,4);       (* Original-EL-Zeile f. Ausgabe lesen *)
   End;
10:Grmrk:=Gr;
End;
(*---------------------- EKi berechnen ----------------------------------*)
Procedure EKi;
BEGIN
  EK(.1,1.):= C1*C*C+C2*S*S;EK(.1,2.):= (C1-C2)*C*S  ;EK(.1,3.):=-C4*S    ;
  EK(.1,4.):=-EK(.1,1.)    ;EK(.1,5.):=-EK(.1,2.)    ;EK(.1,6.):= EK(.1,3.);
  EK(.2,1.):= EK(.1,2.)    ;EK(.2,2.):= C1*S*S+C2*C*C;EK(.2,3.):= C4*C    ;
  EK(.2,4.):= EK(.1,5.)    ;EK(.2,5.):=-EK(.2,2.)    ;EK(.2,6.):= EK(.2,3.);
  EK(.3,1.):= EK(.1,3.)    ;EK(.3,2.):= EK(.2,3.)    ;EK(.3,3.):= C3      ;
  EK(.3,4.):=-EK(.1,3.)    ;EK(.3,5.):=-EK(.2,3.)    ;EK(.3,6.):= C6      ;
  EK(.4,1.):= EK(.1,4.)    ;EK(.4,2.):= EK(.2,4.)    ;EK(.4,3.):= EK(.3,4.);
  EK(.4,4.):= EK(.1,1.)    ;EK(.4,5.):= EK(.1,2.)    ;EK(.4,6.):=-EK(.1,6.);
  EK(.5,1.):= EK(.1,5.)    ;EK(.5,2.):= EK(.2,5.)    ;EK(.5,3.):= EK(.3,5.);
  EK(.5,4.):= EK(.4,5.)    ;EK(.5,5.):= EK(.2,2.)    ;EK(.5,6.):=-EK(.2,6.);
  EK(.6,1.):= EK(.1,6.)    ;EK(.6,2.):= EK(.2,6.)    ;EK(.6,3.):= EK(.3,6.);
  EK(.6,4.):= EK(.4,6.)    ;EK(.6,5.):= EK(.5,6.)    ;EK(.6,6.):= EK(.3,3.);
END;
(*--------------------- Eki in GK addieren ------------------------------*)
Procedure EKinGK(NL:Integer);
var i,j,k,m :Integer;
Begin
  for j:=1 to 2*kf do Begin
     for k:=1 to 2*kf do Begin
         i:=igk(.j.) ;m:=igk(.k.)-i+1;
         if m>0 then Begin
            gkRead(i);gkx(.m.):=gkx(.m.)+ek(.j,k.);gkWrite(i);
         End;
     End;
```

```
      if Fg<>0 then begin                        (* --- Eigengewicht in GK --- *)
         if (j=2) or (j=2+kf) then Begin
            i:=igk(.j.);gkRead(i);gkx(.nsp.):=gkx(.nsp.)-Fg/2/NL;gkWrite(i);
         End;
      End;
  End;
End;
(* --------------------- Knotenkraefte aus FQ-Datei --------------------- *)
Overlay Procedure Knotenkraefte(NL:Integer);                    (* Overlay bei IBM *)
label 10;
var i,j,k,l,k1,k2 :Integer;
Begin xx:=0;zz:=0;
Writeln;cl25;
WriteLn('Knotenlasten in GK-Datei');   (* --- Benutzer-Information --- *)
  for i:=1 to LsLine(.5.) do Begin
      for j:=1 to kf do F(.j.):=0;
      ReadFQ(i,1,9);k1:=xyi(.1.);k2:=xyi(.2.);
      for j:=6 to 9 do Begin            (* Marke f. Streckenlast setzen *)
          if (xyr(.j.)<>0) and (qFlag=0) then qFlag:=xyr(.j.);
      End;
      if (k1=xx) and (k2=zz) then k1:=0;
      if k2<k1 then k2:=k1;if k1=0 then k2:=k1;
      for j:=k1 to k2 do Begin
          if (k1=0) and (k2=0) then Goto 10;
          for k:=1 to kf do F(.k.):=xyr(.k+2.);
          for l:=1 to kf do
              if F(.l.)<>0 then Begin
                 k:=kf*j-(kf-1);gkRead(k);          (* Knotenkraefte in GK- *)
                 gkx(.nsp.):=gkx(.nsp.)+F(.l.)/NL;  (* Datei summieren      *)
                 gkWrite(k);
              End;
     End; (* j-Schleife *)
     xx:=k1;zz:=k2;
  10:End; (* i-Schleife *)
End;
(*--------------------- Streckenlasten aus FQ-Datei ---------------------*)
Overlay Procedure Streckenlasten(NL:Integer);                    (* Overlay bei IBM
 *)
label 10;
var i,j,k,l,j1,j2 :Integer;
    FQ :Array(.1..6.) of Real;
Begin xx:=0;zz:=0;
Writeln;cl25;
WriteLn('Streckenlasten in GK-Datei');Writeln;(* -- Benutzer-Information -- *)
for i:=1 to LsLine(.5.) do Begin
    for j:=1 to 2*kf do Begin q(.j.):=0;Fq(.j.):=0;End;
    ReadFQ(i,1,9);j1:=xyi(.1.);j2:=xyi(.2.);
    for k:=1 to 4 do q(.k.):=xyr(.k+5.);
    if (j1=xx) and (j2=zz) then j1:=0;
    if j2<j1 then j2:=j1;if j1=0  then j2:=j1;
    if j1<1  then j1:=1 ;if j2>Ne then j2:=Ne;
    for j:=j1 to j2 do Begin
      if (j1=0) and (j2=0) then Goto 10;
      if (q(.1.)=0) and (q(.2.)=0) and (q(.3.)=0) and (q(.4.)=0) then Goto 10;
      ElemDaten(j,3);
      cl25;Write('Element ',j);     (* --- Benutzer-Information --- *)
      FQ(.1.)    :=(q(.1.)/2+(q(.2.)-q(.1.))/6)*Abs(Ye-Ya);
      FQ(.1+kf.):=(q(.1.)/2+(q(.2.)-q(.1.))/3)*Abs(Ye-Ya);
      FQ(.2.)    :=(q(.3.)/2+(q(.4.)-q(.3.))/6)*Abs(Xe-Xa);
      FQ(.2+kf.):=(q(.3.)/2+(q(.4.)-q(.3.))/3)*Abs(Xe-Xa);
      gkIndex(ia,ie);
```

```
      for l:=1 to 2 do
         if (FQ(.l.)<>0) or (FQ(.l+kf.)<>0) then Begin
            gkRead(igk(.l.))   ;gkx(.nsp.):=gkx(.nsp.)+FQ(.l.)/NL;
            gkWrite(igk(.l.));
            gkRead(igk(.l+kf.));gkx(.nsp.):=gkx(.nsp.)+FQ(.l+kf.)/NL ;
            gkWrite(igk(.l+kf.));
            gkRead(j);    (* Werte f. Querkraftkorrektur in GK speichern *)
               gkx(.nsp+2.):=FQ(.1.);gkx(.nsp+3.):=FQ(.1+kf.);
               gkx(.nsp+4.):=FQ(.2.);gkx(.nsp+5.):=FQ(.2+kf.);
               gkWrite(j);
            if iL<=NL then Begin kk:=l+6; (* Werte in KN-Datei summieren *)
               ReadKN(ia,kk,kk);
               xyr(.kk.):=xyr(.kk.)+FQ(.l.)/NL    ;RealinTab;DatWrite(ia);
               ReadKN(ie,kk,kk);
               xyr(.kk.):=xyr(.kk.)+FQ(.l+kf.)/NL;RealinTab;DatWrite(ie);
            End;
         End; (* FQ-Bedingung *)
    End; (* j-Schleife *)
    xx:=j1;zz:=j2;
10:End; (* i-Schleife *)
End;
(* ---------------------- Lagersteifigkeiten berechnen ----------------- *)
Overlay Procedure Lagersteifigkeiten(v:Integer);       (* Overlay bei IBM *)
                                                (* Aufruf mit v=0 vor  GKloesen *)
var i,j :Integer;                               (*            v=1 nach GKloesen *)
(* ----- Lagersteifigkeiten in GK-Datei ----- *)
Procedure LagerInGK;
var i,j:Integer;
Begin CLmax:=0;
cl25;Write('Lagerbedingungen in GK-Datei');(* -- Benutzer-Information -- *)
   for i:=1 to kf do Begin
       if CL(.i.)>0 then Begin
          if CLmax<CL(.i.) then CLmax:=CL(.i.);
          j:=igk(.i.);gkRead(j);gkx(.1.):=gkx(.1.)+CL(.i.);gkWrite(j);
       End;
   End;
End;
(* ----- Lagerkraefte in FLA-Datei ----- *)
Procedure Lagerkraefte;
var i,j :Integer;
Begin
cl25;Write('Lagerreaktionen in Ausgabedatei');(*-- Benutzer-Information --*)
   for i:=1 to kf do Begin
       if CL(.i.)>0 then Begin
          gkRead(igk(.i.));
          kk:=i+6;xyr(.kk.):=-gkx(.nsp+1.)*CL(.i.);RealInTab;
       End;
   End;
   for kk:=7 to 9 do StringEin;
   DatWrite(ie);
End;
(* ---- Lagerbedingungen aus FLA-Datei holen ----- *)
BEGIN   (* Lagersteifigkeiten *)
Writeln;
for i:=1 to LsLine(.4.) do Begin
    for j:=1 to 3 do CL(.j.):=0;
    ReadLA(i,1,6);kk:=1;ZahlausTab;ia:=xyi(.1.);ie:=i;TbLeer(7,9);
 if ia>0 then Begin
    kk:=3;FG_Code;
    if xx=1 then CL(.1.):=Csmax*Clvst;
    if yy=1 then CL(.2.):=Csmax*Clvst;
    if zz=1 then CL(.3.):=Csmax*Clvst;
```

```
    for j:=1 to kf do if CL(.j.)=0 then CL(.j.):=xyr(.j+3.);
    GKIndex(ia,0);
    if v=0 then LagerInGK;
    if v=1 then Lagerkraefte;
 End;
End;
END;
(* ---------------------- Schnittreaktionen in EL-Datei ------------------- *)
Overlay Procedure SRinEL;
Begin
  d:=2;TbLeer(5,10);                          (* alte Werte löschen  *)
  for kk:=5 to 10 do                          (* neue Werte in       *)
     if abs(xyr(.kk.))>1.0e-5 then RealinTab; (*      Tabellenzeile  *)
  xyr(.2.):=Gr;kk:=2;RealinTab;               (* Gruppe in Spalte 2  *)
  for kk:=5 to 10 do StringEin;DatWrite(i);   (* Werte in .FEL Datei *)
End;
(* ---------------------- Innere Knotenkraefte aus EKi und KV berechnen --- *)
Procedure InnereKraefte(i:Integer);
var V,Fq :Vk6r;
    Lx,Ly:Real;
    j,k  :Byte;
BEGIN
for j:=1 to kf do Begin F(.j.):=0;F(.j+kf.):=0;End;(* Werte auf Null setzen *)
GKIndex(ia,ie);
for j:=1 to kf do Begin
    gkRead(igk(.j   .));V(.j   .):=gkx(.nsp+1.);   (* Knotenverschiebungen  *)
    gkRead(igk(.j+kf.));V(.j+kf.):=gkx(.nsp+1.);   (* aus GK-Datei holen    *)
End;
for j:=1 to kf do Begin
    for k:=1 to 2*kf do Begin                      (* Knotenkraefte f.      *)
        F(.j   .):=F(.j   .)+EK(.j   ,k.)*V(.k.);  (* Anfangsknoten ia      *)
        F(.j+kf.):=F(.j+kf.)+EK(.j+kf,k.)*V(.k.);  (* Endknoten     ie      *)
    End;                                           (* F3 = Mz1 *)
End;                                               (* F6 = Mz2 *)
gkRead(i);                  (* Korrekturwerte f. Streckenlasten aus Gk-Datei *)
F(.1.):=F(.1.)-gkx(.nsp+2.);                       (* F1 = Fx1 *)
F(.2.):=F(.2.)-gkx(.nsp+4.)+Fg/2;                  (* F2 = Fy1 *)
F(.4.):=F(.4.)-gkx(.nsp+3.);                       (* F4 = Fx2 *)
F(.5.):=F(.5.)-gkx(.nsp+5.)+Fg/2;                  (* F5 = Fy2 *)
END;
(* ---------------------- Schnittreaktionen aus inneren Knotenkraeften ---- *)
Procedure Schnittreaktionen;
var j    :Byte;
BEGIN
xyNull(1,10);
xyr(.5.):= F(.4.)*C+F(.5.)*S;                 (* Normalkraft Fu      *)
xyr(.6.):= F(.1.)*S-F(.2.)*C;                 (* Querkraft   Fv1     *)
xyr(.7.):=-F(.4.)*S+F(.5.)*C;                 (* Querkraft   Fv2     *)
xyr(.8.):=-F(.3.)            ;                (* Biegemoment Mw1     *)
xyr(.9.):= F(.6.)            ;                (* Biegemoment Mw2     *)

if (iL=NL) and (gFlag>0) then Begin           (* Stabgewicht Fg      *)
   xyr(.10.):=Fg;FyG:=FyG+Fg;                 (* Ges.Gewicht FyG     *)
End;
END;
(* ===== Ende Datei EbRaFem.OVL =========================================== *)
```

A 3.3.3 Include-Datei EbRaGraf.OVL

```
(* ===== Include-Datei  EbRaGraf.OVL ======================================= *)
(* mit Modulen                                                                *)
(* EbRaGraf1: Proceduren zum Erstellen der BildschirmGraphik                  *)
(* EbRaGraf2: Proceduren zur Konfiguration der Graphik durch den Anwender     *)
(* ======================================================================== *)
Overlay Procedure EbRaGraf1;
label 10,20,30,40,45,50,100;
const Hs :Integer=32;
var H,Ha,He,L,C,S :Real;
    V :Vk6r;
(*--------------------- Bildkoordinaten berechnen ------------------------*)
Procedure BildKoor(Vx1,Vy1,Vx2,Vy2 :Real);
Begin
if Bv=1 then Begin xxx:=0;yyy:=0;End;
if Per=1 then Begin
   i1:=X00+round((xa-xxx+Vx1*Vv)*VbG);
   i2:=X00+round((xe-xxx+Vx2*Vv)*VbG);
   j1:=Y00-round((ya-yyy+Vy1*Vv)*VbG*ky/cxy);
   j2:=Y00-round((ye-yyy+Vy2*Vv)*VbG*ky/cxy);
End;
End;
(*--------------------- Element-Nr. eintragen ----------------------------*)
Procedure ElemNr;
Begin
  SchriftMode(1);  (* Unterstreichen *)
  x:=round((i2+i1)/2+5) ;y:=round((j2+j1)/2)-1 ;
  str(i,ein);
  if per=1 then TextSmall(x,y,1,ein) else DrawTextV(x,y,ein);
End;
(*--------------------- Lager unten zeichnen -----------------------------*)
Overlay Procedure LagerUnten;
Begin
    if Per=1 then Begin
       i1:=x1   ;j1:=y1    ;i2:=x1+5 ;j2:=y1+10;Draw(i1,j1,i2,j2,Ls);
       i1:=x1   ;j1:=y1    ;i2:=x1-5 ;j2:=y1+10;Draw(i1,j1,i2,j2,Ls);
       i1:=x1-9 ;j1:=y1+10 ;i2:=x1+9 ;j2:=y1+10;Draw(i1,j1,i2,j2,Ls);
        x:=x1-5 ; y:=y1+10 ;TextSmall(x,y,0,ein);
    End;
End;
(*--------------------- Lager oben zeichnen ------------------------------*)
Overlay Procedure LagerOben;
Begin
    if Per=1 then Begin
       i1:=x1   ;j1:=y1    ;i2:=x1+5 ;j2:=y1-10;Draw(i1,j1,i2,j2,Ls);
       i1:=x1   ;j1:=y1    ;i2:=x1-5 ;j2:=y1-10;Draw(i1,j1,i2,j2,Ls);
       i1:=x1-9 ;j1:=y1-10 ;i2:=x1+9 ;j2:=y1-10;Draw(i1,j1,i2,j2,Ls);
        x:=x1-5 ; y:=y1-28 ;TextSmall(x,y,0,ein);
    End;
End;
(*--------------------- x-Kraefte eintragen ------------------------------*)
Procedure XKraft;
Begin
x2:=i1;y2:=j1;
if Per=1 then Begin
   if F(.1.)>0 then Begin x1:=x2-40;y1:=y2;End;
   if F(.1.)<0 then Begin x1:=x2+40;y1:=y2;End;
End;
Draw(x1,y1,x2,y2,Ls);KraftPfeil;i1:=x2;j1:=y2;
End;
```

```
(*--------------------- y-Kraefte eintragen ------------------------------*)
Procedure YKraft;
Begin
x2:=i1;y2:=j1;
if Per=1 then Begin
   if F(.2.)>0 then Begin x1:=x2;y1:=y2+24;End;
   if F(.2.)<0 then Begin x1:=x2;y1:=y2-24;End;
End;
Draw(x1,y1,x2,y2,Ls);KraftPfeil;i1:=x2;j1:=y2;
End;
(*--------------------- Extremwerte der Struktur -------------------------*)
Overlay Procedure Extremwert;
BEGIN
                                                (* -- Anfangswerte -- *)
Xmax :=-1.0e30;Xmin :=1.0e30;  Ymax :=-1.0e30;Ymin :=1.0e30;
qXmx :=-1.0e30;qXmn :=1.0e30;  qYmx :=-1.0e30;qYmn :=1.0e30;
Nxmax:=-1.0e30;Nxmin:=1.0e30;  Qymax:=-1.0e30;Qymin:=1.0e30;
Mzmax:=-1.0e30;Mzmin:=1.0e30;

for i:=1 to nk do Begin                         (* -- Koordinaten -- *)
    ReadKN(i,2,3);
    if xyr(.2.)>Xmax then Xmax:=xyr(.2.);if xyr(.3.)>Ymax then Ymax:=xyr(.3.);
    if xyr(.2.)<Xmin then Xmin:=xyr(.2.);if xyr(.3.)<Ymin then Ymin:=xyr(.3.);
End;

for i:=1 to LsLine(.5.) do Begin                (* -- Streckenlasten -- *)
    ReadFQ(i,6,9);
    if xyr(.6.)>qXmx then qXmx :=xyr(.6.);if xyr(.7.)>qXmx then qXmx :=xyr(.7.);
    if xyr(.6.)<qXmn then qXmn :=xyr(.6.);if xyr(.7.)<qXmn then qXmn :=xyr(.7.);
    if xyr(.8.)>qYmx then qYmx :=xyr(.8.);if xyr(.9.)>qYmx then qYmx :=xyr(.9.);
    if xyr(.8.)<qYmn then qYmn :=xyr(.8.);if xyr(.9.)<qYmn then qYmn :=xyr(.9.);
End;

for i:=1 to ne do Begin                         (* -- Schnittgroessen -- *)
    ReadEL(i,5,9);
    if xyr(.5.)>NXmax then NXmax:=xyr(.5.);
    if xyr(.5.)<NXmin then NXmin:=xyr(.5.);
    if xyr(.6.)>QYmax then QYmax:=xyr(.6.);
    if xyr(.7.)>QYmax then QYmax:=xyr(.7.);
    if xyr(.6.)<QYmin then QYmin:=xyr(.6.);
    if xyr(.7.)<QYmin then QYmin:=xyr(.7.);
    if xyr(.8.)>MZmax then MZmax:=xyr(.8.);
    if xyr(.9.)>MZmax then MZmax:=xyr(.9.);
    if xyr(.8.)<MZmin then MZmin:=xyr(.8.);
    if xyr(.9.)<MZmin then MZmin:=xyr(.9.);
End;
END;
(*--------------------- Grundmasstab ermitteln ---------------------------*)
Overlay Procedure GrundMass;
var NenX,NenY :Real;
BEGIN
NenX:=Xmax-Xmin;if NenX=0 then NenX:=1;
NenY:=Ymax-Ymin;if NenY=0 then NenY:=1;
if Per=1 then Begin
   Vbx:=640/NenX    ;                   VbG:=Vbx*Bv;
   Vby:=304*cxy/NenY;if Vby<VbG then VbG:=Vby*Bv;
   if Bv<=1 then Begin
     X00:=50-round(Xmin*VbG);Y00:=48+round(Ymax*VbG/cxy);
   End;
End;
END;
```

```
(*----------------------- Achsenkreuz eintragen ----------------------------*)
Overlay Procedure Achsenkreuz;
var L :Integer;
Begin Pen:=1;
   Ls:=1;
if Per=1 then Begin
   x1:=740;y1:=32  ;x2:=x1+40;y2:=y1   ;Draw(x1,y1,x2,y2,Ls);KraftPfeil;
   x:=x2+4;y:=y2-8              ;TextSmall(x,y,0,'X');
                   x2:=x1       ;y2:=y1-24;Draw(x1,y1,x2,y2,Ls);KraftPfeil;
   x:=x2+6;y:=y2-8              ;TextSmall(x,y,0,'Y');
End;
End;
(*----------------------- Ueberschrift eintragen ---------------------------*)
Overlay Procedure UbSchr;
const Vscript :Byte=0;
Procedure Schreiben;
Begin if Vscript=1 then TextPrintV(x,y,ein) else TextNormal(x,y,ein);End;
BEGIN (* UbSchr *)
  Schriftart(1);SchriftMode(1);x:=0;y:=0;if Vscript=1 then y:=Yw2;
  ein:='Dateiname:';;Schreiben;SchriftMode(0);
  if Vscript=1 then y:=y-Xchst*(length(ein)) else x:=110;
  ein:=' '+ExtNam;Schreiben;
  if (DatWhl=2) or (DatWhl=3) then Begin
     if Vscript=1 then y:=y-XchSt*(length(ein)) else x:=210;
     str(Vv,ein);ein:=' (V='+ein+')'    ;Schreiben;
  End;
END;
(* -------------------- Diagramm-Ueberschrift ----------------------------- *)
Overlay Procedure DiaUb;
BEGIN
if per =1 then Begin
   if prg=1 then Begin Schriftart(1);SchriftMode(1);End;
   x:=400;y:= 0       ;TextNormal(x,y,ein);if prg=1 then SchriftMode(0);
   danam(.9.):='Small';
End;
END;
(*--------------------- Knoten-Nr. eintragen -------------------------------*)
Overlay Procedure KnotNr;
BEGIN SchriftMode(0); (* Normal *)
      for i:=1 to 4 do V(.i.):=0;k:=3;if DatWhl=2 then k:=5;
      for i:=ZeiA to ZeiE do Begin
          ReadKN(i,2,k);xa:=xyr(.2.);ya:=xyr(.3.);
          if datWhl=2 then Begin V(.1.):=xyr(.4.);V(.2.):=xyr(.5.);End;
          BildKoor(V(.1.),V(.2.),V(.3.),V(.4.));
          if Per=1 then Begin x:=i1-20;y:=j1-14;End;str(i,ein);
          if per=1 then TextSmall(x,y,0,ein) else DrawTextV(x,y,ein);
      End;
END;
(* --------------------- Knotenkraefte zeichnen -------------------------- *)
Overlay Procedure FiDraw(Vrs:Integer);
label 50;
var i,j,k,l :Integer;
BegiN d:=5;
Lt:=0;SetLineStyle(Lt);Ls:=4;if DatWhl=2 then Ls:=2;
for i:=1 to 2*kf do Begin V(.i.):=0;q(.i.):=0;End;  (* V und q Null setzen  *)
for i:=1 to LsLine(.d.) do Begin              (* Schleife Belastungsdaten    *)
    ReadFQ(i,1,9);ia:=xyi(.1.);ie:=xyi(.2.); (* Kraefte-Knoten holen        *)
    for j:=6 to 9 do
        if q(.6.)=0 then q(.6.):=xyr(.j.);    (* Flag f. Streckenlast setzen *)
    if ie<ia then ie:=ia;
    for j:=1 to kf do F(.j.):=xyr(.j+2.);     (* Fx, Fy, Mz festhalten       *)
```

```
    for j:=ia to ie do Begin
        if (j<ZeiA) or (j>ZeiE) then Goto 50;(* Bildgrenzen auswerten       *)
        k:=5;if Vrs=0 then k:=3;            (* Koord. und Verschieb. holen *)
        ReadKN(j,2,k);xa:=xyr(.2.);ya:=xyr(.3.);
        if Vrs>0 then for l:=4 to 5 do V(.l-3.):=xyr(.l.);
        BildKoor(V(.1.),V(.2.),V(.3.),V(.4.));
        if F(.1.)<>0 then XKraft;if F(.2.)<>0 then YKraft;
        if F(.3.)<>0 then Begin
           if F(.3.)>0 then Pfeil:=4;if F(.3.)<0 then Pfeil:=5;
           x:=i1;y:=j1;KraftKreis;
        End;
    50:End;
End;
EnD;
(* --------------------- Lagerung zeichnen ------------------------------ *)
Overlay Procedure LagerDraw;
label 50;
var i,j,k :Integer;
    LagW  :String(.4.);
Begin
   d:=4;Lt:=0;SetLineStyle(Lt);Ls:=1;
   SchriftMode(0);
   for i:=1 to LsLine(.d.) do Begin (* Lagerdatei auswerten *)
       ReadLA(i,1,6);LagW:=ein;j:=xyi(.1.);if j<=0 then Goto 50;
       if (j>=ZeiA) and (j<=ZeiE) then Begin
          ReadKN(j,2,4);xa:=xyr(.2.);ya:=xyr(.3.);
          BildKoor(0,0,0,0);
          x1:=i1;y1:=j1;ein:=LagW;
          if (Ymax-Ya)<(Ya-Ymin) then LagerOben
             else LagerUnten;
       End;
    End; (* Ende der i-Schleife Lagerdatei *)
50: End; (* Lagerbedingungen *)
(* -------------------- Linie zeichnen ----------------------------------- *)
Procedure ElemDraw(vs:Integer);
Begin
   if vs=0 then BildKoor(0,0,0,0) else BildKoor(V(.1.),V(.2.),V(.3.),V(.4.));
      Draw(i1,j1,i2,j2,Ls);
End;
(* ===================================================================== *)
(* -------------------- Struktur zeichnen -------------------------------- *)
Procedure StrukZei;
(* ----- Elementdaten und Koordinaten holen ----- *)
Procedure HoleElDaten;
label 10;
var j,k :Integer;
BEGIN
    ReadEL(i,3,9);ia:=xyi(.3.);ie:=xyi(.4.);
    if (ia<ZeiA) or (ia>ZeiE) or          (* Bildgrenzen einhalten *)
       (ie<ZeiA) or (ie>ZeiE) then Goto 10;
    for j:=1 to 5 do F(.j.):=xyr(.j+4.);   (* Schnittgroessen festhalten *)
    ReadKN(ia,2,5);xa:=xyr(.2.);ya:=xyr(.3.);V(.1.):=xyr(.4.);V(.2.):=xyr(.5.);
    ReadKN(ie,2,5);xe:=xyr(.2.);ye:=xyr(.3.);V(.3.):=xyr(.4.);V(.4.):=xyr(.5.);
10:END;
(* -------------------- Struktur ohne Schnittgroessen zeichnen ----------- *)
Overlay Procedure Struk_Zei;
label 10;
BEGIN
for i:=1 to ne do Begin
    Lt:=0;SetLineStyle(Lt);HoleElDaten;
    if (ia<ZeiA) or (ia>ZeiE) or            (* Bildgrenzen einhalten     *)
       (ie<ZeiA) or (ie>ZeiE) then Goto 10;
```

```
if (DatWhl=1) or (DatWhl=3) then Begin        (* unverformte Struktur      *)
   Ls:=2;ElemDraw(0);
   if AutoSchr(.3.)='3' then ElemNr;          (* Element-Nummer eintragen  *)
End;
if DatWhl=2 then Begin                        (* verformte Struktur allein *)
   Ls:=1;ElemDraw(1);
   if AutoSchr(.3.)='3' then ElemNr;          (* Element-Nummer eintragen  *)
End;
if DatWhl=3 then Begin                     (* verformte Struktur zusaetzlich *)
   SetLineStyle(2);Ls:=1;ElemDraw(1);
End;
10:End; (* der i-Element-Schleife *)
END;    (* UP Struk_Zei *)
(* -------------------- Streckenlast zeichnen --------------------------- *)
Overlay Procedure Zeichne_q;
label 10;
const Hx :Real=0;Hy :Real=0;
var xxa,xxe,yya,yye,qxa,qxe,qya,qye :Real;
    ka,ke,j,k :Integer;
BEGIN d:=5;ia:=0;ie:=0;H:=0;
for j:=1 to 5 do q(.j.):=0;                   (* Streckenlasten Null setzen  *)
if qXmx<>0 then Hx:=Hs*Vs/abs(qXmx);          (* Darstellungsmasstab         *)
if abs(qXmn)>abs(qXmx) then Hx:=Hs*Vs/abs(qXmn);
if qYmx<>0 then Hy:=Hs*Vs/abs(qYmx);
if abs(qYmn)>abs(qYmx) then Hy:=Hs*Vs/abs(qYmn);
if Hx<>0 then Begin H:=Hx;if (Hy<>0) and (Hy<Hx) then H:=Hy;End else H:=Hy;
H:=H/VbG;
for k:=1 to LsLine(.d.) do Begin              (* Schleife Belastungsdaten    *)
    ReadFQ(k,1,9);
    for j:=6 to 9 do Begin
        q(.j-5.):=xyr(.j.);
        if q(.5.)=0 then q(.5.):=xyr(.j.);    (* Flag f. Streckenlast setzen *)
    End;
    if q(.5.)=0 then Goto 10;
    ka:=xyi(.1.);ke:=xyi(.2.);                (* Nummern der q-Elemente      *)
    if ke<ka then ke:=ka;
    for i:=ka to ke do Begin
        HoleElDaten;L:=sqrt((xe-xa)*(xe-xa)+(ye-ya)*(ye-ya));
        C:=0;S:=0;
        if L>0 then Begin
           C:=(xe-xa)/L;S:=(ye-ya)/L;
           qxa:=q(.1.)*abs(S);qya:=q(.3.)*abs(C);
           qxe:=q(.2.)*abs(S);qye:=q(.4.)*abs(C);
           if DatWhl<>2 then Begin xxa:=0;yya:=0;xxe:=0;yye:=0;End
              else Begin xxa:=V(.1.);yya:=V(.2.);xxe:=V(.3.);yye:=V(.4.);End;
           Ls:=1;
           xyr(.2.):=xa;xyr(.3.):=ya;xyr(.4.):=xe;xyr(.6.):=ye;
           xe:=xa-H*qxa;ye:=ya-H*qya;
           BildKoor(xxa,yya,xxa,yya);Draw(i1,j1,i2,j2,Ls);
           x1:=i2;y1:=j2;x2:=i1;y2:=j1;KraftPfeil;
           xa:=xyr(.4.)-H*qxe;ya:=xyr(.6.)-H*qye;
           BildKoor(xxe,yye,xxa,yya);Draw(i1,j1,i2,j2,Ls);
           xe:=xyr(.4.);ye:=xyr(.6.);
           BildKoor(xxe,yye,xxe,yye);Draw(i1,j1,i2,j2,Ls);
           x1:=i1;y1:=j1;x2:=i2;y2:=j2;KraftPfeil;
           xa:=xyr(.2.);ya:=xyr(.3.);xe:=xa;ye:=ya;
        End; (* if L>0 *)
    End; (* der i-Schleife     *)
10: End; (* der LsLine-Schleife *)
END;
```

```
(* -------------------- Schnittgroessen zeichnen ----------------------- *)
Overlay Procedure Schnittgroesse;
label 10;
BegiN                                         (* Masstaebe festlegen *)
if DatWhl=4 then Begin
   ein:='Normalkraft';DiaUb;
   if Nxmax<>0 then H:=Hs*Vs/abs(Nxmax);
   if abs(Nxmin)>abs(Nxmax) then H:=Hs*Vs/abs(Nxmin);
End;
if DatWhl=5 then Begin
   ein:='Querkraft';DiaUb;
   if Qymax<>0 then H:=Hs*Vs/abs(Qymax);
   if abs(Qymin)>abs(Qymax) then H:=Hs*Vs/abs(Qymin);
End;
if DatWhl=6 then Begin
   ein:='Biegemoment';DiaUb;
   if Mzmax<>0 then H:=Hs*Vs/abs(Mzmax);
   if abs(Mzmin)>abs(Mzmax) then H:=Hs*Vs/abs(Mzmin);
End;
H:=H/VbG;
for i:=1 to ne do Begin
    Lt:=0;SetLineStyle(Lt);HoleElDaten;
    if (ia<ZeiA) or (ia>ZeiE) or               (* Bildgrenzen einhalten *)
       (ie<ZeiA) or (ie>ZeiE) then Goto 10;
    L:=sqrt((xe-xa)*(xe-xa)+(ye-ya)*(ye-ya));
    C:=0;S:=0;if L>0 then Begin C:=(xe-xa)/L;S:=(ye-ya)/L;End;
    Ls:=2;ElemDraw(0);                         (* Elementachse zeichnen *)
    if DatWhl=4 then Begin Ha:=H*F(.1.);He:=Ha      ;End;(* Normalkraft *)
    if DatWhl=5 then Begin Ha:=H*F(.2.);He:=H*F(.3.);End;(* Querkraft   *)
    if DatWhl=6 then Begin Ha:=H*F(.4.);He:=H*F(.5.);End;(* Biegemoment *)
    if AutoSchr(.3.)='3' then ElemNr;          (* Element-Nr. eintragen *)
    Ls:=1;xyr(.8.):=xe;xyr(.9.):=ye;
    xe:=xa-Ha*S ;ye:=ya+Ha*C;
       if Ha<0 then SetLineStyle(1);ElemDraw(0);   (* 1.Senkrechte zeichnen *)
    xa:=xyr(.8.)-He*s;ya:=xyr(.9.)+He*c;
       SetLineStyle(0);ElemDraw(0);                (* Parallele zeichnen    *)
    xe:=xyr(.8.)    ;ye:=xyr(.9.)    ;
       if He<0 then SetLineStyle(1);ElemDraw(0);   (* 2.Senkrechte zeichnen *)
10: End; (* der i-Element-Schleife *)
End;     (* --- Ende Up Schnittgroesse --- *)
(* ------------------------- *)
BEGIN GrundMass;
if AutoSchr(.1.)='1' then UbSchr;if AutoSchr(.4.)='4' then Achsenkreuz;
ZeiA:=1;ZeiE:=nk;if Bv<>1 then Bildausschnitt;Pen:=1;
if DatWhl<4 then Begin  Struk_Zei;
   if AutoSchr(.5.)='5' then Begin
      if DatWhl=2 then FiDraw(1) else FiDraw(0); (* Knotenkraefte zeichnen *)
      if q(.6.)<>0 then Zeichne_q;              (* Streckenlast zeichnen  *)
   End;
End;
if DatWhl>3 then Schnittgroesse;
if autoschr(.2.)='2' then KnotNr;           (* Knotennummern eintragen  *)
if AutoSchr(.6.)='6' then LagerDraw;        (* Lagerung eintragen       *)
END;  (* UP StrukZei *)
(*====================================================================*)
BegiN  (* -- UP EbRaGraf1 -- *)
if men=41 then Begin        (* Struktur zeichnen *)
   if MaxFlag=0 then Begin Extremwert;MaxFlag:=1;GrafInit;End;
   HiRes;ClearScreen;StrukZei;wartenGraf;Textmode;
End;
EnD;  (* -- UP EbRaGraf1 -- *)
(*====================================================================*)
```

```
Overlay Procedure EbRaGraf2;
(*--------------------- Parametereingabe zur Graphik ---------------------*)
Procedure Perspektive;
BEGIN    ClrScr;
Un1;zeile:='Bildschirmebene wählen (nur Sirius):';SoZeiUm(1);Un0;
Writeln;
   WriteLn('1  X-Achse nach rechts, Y-Achse nach oben');Writeln;
if prg=1 then Begin
   WriteLn('2  X-Achse nach oben  , Y-Achse nach links');
   Writeln;
   cle(23);Write('Aktueller Parameter: ');rv1;WriteLn(' ',Per,' ');rv0;
   cle(24);zeile:='Kennziffer wählen oder RETURN:';SoZeiUm(2);
   cle(25);Write('Kennziffer >');
   KbdEin(15,25,1);Zahlen(ein,gst,nst);
   if (Zahlint>0) and (Zahlint<3) then Begin
      Per:=Zahlint;Bv:=1;NfStr:=0;NfScr:=0;
   End;
End;
if prg=0 then Begin
   Per:=1;
   Zeile:='Für IBM-Graphik ist keine andere Perspektive vorgesehen.';
   SoZeiUm(1);warten;
End;
END;
(*--------------------- Automatische Beschriftung -----------------------*)
Procedure AutoSchrift;
label 10,50;
BEGIN    ClrScr;
Un1;WriteLn('Automatische Beschriftung:');Un0;
 zeile:='1  Dateiname als Überschrift';SoZeiUm(1);
WriteLn('2  Knoten- Nummern einzeichnen');
WriteLn('3  Element-Nummern einzeichnen');
WriteLn('4  Achsenkreuz einzeichnen');
 zeile:='5  Knotenkräfte einzeichnen';SoZeiUm(1);
WriteLn('6  Lagerungen einzeichnen');
WriteLn('9  Keine Beschriftung');Writeln;
 zeile:='Eingabe der negativen Kennziffer löscht die Funktion !';SoZeiUm(1);
10:
cle(23);Write('Aktuelle Parameter: ');rv1;WriteLn(' ',AutoSchr,' ');rv0;
cle(24);zeile:='Kennziffer wählen oder RETURN:';SoZeiUm(2);
   cle(25);Write('Kennziffer >');
   KbdEin(15,25,2);if ein='' then Goto 50;
   Zahlen(ein,gst,nst);
   if Zahlint=1 then Begin AutoSchr(.1.):='1';Goto 10;End;
   if Zahlint=2 then Begin AutoSchr(.2.):='2';Goto 10;End;
   if Zahlint=3 then Begin AutoSchr(.3.):='3';Goto 10;End;
   if Zahlint=4 then Begin AutoSchr(.4.):='4';Goto 10;End;
   if Zahlint=5 then Begin AutoSchr(.5.):='5';Goto 10;End;
   if Zahlint=6 then Begin AutoSchr(.6.):='6';Goto 10;End;
   if Zahlint=-1 then Begin AutoSchr(.1.):='0';Goto 10;End;
   if Zahlint=-2 then Begin AutoSchr(.2.):='0';Goto 10;End;
   if Zahlint=-3 then Begin AutoSchr(.3.):='0';Goto 10;End;
   if Zahlint=-4 then Begin AutoSchr(.4.):='0';Goto 10;End;
   if Zahlint=-5 then Begin AutoSchr(.5.):='0';Goto 10;End;
   if Zahlint=-6 then Begin AutoSchr(.6.):='0';Goto 10;End;
   if Zahlint=9 then Begin
      for ij:=1 to 6 do Begin
          AutoSchr(.ij.):='0';
      End;
      Goto 10;
   End;
50:END;
```

```
(*--------------------- Darzustellende Daten waehlen ---------------------*)
Procedure DatWahl;
BEGIN     ClrScr;Un1;WriteLn('Darzustellende Strukturdaten:');Un0;Writeln;
   WriteLn('1  Unverformte Struktur');  Writeln;
   WriteLn('2  Verformte Struktur');    Writeln;
   WriteLn('3  Unverformte und verformte Struktur als kombinierte Graphik');
   Writeln;Writeln;
   WriteLn('4  Verlauf der Normalkraft  darstellen');   Writeln;
   WriteLn('5  Verlauf der Querkraft    darstellen');   Writeln;
   WriteLn('6  Verlauf des Biegemoments darstellen');   Writeln;
cle(23);Write('Aktueller Parameter: ');rv1;WriteLn(' ',DatWhl:2:0,' ');rv0;
cle(24);zeile:='Kennziffer wählen oder RETURN:';SoZeiUm(2);
   cle(25);Write('Kennziffer >');
   KbdEin(15,25,1);Zahlen(ein,gst,nst);
   if (Zahlint>0) and (Zahlint<7) then DatWhl:=Zahlint;
END;
(*--------------------- Masstaebe waehlen --------------------------------*)
Procedure Masstab;
label 10,20,50;
BEGIN     ClrScr;
Un1;zeile:='Maßstäbe wählen:';SoZeiUm(1);Un0;Writeln;
WriteLn('1  Gesamte Struktur darstellen (Grundmaßstab)');Writeln;
 zeile:='2  Ausschnittvergrößerung (Vielfaches des Grundmaßstabes)';SoZeiUm(1);
Writeln;
WriteLn('3  Faktor zur Darstellung der Verformungen ');Writeln;
 zeile:='4  Faktor zur Darstellung der Schnittgrößen ';SoZeiUm(1);Writeln;
 zeile:='5  Faktor für Vertikalverzerrung zur Druckeranpassung ';SoZeiUm(1);
if prg=1 then Begin (* nur f. Sirius *)
   Writeln;zeile:=
'6  Vertikalanschluß beim Drucken (für Strukturen aus gleich langen Feldern)';
   SoZeiUm(1);Writeln;
End;
Writeln;Writeln;
20:cle(24);zeile:='Kennziffer wählen oder RETURN:';SoZeiUm(2);
   xx:=12;yy:=25;zz:=5;
   Gotoxy(1,25);Write('Kennzahl >');ClrEol;
   KbdEin(xx,yy,zz);if ein='' then Goto 50;
   Zahlen(ein,gst,nst);
   if Zahlint=1 then Begin Bv:=1;NfStr:=0;NfScr:=0;Goto 20;End;
   if Zahlint=2 then Begin       NfStr:=0;NfScr:=0;
      cle(24);Write('Aktueller Faktor: ');rv1;Write(bv:6:3);rv0;
      cle(25);Write('Faktor >');ClrEol;KbdEin(xx,yy,zz);Zahlen(ein,gst,nst);
      if ein<>'' then bv:=Zahl;
      Goto 20;
   End;
   if (Zahlint=6) and (prg=1) then Begin
      Gotoxy(1,25);;Write('Zahl der Strukturfelder > ');ClrEol;
      KbdEin(30,yy,zz);Zahlen(ein,gst,nst); if ein<>'' then NfStr:=Zahlint;
      cle(24);zeile:='Felder für 1 Bildschirm > ';SoZeiUm(2);
      KbdEin(30,yy,zz);Zahlen(ein,gst,nst); if ein<>'' then NfScr:=Zahlint;
      if NfScr>NfStr then NfScr:=NfStr;
      Goto 20;
   End;
   if Zahlint=3 then Begin
      cle(24);zeile:='Aktueller Vergrößerungsfaktor: ';SoZeiUm(2);
      rv1;Write(vv);rv0;
      cle(25);Write('Faktor >');ClrEol;KbdEin(30,yy,zz);Zahlen(ein,gst,nst);
      if ein<>'' then Vv:=Zahlint;
      Goto 20;
   End;
```

```
   if Zahlint=4 then Begin
      cle(24);zeile:='Aktueller Vergrößerungsfaktor: ';SoZeiUm(2);
      rv1;Write(vs:6:3);rv0;
      cle(25);Write('Faktor >');ClrEol;KbdEin(30,yy,zz);Zahlen(ein,gst,nst);
      if ein<>'' then Vs:=Zahl;
      Goto 20;
   End;
   if Zahlint=5 then Begin
     cle(17);Writeln;
     WriteLn('Hardcopy x:y=1:1 auf Drucker');Writeln;
     WriteLn('Epson FX mit Verzerrungsfaktor 0.90');
     WriteLn('Epson LQ mit Verzerrungsfaktor 0.75');
     cle(23);zeile:='Aktueller Verzerrungsfaktor: ';SoZeiUm(2);
      rv1;Write(ky:6:3);rv0;
      cle(25);Write('Faktor >');ClrEol;KbdEin(30,yy,zz);Zahlen(ein,gst,nst);
      if ein<>'' then ky:=Zahl;
      Goto 20;
   End;
50:END;
(*==========================================================================*)
BEGIN (* UP EbRaGraf2 *)
if men=31 then Perspektive;              (* Perspektive/Bildschirmebene *)
if men=32 then AutoSchrift;              (* Automatische Beschriftung   *)
if men=33 then Masstab;                  (* Masstaebe waehlen *)
if (prg=1) and (men=35) then Begin       (* Manuell beschriften *)
   ClrScr;Un1;WriteLn('Beschriften des Graphik-Bildschirms:');Un0;
   Writeln;WriteLn('Ablauf:');Writeln;
   WriteLn('>  Cursor positionieren');
   zeile:='>  Taste "w" drücken';SoZeiUm(1);
   WriteLn('>  Text bis 40 Zeichen eingeben/RETURN');
   warten;cl25;
   PrintInit;HiRes;Zeichnung;PrintInit;TextMode;
End;
if men=34 then DatWahl;     (* Darzustellende Daten waehlen *)
if men=42 then Begin        (* Graphik als SCR-Datei auf Disk *)
   d:=9;Danam_SCR(0);
   if ij=1 then Begin
      HiRes;GraphWindow(xs1,ys1,xs2,ys2);SaveWindow(1,danam(.d.));Textmode;
   End;
End;
if men=43 then Begin        (* Graphik von SCR-Datei laden *)
   d:=9;Danam_SCR(1);
   if ij=1 then Begin
      HiRes;GraphWindow(xs1,ys1,xs2,ys2);
      LoadWindow(1,xs1,ys1,danam(.d.));Textmode;
   End;
End;
if men=44 then Begin        (* Graphik auf Drucker *)
   if Druck=1 then Begin
      HiRes;frg:='Zeichnung ok';jnGraf;
      if jn=1 then Hardcopy(false,1);Textmode;End
   else Druckab;
End;
END; (* -- Up EbRaGraf2 -- *)
(* ===== Ende Include-Datei  EbRaGraf.OVL ================================ *)
```

B 1 Beispiele zu Abschn. 7.1

Aufgabenstellung

Ein ebenes Fachwerk aus 7 Knoten und 11 Stäben mit Abmessungen, Anordnung, Belastung und Lagerung gemäß Datentabellen EbFa_B1 ist so auszulegen, daß für die Druckstäbe 2.5-fache Knicksicherheit besteht und die Spannung in keinem der Stäbe den Wert 3.5 kN/cm^2 übersteigt. Die Stäbe sind als T-Profil DIN 1024 auszulegen. Das Eigengewicht ist zu berücksichtigen.

Lösung

Die Struktur wurde unter dem Dateinamen EbFa_B1 als ebenes Fachwerk und zum Vergleich mit dem Dateinamen EbRa_B1 als ebener Rahmen berechnet. Wegen der geringen Anzahl von Knoten und Elementen wurde die Struktur mit dem Tabelleneditor der Programme von Hand generiert.

Die Auslegung wurde mit dem Fachwerkprogramm durchgeführt. Aus den Ergebnissen des ersten Rechenlaufes mit einem Schätzwert für den Querschnitt A wurden die erforderlichen Profile für den endgültigen Rechenlauf ermittelt.

Die Daten der Fachwerkstruktur wurden in den Datensatz EbRa_B1 übernommen. Zusätzlich wurde die Datei EbRa_B1.RSP mit den Randabständen V1 und V2 der T-Querschnitte zur Berechnung der Spannungen aus Biegemoment und Normalkraft angelegt.

Vergleich der Ergebnisse

Wegen der geringen Biegesteifigkeit der langgestreckten T-Profile sind die Stabkräfte aus der Datei EbFa_B1.FEL nahezu identisch mit den Normalkräften aus der Datei EbRa_B1.REL. Biegemomente und Querkräfte können vernachlässigt werden.

Beim Vergleich der Spannungen ist zu berücksichtigen, daß das Fachwerkprogramm die Stabspannung aus der gleichmäßigen Verteilung der Stabkraft über den Querschnitt berechnet, während das Rahmenprogramm die Normalspannungen aus Normalkraft und Biegemoment unter Berücksichtigung der Randabstände V1 und V2 vorzeichenrichtig überlagert.

Der Verformungsplot des Rahmenprogramms ist mit dem des Fachwerkprogramms identisch und wurde deshalb nicht abgedruckt. Stattdessen wurde die nur im Programm EbRa verfügbare Darstellung der Normalkräfte über den Elementachsen wiedergegeben.

Die Symmetrie der Struktur hinsichtlich Geometrie, Belastung und Lagerung findet sich in einer entsprechenden Symmetrie der Rechenergebnisse wieder (Knotenverschiebungen, Lagerkräfte, Stabkräfte bzw. Schnittgrößen und Knotenkräfte aus Eigengewicht).

Einen wichtigen Hinweis auf plausible Ergebnisse liefert außer der Symmetrie das statische Gleichgewicht aus äußeren Lasten und Lagerkräften, wobei im vorliegenden Fall das Eigengewicht der Konstruktion zu berücksichtigen ist.

Die Überprüfung des Gleichgewichts sollte auf jeden Fall dann vorgenommen werden, wenn die Größe der berechneten Struktur an die Kapazitätsgrenze des Programms herankommt. Merkliche Differenzen in der Gleichgewichtsbilanz sind ein Hinweis darauf, daß sich beim Rechnen unzulässige Rundungsfehler aufsummiert haben.

Dateiname: EbFa_B1 (V=200)

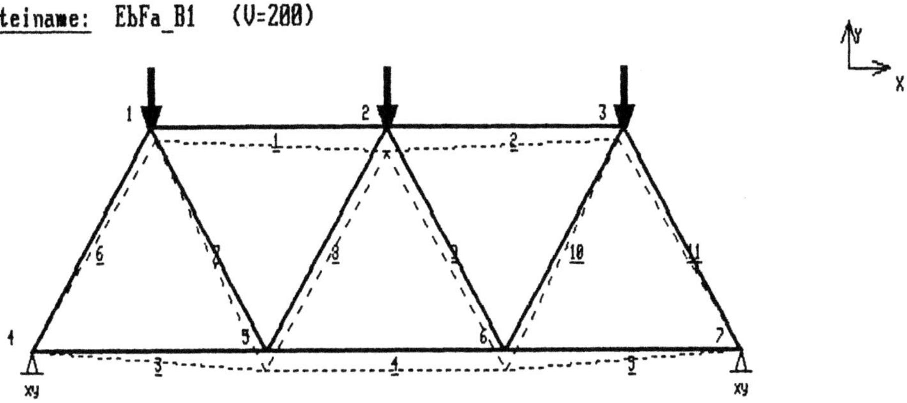

FEM-Programm OLEFIS01.805 Kd.-Nr.: FHGIMF01.805 16.05.88
Programm: RaFa Datum: 15.05.88 Dateiname: EbFa_B1 .FKN <
Knotendaten: Geometrie Nk = 7 NN = 14 <

Knoten Nr.	Knoten - Koordinaten X / cm	Y / cm	Z / cm	Knoten - Verschiebungen Vx / cm	Vy / cm	Vz / cm <
1	-100.00	86.60		0.012355	-0.023367	<
2	0.00	86.60		0.000000	-0.043745	<
3	100.00	86.60		-0.012355	-0.023367	<
4	-150.00	0.00		-0.000000	-0.000000	<
5	-50.00	0.00		-0.002061	-0.037166	<
6	50.00	0.00		0.002061	-0.037166	<
7	150.00	0.00		0.000000	-0.000000	<

FEM-Programm OLEFIS01.805 Kd.-Nr.: FHGIMF01.805 16.05.88
Programm: RaFa Dateiname: EbFa_B1 .FEL <
Elementdaten: Zuordnung Ne= 11 Kdif = 4 <

Element Nr.	Grp.	Knoten von	bis	Stabkraft Fs/kN	Spannung kN/cm^2	Tr.-Mom. Ierf/cm^4	Gewicht G/kN <
1	2	1	2	-5.863	-2.594	0.707	0.018<
2		2	3	-5.863	-2.594	0.707	0.018<
3		4	5	-0.978	-0.433	0.118	0.018<
4		5	6	1.956	0.866		0.018<
5		6	7	-0.978	-0.433	0.118	0.018<
6	1	1	4	-8.769	-2.952	1.058	0.023<
7		1	5	2.958	0.996		0.023<
8		2	5	-2.911	-0.980	0.351	0.023<
9		2	6	-2.911	-0.980	0.351	0.023<
10		3	6	2.958	0.996		0.023<
11		3	7	-8.769	-2.952	1.058	0.023<

FEM-Programm OLEFIS01.805 Kd.-Nr.: FHGIMF01.805 16.05.88
Programm: RaFa Dateiname : EbFa_B1 .FFQ Laststufen: 1 <
Belastungsdaten Bandbreite: 11 Recordzahl: 1 <

Knot./Elem. von	bis	Knotenkräfte Fx / kN	Fy / kN	Fz / kN	Element-Streckenlasten qx/kN/cm	qy/kN/cm	qz/kN/cm<
1	3		-5.0000				<

```
FEM-Programm OLEFIS01.805  Kd.-Nr.: FHGIMF01.805  16.05.88
Programm: RaFa      Dateiname:       EbFa_B1 .FEG                  <
Elementdaten: Eigenschaften    Ges.Gewicht:     0.229 kN           <
Grp.   E-Modul     Querschnitt spez.Gewicht Knick-  vorges. Profil <
Nr.    E/kN/cm^2         A/cm^2 Gamma/N/dm^3 sich.Sk Kurzzeichen/DIN<

  1       21000          2.970        78.600     2.500 T 35 / 1024  <
  2       21000          2.260        78.600     2.500 T 30 / 1024  <
                                                                    <
Gruppe 2 ist den waagerechten Stäben zugeordnet, Imin = 0.87 cm^4  <
Gruppe 1 ist den schrägen     Stäben zugeordnet, Imin = 1.57 cm^4  <
```

```
FEM-Programm OLEFIS01.805  Kd.-Nr.: FHGIMF01.805  16.05.88
Programm: RaFa     Dateiname: EbFa_B1 .FLA      Laststufen:   1     <
Lagerdaten     max. Lagersteifigkeit: 6.237E+008 V-Faktor=1.000E+006<
Knoten Fest    Elastisch in XYZ            Lagerkräfte              <
Nr. in XYZ Cx/kN/cm Cy/kN/cm Cz/kN/cm    Fx / kN    Fy / kN    Fz / kN<

  4  xy                                   5.363      7.614          <
  7  xy                                  -5.363      7.614          <
                                                                    <
     In den vertikalen Lagerkräften ist das Eigengewicht von        <
     G = 0.229 kN enthalten.                                        <
```

```
FEM-Programm OLEFIS01.805  Kd.-Nr.: FHGIMF01.805  16.05.88
Programm: RaFa     Dateiname:      EbFa_B1  .FKQ      <
Knotendaten: Kräfte aus verteilten Lasten             <
Knoten Gewicht    Knotenkräfte aus Streckenlasten     <
 Nr.    FyG/kN     Fqx / kN    Fqy / kN    Fqz / kN <

  1      -0.033    In allen Ergebnissen drückt sich <
  2      -0.042    die Symmetrie von Geometrie,     <
  3      -0.033    Belastung und Lagerung aus:      <
  4      -0.021             Knotenverschiebungen,   <
  5      -0.042             Stabkräfte, Lagerkräfte,<

  6      -0.042             Knotenkräfte aus        <
  7      -0.021               Streckenlasten.       <
```

Dateiname: EbRa_B1 **Normalkraft**

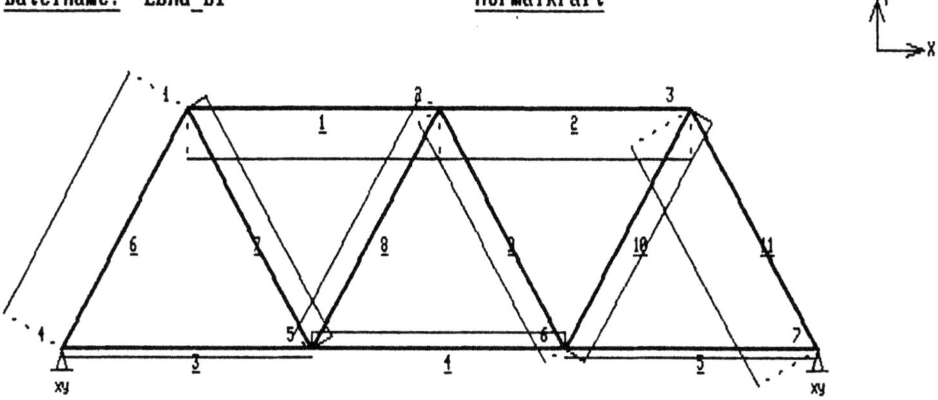

FEM-Programm OLERIS01.805 Kd.-Nr.: FHGIMF01.805 16.05.88
Programm: EbRa, Datum: 16.05.88 Dateiname: EbRa_B1 .RKN,Laststufen: 1 <
Knotendaten: Geometrie Nk = 7 NN = 21 <

Knoten Nr.	Koordinaten X / cm	Y / cm	Verschiebungen Vx / cm	Vy / cm	Drehungen Dz / rad	Kräfte aus q-Lasten Fqx/kN	Fqy/kN	FyG/kN<
1	-100.00	86.60	0.012344	-0.023352	-0.0002165			-0.033<
2	0.00	86.60	-0.000000	-0.043693	-0.0000000			-0.042<
3	100.00	86.60	-0.012344	-0.023352	0.0002165			-0.033<
4	-150.00	0.00	-0.000000	-0.000000	-0.0003146			-0.021<
5	-50.00	0.00	-0.002057	-0.037123	-0.0001694			-0.042<
6	50.00	0.00	0.002057	-0.037123	0.0001694			-0.042<
7	150.00	0.00	0.000000	-0.000000	0.0003146			-0.021<

FEM-Programm OLERIS01.805 Kd.-Nr.: FHGIMF01.805 16.05.88
Programm: EbRa Dateiname: EbRa_B1 .REL Laststufen: 1 <
Elementdaten Zuordnung Ne = 11 kdif = 4 <

Element Nr.	Grp.	Knoten von	bis	Schnittkräfte N / kN	Q1 / kN	Q2 / kN	Schnittmomente Mb1/kNcm	Mb2/kNcm	Gewicht< kN <
1	2	1	2	-5.858	-0.013	0.005	-0.128	0.284	0.018<
2	2	2	3	-5.858	-0.005	0.013	0.284	-0.128	0.018<
3	2	4	5	-0.976	-0.014	0.003	-0.228	0.332	0.018<
4	2	5	6	1.953	-0.009	0.009	0.122	0.122	0.018<
5	2	6	7	-0.976	-0.003	0.014	0.332	-0.228	0.018<
6	1	1	4	-8.774	0.009	-0.003	0.100	-0.228	0.023<
7	1	1	5	2.937	-0.006	0.006	0.028	0.033	0.023<
8	1	2	5	-2.917	0.008	-0.003	0.023	-0.243	0.023<
9	1	2	6	-2.917	-0.008	0.003	-0.023	0.243	0.023<
10	1	3	6	2.937	0.006	-0.006	-0.028	-0.033	0.023<
11	1	3	7	-8.774	-0.009	0.003	-0.100	0.228	0.023<

```
FEM-Programm OLERIS01.805  Kd.-Nr.: FHGIMF01.805  16.05.88
Programm: EbRa                Dateiname:  EbRa_B1 .RFQ                     <
Belastungsdaten    Bandbreite:  16      Blockzahl:   2                     <
Knoten/Element Knoten - Kräfte - Momente   Streckenlasten/kN/cm von bis    <
 von  bis     Fx/kN      Fy/kN     Mz/kNcm  qxa       qxe      qya      qye  <

   1     3              -5.000                                             <
```

```
FEM-Programm OLERIS01.805  Kd.-Nr.: FHGIMF01.805  16.05.88
Programm: EbRa    Dateiname:  EbRa_B1 .RLA                         <
Lagerdaten     max. Lagersteifigkeit: 2.604E+09 V-Fakt.=1.00000E+06<
Knoten Fest Elastisch/kN/cm /kNcm/rad  Lager - Kräfte - Momente    <
Nr. in XYZ     Cx       Cy       Cdz    Fx/kN    Fy/kN   Mz/kNcm  <

   4  xy                                 5.361    7.614            <
   7  xy                                -5.361    7.614            <
```

```
FEM-Programm OLERIS01.805  Kd.-Nr.: FHGIMF01.805  16.05.88
Programm: EbRa    Dateiname:    EbRa_B1 .REG                               <
Elementdaten: Eigenschaften Ges.Gewicht:        0.229                      <
Grp. E-Modul     Querschnitt Trägh.Mom.  spez.Gew.  Gelenk vorgesehenes Profil<
Nr.   E/kN/cm^2        A/cm^2    Iz/cm^4   Gam/N/dm^3  Code Kurzzeichen  DIN   <

  1       21000        2.970        3.100       78.600       T35          1024<
  2       21000        2.260        1.720       78.600       T30          1025<
                                                                              <
Die Trägheitsmomente resultieren aus der Anordnung der Profile mit dem       <
Flansch senkrecht zur XY-Ebene.                                              <
```

```
FEM-Programm OLERIS01.805  Kd.-Nr.: FHGIMF01.805  16.05.88
Programm: EbRa      Dateiname: EbRa_B1 .RSP                 <
Normalspannungen aus Biegemoment und Normalkraft /kN/cm^2<
Element Koordinaten        Sigma(V1)          Sigma(V2)     <
Nr.  V1/cm   V2/cm      Anfang    Ende      Anfang   Ende   <

   1    0.85   -2.15    -2.529   -2.732   -2.752   -2.237<
   2    0.85   -2.15    -2.732   -2.529   -2.237   -2.752<
   3    2.15   -0.85    -0.147   -0.847   -0.545   -0.268<
   4    2.15   -0.85     0.712    0.712    0.924    0.924<
   5    2.15   -0.85    -0.847   -0.147   -0.268   -0.545<

   6    2.51   -0.99    -3.035   -2.770   -2.922   -3.027<
   7    2.51   -0.99     0.966    0.962    0.998    0.999<
   8    2.51   -0.99    -1.001   -0.785   -0.975   -1.060<
   9    0.99   -2.51    -0.975   -1.060   -1.001   -0.785<
  10    0.99   -2.51     0.998    0.999    0.966    0.962<

  11    0.99   -2.51    -2.922   -3.027   -3.035   -2.770<
Die Koordinaten V1 und V2 sind so gewählt, daß die Flan- <
sche aller T-Profile zur Außenseite der Struktur zeigen. <
Dabei wurde die Reihenfolge der Elementknoten in der Da- <
tei EbRa_B1.REL berücksichtigt.                          <
```

B 2 Beispiele zu Abschn. 7.2

Aufgabenstellung

Der Durchlaufträger ist durch Variation der Abstände a und b so zu optimieren, daß die Beträge der Biegemomente an den Stellen B,C und D sich möglichst wenig unterscheiden. Dabei sind folgende Grenzwerte einzuhalten:

Betrag der max. Durchbiegung 0.40 cm
Betrag der max. Biegespannung 6.50 kN/cm²

Gegeben sind: L_1 = 3.00 m q_1 = 2.00 kN/m
L_2 = 5.00 m q_2 = 8.00 kN/m

Links und rechts vom Gelenk können verschiedene Profile IPE DIN 1025 gewählt werden. Die Konstruktion sollte so leicht wie möglich ausgeführt werden. Bei der FEM-Rechnung ist das Eigengewicht der Träger zu berücksichtigen.

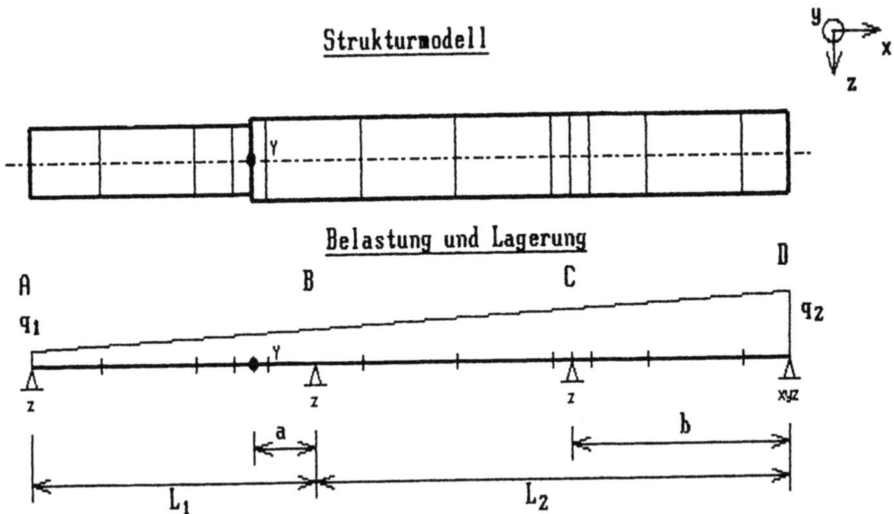

Lösung

Der Träger wurde aus 49 Elementen abschnittweise mit der Hilfsfunktion 13 des Programms EbDu_IO generiert. In den für das Gelenk und das Lager C zu erwartenden Bereichen wurde die Elementlänge mit 5 cm besonders klein gewählt. Der erste Rechenlauf wurde mit Schätzwerten für Querschnitt, Trägheitsmoment und Koordinaten von Gelenk und Lager C durchgeführt. Aufgrund des Biegemomentverlaufs wurden in weiteren Rechenläufen die Positionen von Gelenk und Lager C durch gezieltes Ändern der zugehörigen Element- bzw. Knotennummer variiert, bis die Biegemomente an den Lagerstellen B,C und D annähernd gleich waren. Sodann wurden nach den weiteren Bedingungen die Profile festgelegt. Für den letzten Rechenlauf erfolgte noch eine Feinkorrektur der Koordinaten von Gelenk und Lager C. Die Ergebnisse sind in den Dateien EbDu_B2 wiedergegeben. Die drei Biegemomente an den Knoten 22, 36 und 50 unterscheiden sich voneinander um weniger als 1 %.

Die optimierte Struktur wurde mit dem Programm EbRa nachgerechnet. Da in Rahmen die Knoten nicht generell aufeinanderfolgend numeriert werden können, müssen Streckenlasten elementweise generiert werden. Dies würde für die Eingabe der Trapezstreckenlast aus EbDu_B2 die Berechnung der 48 Zwischenwerte für alle Elementknoten von Hand bedeuten. Um diesen Aufwand zu umgehen, wurde die Trapezstreckenlast treppenförmig in fünf Stufen angenähert. Der Träger wurde mit den Hilfsfunktionen des Programms in gleichmäßige Elemente von 20 cm Länge eingeteilt. Anschließend wurden die Koordinaten für Gelenk und Lager C von Hand geändert. Die Ergebnisse in den Dateien EbRa_B2 zeigen eine gute Näherung an EbDu_B2.

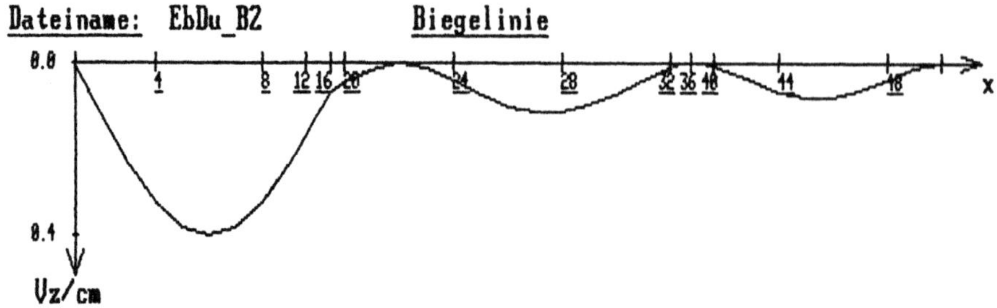

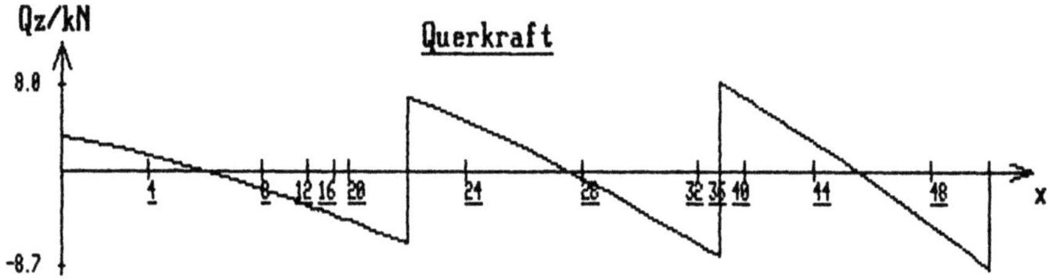

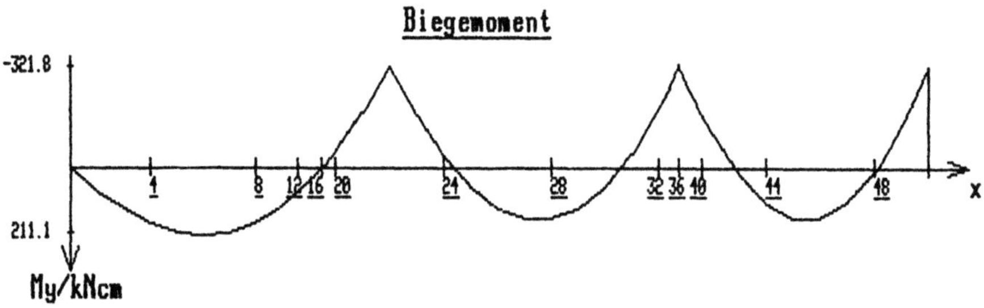

FEM-Programm OLEDIS01.805 Kd.-Nr.: FHGIMF01.805 16.05.88
Programm: EbDu Dateiname: EbDu_B2 .DFQ <
Belastungsdaten Bandbreite: 7 Recordzahl: 1 <

Knoten von	bis	Knoten - Kräfte - Momente Fx/kN	My/kNcm	Fz/kN	Streckenlasten von bis qza/kN/cm	qze/kN/cm<
1	50				0.02000	0.08000<

FEM-Programm OLEDIS01.805 Kd.-Nr.: FHGIMF01.805 16.05.88
Programm: EbDu Dateiname: EbDu_B2 .DLA <
Lagerdaten max. Lagersteifigkeit: 6.411E+14 V-Fakt.= 1.000E+06<

Knoten Nr.	Fest in XYZ	Elastisch/kN/cm /kNcm/rad Cx	Cdy	Cz	Lager - Kräfte - Momente Fx/kN	My/kNcm	Fz/kN<
36	z						-15.709<
1	z						-3.184<
22	z						-13.198<
50	xyz				-0.000	-319.935	-8.685<

FEM-Programm OLEDIS01.805 Kd.-Nr.: FHGIMF01.805 16.05.88
Programm: EbDu Dateiname: EbDu_B2 .DEG <
Elementdaten: Eigenschaften Ges.Gewicht: 0.78 kN <

Grp. Nr.	E-Modul kN/cm^2	Querschn. A/cm^2	Trägh.Mom. Iy/cm^4	spez.Gew. Gam/N/dm^3	Spannungskoor. Z1/cm	Z2/cm	Gelenk in xyz	vorges. Profil Kurzzeichen/DIN	<
1	21000	10.30	171.00	78.600	5.00			IPE 100 / 1025	<
2	21000	13.20	318.00	78.600	6.00			IPE 120 / 1025	<
3	21000	13.20	318.00				Y		<

FEM-Programm OLEDIS01.805 Kd.-Nr.: FHGIMF01.805 16.05.88
Programm: EbDu, Datum: 16.05.88 Dateiname: EbDu_B2 .DKN <
Knotendaten: Geometrie Nk = 50 NN = 150 <
Knoten Koordinaten/Verschiebungen/Drehungen Kräfte aus q-Lasten <

Nr.	X / cm	Vx / cm	Dy / rad	Vz / cm	Fzl / kN	Fzr / kN <
1	-0.00	-0.0000000	-0.0047742	0.0000000		0.2679<
2	25.00	-0.0000000	-0.0045204	0.1172404	0.2757	0.2913<
3	50.00	-0.0000000	-0.0038084	0.2222021	0.2992	0.3148<
4	75.00	-0.0000000	-0.0027409	0.3046967	0.3226	0.3382<
5	100.00	-0.0000000	-0.0014288	0.3572075	0.3460	0.3617<
6	125.00	-0.0000000	0.0000086	0.3750931	0.3695	0.3851<
7	150.00	-0.0000000	0.0014442	0.3567918	0.3929	0.4085<
8	175.00	-0.0000000	0.0027426	0.3040253	0.4163	0.4320<
9	200.00	-0.0000000	0.0037601	0.2220025	0.4398	0.0898<
10	205.00	-0.0000000	0.0039192	0.2027967	0.0901	0.0907<
11	210.00	-0.0000000	0.0040598	0.1828411	0.0911	0.0917<
12	215.00	-0.0000000	0.0041807	0.1622314	0.0920	0.0926<
13	220.00	-0.0000000	0.0042804	0.1410696	0.0929	0.0936<
14	225.00	-0.0000000	0.0043579	0.1194642	0.0939	0.0945<
15	230.00	-0.0000000	0.0044117	0.0975302	0.0948	0.1530<
16	238.00	-0.0000000	0.0044450	0.0620592	0.1538	<
17	238.00	-0.0000000	0.0014402	0.0620592		0.0389<
18	240.00	-0.0000000	0.0014390	0.0591796	0.0389	0.0979<
19	245.00	-0.0000000	0.0014255	0.0520121	0.0982	0.0988<
20	250.00	-0.0000000	0.0013964	0.0449507	0.0992	0.5052<
21	275.00	-0.0000000	0.0009831	0.0142578	0.5130	0.5286<
22	300.00	-0.0000000	0.0000653	0.0000000	0.5364	0.5521<
23	325.00	-0.0000000	-0.0008390	0.0108798	0.5599	0.5755<
24	350.00	-0.0000000	-0.0012164	0.0375595	0.5833	0.5989<
25	375.00	-0.0000000	-0.0011752	0.0682116	0.6067	0.6224<
26	400.00	-0.0000000	-0.0008284	0.0937743	0.6302	0.6458<
27	425.00	-0.0000000	-0.0002931	0.1080616	0.6536	0.6692<
28	450.00	-0.0000000	0.0003090	0.1078731	0.6771	0.6927<
29	475.00	-0.0000000	0.0008520	0.0931032	0.7005	0.7161<
30	500.00	-0.0000000	0.0012055	0.0668512	0.7239	0.7396<
31	525.00	-0.0000000	0.0012347	0.0355309	0.7474	0.7630<
32	550.00	-0.0000000	0.0008004	0.0089801	0.7708	0.1560<
33	555.00	-0.0000000	0.0006477	0.0053496	0.1563	0.1570<
34	560.00	-0.0000000	0.0004696	0.0025456	0.1573	0.1579<
35	565.00	-0.0000000	0.0002649	0.0006981	0.1582	0.1270<
36	569.00	-0.0000000	0.0000812	0.0000000	0.1272	0.1916<
37	575.00	-0.0000000	-0.0001868	0.0003379	0.1920	0.1607<
38	580.00	-0.0000000	-0.0003784	0.0017625	0.1610	0.1617<
39	585.00	-0.0000000	-0.0005426	0.0040764	0.1620	0.1626<
40	590.00	-0.0000000	-0.0006806	0.0071453	0.1629	0.1635<
41	595.00	-0.0000000	-0.0007936	0.0108412	0.1638	0.1645<
42	600.00	-0.0000000	-0.0008829	0.0150421	0.1648	0.8333<
43	625.00	-0.0000000	-0.0010282	0.0399428	0.8411	0.8567<
44	650.00	-0.0000000	-0.0007674	0.0630690	0.8646	0.8802<
45	675.00	-0.0000000	-0.0002614	0.0762695	0.8880	0.9036<
46	700.00	-0.0000000	0.0003242	0.0754758	0.9114	0.9271<
47	725.00	-0.0000000	0.0008196	0.0608108	0.9349	0.9505<
48	750.00	-0.0000000	0.0010505	0.0366992	0.9583	0.9739<
49	775.00	-0.0000000	0.0008383	0.0119767	0.9817	0.9974<
50	800.00	-0.0000000	0.0000000	0.0000000	1.0052	<

FEM-Programm OLEDIS01.805 Kd.-Nr.: FHGIMF01.805 16.05.88

Programm: EbDu Dateiname: EbDu_B2 .DEL <

Elementdaten Zuordnung Ne = 49 kdif = 1 <

Element Nr.	Grp.	Schnittkräfte / kN Fx	Fz (li)	Fz (re)	Schnittmomente/kNcm My (li)	My (re)	Spannungen/kN/cm^2 zu Z1	zu Z2	Gewicht kN<
1	1		3.184	2.641		72.911	2.132		0.020<
2			2.641	2.050	72.911	131.645	3.849		0.020<
3			2.050	1.413	131.645	175.029	5.118		0.020<
4			1.413	0.728	175.029	201.891	5.903		0.020<
5			0.728	-0.003	201.891	211.060	6.171		0.020<
6			-0.003	-0.781	211.060	201.363	6.171		0.020<
7			-0.781	-1.606	201.363	171.629	5.888		0.020<
8			-1.606	-2.478	171.629	120.686	5.018		0.020<
9			-2.478	-2.658	120.686	107.850	3.529		0.004<
10			-2.658	-2.839	107.850	94.108	3.153		0.004<
11			-2.839	-3.023	94.108	79.453	2.752		0.004<
12			-3.023	-3.209	79.453	63.874	2.323		0.004<
13			-3.209	-3.396	63.874	47.362	1.868		0.004<
14			-3.396	-3.586	47.362	29.909	1.385		0.004<
15			-3.586	-3.892	29.909		0.875		0.006<
16	3		-3.892	-3.892					<
17	2		-3.892	-3.970		-7.863	-0.148		0.002<
18			-3.970	-4.166	-7.863	-28.203	-0.532		0.005<
19			-4.166	-4.364	-28.203	-49.529	-0.935		0.005<
20			-4.364	-5.382	-49.529	-171.267	-3.231		0.026<
21			-5.382	-6.447	-171.267	-319.045	-6.020		0.026<
22			6.750	5.638	-319.045	-164.090	-6.020		0.026<
23			5.638	4.480	-164.090	-37.517	-3.096		0.026<
24			4.480	3.274	-37.517	59.500	1.123		0.026<
25			3.274	2.021	59.500	125.791	2.373		0.026<
26			2.021	0.722	125.791	160.184	3.022		0.026<
27			0.722	-0.624	160.184	161.506	3.047		0.026<
28			-0.624	-2.017	161.506	128.586	3.047		0.026<
29			-2.017	-3.457	128.586	60.252	2.426		0.026<
30			-3.457	-4.944	60.252	-44.668	1.137		0.026<
31			-4.944	-6.478	-44.668	-187.346	-3.535		0.026<
32			-6.478	-6.790	-187.346	-220.516	-4.161		0.005<
33			-6.790	-7.105	-220.516	-255.252	-4.816		0.005<
34			-7.105	-7.421	-255.252	-291.564	-5.501		0.005<
35			-7.421	-7.675	-291.564	-321.755	-6.071		0.004<
36			8.034	7.650	-321.755	-274.702	-6.071		0.006<
37			7.650	7.328	-274.702	-237.255	-5.183		0.005<
38			7.328	7.005	-237.255	-201.422	-4.477		0.005<
39			7.005	6.679	-201.422	-167.212	-3.800		0.005<
40			6.679	6.352	-167.212	-134.633	-3.155		0.005<
41			6.352	6.023	-134.633	-103.697	-2.540		0.005<
42			6.023	4.348	-103.697	26.035	-1.957		0.026<
43			4.348	2.627	26.035	113.322	2.138		0.026<
44			2.627	0.859	113.322	156.991	2.962		0.026<
45			0.859	-0.956	156.991	155.872	2.962		0.026<
46			-0.956	-2.818	155.872	108.791	2.941		0.026<
47			-2.818	-4.727	108.791	14.578	2.053		0.026<
48			-4.727	-6.682	14.578	-127.940	-2.414		0.026<
49			-6.682	-8.685	-127.940	-319.935	-6.037		0.026<

Dateiname: EbRa_B2 (V=300)

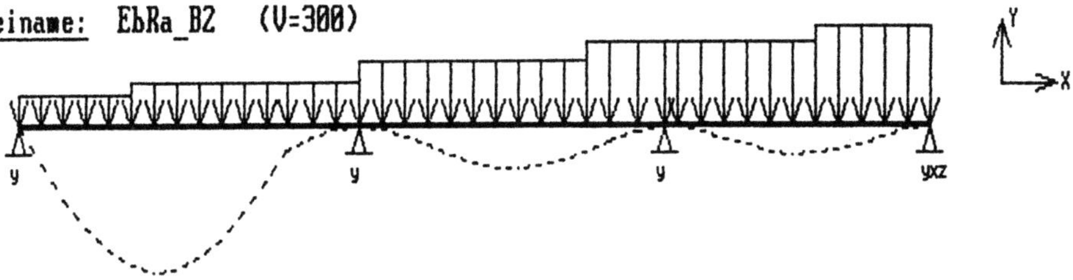

Querkraft

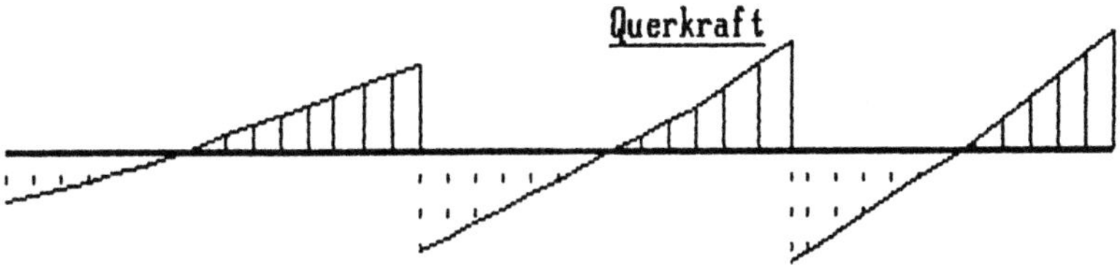

Biegemoment

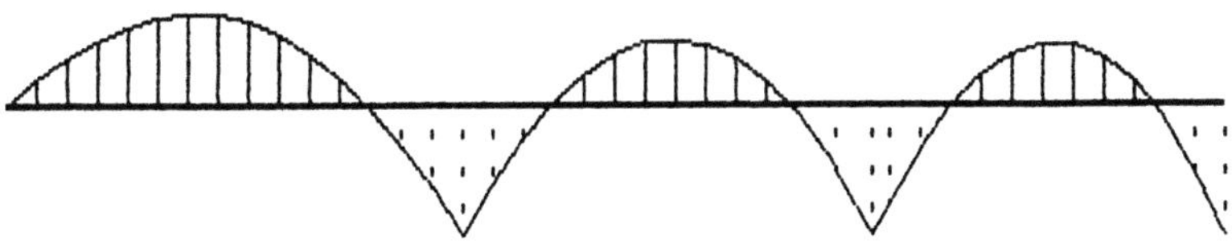

```
FEM-Programm OLERFS71.805  Kd.-Nr.: FHGIMF01.805  18.05.88
Programm: EbRa              Dateiname:  EbRa_B2 .RFQ                      <
Belastungsdaten    Bandbreite:   7      Blockzahl:   1                    <
Knoten/Element Knoten - Kräfte - Momente   Streckenlasten/kN/cm von bis   <
 von  bis     Fx/kN      Fy/kN     Mz/kNcm  qxa       qxe       qya      qye    <

  1    5                                                  -0.023750-0.023750<
  6   16                                                  -0.035000-0.035000<
 17   26                                                  -0.050000-0.050000<
 27   36                                                  -0.065000-0.065000<
 37   41                                                  -0.077000-0.077000<
```

```
FEM-Programm OLERFS71.805  Kd.-Nr.: FHGIMF01.805  18.05.88
Programm: EbRa    Dateiname:  EbRa_B2 .RLA                      <
Lagerdaten     max. Lagersteifigkeit: 2.43E+012 V-Fakt.=1.0000E+006<
Knoten Fest Elastisch/kN/cm /kNcm/rad  Lager - Kräfte - Momente    <
Nr. in XYZ     Cx         Cy       Cdz     Fx/kN     Fy/kN    Mz/kNcm  <

 30  y                                             15.657           <
  1  y                                              3.373           <
 17  y                                             13.263           <
 42  yxz                                 -0.000     8.558   -315.029<
```

```
FEM-Programm OLERFS71.805  Kd.-Nr.: FHGIMF01.805  18.05.88
Programm: EbRa    Dateiname:    EbRa_B2 .REG                                <
Elementdaten: Eigenschaften Ges.Gewicht:         0.776                      <
Grp. E-Modul    Querschnitt Trägh.Mom.  spez.Gew.  Gelenk vorgesehenes Profil<
Nr.   E/kN/cm^2        A/cm^2     Iz/cm^4    Gam/N/dm^3  Code Kurzzeichen  DIN  <

  1       21000       10.300     171.000       78.600       IPE 100        1025<
  2       21000       13.200     318.000       78.600       IPE 120        1025<
  3       21000       13.200     318.000                  11                   <
```

FEM-Programm OLERFS71.805 Kd.-Nr.: FHGIMF01.805 18.05.88
Programm: EbRa, Datum: 18.05.88 Dateiname: EbRa_B2 .RKN,Laststufen: 1 <
Knotendaten: Geometrie Nk = 42 NN = 126 <

Knoten Nr.	Koordinaten X / cm	Y / cm	Verschiebungen Vx / cm	Vy / cm	Drehungen Dz / rad	Kräfte aus q-Lasten Fqx/kN	Fqy/kN	FyG/kN<
1	-0.00	-0.00	-0.000000	-0.000000	-0.0050434		-0.237	-0.008<
2	20.00	-0.00	-0.000000	-0.099707	-0.0048692		-0.474	-0.016<
3	40.00	-0.00	-0.000000	-0.192630	-0.0043741		-0.474	-0.016<
4	60.00	-0.00	-0.000000	-0.272896	-0.0036127		-0.474	-0.016<
5	80.00	-0.00	-0.000000	-0.335729	-0.0026398		-0.474	-0.016<
6	100.00	-0.00	-0.000000	-0.377443	-0.0015100		-0.587	-0.016<
7	120.00	-0.00	-0.000000	-0.395491	-0.0002844		-0.700	-0.016<
8	140.00	-0.00	-0.000000	-0.388672	0.0009635		-0.700	-0.016<
9	160.00	-0.00	-0.000000	-0.357335	0.0021540		-0.700	-0.016<
10	180.00	-0.00	-0.000000	-0.303427	0.0032073		-0.700	-0.016<
11	200.00	-0.00	-0.000000	-0.230490	0.0040436		-0.700	-0.016<
12	220.00	-0.00	-0.000000	-0.143662	0.0045831		-0.665	-0.015<
13	238.00	-0.00	-0.000000	-0.059162	0.0047501		-0.315	-0.007<
14	238.00	-0.00	-0.000000	-0.059161	0.0014002		-0.385	-0.011<
15	260.00	-0.00	-0.000000	-0.029532	0.0012400		-0.735	-0.021<
16	280.00	-0.00	-0.000000	-0.008679	0.0007936		-0.700	-0.020<
17	300.00	-0.00	-0.000000	-0.000000	0.0000154		-0.850	-0.020<
18	320.00	-0.00	-0.000000	-0.007943	-0.0007449		-1.000	-0.020<
19	340.00	-0.00	-0.000000	-0.027408	-0.0011469		-1.000	-0.020<
20	360.00	-0.00	-0.000000	-0.051839	-0.0012517		-1.000	-0.020<
21	380.00	-0.00	-0.000000	-0.075904	-0.0011205		-1.000	-0.020<
22	400.00	-0.00	-0.000000	-0.095491	-0.0008143		-1.000	-0.020<
23	420.00	-0.00	-0.000000	-0.107715	-0.0003943		-1.000	-0.020<
24	440.00	-0.00	-0.000000	-0.110911	0.0000784		-1.000	-0.020<
25	460.00	-0.00	-0.000000	-0.104638	0.0005425		-1.000	-0.020<
26	480.00	-0.00	-0.000000	-0.089676	0.0009370		-1.000	-0.020<
27	500.00	-0.00	-0.000000	-0.068030	0.0012007		-1.150	-0.020<
28	520.00	-0.00	-0.000000	-0.042958	0.0012680		-1.462	-0.023<
29	545.00	-0.00	-0.000000	-0.014100	0.0009571		-1.593	-0.025<
30	569.00	-0.00	-0.000000	-0.000000	0.0001178		-1.138	-0.018<
31	580.00	-0.00	-0.000000	-0.001328	-0.0003364		-1.008	-0.016<
32	600.00	-0.00	-0.000000	-0.013774	-0.0008432		-1.300	-0.020<
33	620.00	-0.00	-0.000000	-0.032720	-0.0009996		-1.300	-0.020<
34	640.00	-0.00	-0.000000	-0.051949	-0.0008847		-1.300	-0.020<
35	660.00	-0.00	-0.000000	-0.066829	-0.0005778		-1.300	-0.020<
36	680.00	-0.00	-0.000000	-0.074306	-0.0001578		-1.300	-0.020<
37	700.00	-0.00	-0.000000	-0.072914	0.0002961		-1.420	-0.020<
38	720.00	-0.00	-0.000000	-0.062787	0.0007012		-1.540	-0.020<
39	740.00	-0.00	-0.000000	-0.045788	0.0009677		-1.540	-0.020<
40	760.00	-0.00	-0.000000	-0.025627	0.0010019		-1.540	-0.020<
41	780.00	-0.00	-0.000000	-0.007882	0.0007105		-1.540	-0.020<
42	800.00	-0.00	-0.000000	-0.000000	0.0000000		-0.770	-0.010<

FEM-Programm OLERFS71.805 Kd.-Nr.: FHGIMF01.805 18.05.88
Programm: EbRa Dateiname: EbRa_B2 .REL Laststufen: 1 <
Elementdaten Zuordnung Ne = 41 kdif = 1 <

Element Nr.	Grp.	Knoten von	bis	Schnittkräfte N / kN	Q1 / kN	Q2 / kN	Schnittmomente Mb1/kNcm	Mb2/kNcm	Gewicht< kN <
1	1	1	2		-3.373	-2.881		62.542	0.016<
2	1	2	3		-2.881	-2.390	62.542	115.260	0.016<
3	1	3	4		-2.390	-1.899	115.260	158.154	0.016<
4	1	4	5		-1.899	-1.408	158.154	191.224	0.016<
5	1	5	6		-1.408	-0.917	191.224	214.471	0.016<
6	1	6	7		-0.917	-0.201	214.471	225.643	0.016<
7	1	7	8		-0.201	0.516	225.643	222.492	0.016<
8	1	8	9		0.516	1.232	222.492	205.017	0.016<
9	1	9	10		1.232	1.948	205.017	173.218	0.016<
10	1	10	11		1.948	2.664	173.218	127.095	0.016<
11	1	11	12		2.664	3.380	127.095	66.649	0.016<
12	1	12	13		3.380	4.025	66.649		0.015<
13	3	13	14		4.025	4.025			<
14	2	14	15		4.025	4.818		-97.271	0.023<
15	2	15	16		4.818	5.539	-97.271	-200.835	0.021<
16	2	16	17		5.539	6.259	-200.835	-318.814	0.021<
17	2	17	18		-7.003	-5.983	-318.814	-188.953	0.021<
18	2	18	19		-5.983	-4.962	-188.953	-79.507	0.021<
19	2	19	20		-4.962	-3.941	-79.507	9.523	0.021<
20	2	20	21		-3.941	-2.920	9.523	78.139	0.021<
21	2	21	22		-2.920	-1.900	78.139	126.340	0.021<
22	2	22	23		-1.900	-0.879	126.340	154.126	0.021<
23	2	23	24		-0.879	0.142	154.126	161.496	0.021<
24	2	24	25		0.142	1.163	161.496	148.452	0.021<
25	2	25	26		1.163	2.183	148.452	114.993	0.021<
26	2	26	27		2.183	3.204	114.993	61.119	0.021<
27	2	27	28		3.204	4.525	61.119	-16.171	0.021<
28	2	28	29		4.525	6.176	-16.171	-149.928	0.026<
29	2	29	30		6.176	7.761	-149.928	-317.166	0.025<
30	2	30	31		-7.896	-7.170	-317.166	-234.302	0.011<
31	2	31	32		-7.170	-5.849	-234.302	-104.111	0.021<
32	2	32	33		-5.849	-4.528	-104.111	-0.335	0.021<
33	2	33	34		-4.528	-3.208	-0.335	77.026	0.021<
34	2	34	35		-3.208	-1.887	77.026	127.971	0.021<
35	2	35	36		-1.887	-0.566	127.971	152.502	0.021<
36	2	36	37		-0.566	0.755	152.502	150.618	0.021<
37	2	37	38		0.755	2.315	150.618	119.918	0.021<
38	2	38	39		2.315	3.876	119.918	58.004	0.021<
39	2	39	40		3.876	5.437	58.004	-35.125	0.021<
40	2	40	41		5.437	6.998	-35.125	-159.470	0.021<
41	2	41	42		6.998	8.558	-159.470	-315.029	0.021<

B 3 Beispiele zu Abschn. 7.3

Radarkuppel

Es handelt sich um ein räumliches Fachwerk aus 204 Stäben mit 73 Knoten. Derartige Konstruktionen dienen, bespannt mit einer Hülle, zum Schutz elektronischer Meßeinrichtungen vor Witterungseinflüssen. Zur Simulation einer Schneelast sind auf den oberen 25 Knoten vertikale Kräfte angenommen.

Aus Platzgründen können hier nicht alle Dateien in voller Länge wiedergegeben werden. Die Knotendatei RadKup.FKN enthält in Zeile 1 die Höhe mit 14 m, in den Zeilen 40 und 46 den Durchmesser des Mittelkreises mit 16 m und in den Zeilen 62 bis 73 die Koordinaten der Lagerknoten. Die 25 vertikalen Lasten verteilen sich vollkommen gleichmäßig auf die 12 Lagerknoten.

Zur beliebigen perspektivischen Darstellung der Struktur muß der Anwender nur die räumlichen Drehwinkel ßx, ßy und ßz wählen. In die vergrößerte Darstellung des oberen Kuppelbereiches wurden vom Programm auf Anforderung die Kräfte sowie die Knotennummern und die Elementnummern (unterstrichen) eingezeichnet.

Ausleger eines Baukrans

Während die Dateien zu den vorstehenden Beispielen mit dem Tabelleneditor des Programms RaFa_IO von Hand generiert wurde, konnte zum Anlegen der Knoten- und Elementdatei des Gitterträgers die Hilfsfunktion zur Strukturgenenierung des gleichen Programms verwendet werden. Für die Dateien zu BauKranL wurden für alle 24 Felder nur einmal Länge, Breite und Höhe eingegeben. Koordinaten und Elementknoten wurden vom Programm erzeugt. Zur Simulation des Halteseils wurde am Knoten 24 ein festes Lager vorgesehen.

Das Beispiel BauKranS zeigt den gleichen Träger, wobei als zusätzliches Element das Halteseil eingefügt wurde. Um die Bandbreite für die Rechnung klein zu halten, wurde die Struktur aus zwei Gruppen von Feldern erzeugt. Der zusätzliche Lagerknoten am Ende des Seils erhielt die Nummer 25, alle nachfolgenden Knotennummern im Träger sind um eins größer als im Beispiel BauKranL.

Der Vergleich der Lagerkräfte zu beiden Beispielen zeigt bereits für die Simulation des Seils durch das Lager eine erstaunlich gute Annäherung an die realistischeren Ergebnisse in der Datei BauKranS.FLA.

Wenn die Knotenverschiebungen statt mit 100-facher Überhöhung im Maßstab 1:1 gezeichnet werden, entsteht der realistische Eindruck eines nahezu unverformten Trägers.

Gittermast für Windkraftanlage

Der Gittermast zur Aufnahme eines Generators mit einem Windrad von 15 m Rotordurchmesser besteht aus 246 Winkelprofilen unterschiedlichen Querschnitts, die an 80 Knoten miteinander verbunden sind. Die drei Sektionen des Turms wurden vom Programm vergrößert herausgezeichnet. In der Gesamtdarstellung wurden die Knotenverschiebungen stark überhöht gezeichnet.

Für alle genannten Beispiele konnte die Rechnung ohne Koprozessor durchgeführt werden, ohne daß erkennbare Rundungsfehler auftraten.

Dateiname: RadKup (βx=0, βy=0, βz=0)

Ansicht von der Seite

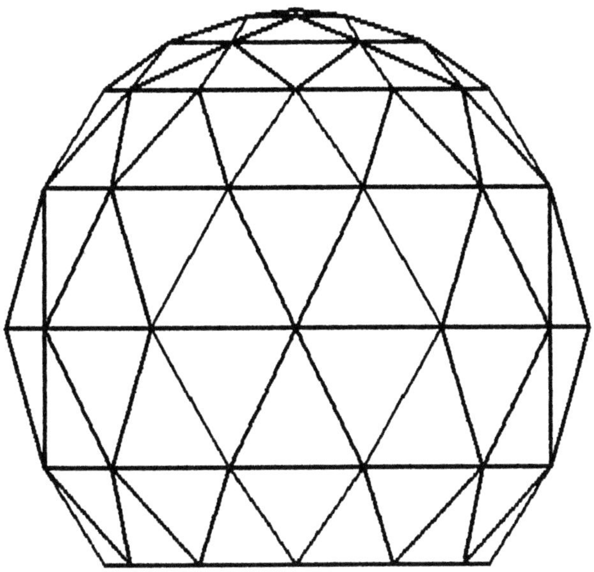

Dateiname: RadKup (βx=90, βy=0, βz=0)

Ansicht von oben

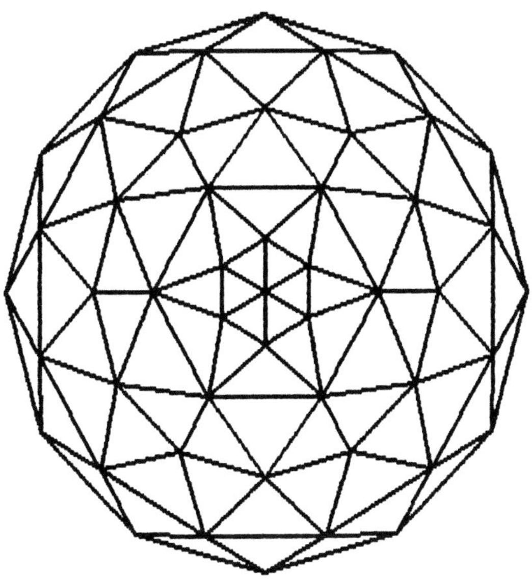

<u>Dateiname:</u> RadKup (V=500) (βx=20 βy=-30 βz=0)

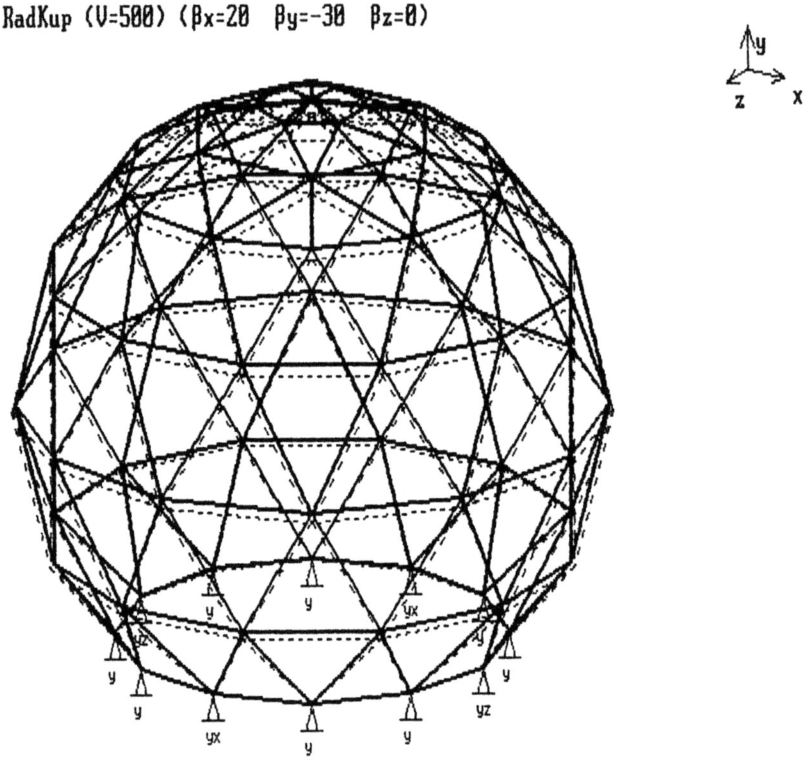

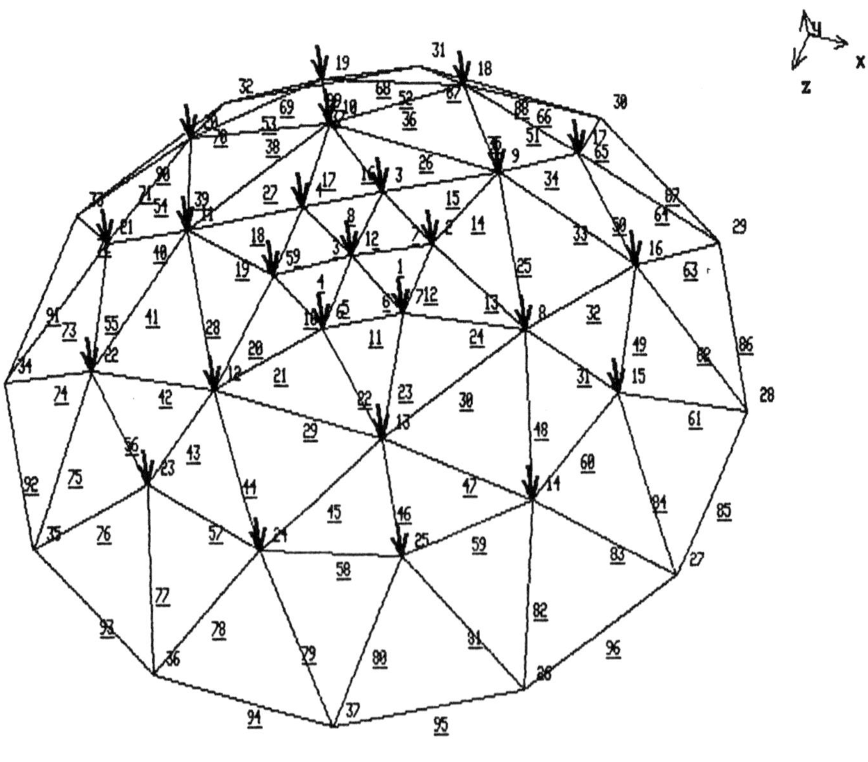

```
FEM-Programm OLRFIS01.805  Kd.-Nr.: FHGIMF01.805  19.05.88
Programm: RaFa,  Datum: 15.02.88  Dateiname:   RadKup  .FKN       <
Knotendaten: Geometrie        Nk =  73              NN =  219      <
Knoten  Knoten - Koordinaten         Knoten - Verschiebungen       <
 Nr.     X / cm     Y / cm     Z / cm   Vx / cm    Vy / cm    Vz / cm <
   1      0.00  1400.00       0.00  -0.000000  -0.087882   0.000000<

  40    800.00    600.00      0.00   0.015630  -0.033743   0.000000<
  46   -800.00    600.00      0.00  -0.015630  -0.033743   0.000000<

  62      0.00      0.00    529.20  -0.000000  -0.000000  -0.011401<
  63    264.60      0.00    458.30  -0.005700  -0.000000  -0.009873<
  64    458.30      0.00    264.60  -0.009874  -0.000000  -0.005700<
  65    529.20      0.00      0.00  -0.011401  -0.000000   0.000000<

  66    458.30      0.00   -264.60  -0.009874  -0.000000   0.005700<
  67    264.60      0.00   -458.30  -0.005700  -0.000000   0.009873<
  68      0.00      0.00   -529.20  -0.000000  -0.000000   0.011401<
  69   -264.60      0.00   -458.30   0.005700  -0.000000   0.009873<
  70   -458.30      0.00   -264.60   0.009874  -0.000000   0.005700<

  71   -529.20      0.00      0.00   0.011401  -0.000000   0.000000<
  72   -458.30      0.00    264.60   0.009874  -0.000000  -0.005700<
  73   -264.60      0.00    458.30   0.005700  -0.000000  -0.009873<
```

```
FEM-Programm OLRFIS01.805  Kd.-Nr.: FHGIMF01.805  19.05.88
Programm: RaFa      Dateiname:   RadKup  .FFQ    Laststufen:   1    <
Belastungsdaten     Bandbreite:  43              Recordzahl:   3    <
Knot./Elem.    Knotenkräfte          Element-Streckenlasten         <
 von   bis    Fx / kN    Fy / kN    Fz / kN qx/kN/cm qy/kN/cm qz/kN/cm<

   1                    -1.0000                                      <
   2     7              -1.2000                                      <
   8    13              -3.3000                                      <
  14    25              -0.9000                                      <
  14                    -0.6000                                      <

  16                    -0.6000                                      <
  18                    -0.6000                                      <
  20                    -0.6000                                      <
  22                    -0.6000                                      <
  24                    -0.6000                                      <
```

```
FEM-Programm OLRFIS01.805  Kd.-Nr.: FHGIMF01.805  19.05.88
Programm: RaFa     Dateiname: RadKup  .FL      Laststufen:   1     <
Lagerdaten     max. Lagersteifigkeit: 1.362E+009 V-Faktor=1.000E+006<
Knoten Fest   Elastisch in XYZ            Lagerkräfte              <
Nr. in XYZ Cx/kN/cm Cy/kN/cm Cz/kN/cm    Fx / kN     Fy / kN    Fz / kN<

  62  yx                                  0.000      3.533          <
  68  yx                                  0.000      3.533          <
  65  yz                                             3.533    -0.000<
  71  yz                                             3.533    -0.000<
  63  y                                              3.533          <

  64  y                                              3.533          <
  66  y                                              3.533          <
  67  y                                              3.533          <
  69  y                                              3.533          <
  70  y                                              3.533          <

  72  y                                              3.533          <
  73  y                                              3.533          <
                                                                    <
```

Dateiname: BauKranL (V=100)

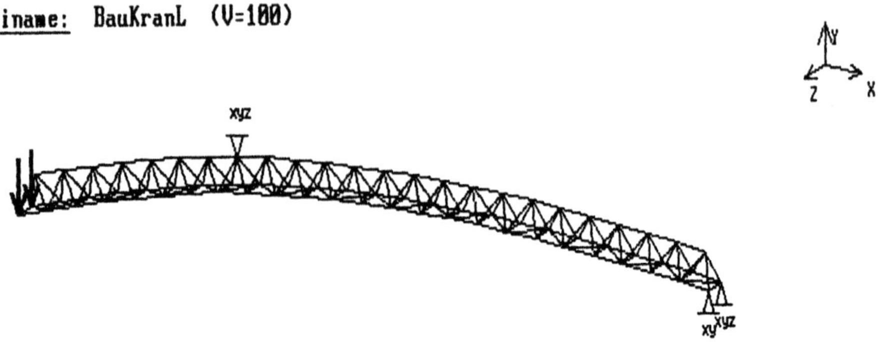


```
FEM-Programm OLRFIS71.805  Kd.-Nr.: FHGIMF01.805  17.05.88
Programm: RaFa      Dateiname :  BauKranL.FFQ    Laststufen:    1     <
Belastungsdaten     Bandbreite:  16              Recordzahl:    2     <
Knot./Elem.    Knotenkräfte         Element-Streckenlasten            <
 von   bis    Fx / kN    Fy / kN    Fz / kN qx/kN/cm qy/kN/cm qz/kN/cm<

   1     2              -5.0000                                       <
```

```
FEM-Programm OLRFIS71.805  Kd.-Nr.: FHGIMF01.805  17.05.88
Programm: RaFa     Dateiname: BauKranL.FLA     Laststufen:   1       <
Lagerdaten    max. Lagersteifigkeit: 3.804E+009 V-Faktor=1.000E+006<
Knoten Fest   Elastisch in XYZ            Lagerkräfte                 <
Nr. in XYZ Cx/kN/cm Cy/kN/cm Cz/kN/cm   Fx / kN    Fy / kN    Fz / kN<

  24  xyz                                43.530     12.245      0.000<
  73  xyz                               -21.763     -1.123     -0.000<
  74  xy                                -21.767     -1.123            <
```

```
FEM-Programm OLRFIS71.805  Kd.-Nr.: FHGIMF01.805  17.05.88
Programm: RaFa      Dateiname:      BauKranL.FEG                      <
Elementdaten: Eigenschaften    Ges.Gewicht:           kN              <
Grp.   E-Modul     Querschnitt spez.Gewicht Knick-  vorges. Profil <
Nr.      E/kN/cm^2        A/cm^2 Gamma/N/dm^3 sich.Sk Kurzzeichen/DIN<

   1        21000       18.113                  5.000 Rohr 80x8/2385<
   2        21000        7.069                  5.000 Rohr 50x5/2385<
   3                                                                 <
```

Dateiname: BauKranS (V=1)

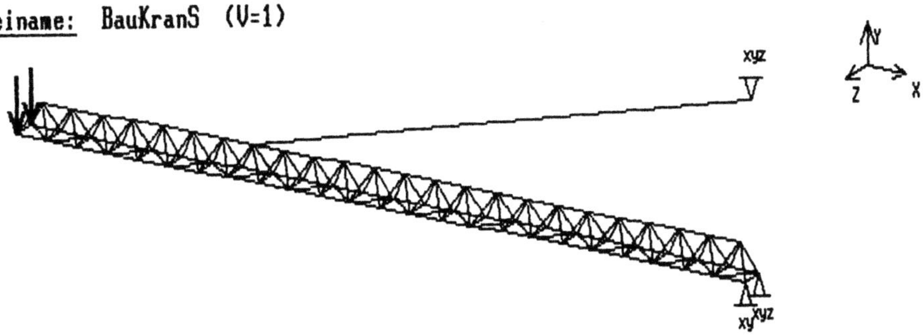

(V=100)

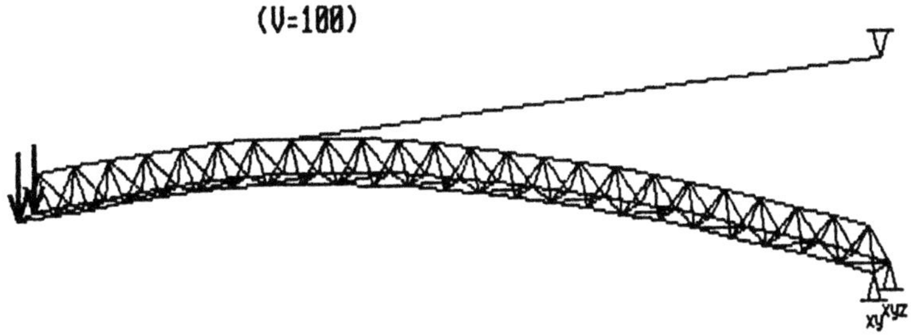


```
FEM-Programm OLRFIS71.805  Kd.-Nr.: FHGIMF01.805  17.05.88
Programm: RaFa    Dateiname: BauKranS.FLA      Laststufen:   1     <
Lagerdaten    max. Lagersteifigkeit: 2.3333E+09 V-Faktor=1.0000E+06<
Knoten Fest   Elastisch in XYZ           Lagerkräfte               <
Nr. in XYZ Cx/kN/cm Cy/kN/cm Cz/kN/cm    Fx / kN    Fy / kN   Fz / kN<

  25  xyz                                48.000     12.293    -0.000<
  74  xyz                               -24.000     -1.146     0.000<
  75  xy                                -24.000     -1.146          <
```

```
FEM-Programm OLRFIS71.805  Kd.-Nr.: FHGIMF01.805  17.05.88
Programm: RaFa     Dateiname:     BauKranS.FEG                     <
Elementdaten: Eigenschaften    Ges.Gewicht:         kN             <
Grp.   E-Modul     Querschnitt spez.Gewicht Knick-  vorges. Profil <
Nr.     E/kN/cm^2       A/cm^2 Gamma/N/dm^3 sich.Sk Kurzzeichen/DIN<

  1        21000       18.113                 5.000 Rohr 80x8/2385<
  2        21000        7.069                 5.000 Rohr 50x5     <
  3        21000       20.000                       Seil          <
  4                                                               <
```

<u>Gittermast für Windkraftanlage</u>

Leistung	55 kW
Gewicht Turbine und Generator	35 kN
Turmhöhe	22 m

Dargestellter Lastfall:

Gewicht von Turbine und Generator unter 45° zum Turm

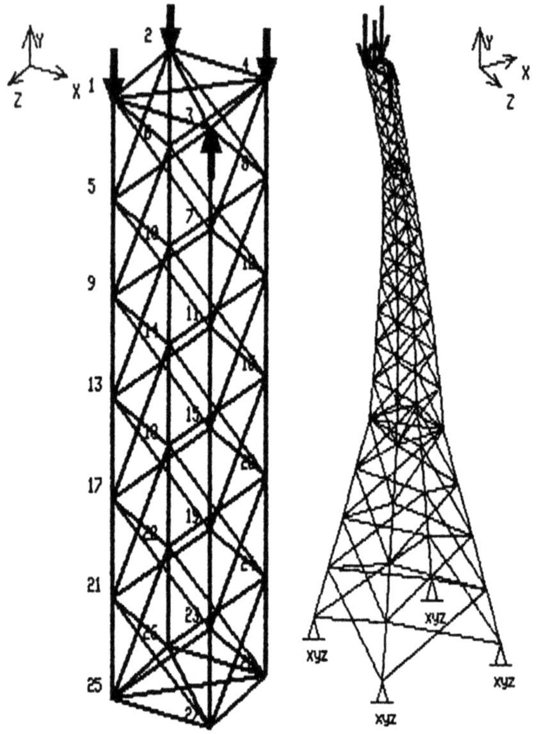

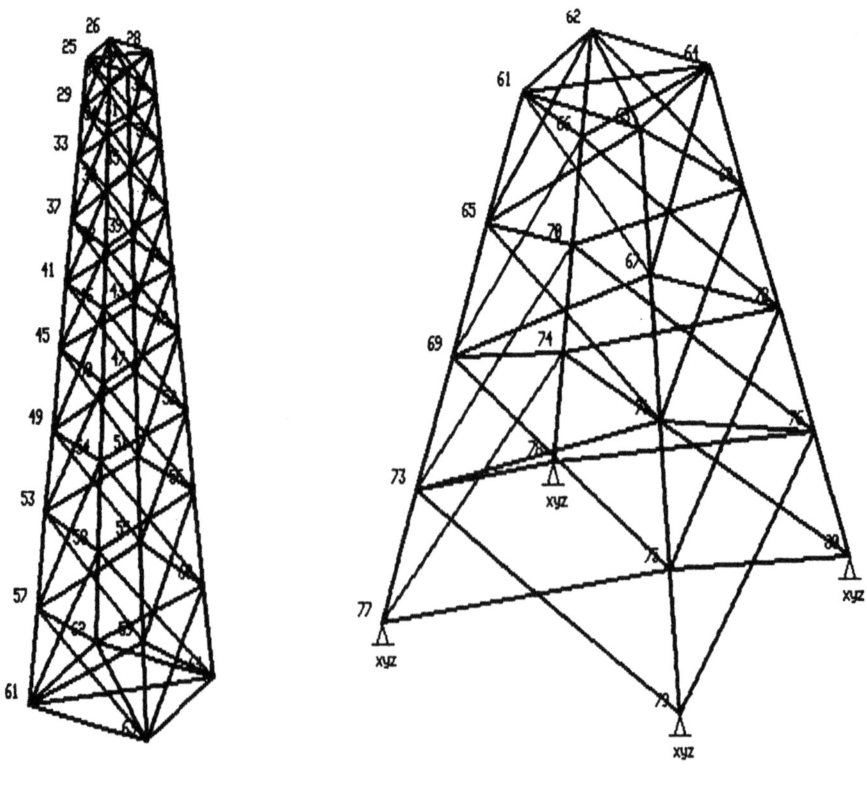

B 4 Beispiele zu Abschn. 7.4

Balken auf drei Pendelstützen

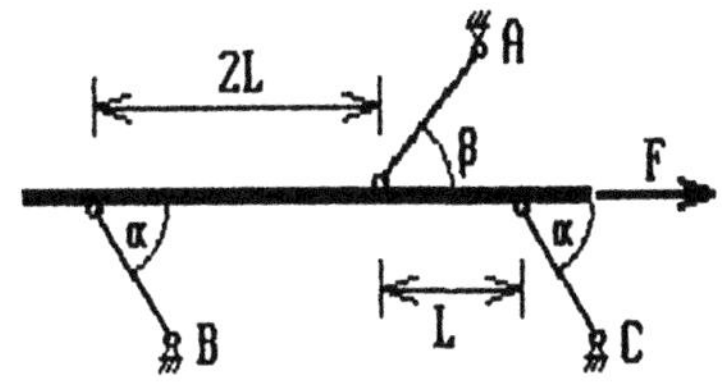

Gegeben:

F = 10 kN, L = 50 cm,

α = 60 °, ß = 50 °.

Gesucht:

Lagerkräfte FA, FB und FC.

Das kleine Beispiel aus der Statik läßt sich sehr einfach mit dem Programm EbRa bearbeiten. Der Balken wird aus zwei Elementen mit großer Biegesteifigkeit gebildet, die Pendelstützen werden als Stäbe ohne Trägheitsmoment in die Datei EbRa_B41.REG eingetragen. Um eine positiv definite Matrix GK zu erhalten, müssen die Lager als feste Einspannung definiert werden.

Die Normalkräfte 3, 4 und 5 in der Datei EbRa_B41.REL sind die gesuchten Lagerkräfte. Die Ergebnisse stimmen vollständig mit denen der Handrechnung nach den Gleichgewichtsansätzen der Statik für den starren Körper überein.

Biegeträger mit großer Verformung

Die beiden folgenden Beispiele behandeln einen dünnen Holzstab als Freiträger mit großer Verformung. Die Dateien EbRa_B42 enthalten die Daten zu einer FEM-Rechnung mit linearem Ansatz, d. h. die Rechnung beruht auf der Geometrie der unverformten Struktur. Der Verformungsplot im Maßstab 1:1 zeigt deshalb das Ende des gebogenen Trägers genau senkrecht unter dem Ende des unverformten Trägers.

Für das Beispiel EbRa_B43 wurde bei sonst identischen Verhältnissen die Belastung in 10 Schritten aufgebracht. In jedem Schritt wurde zwar wieder linear gerechnet, aber aufgrund der Geometrie der verformten Struktur aus dem vorangegangenen Lastschritt.

Das Ergebnis ist eine deutlich bessere Annäherung an die Realität. Das Trägerende wandert horizontal in Richtung Einspannstelle, und die inneren Kräfte werden aufgrund der Schrägstellung der Elementachsen als Normal- und Querkräfte ausgewiesen.

Wegen der prinzipiell linearen Ansätze in den einzelnen Rechenschritten summiert sich aber ein Fehler der Elementverformungen auf, so daß diese nicht zur Berechnung der Schnittgrößen herangezogen werden können. Deshalb werden die inneren Kräfte in einem zusätzlichen Rechenlauf aus der verformten Geometrie des Balkens berechnet.

Dateiname: EbRa_B41 (V=20)

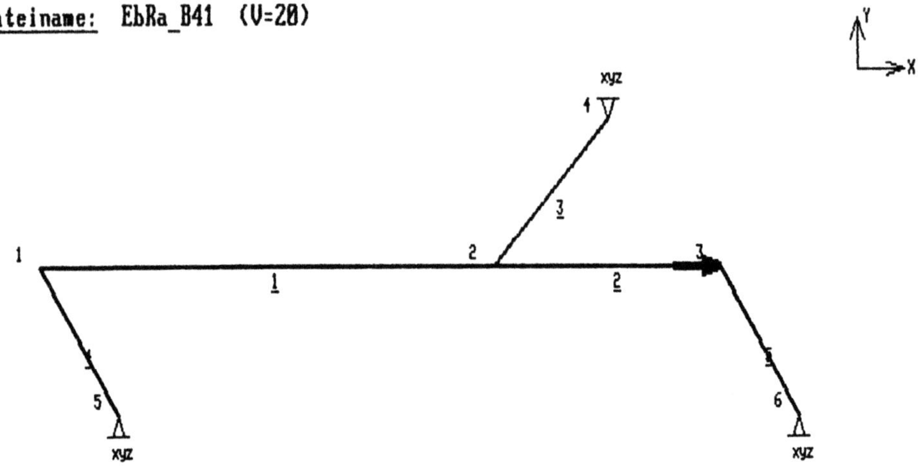

FEM-Programm OLERFS01.805 Kd.-Nr.: FHGIMF01.805 18.05.88
Programm: EbRa, Datum: 18.05.88 Dateiname: EbRa_B41.RKN,Laststufen: 1 <
Knotendaten: Geometrie Nk = 6 NN = 18 <

Knoten Nr.	Koordinaten X / cm	Y / cm	Verschiebungen Vx / cm	Vy / cm	Drehungen Dz / rad	Kräfte aus q-Lasten Fqx/kN	Fqy/kN	FyG/kN	
1	0.00	0.00	0.006926	0.003895	-0.0001865				<
2	100.00	0.00	0.006991	-0.005419	0.0000936				<
3	150.00	0.00	0.007165	0.003929	0.0002337				<
4	125.18	30.00	0.000000	0.000000	-0.0000000				<
5	17.32	-30.00	0.000000	-0.000000	-0.0000000				<
6	167.32	-30.00	0.000000	-0.000000	-0.0000000				<

FEM-Programm OLERFS01.805 Kd.-Nr.: FHGIMF01.805 18.05.88
Programm: EbRa Dateiname: EbRa_B41 .REL Laststufen: 1 <
Elementdaten Zuordnung Ne = 5 kdif = 4 <

Element Nr.	Grp.	Knoten von	bis	Schnittkräfte N / kN	Q1 / kN	Q2 / kN	Schnittmomente Mb1/kNcm	Mb2/kNcm	Gewicht kN	
1	1	1	2	1.358	-2.353	-2.353		235.294		<
2	1	2	3	7.283	4.706	4.706	235.294			<
3	2	2	4	-9.216						<
4	2	1	5	-2.717						<
5	2	3	6	-5.434						<

FEM-Programm OLERFS01.805 Kd.-Nr.: FHGIMF01.805 18.05.88
Programm: EbRa Dateiname: EbRa_B41.REG <
Elementdaten: Eigenschaften Ges.Gewicht: <

Grp. Nr.	E-Modul E/kN/cm^2	Querschnitt A/cm^2	Trägh.Mom. Iz/cm^4	spez.Gew. Gam/N/dm^3	Gelenk Code	vorgesehenes Kurzzeichen	Profil DIN	
1	21000	100.000	2000.000					<
2	21000	50.000						<

```
FEM-Programm OLERFS01.805  Kd.-Nr.: FHGIMF01.805  18.05.88
Programm: EbRa    Dateiname:  EbRa_B41.RLA                          <
Lagerdaten      max. Lagersteifigkeit: 3.360E+12 V-Fakt.=1.00000E+06<
Knoten Fest Elastisch/kN/cm /kNcm/rad  Lager - Kräfte - Momente     <
Nr. in XYZ     Cx         Cy         Cdz     Fx/kN     Fy/kN    Mz/kNcm  <

   4  xyz                                   -5.925    -7.059     -0.000<
   5  xyz                                   -1.358     2.353     -0.000<
   6  xyz                                   -2.717     4.706     -0.000<
```

Dateiname: EbRa_B42 (V=1)

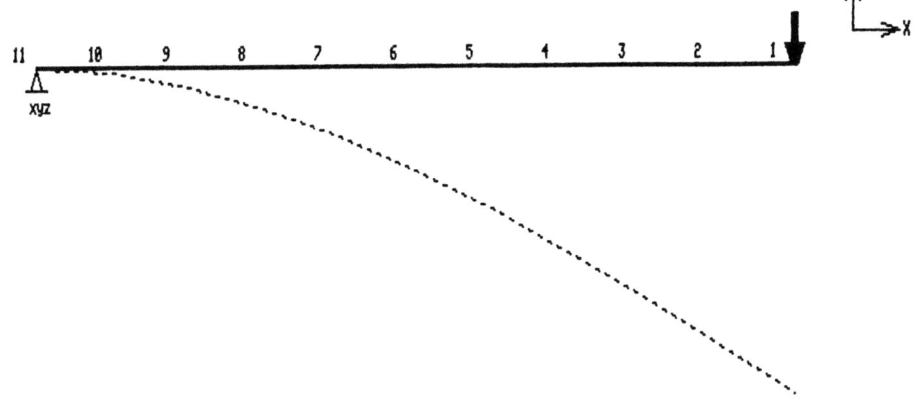

Dateiname: EbRa_B43 (V=1)

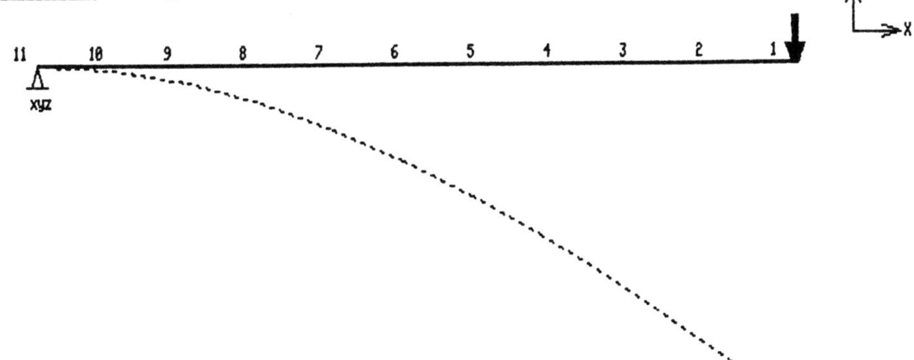

```
FEM-Programm OLERIS71.805  Kd.-Nr.: FHGIMF01.805  18.05.88
Programm: EbRa, Datum: 12.03.88  Dateiname:  EbRa_B42.RKN,Laststufen:  1  <
Knotendaten: Geometrie          Nk =  11              NN =   33               <
Knoten      Koordinaten        Verschiebungen       Drehungen  Kräfte aus q-Lasten <
 Nr.    X / mm     Y / mm    Vx / mm    Vy / mm   Dz / rad  Fqx/N   Fqy/N  FyG/N <

   1   1000.0        -0.0 -0.000000-400.00162-0.6000024                        <
   2    900.0        -0.0 -0.000000-340.20138-0.5940024                        <
   3    800.0        -0.0 -0.000000-281.60114-0.5760023                        <
   4    700.0        -0.0 -0.000000-225.40092-0.5460022                        <
   5    600.0        -0.0 -0.000000-172.80070-0.5040020                        <

   6    500.0        -0.0 -0.000000-125.00051-0.4500018                        <
   7    400.0        -0.0 -0.000000-83.200344-0.3840016                        <
   8    300.0        -0.0 -0.000000-48.600203-0.3060013                        <
   9    200.0        -0.0 -0.000000-22.400095-0.2160009                        <
  10    100.0        -0.0 -0.000000 -5.800026-0.1140005                        <

  11     -0.0        -0.0 -0.000000 -0.000000-0.0000000                        <

FEM-Programm OLERIS71.805  Kd.-Nr.: FHGIMF01.805  18.05.88
Programm: EbRa    Dateiname:   EbRa_B42 .REL                 Laststufen:   1  <
Elementdaten Zuordnung Ne =  10             kdif =   1                        <
Element  Knoten              Schnittkräfte              Schnittmomente    Gewicht<
 Nr.Grp.  von bis       N / N      Q1 / N     Q2 / N    Mb1/Nmm   Mb2/Nmm      N  <

   1   1    1   2                  -10.00     -10.00               1000.00       <
   2   1    2   3                  -10.00     -10.00    1000.00    2000.00       <
   3   1    3   4                  -10.00     -10.00    2000.00    3000.00       <
   4   1    4   5                  -10.00     -10.00    3000.00    4000.00       <
   5   1    5   6                  -10.00     -10.00    4000.00    5000.00       <

   6   1    6   7                  -10.00     -10.00    5000.00    6000.00       <
   7   1    7   8                  -10.00     -10.00    6000.00    7000.00       <
   8   1    8   9                  -10.00     -10.00    7000.00    8000.00       <
   9   1    9  10                  -10.00     -10.00    8000.00    9000.00       <
  10   1   10  11                  -10.00     -10.00    9000.00   10000.00       <


FEM-Programm OLERIS71.805  Kd.-Nr.: FHGIMF01.805  18.05.88
Programm: EbRa     Dateiname:     EbRa_B42.REG                                 <
Elementdaten: Eigenschaften Ges.Gewicht:                                       <
Grp. E-Modul     Querschnitt Trägh.Mom.  spez.Gew.  Gelenk vorgesehenes Profil<
Nr.   E/ N/mm^2        A/mm^2    Iz/mm^4    Gam/N/dm^3  Code Kurzzeichen  DIN  <

  1       10000       100.00       833.33                    Holz              <
  2                                                                            <

FEM-Programm OLERIS71.805  Kd.-Nr.: FHGIMF01.805  18.05.88
Programm: EbRa     Dateiname:   EbRa_B42.RLA                           <
Lagerdaten         max. Lagersteifigkeit: 3.333E+11 V-Fakt.=1.00000E+06<
Knoten Fest Elastisch/ N/mm / Nmm/rad  Lager - Kräfte - Momente        <
Nr. in XYZ       Cx          Cy        Cdz      Fx/ N     Fy/ N    Mz/ Nmm  <

 11  xyz                                        -0.0       10.0       10000<

FEM-Programm OLERIS71.805  Kd.-Nr.: FHGIMF01.805  18.05.88
Programm: EbRa                  Dateiname:  EbRa_B42.RFQ                       <
Belastungsdaten     Bandbreite:   7       Blockzahl:   1                       <
Knoten/Element Knoten - Kräfte - Momente       Streckenlasten von bis          <
 von   bis      Fx/N       Fy/N       Mz/Nmm   qxa/N/mm qxe/N/mm qya/N/mm qye/N/mm<

  1                       -10.0                                                <
```

```
FEM-Programm OLERMS72.805  Kd.-Nr. FHGIMF01.805  29.05.88
Programm: EbRa,  Datum: 29.05.88  Dateiname:  EbRa_B43.RKN,Laststufen:  10  <
Knotendaten: Geometrie          Nk =  11            NN =   33               <
Knoten     Koordinaten       Verschiebungen      Drehungen  Kräfte aus q-Lasten <
 Nr.    X / mm     Y / mm    Vx / mm   Vy / mm  Dz / rad  Fqx/N   Fqy/N  FyG/N <

    1  1000.0      -0.0-78.637246-374.36361-0.5787930                       <
    2   900.0      -0.0-64.113193-319.34459-0.5730796                       <
    3   800.0      -0.0-50.142422-265.31568-0.5559282                       <
    4   700.0      -0.0-37.249786-213.28622-0.5273065                       <
    5   600.0      -0.0-25.901842-164.30263-0.4871622                       <

    6   500.0      -0.0-16.474232-119.46312-0.4354267                       <
    7   400.0      -0.0 -9.215299-79.927530-0.3720191                       <
    8   300.0      -0.0 -4.205392-46.919742-0.2968522                       <
    9   200.0      -0.0 -1.312165-21.719841-0.2098400                       <
   10   100.0      -0.0 -0.143335 -5.642748-0.1109072                       <

   11    -0.0      -0.0  0.000000 -0.000000-0.0000000                       <
```

```
FEM-Programm OLERMS72.805  Kd.-Nr. FHGIMF01.805  29.05.88
Programm: EbRa   Dateiname:   EbRa_B43 .REL             Laststufen:  10   <
Elementdaten Zuordnung Ne =  10          kdif =   1                       <
Element  Knoten              Schnittkräfte           Schnittmomente    Gewicht<
 Nr.Grp.  von bis      N / N      Q1 / N     Q2 / N   Mb1/Nmm   Mb2/Nmm        N  <

   1   1    1   2    5.41     -8.41      -8.41               854.76        <
   2   1    2   3    5.32     -8.47      -8.47     854.76    1715.05        <
   3   1    3   4    5.13     -8.59      -8.59    1715.05    2586.13        <
   4   1    4   5    4.84     -8.75      -8.75    2586.13    3472.65        <
   5   1    5   6    4.44     -8.96      -8.96    3472.65    4378.37        <

   6   1    6   7    3.92     -9.20      -9.20    4378.37    5305.78        <
   7   1    7   8    3.28     -9.45      -9.45    5305.78    6255.68        <
   8   1    8   9    2.51     -9.68      -9.68    6255.68    7226.75        <
   9   1    9  10    1.61     -9.87      -9.87    7226.75    8215.06        <
  10   1   10  11    0.56     -9.98      -9.98    8215.06    9213.63        <
```

```
FEM-Programm OLERMS72.805  Kd.-Nr. FHGIMF01.805  29.05.88
Programm: EbRa     Dateiname:     EbRa_B43.REG                          <
Elementdaten: Eigenschaften Ges.Gewicht:                                <
Grp. E-Modul    Querschnitt Trägh.Mom.  spez.Gew.  Gelenk vorgesehenes Profil<
Nr.   E/ N/mm^2       A/mm^2    Iz/mm^4    Gam/N/dm^3  Code Kurzzeichen  DIN  <

  1      10000      100.00       833.33              Holz              <
  2                                                                     <
```

```
FEM-Programm OLERMS72.805  Kd.-Nr. FHGIMF01.805  29.05.88
Programm: EbRa     Dateiname:  EbRa_B43.RLA                   <
Lagerdaten     max. Lagersteifigkeit: 3.33E+011 V-Fakt.=1.0000E+006<
Knoten Fest Elastisch/ N/mm / Nmm/rad  Lager - Kräfte - Momente    <
Nr. in XYZ     Cx        Cy        Cdz      Fx/ N     Fy/ N    Mz/ Nmm  <

 11  xyz                                    -0.0      10.0       9214<
```

```
FEM-Programm OLERMS72.805  Kd.-Nr. FHGIMF01.805  29.05.88
Programm: EbRa                 Dateiname:   EbRa_B43.RFQ                <
Belastungsdaten   Bandbreite:    7      Blockzahl:    2                 <
Knoten/Element Knoten - Kräfte - Momente       Streckenlasten von bis   <
 von  bis    Fx/N        Fy/N        Mz/Nmm   qxa/N/mm qxe/N/mm qya/N/mm qye/N/mm<

  1                    -10.0                                            <
```

C Diskette zum Buch

Benutzeranleitung zum Programmsystem EbFa

Auf der Diskette befinden sich die Programme EbFa_IO.COM und EbFa_FEM.COM zur Berechnung ebener Fachwerke und die in der Textdatei EbFa.INF aufgeführten Hilfsdateien mit Ausnahme der Textdateien *.INF und *.T??. Letztere sind nachfolgend abgedruckt und enthalten wichtige Hinweise zur fehlerfreien und effektiven Programmanwendung.

Die Programme EbFa.. stellen eine Untermenge der umfassenderen Programme RaFa.. zur Berechnung beliebiger Fachwerke dar. Voll kompatibel sind beide Programme hinsichtlich der Formate der Datendateien und der Graphik. Die entsprechenden Anleitungen für das Programm RaFa sind deshalb sinngemäß auch auf EbFa anwendbar. Einige der Anleitungen sind so allgemein formuliert, daß sie auch für andere als Fachwerkstrukturen zu gebrauchen sind.

Die folgende Aufstellung gibt eine Übersicht zu den nachfolgend abgedruckten Informations-Dateien:

Anhang	Dateiname	Information zu	Programmzuordnung
C 1.1	EbFa .INF	Dateien auf Diskette zum Buch	EbFa
C 1.2	FEM_Kurz.INF	Kurzanleitung zum Programmsystem	beliebig
C 2.1	RaFa_IO .INF	Dateiverwaltung, Datengenerierung	EbFa, RaFa
C 2.2	FemTab .T22	Tabelleneditor	beliebig
C 2.3	EbFa_IO .T13	Hilfsprogramm Strukturgenerierung	EbFa
C 2.4	RaFaGraf.INF	Konfiguration der Graphik	EbFa, RaFa
C 3.1	EbFaFEM .INF	FEM-Rechnung	EbFa
C 3.2	FEM_Fehl.INF	Fehlerquellen bei FEM-Rechnungen	beliebig

Die Programmsysteme

RaFa für beliebige Fachwerke,
EbDu für ebene Durchlaufträger,
EbRa für ebene Rahmen

können beim Autor bezogen werden. Erweiterte Programme zur Berechnung räumlicher Durchlaufträger und Rahmen befinden sich in Arbeit und sind in Kürze verfügbar.

C 1.1 Datei EbFa.INF

Allgemeine Information zum Programm EbFa

Inhalt der Diskette

----

1. Programm-Dateien

Auf der Diskette befindet sich das Ein- Ausgabe-Programm

EbFa_IO.COM

und das Rechenprogramm

EbFa_FEM.COM

Zu jedem Programm gehören mehrere Overlay-Dateien gleichen Namens mit Endungen

.000 bis .0??

Diese Dateien werden beim Programmlauf automatisch nachgeladen, sobald sie gebraucht werden.

Zum Starten eines Programms wird im Betriebssystem nur der aus bis zu acht Zeichen bestehende Programmname eingegeben und durch RETURN abgeschlossen, also z.B.

EBFA_IO <RETURN>

Nach dem Start übernehmen die Programme die Benutzerführung durch Ja/Nein-Abfragen und Wahlmenues. Zur Verhinderung des Bildschirmüberlaufs enthalten die Programme Warteschleifen. Diese sind durch die Zeichen CR am unteren Bildschirmrand zu erkennen und können durch RETURN beendet werden.

Zum Verlassen der Programme wird im Hauptmenue die Zahl -1 eingegeben. Die Programme können aber auch vorzeitig beendet werden, indem während einer Warteschleife oder auf eine Ja/Nein-Abfrage die Tastenkombination CTRL C gedrückt wird.

2. Überschrift-Dateien

Die Überschrift-Dateien

```
FaWe_FKN.IBM  bzw. FaWe_FKN.SIR
FaWe_FEL.IBM  bzw. FaWe_FEL.SIR
FaWe_FEG.IBM  bzw. FaWe_FEG.SIR
FaWe_FLA.IBM  bzw. FaWe_FLA.SIR
FaWe_FFQ.IBM  bzw. FaWe_FFQ.SIR
FaWe_FKQ.IBM  bzw. FaWe_FKQ.SIR
```

enthalten die Zeilen-, Spalten-, und Zahlenformate der Daten-Dateien und werden von den Programmen unmittelbar nach dem Start eingelesen und ausgewertet. Die Datei RaFa_IO.INF (s.u.) enthält alle Überschrift-Dateien einschließlich der Format-Parameter und auf Seite 1 ausführliche Information zum Ändern dieser Parameter durch den Anwender. Veränderungen der Spaltenformate in der Datei FaWe_FFQ kann eine fehlerhafte Anzeige der aktiven Maßeinheiten im Hauptmenue der IO-Programme zur Folge haben.

3. Informationsdateien zur Benutzerführung

Diese Dateien tragen den Namenszusatz .INF oder .T?? und sind reine Textdateien. Sie können von den IO-Programmen mit der Menuefunktion 24 oder von einem beliebigen Textsystem editiert und gedruckt werden. Einige können auch während des Programmlaufs vom Benutzer angefordert werden.

EbFa .INF	diese Datei
RaFa_IO .INF	Unterstützung der Datengenerierung und Dateiverwaltung
EbFaFem .INF	Ergänzung der Benutzerführung im Rechenprogramm
RaFaGraf.INF	Erläuterung der umfangreichen Graphikfunktionen
Fem_Fehl.INF	Hilfestellung bei Prgrammabbruch durch Rechenfehler
FemTab .T22	Sonderfunktionen des Tabellen-Editors, kann aus der Tabelle durch ESC ? angefordert werden
EbFa_IO .T13	Automatische Strukturgenerierung ebener Gitterstrukturen

4. Zeichensatz-Dateien

Diese Dateien haben den Zusatz .FON (bei IBM) bzw. .CHR (bei Sirius) und werden von der Graphik zum Beschriften der Zeichnungen benötigt.

5. Stapeldateien

Die Dateien FaWeCopy.BAT und FaWe_Ren.BAT dienen zum Kopieren bzw. Umbenennen von Datendateien. Die Verwendung ist in RaFa_IO.INF ausführlich beschrieben.

6. Daten-Dateien

Die Dateien

EbFa_DM0.FKN, EbFa_DM0.FEL, EbFa_DM0.FEG, EbFa_DM0.FLA und EbFa_DM0.FFQ

enthalten die vollständigen Eingabedaten der Beispielstruktur eines ebenen Fachwerks. Die Dateien

EbFa_DM1.FKN, EbFa_DM1.FEL, EbFa_DM1.FEG, EbFa_DM1.FLA und EbFa_DM1.FFQ

beziehen sich auf die gleiche Struktur, geben aber den Zustand nach der FEM-Rechnung wieder, d.h. in den Dateien .FKN, .FEL und .FLA befinden sich zusätzlich die Rechenergebnisse.

Wichtiger Hinweis:

Wenn das Rechenprogramm nach Aufruf der GK-Datei mit der Fehlermeldung "FO" abbricht, ist die Dateiverwaltung des Betriebssystems zu knapp konfiguriert. Zur Abhilfe sind folgende Zeilen in die Datei CONFIG.SYS aufzunehmen:

```
FILES=15
BUFFERS=15
```

Nach dem nächsten Systemstart ist die erweiterte Dateiverwaltung aktiv.

C 1.2 Datei FEM_Kurz.INF

Kurzanleitung zum FEM-Programm-System

```
Die Finite-Elemente-Programme EbFa, RaFa zur Berechnung von Fachwerken
                              EbDu      "      "       "  Durchlaufträgern
                              EbRa      "      "       "  Rahmen
```

weisen eine weitgehend einheitliche Benutzeroberfläche auf. Die folgende Kurzanleitung kann deshalb für alle Programme verwendet werden. Die vorstehend aufgeführten strukturspezifischen Programmnamen sind nachfolgend durch "Name" ersetzt. Es wird vorausgesetzt, daß der Programmanwender mit den Grundbefehlen des Betriebssystems MS-DOS vertraut ist.

1 Allgemeine Hinweise

Alle für die Benutzung eines der Programme benötigten Dateien (Programme und Hilfsdateien) sind in der Textdatei Name.INF aufgeführt und sollten sich auf einem der folgenden Datenträger befinden:

Diskette,
wählbar mit Laufwerkbuchstabe, z.B. A:, B:,

Sektor einer Festplatte (Sirius),
wählbar mit Laufwerkbuchstabe ähnlich Diskette,

Directory einer Festplatte (IBM und Kompatible),
wählbar mit Laufwerkbuchstabe C: und Pfadname.

Die von den Programmen verwalteten Datendateien können sich in dem aktiven Pfad einer Diskette, eines Plattensektors (Sirius) oder demselben Pfad einer Festplatte befinden, in dem auch die Programme und Hilfsdateien abgelegt sind.

Vorbereitende Schritte

Rechner einschalten, evtl. Datum und Uhrzeit setzen.

Diskette einlegen und Pfad wählen, in dem Datendateien angelegt werden sollen oder zur Verwendung durch die Programme schon vorhanden sind.

Laufwerk und Pfad wählen, in dem sich die Programme und Hilfsdateien befinden.

2 Datendateien neu anlegen oder vorhandene Datendateien bearbeiten
----

IO-Programm starten durch Eingabe des Programmnamens

Name_IO <RETURN> (bzw. Name7IO bei Rechnern mit Arithmetik-Coprozessor)

Das Programm übernimmt die Benutzerführung durch Bildschirmdialog und Wahlmenues. Ja/Nein-Abfragen können wie folgt beantwortet werden:

J, j oder RETURN für "Ja";   N, n oder 0 für "Nein".

Die erste Frage

Drucker angeschlossen j/n?

sollte nur dann mit J beantwortet werden, wenn tatsächlich ein Drucker angeschlossen und auch eingeschaltet ist, damit das Programm nicht "hängenbleibt". Ist ein Drucker angeschlossen, so kann dieser mit den angezeigten Auswahlparametern nach EPSON-Standard konfiguriert werden:

Voreinstellung mit <RETURN> bestätigen oder andere Ziffern eingeben.

Anschließend erscheint das Hauptmenue auf dem Bildschirm. Alle Programme enthalten mindestens die folgenden Funktionen:

---

0 Information zum Programm **-1 Programm Name_IO beenden**

1 Dateien bearbeiten
11 Datei öffnen
12 Tabellenprogramm
13 Hilfsprogramme
14 Überschrift ändern

2 Dateien ausgeben
21 Datei auf Bildschirm
22 Datei auf Drucker
23 Info-Dateien auf Bildschirm
24 Info-Dateien auf Drucker

3 Graphik konfigurieren
31 Perspektive
32 Automatisch beschriften
33 Maßstäbe
34 Darzustellende Daten wählen

4 Graphik erstellen und ausgeben
41 Struktur zeichnen
42 Graphik als SCR-Datei auf Disk
43 Graphik von SCR-Datei laden
44 Hardcopy auf Drucker

5 Sonderfunktionen
51 Drucker einstellen
52 Datum ausgeben
53 Extremwerte in Datei suchen

Um eine Datendatei anlegen oder bearbeiten zu können, muß sie geöffnet werden. Dazu Kennzahl 11 eingeben. Es erscheint das folgende Untermenue, das den Inhalt der verschiedenen Dateien stichwortartig wiedergibt. Die Daten in den Dateien sind je nach zu bearbeitender Struktur verschieden. Hier beispielhaft die Anzeige aus dem Programm EbDu:

Datei wählen:

1 Datei .DKN Knotendaten:
Eingabe: Koordinaten
Ausgabe: Verschiebungen/Drehnungen, Kräfte aus Streckenlasten

2 Datei .DEL Elementdaten:
Eingabe: Elementgruppe
Ausgabe: Schnittgrößen, Spannungen, Gewichte

3 Datei .DEG Elementdaten:
Eingabe: E-Modul, Querschnitt, Trägheitsmoment, spez.Gewicht, Spannungskoordinaten, Gelenkeigenschaften der Elementgruppen

4 Datei .DLA Lagerdaten:');
Eingabe: Lagerknoten und -richtung / Lagersteifigkeit
Ausgabe: Lager-Kräfte/-Momente

5 Datei .DFQ Belastungsdaten:
Eingabe: Knoten-Kräfte/Momente, Trapez-Streckenlasten

Kennziffer eingeben:

Die Dateinummer ist stets zu wählen, wenn eine der folgenden Funktionen gemäß Hauptmenue aufgerufen wurde: 11, 12, 14, 21 und 22.

Zum Öffnen der Datei fragt das Programm den Dateinamen ab. Dieser darf aus bis zu 8 Zeichen bestehen (z.B. Name_Alt). Der aus 3 Zeichen bestehende Namenszusatz wird vom Programm gesetzt und darf nicht verändert werden. Das Laufwerk der Datei wird gesondert abgefragt und ist als Buchstabe ohne Doppelpunkt einzugeben. Sollen weitere Dateien geöffnet werden, so setzt das Programm den gleichen Dateinamen voraus. Die Abfragen sind dann lediglich mit J oder N zu beantworten.

Sollen Dateien für eine andere Struktur (und folglich mit anderem Namen) bearbeitet werden, so ist das Programm zu beenden und neu zu starten.

Welche Eingabedaten vor dem Start einer FEM-Rechnung vom Anwender zu generieren sind, ist ausführlich in der Hilfsdatei Name_IO.INF beschrieben, die aus dem Hauptmenue durch Eingabe der Zahl 0 auf den Bildschirm ausgegeben wird. Alle Hilfsdateien wie auch beliebige andere Textdateien können übrigens mit den Funktionen 23 und 24 aus den Hauptmenue auf den Bildschirm bzw. Drucker ausgegeben werden.

Zur komfortablen Dateneingabe steht ein spezieller Tabelleneditor zur Verfügung, der durch die Zahl 12 aus dem Hauptmenue angewählt wird. Der Editor erkennt das spezielle Tabellenformat der zu bearbeitenden Datendatei, so daß mit den Cursortasten jede Zeilen- und Spaltenposition der Datei erreichbar ist. An jeder Position können neue Werte eingegeben oder vorhandene Werte überschrieben werden. Zahlen werden unformatiert linksbündig eingegeben und vom Programm rechtsbündig formatiert in die Tabelle übernommen. Wird von der Tastatur ein Komma eingegeben, so wandelt das Programm dieses in einen Dezimalpunkt um.

Die Bearbeitung einer Datei kann beliebig unterbrochen und später fortgesetzt werden.

Im Tabelleneditor können verschiedene Sonderfunktionen aktiviert werden, die in der Hilfsdatei FemTab.T22 beschrieben sind. Die Hilfsdatei kann aus dem Tabelleneditor mit ESC ? auf den Bildschirm gelesen werden.

Zum Verlassen des Tabelleneditors ist ohne vorherige Eingabe eines Tabelleneintrags RETURN zu drücken. Es erscheint dann die Frage

Nochmals in die Tabelle j/n?

Wird die Frage mit N beantwortet, so wird wieder das Hauptmenue aufgerufen. Antwortet der Anwender mit J, so fordert das Programm zur Eingabe einer Zeilennummer auf. Diese Zeile der Datei holt dann der Tabelleneditor zur Bearbeitung auf den Bildschirm. Auf diese Weise können in langen Tabellen bequem beliebig große Sprünge ausgeführt werden.

Zur schnellen Generierung regelmäßig gebauter Strukturen dient die Funktion 13 gemäß Hauptmenue. Welche Möglichkeiten vorgesehen sind, geht aus der Hilfsdatei Name_IO.T13 und den zugehörigen Skizzen der Strukturmodelle hervor.

Alle in den Dateien enthaltenen Daten können mit der Funktion 41 als Bildschirmgraphik dargestellt werden. Die Auswahl der Daten und die Form der Darstellung kann mit den Funktionen 31 bis 34 vorgewählt werden. Nähere Informationen dazu enthält die Hilfsdatei NameGraf.INF.

Es ist anzuraten, die Eingabedaten vor dem Start des Rechenprogramms mit der Bildschirmgraphik zu überprüfen. Falsche Eingaben können so leicht entdeckt und sofort mit dem Tabelleneditor korrigiert werden.

Es ist möglich, daß Fehler in den Eingabedaten zum Absturz des Graphikprogramms führen. Dabei gehen aber keine Daten verloren, da diese in den Dateien sicher abgelegt sind. Das Programm Name_IO kann sofort neu gestartet und die Vollständigkeit und Richtigkeit der Daten kann mit Hilfe des Tabelleneditors überprüft bzw. hergestellt werden.

Wenn alle für eine FEM-Rechnung erforderlichen Daten in den Dateien abgelegt sind, wird das Programm Name_IO durch Eingabe von -1 im Hauptmenue beendet. Die Datendateien können dann mit den entsprechenden Funktionen des Betriebssystems MS-DOS kopiert, umbenannt oder anderweitig bearbeitet werden. Zusätzlich stehen die zum FEM-Programm-System gehörenden Stapeldateien NameCopy.BAT und Name_REN.BAT zur Verfügung, deren Verwendung in der Hilfsdatei Name_IO.INF beschrieben ist.

3 FEM-Rechnung durchführen

Nachdem die Datendateien mit den erforderlichen Eingabedaten duch das Programm Name_IO erstellt worden sind, wird eines der Rechenprogramme durch Eingabe von

Name_FEM <RETURN> (bzw. Name_MAT, Name7FEM oder Name7MAT)

im Betriebssystem gestartet. Das Programm meldet sich nach der Druckerabfrage (s.o.) mit dem folgenden Auswahlmenue (Beispiel aus Programm EbDu):

```
----------------------------------------------------------------------------
Programm Name_FEM zur Finite-Elemente-Berechnung ebener Durchlaufträger
Copyright 1988 by Prof. W. Oldenburg, 6301 Wettenberg

Verfügbare Optionen                                    Aktuelle Parameter

0  Information zum Programm einlesen

1  Faktor zur Simulation starrer Lager, aktueller Wert:   1000000

4  Information zu Fehlerquellen einlesen

5  Information zur Graphik einlesen

8  Matrizenausgabe aktiviert (nur Name_MAT):              Nein

Kennziffer eingeben oder RETURN
----------------------------------------------------------------------------
```

Wenn keine der Optionen angewählt werden soll, ist RETURN zu drücken. Das Programm muß nun die fünf Datendateien öffnen, die vorher mit dem Programm Name_IO angelegt worden sind. Dazu wird der Anwender aufgefordert, Laufwerk und Dateinamen der ersten Datei einzugeben. Das Programm setzt voraus, daß alle fünf Dateien den gleichen Namen haben und sich auf demselben Laufwerk befinden. Ist das für eine der vier nachfolgenden Dateien nicht der Fall, so wiederholt das Programm die Abfragen für diese Datei.

Zum Rechnen muß das Programm die Koeffizienten des zu lösenden Gleichungssystems sowie Zwischenergebnisse in der temporären Arbeitsdatei Name.GK ablegen. Diese Datei erfordert schnellen Zugriff und kann eine erhebliche Größe annehmen. Sie sollte deshalb auf der Festplatte angelegt werden. Das Programm sieht deshalb das Laufwerk C vor. Der Anwender kann aber ein anderes Laufwerk eingeben.

Anschließend läuft die FEM-Rechnung, deren aktueller Stand am Bildschirm angezeigt wird. Nachdem das Programm die Ergebnisse in die Datendateien eingetragen hat, sind sie aus dem Hauptmenue des Rechenprogramms verfügbar. Das Menue ist bezüglich der Dateienausgabe und der Graphik identisch mit dem Hauptmenue des Programms Name_IO. Nicht verfügbar sind Funktionen zum Verändern der Datendateien und zur Ausgabe beliebiger Info- und Textdateien. Die Hilfsdatei zur Konfiguration der Graphik kann aber durch Eingabe der Ziffern 3 oder 4 auf den Bildschirm gelesen werden.

Die Bewertung der Ergebnisse ist besonders anschaulich mit Hilfe der diversen graphischen Darstellungen möglich. Zur genaueren Beurteilung können die in den Datendateien abgelegten Zahlenergebnisse mit den Funktionen 21 und 22 herangezogen werden. Das schnelle Auffinden besonders großer oder kleiner Werte wird durch die Funktion 53 erleichtert.

Hauptmenue der Rechenprogramme Name_FEM und Name_MAT:

```
--------------------------------------------------------------------------
0  Information zum Programm              -1 Programm  Name_FEM beenden

1  Knotenverschiebungen aus GK-Datei     2  Dateien ausgeben
11 KV auf Bildschirm                     21 Datei auf Bildschirm
12 KV auf Drucker                        22 Datei auf Drucker

3  Graphik konfigurieren                 4  Graphik erstellen und ausgeben
31 Perspektive                           41 Struktur zeichnen
32 Automatisch beschriften               42 Graphik als SCR-Datei auf Disk
33 Maßstäbe                              43 Graphik von SCR-Datei laden
34 Darzustellende Daten wählen           44 Hardcopy auf Drucker

5  Sonderfunktionen
51 Drucker einstellen
52 Datum ausgeben
53 Extremwerte in Datei suchen
--------------------------------------------------------------------------
```

Die Knotenverschiebungen sind in der Knotendatei .?KN formatiert und gerundet enthalten. Mit den Funktionen 11 und 12 können sie mit der intern vom Programm verwendeten Genauigkeit im Exponentialformat aus der GK-Datei gelesen werden. Während alle in den Datendateien enthaltenen Ergebnisse auch später über das Programm Name_IO verfügbar bleiben, sind die in der GK-Datei enthaltenen Ergebnisse nur unmittelbar nach der FEM-REchnung zugänglich, solange das Rechenprogramm noch aktiv ist.

Das Rechenprogramm kann durch Eingabe von -1 aus dem Hauptmenue bendet werden. Dabei kann der Anwender wählen, ob die Datei Name.GK gelöscht werden soll. Die Datei wird in der vorliegenden Form nie mehr gebraucht, sondern bei einem späteren Rechenlauf in jedem Fall gelöscht und überschrieben. Es könnte den Anwender aber interessieren, wie groß die zur Berechnung verschiedener Probleme benötigte GK-Datei ist. In diesem Fall sollte die Datei nicht gelöscht werden, damit die gewünschte Information aus dem Directory-Eintrag des Betriebssystems entnommen werden kann.

4 Variationsrechnungen durchführen

Grundsätzlich gibt es zwei Möglichkeiten, Rechnungen mit geänderten Daten zu wiederholen:

1. Rechnung mit dem gleichen Datensatz "Name_Alt" wiederholen:
   Programm Name_IO starten,
   Dateien des Datensatzes Name_Alt, in denen Änderungen vorgenommen werden
     sollen, öffnen,
   Änderungen mit dem Tabelleneditor vornehmen,
   Programm Name_IO beenden.

   Programm Name_FEM oder Name_MAT starten,
   FEM-Rechnung mit geändertem Datensatz Name_Alt durchführen.

2. Rechnung mit einem vollständig neuen Datensatz "Name_Neu" wiederholen:
   Datensatz Name_Alt in Datensatz Name_Neu kopieren durch Befehl
     NameCopy Name_Alt Name_Neu,
   Schritte zu 1. mit Datensatz Name_Neu durchführen.

In jedem Fall werden die aus einem vorangegangenen Rechenlauf in den Dateien enthaltenen Rechenergbnisse beim nachfolgenden Rechenlauf durch die neuen Ergebnisse ersetzt.

C 2.1 Datei RaFa_IO.INF

Information zu den Programmen RaFa_IO und EbFa_IO

Die Turbo-Pascal-Programme RaFa_IO und EbFa_IO (??Fa7IO für Hardware mit 8087-Prozessor) dienen zum Erstellen der Eingabe-Dateien zur FEM-Rechnung beliebiger Fachwerke. Beide Programme sind weitgehend identisch. Unterschiede bestehen nur hinsichtlich der Hilfsfunktionen zur automatischen Generierung regelmäßiger Stukturen. Die nachfolgend zum Programm RaFa_IO gegebenen Erläuterungen gelten deshalb sinngemäß auch für das Programm EbFa_IO.

Die Daten zur FEM-Rechnung werden als Tabelle am Bildschirm generiert und in fünf Textdateien abgelegt:

```
DatNam.FKN    Knotenkoordinaten
DatNam.FEL    Elementgruppe, Knotenzuordnungen
DatNam.FEG    E-Modul, Querschnitt, spez.Gewicht, Knicksicherheit
DatNam.FLA    Lagerknoten- und Richtung, Lagersteifigkeit
DatNam.FFQ    Knotenkräfte, Element-Streckenlasten
```

DatNam ist der vom Benutzer für die Struktur gewählte Dateiname aus bis zu acht Zeichen. Die Namen-Zusätze werden vom Programm gesetzt und haben folgende Bedeutung:

```
          F   Fachwerk
         KN   Knotendaten
         EL   Element-Zuordnungen
         EG   Daten der Elementgruppen
         LA   Lagerdaten
         FQ   Belastung aus Kräften und Streckenlasten
```

Alle Eingaben sind am folgenden Koordinatensystem zu orientieren:

```
X-Achse horizontal von links  nach rechts
Y-Achse vertikal   von unten  nach oben
Z-Achse horizontal von hinten nach vorn
```

Die Dateien enthalten die Daten im Textformat. Das Rechenprogramm benötigt zeilenweise wahlfreien Zugriff auf die Dateien (Random Access). Turbo-Pascal verwaltet deshalb alle Dateizeilen als Zeichenkette konstanter Länge. Dabei wird die Zeilenlänge mit dem ASCII-Code des 1. Zeichens jeder Zeile verschlüsselt. Dieses Zeichen wird beim Editieren der Datei vom Turbo-Pascal-Programm unterdrückt. Die beiden letzten Zeichen in jeder Zeile sind Return/LineFeed (^M/^L bzw. ASCII 13/10). Sie garantieren die Einhaltung des Tabellenformats bei Ausgabe der Datei auf Bildschirm oder Drucker.

Die Dateien können auch in einem beliebigen Textsystem bearbeitet werden. Da manche Textsysteme (z.B.auch der Turbo-Pascal-Editor) automatisch Leerzeichen am Ende einer Zeile abschneiden, wird zur Sicherung der konstanten Zeilenlänge als drittletztes Zeichen der Tabellenzeile "<" eingefügt.

Das Programm RaFa_IO verwendet für die Datendateien Zeilenformate (Record-Länge RL) von 55 und 70 Zeichen, in denen somit 52 bzw. 67 Zeichen für die Dateneingabe genutzt werden können.

Die erste Zeile jeder Datei enthält die Spaltenlängen. Sie dürfen nach Belieben verändert werden, solange die Summe aller Spaltenlängen gleich RL-3 ist und die letzte Spalte die Länge 1 hat. Die zweite Zeile enthält jeweils unter der Spaltenlänge die Zahl der Nachkommastellen für das Zahlenformat. Der letzte Parameter gibt die Zahl der Überschriftzeilen an.

Der Tabelleneditor des Programms RaFa_IO unterdrückt die Parameterzeilen. Auch die letzte Spalte mit dem Zeichen "<" ist von der Tabelle aus nicht zugänglich.

Die einzugebenden Daten sind in der Tabellenüberschrift aufgeführt. Die angegebenen Einheiten sind einzuhalten. Werden Einheiten verändert, so ist darauf zu achten, daß alle im Programm verwendeten Einheiten untereinander kompatibel bleiben. Andernfalls resultieren falsche Rechenergebnisse.

Nachfolgend wird anhand der auf der Programmdiskette befindlichen Überschriftdateien die Datenstruktur des FEM-Programmsystems erläutert.

Zahlen werden unformatiert eingegeben. Das Programm formatiert sie nach den Tabellenparametern neu. Die EbFa-Dateiformate sind kompatibel zu den RaFa-Dateiformaten zur Berechnung räumlicher Fachwerke. Der in den Tabellen vorgesehene dritte Knotenfreiheitsgrad Z ist in den EbFa-Rechnungen unwirksam.

Die Programme erwarten Überschriftdateien mit Namen FaWe_F??.???. Wegen der in den Überschriften enthaltenen Sonderzeichen existieren zwei Gruppen von Überschriftdateien:

.SIR mit Sonderzeichen nach deutschem ASCII-Zeichensatz für Sirius
.IBM mit Sonderzeichen nach IBM-Graphik-Zeichensatz für IBM und Kompatible.

Zur Beschreibung der Datengenerierung werden nachfolgend die Überschriftdateien FaWe_F??.SIR zugrundegelegt.

```
FaWe_FKN.SIR  Überschrift Fachwerke Knotendaten RaFa 1 (RanTex70) -< <
  4 10 10 10 11 11 11  1                                            < <
     2  2  2  6  6  6     4                                         < <
Programm: RaFa   Datum:            Dateiname:           .FKN        < <
Knotendaten: Geometrie        Nk =                 NN =             < <
Knoten  Knoten - Koordinaten       Knoten - Verschiebungen          < <
 Nr.     X / cm    Y / cm    Z / cm   Vx / cm    Vy / cm    Vz / cm < <
----------------------------------------------------------------------
```

Die Numerierung in Spalte 1 erfolgt automatisch.
Einzugeben sind nur die Knotenkoordinaten X und Y für ebene Fachwerke bzw. X,Y und Z für räumliche Fachwerke. Die Verschiebungen Vx, Vy und ggfs. Vz werden vom Rechenprogramm in die Datei geschrieben.

```
FaWe_FEL.SIR Fachwerke Elementdaten RaFa 2 (RanTex55) <
  4  4  5  5  9  8  9  8  1                          < <
            3  3  3  3     4                         < <
Programm: RaFa  Dateiname:         .FEL              < <
Elementdaten: Zuordnung Ne=            Kdif =        < <
Element  Knoten Stabkraft Spannung Tr.-Mom. Gewicht < <
 Nr. Grp. von bis    Fs/kN  kN/cm^2 Ierf/cm^4   G/kN < <
---------------------------------------------------
```

Die Numerierung in Spalte 1 erfolgt automatisch.
Einzutragen sind nur Elementgruppe und Knotenzuordnungen der Elemente.
Alle anderen Werte werden vom Rechenprogramm in die Datei geschrieben.

Gehören mehrere aufeinanderfolgende Elemente der gleichen Gruppe an, so muß die Gruppen-Nummer nur für das erste dieser Elemente in die Spalte 2 der FEL-Datei geschrieben werden. Wird gar keine Gruppen-Nummer eingetragen, so ordnet das Rechenprogramm allen Elementen die Daten der Gruppe 1 zu.

```
FaWe_FEG.SIR Fachwerke Elementgruppen RaFa 3 (RanTex70)------------< <
  4 13 13 13  9 15  1                                              < <
        3  3  3        4                                           < <
Programm: RaFa     Dateiname:              .FEG                    < <
Elementdaten: Eigenschaften    Ges.Gewicht:          kN            < <
Grp.   E-Modul     Querschnitt spez.Gewicht Knick-  vorges. Profil < <
Nr.     E/kN/cm^2        A/cm^2 Gamma/N/dm^3 sich.Sk Kurzzeichen/DIN< <
----------------------------------------------------------------------
```

Die Gruppennummer in Spalte 1 wird automatisch gesetzt und darf nicht verändert werden.
E und Gamma sind Materialkonstanten des Elemente-Werkstoffs.
A ist die Querschnittsfläche der Elemente.
Sk ist die für Druckstäbe gewünschte Knicksicherheit.
Das spez. Gewicht und die Knicksicherheit sind optional:
Eingabe von Gamma:
  Das Eigengewicht der Elemente wird je zur Hälfte als negative Fy-Kraft an den beiden Knoten des Elements angesetzt. Beim Rechenlauf wird das Gesamtgewicht der Struktur ermittelt und in Zeile 2 der Überschrift festgehalten.
Eingabe von Sk:
  Das Rechenprogramm ermittelt für alle Druckstäbe das erforderliche Mindest-Trägheitsmoment nach Euler-Knickfall 2 und trägt es in die .FEL-Datei ein.

Am Ende jeder Zeile der EG-Datei kann das für die Elementgruppe vorgesehene Profil festgehalten werden.

```
FaWe_FLA.SIR  Überschrift Fachwerke Lagerdaten  RaFa 4 (RanTex70) ---<
 4  2  4  9   9  9 10 10 10  1                                    < <
             1   1  1  3  3  3     4                              < <
Programm: RaFa     Dateiname:          .FLA      Laststufen:      < <
Lagerdaten    max. Lagersteifigkeit:                V-Faktor=     < <
Knoten Fest   Elastisch in XYZ          Lagerkräfte              < <
Nr. in XYZ Cx/kN/cm Cy/kN/cm Cz/kN/cm    Fx / kN   Fy / kN   Fz / kN< <
----------------------------------------------------------------------
```

In Spalte 1 wird die Nummer des Lagerknotens eingegeben.
Starre Lagerung:
  Achsenrichtung eingeben, in der festgehalten wird, z.B
  xy für Gleitlager in Z-Richtung.
Elastische Lagerung:
  Lagersteifigkeiten in den 3 Achsenrichtungen entsprechend Überschrift eingeben.

Die starre Lagerung ist dominant. Falls sie in der Tabelle enthalten ist, werden zusätzliche Angaben zur elastischen Lagerung beim späteren Rechenlauf ignoriert.

```
FaWe_FFQ.SIR  Überschrift Fachwerke Belastung   RaFa 5 (RanTex70) ---<
 4  6 10 10 10  9  9  9  1                                        < <
       4  4  4  6  6  6     4                                     < <
Programm: RaFa    Dateiname :          .FFQ     Laststufen:       < <
Belastungsdaten   Bandbreite:                   Recordzahl:       < <
Knot./Elem.    Knotenkräfte          Element-Streckenlasten       < <
 von    bis    Fx / kN    Fy / kN   Fz / kN qx/kN/cm qy/kN/cm qz/kN/cm< <
----------------------------------------------------------------------
```

In Spalte 1 wird die Nr. des belasteten Knotens bzw. die Nr. des Elements mit Streckenlast eingetragen. Für aufeinanderfolgende Knoten oder Elemente mit gleicher Belastung genügt die Angabe der ersten und letzten Nr. in Spalte 1 und 2.

Eingabe von Streckenlasten q:
  Die Streckenlasten werden als auf die parallel zur Richtung der Koordinatenachse projizierte Länge der Elemente wirkend ausgewertet. Negative Gewichtsstreckenlasten qy sind demnach nur bei waagerechten Elementen sinnvoll. Mit qx und qz können z.B. Windlasten berücksichtigt werden.

Die aus Eigengewicht und Streckenlasten resultierenden Knotenkräfte werden auf Anforderung in die folgende Ausgabedatei übertragen:

```
FaWe_FKQ.SIR Fachwerke verteilte Last RaFa 6 (RanTex55)
  4 12 12 12 12  1                                    < <
     3  3  3  3      4                                < <
Programm: RaFa    Dateiname:            .FKQ          < <
Knotendaten: Kräfte aus verteilten Lasten             < <
Knoten Gewicht    Knotenkräfte aus Streckenlasten     < <
 Nr.    FyG/kN      Fqx / kN    Fqy / kN    Fqz / kN  < <
-------------------------------------------------------
```

Diese zusätzliche Datei wird im Verlauf der FEM-Rechnung vom Rechenprogramm RaFa_Fem nur dann neu angelegt, wenn in der FQ-Datei Streckenlasten oder in der EG-Datei das spez. Gewicht eingetragen wurden. Vorhandene KQ-Dateien können vom Programm RaFa_IO wie jede andere Datei verwaltet werden.

Zur programmunterstützten Generierung regelmäßiger Strukturen steht die Hilfsfunktion 13 des Hauptmenues zur Verfügung, mit der die geometrischen Daten von Gitterträgern in einer Vielzahl von Modellvarianten erzeugt werden können:

RaFa_IO erzeugt räumliche Strukturen, weitere Information: Datei RaFa_IO .T13
EbFa_IO erzeugt ebene Strukturen, weitere Information: Datei EbFa_IO .T13

Aus der Tabelle aufrufbare Hilfsfunktionen enthält die Textdatei FemTab.T22. Diese kann aus der Tabelle mit ESC ? eingelesen werden.

Die weitere Benutzerführung erfolgt durch Wahlmenues und Bildschirmdialog.

Ja/Nein-Abfragen können wie folgt beantwortet werden:

J / j / ENTER / RETURN	für Ja
N / n / 0	für Nein

Aktualisierung der Überschriften

Das Programm RaFa_IO trägt in die Überschriften ein:

alle Dateien	Dateiname	DatNam
Datei .FKN	Knotenzahl	Nk
Datei .FEL	Elementzahl	Ne

Das Rechenprogramm RaFa_Fem trägt in die Überschriften ein:

alle Dateien	Dateiname	DatNam
Datei .FKN	Datum der Rechnung	
Datei .FEL	max. Knotendifferenz eines Elements	Kdif
	Zahl aller Freiheitsgrade	NN
Datei .FEG	Gesamtgewicht der Struktur	FyG
Datei .FLA	max. Lagersteifigkeit	CLmax
	Faktor zur Simulation starrer Lager	CLvst
	Zahl der Laststufen	NL
Datei .FFQ	Bandbreite der Matrix GK aufgrund Knotendifferenz Kdif	NB
	Zahl der Laststufen	NL
	Zahl der 128-Byte-Records für eine Zeile der GK-Datei aufgrund der Bandbreite und der bei NL>1 zwischenzuspeichernden Werte	RZ

Erforderlicher Speicherplatz für die GK-Datei: NN*RZ*128 Byte

Das Datum wird vom Betriebssystem MS-DOS abgefragt.

Der Dateiname DatNam wird immer so in die Überschriften übernommen, wie er vom Benutzer beim Öffnen der Dateien eingegeben wird. Dadurch ist es möglich, Dateien für gleiche Strukturen im Betriebssystem mit neuem Namen zu kopieren oder umzubenennen, ohne später die Überschrift manuell ändern zu müssen. Zu diesem Zweck stehen Stapeldateien zur Verfügung, die mit dem alten und neuen Dateinamen aufgerufen werden:

Der Befehl FaWeCOPY x:Alt_Name y:Neu_Name

kopiert die Dateien	Alt_Name.FKN	bis	Alt_Name.FKQ	vom Laufwerk x
in die Dateien	Neu_Name.FKN	bis	Neu_Name.FKQ	auf Laufwerk y.

Der Befehl FaWe_REN x:Alt_Name Neu_Name

ändert die Dateien	Alt_Name.FKN	bis	Alt_Name.FKQ	auf Laufwerk x
in die Dateien	Neu_Name.FKN	bis	Neu_Name.FKQ	auf Laufwerk x.

Die Stapeldateien sind nützlich, wenn für eine Struktur mehrere Rechenläufe z.B. mit verschiedenen Lastfällen oder veränderter Lagerung gewünscht werden, und von jedem Rechenlauf ein kompletter Datensatz aufbewahrt werden soll. Es müssen dann nur die kleinen Dateien .FFQ bzw. .FLA geändert werden, während die umfangreichen Dateien .FKN und .FEL mit den geometrischen Daten der Struktur unverändert übernommen werden können.

Zur einfachen Optimierung einer Struktur sind natürlich auch beliebig viele Variationsläufe mit gleichbleibendem Dateinamen möglich. Es werden dann mit dem Tabelleneditor nur die Eingabedaten geändert, von denen man bessere Rechenergebnisse erwartet. Beim nachfolgenden Rechenlauf werden in den Dateien alle Ergebnisse aus dem vorangegangenen Rechenlauf gelöscht bzw. überschrieben.

RAFA_IO ermöglicht das Listen aller Dateien auf Bildschirm oder Drucker. Der Druckerabfrage liegt eine Auswahlkonfiguration für EPSON-Drucker der Serien FX bzw. LQ zugrunde.

Zur umfassenden Information sind auf der Programmdiskette folgende Textdateien vorhanden:

RAFa_IO .INF	zur Datengenerierung (diese Datei)
RaFaMod .T13	zur Strukturgenerierung (räumlich)
EbFa_IO .T13	zur Strukturgenerierung (eben)
RaFaFEM .INF	zur FEM-Rechnung
RaFaGraf.INF	zur Bildschirm-Graphik
FemTab .T22	zum Tabelleneditor
FEM_Fehl.INF	zur Angabe von Fehlerquellen

Alle genannten Dateien sowie auch beliebige andere Textdateien können mittels der Menuefunktionen 23 und 24 auf Bildschirm und Drucker ausgegeben werden. Dabei kann der Benutzer wählen, ob die deutschen Umlaute und das ß als ASCII-Zeichen des nationalen Zeichensatzes oder als Sonderzeichen des IBM-Graphik-Zeichensatzes ausgegeben werden sollen. Auf diese Weise können sowohl ASCII-Dateien von IBM-Druckern wie auch IBM-Dateien von Druckern ohne IBM-Graphik-Zeichensatz fehlerfrei wiedergegeben werden.

C 2.2 Datei FemTab.T22

Tastenfunktionen zum Tabelleneditor

Das Programm holt die Überschrift und die erste Tabellenzeile der aktiven Datei von der Diskette, zeigt beide auf dem Bildschirm an und setzt den Cursor an den Anfang der aktiven Spalte.

Eingabe	Funktion	Bemerkungen
Cursor rechts	1 Spalte nach rechts	aus letzter Spalte an Anfang der nächsten Zeile
Cursor links	1 Spalte nach links	aus 1. Spalte an Ende der vorigen Zeile
Cursor ab	1 Zeile nach unten	neue Zeile aus der Datei auf den Bildschirm. Falls vorhergehende Zeile geändert wurde, werden die Änderungen in die Datei übernommen.
Cursor auf	1 Zeile nach oben	Analog wie Cursor ab
Eingabe	**Funktion**	**Bemerkungen**
ENTER/RETURN	Tabelle verlassen	sofern Spalte nicht verändert wurde
ENTER/RETURN	Eingabe in Datei	sofern Spalte verändert wurde
ESC <	linke Grenzspalte	Cursorspalte der neuen Zeile nach Eingabe in der vorhergehenden Zeile.
ESC >	rechte Grenzspalte	Zeilenwechsel nach Eingabe in dieser Spalte.
ESC R	Zahlenmodus	Eingaben werden als Zahl rechtsbündig in die Spalte geschrieben. Nachkommastellen gemäß Parameterzeilen. Buchstabeneingabe wird als Null gewertet.
ESC ?	Hilfe anfordern	Diese Info-Datei erscheint auf dem Bildschirm.
ESC N/n	Zeilen-Nr. in Spalte 1	automatisch bei Zeilenwechsel EIN/AUS
Eingabe	**Funktion**	**Bemerkungen**
ESC r	Textmodus	Eingabe beliebiger Zeichenketten linksbündig in die Spalte
ESC Z/z	Spalten-Übernahme	EIN/AUS. Inhalt der Cursorspalte wird beim Zeilenwechsel in die gleiche Spalte der neuen Zeile übernommen.
ESC e	Grenzzeile aktivieren	In einigen Dateien definieren Knotenzahl Nk oder Elementzahl Ne eine untere Grenzzeile, die der Cursor nach unten nicht verlassen kann.
ESC E	Grenzzeile nicht aktiv	Datei kann verlängert werden. Alle Zeilen sind mit dem Cursor erreichbar.

Eingaben können mit der Rücktaste Zeichen für Zeichen korrigiert werden. Dabei kann der Cursor das Spaltenformat weder rechts noch links verlassen.

Nach dem Verlassen der Tabelle mit ENTER/RETURN folgt die Abfrage "Nochmals in die Tabelle J/N ?". Will der Anwender zurück, so kann er die Zeilennummer wählen. Durch diese Möglichkeit kann man in langen Tabellen schnell beliebig große Sprünge ausführen.

Nach dem endgültigen Verlassen der Tabelle wird die Datei geschlossen. Dadurch sind alle Änderungen und Erweiterungen der Datei abgesichert, und das MS-DOS-Directory ist auf dem aktuellen Stand.

C 2.3 Datei EbFa_IO.T13

EbFa-Hilfsprogramm zur Strukturgenerierung
----

1. Beschreibung der Hilfsfunktionen

Zur Generierung regelmäßig gebauter Strukturen enthält das Programm EbFa_IO universelle Hilfsfunktionen, die mit der Kennzahl 13 aus dem Hauptmenue aufgerufen werden können:

> Geradlinig in gleichem Abstand aufeinanderfolgende Knoten können als Knotenreihe mit Anfangsknoten, Endknoten und beliebig vielen Zwischenknoten erzeugt werden. Das Programm berechnet die Koordinaten der Zwischenknoten aus den Werten für Anfangs- und Endknoten und trägt alle Koordinaten in die Knotendatei ein.
>
> Elemente mit gleichem Zuwachs (Inkrement) der Knotennummern und gleicher Knotendifferenz können als Elementreihe erzeugt werden. Aus den einzugebenden Werten für das erste Element einer Reihe berechnet das Programm die Knotennummern für alle Elemente der Reihe und trägt sie in die Elementdatei ein.

Voraussetzung zur Benutzung der Hilfsfunktionen ist, daß zuvor ausreichend große Knoten- und Elementdateien angelegt wurden. Hinweise zur Berechnung der Knoten- und Elementzahl typischer Fachwerkstrukturen enthält Abschnitt drei dieser Information.

Zu groß dimensionierte Dateien sind unkritisch. Zeilen der Elementdatei, die keine Knotennummern enthalten, werden bei der späteren Rechnung nicht berücksichtigt. Eine überdimensionerte Knotendatei kann durch Aufruf einer Hilfsroutine zur Überprüfung der Strukturgeometrie vom Programm korrigiert werden.

Die generierten Daten können nach jedem Schritt graphisch überprüft werden:

> Die Lage der Knoten im Koordinatensystem wird durch Angabe der Knotennummern auf dem Bildschirm angezeigt, ohne daß vorher Elemente generiert worden sein müssen.
>
> Elemente können erst richtig gezeichnet werden, nachdem die Koordinaten der Elementknoten generiert worden sind.

Die Hilfsfunktion kann nach Belieben verlassen und aus dem Hauptmenue erneut aufgerufen werden. So können evtl. falsch generierte Daten z.B. mit dem Tabelleneditor korrigiert werden, bevor die Generierung fortgesetzt wird.

2. Strukturprüfung

Die Prüfung bezieht sich auf die Geometrie der Struktur. Querschnitts- und Materialdaten der Elemente sowie Lagerung und Belastung werden nicht überprüft.

Wird ein Element mit der Länge L=0 entdeckt,so wird eine Warnung ausgegeben. Mögliche Ursachen:

> Es sind keine Knotennummern eingetragen.
> Es sind die gleichen Knotennummern für Anfang und Ende eingetragen.
> Die Koordinaten der eingetragenen (verschiedenen) Knoten sind gleich.

Elemente mit Knotennummern außerhalb des gültigen Bereichs (1...Nk) führen zu einer Fehlermeldung.

Während der Strukturprüfung ermittelt das Programm die größte eingetragene Element-Knotennummer. Ist diese kleiner als Nk, so korrigiert das Programm auf Anforderung die Knotendatei, da diese keine nicht definierten Knoten enthalten darf.

Die Strukturprüfung ist erst nach Abschluß der Datengenerierung sinnvoll. Da sie sich auf die in den Dateien enthaltenen Daten bezieht, kann sie auch auf Datensätze angewendet werden, die mit Hilfe des Tabelleneditors von Hand generiert wurden.

3. Typische Fachwerkstrukturen

3.1 Statisch bestimmte Gitterträger

Die Strukturen sind üblicherweise aus Dreieckfeldern zwischen zwei Knotenreihen aufgebaut:

```
Knotenzahl  der Struktur:        Nk = NF+2
Elementzahl der Struktur:        Ne = 2*Nk-3
```

NF = Zahl der Dreieckfelder

Beispiel 3.1.1: NF = 7, Nk = 9, Ne = 15.

Beispiel 3.1.2: NF = 8, Nk = 10, Ne = 17.

3.2 Statisch überbestimmte Gitterträger

Derartige Strukturen können aus Viereckfeldern mit gekreuzten Diagonalen bestehen:

NF = Zahl der Viereckfelder

3.2.1 Zwei Knotenreihen, Diagonalen nicht verbunden

```
Knotenzahl  der Struktur:        Nk = 2*(NF+1)
Elementzahl der Struktur:        Ne = 5*NF+1
```

Beispiel 3.2.1: NF = 4, Nk = 10, Ne = 21.

3.2.2 Drei Knotenreihen durch Verbindung der Diagonalen

```
Knotenzahl  der Struktur:        Nk = 3*NF+2
Elementzahl der Struktur:        Ne = 7*NF+1
```

Beispiel 3.2.2: NF = 4, Nk = 14, Ne = 29.

3.3 Statisch überbestimmte Gitterrahmen

Solche Strukturen können aus Viereckfeldern mit einer Diagonale zwischen mehr als zwei Knotenreihen gebildet werden:

NF = Zahl der Viereckfelder
NR = Zahl der Knotenreihen

```
Knotenzahl  der Struktur:        Nk = NF*NR/(NR-1) + NR
Elementzahl der Struktur:        Ne = NF*(4+(NR-2)*3)/(NR-1) + (NR-1)
```

Beispiel 3.3: NF = 12, NR = 4, Nk = 20, Ne = 43.

(EbFa_IO.T13 Seite 3)

Beispiel 3.1.1

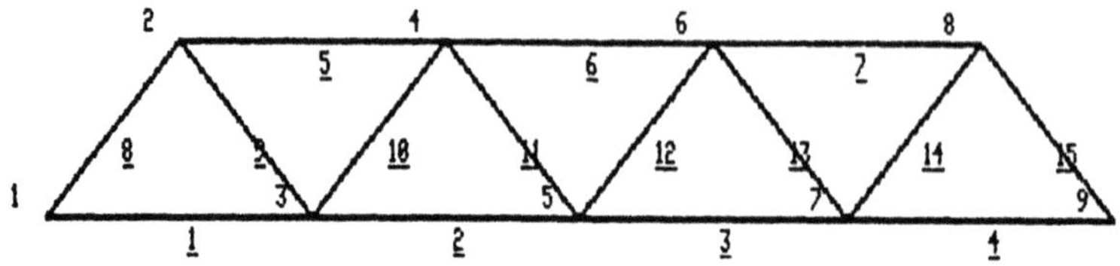

Beispiel 3.1.2

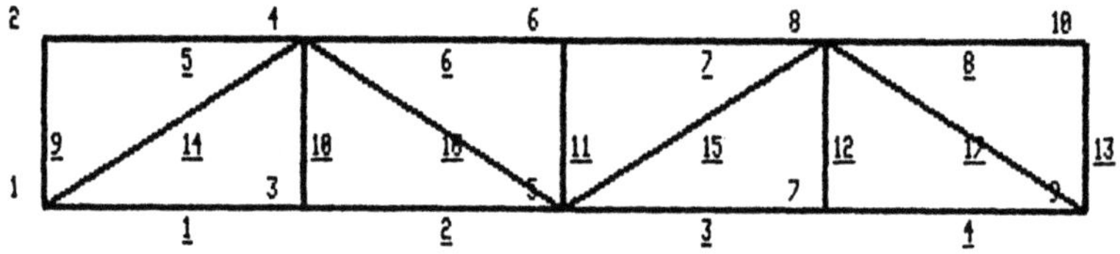

Beispiel 3.2.1

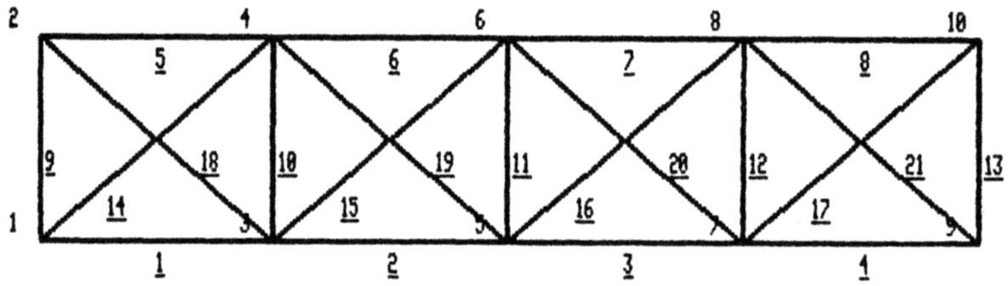

Beispiel 3.2.2

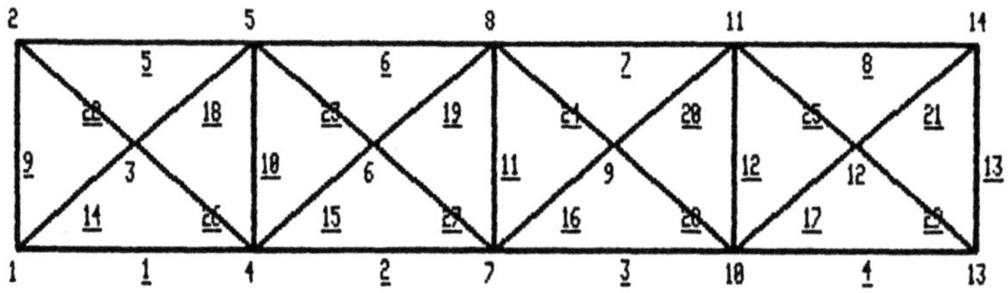

Beispiel 3.3

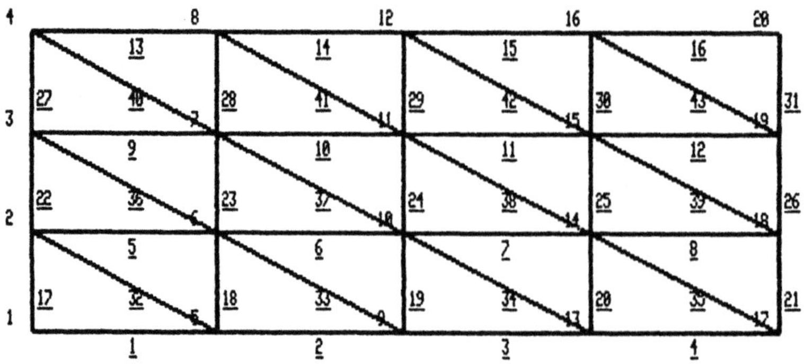

C 2.4 Datei RaFaGraf.INF

Information zur Bildschirm-Graphik

Die Programme RaFa_IO, EbFa_IO und RaFa_Fem unterstützen die Bildschirmgraphik folgender Hardware-Konfigurationen:

IBM-PC/XT/AT und Kompatible, für die eine Hardwareanpassung im Rahmen der Turbo Graphix Toolbox der Firma Heimsoeth/Borland verfügbar ist, sowie Sirius. Komplette Programmversionen wurden erstellt für

Gerätekonfiguration	Programmname
IBM-PC/XT/AT und Kompatible mit Hercules-Karte	??Fa_???.HGC
Sirius mit Graphik-Hintergrundprogramm GRAFIX.COM Vor Programmstart muß das Hintergrundprogramm mit dem Befehl GRAFIX $S1C1PE geladen worden sein.	??Fa_???.SIR

Es können folgende Graphik-Darstellungen angefordert werden:

Strukturplot:
Die Struktur wird als Drahtmodell gezeichnet, wobei das Programm einen Grundmaßstab berechnet, der die Darstellung der Gesamtstruktur auf einem Bildschirm ermöglicht. Optionen:

1. Unverformte Struktur
2. Verformte Struktur allein
3. Unverformte und verformte Struktur kombiniert

Wählbare Maßstäbe:
    Vergrößerung/Verkleinerung als Faktor im Verhältnis zum Grundmaßstab
    Verzerrung der Knotenverschiebungen (Voreinstellung: V=100)
    Vertikalverzerrung zur Anpassung der Druckerausgabe

Soll die Graphik vergrößert dargestellt werden, so fragt das Programm nach dem ersten und letzten Strukturknoten, der gezeichnet werden soll. Sodann kann der Cursor auf dem Bildschirm mit den Pfeil- oder Zifferntasten bewegt werden, um die Zeichnung beliebig anzuordnen. Die Anfangsposition entspricht dem Nullpunkt des Struktur-Koordinatensystems. Der gewählten Cursorposition kann anschließend ein beliebiger Strukturknoten zugeordnet werden. In gleicher Weise kann die Zeichnung auch für verkleinerte Darstellung verschoben werden. In diesem Fall wird aber die gesamte Struktur dargestellt. Die Cursor-Schrittweite kann gewählt werden:

Taste "0": Quadrat-Raster mit ca. 1/10 der Bildschirmbreite (Voreinstellung)
Taste "5": Raster der Schriftdarstellung des Textbildschirms

Weitere Optionen:

    Darstellung von Belastung und Lagerung
    Angabe der globalen Koordinatenrichtungen
    Beschriftung: Dateiname, Knotennummern, Elementnummern
    Perspektive : Wahl der Drehwinkel ßx,ßy,ßz

Die Knotennummern werden links oberhalb des Knotens eingetragen, die Elementnummern rechts unterhalb der Elementmitte (unterstrichen).

Der Bildschirminhalt kann als Hardcopy auf einen Drucker ausgegeben und als Datei auf Diskette geschrieben werden.

Der Graphik-Modus wird vom Programm nach dem erstmaligen Aufruf der Menue-Funktion 41 (Zeichnung erstellen) initialisiert. Dies kann bei IBM-Rechnern zu unvorhersehbaren Reaktionen führen, sofern nicht die richtige Graphik-Karte installiert ist. Die Sirius-Graphik beruht auf der Ausführung spezieller Druckbefehle (Escape-Sequenzen). Ist das Programm GRAFIX auf Betriebssystemebene nicht installiert, so wird lediglich von diesen Druckbefehlen ein (für den Anwender unsinniger) Text auf den Bildschirm geschrieben.

Alle Programmversionen können ohne Rücksicht darauf, ob eine passende Graphik hard- oder softwareseitig installiert ist, betrieben werden, wenn auf den Aufruf der Funktionen des Blocks 4 im Hauptmenue verzichtet wird.

C 3.1 Datei EbFaFem.INF

Information zum Programm EbFa_Fem

Das Turbo-Pascal-Programm EbFa_Fem dient zur Finite-Elemente-Berechnung ebener Fachwerke. Es benötigt die mit dem Programm EbFa_IO erstellten Dateien

DatNam.FKN DatNam.FEL DatNam.FEG DatNam.FLA DatNam.FFQ

DatNam ist der vom Benutzer für die Struktur gewählte Dateiname aus bis zu acht Zeichen.

Die Gesamtsteifigkeitsmatrix wird vom Programm in die Arbeitsdatei EbFa.GK geschrieben. Die Datei wird bei Programmende wieder gelöscht. Für die Dateien können verschiedene Laufwerke bzw. Plattensektoren gewählt werden.

Bei der Wahl der Laufwerke ist der Platzbedarf für die Dateien zu beachten. Das Programm listet dazu auf Anforderung die schon vorhandenen Dateien und den noch freien Platz auf dem gewählten Laufwerk auf.

Aus den Eingabedaten werden berechnet und in die verschiedenen Dateien DatNam.??? geschrieben:

Knotenverschiebungen
Knotenkräfte aus Eigengewicht und Streckenlasten
Lagerkräfte
Stabkräfte, Stabspannungen
Erforderliche Trägheitsmomente der Druckstäbe für Knicksicherheit Sk

Alle Dateien können nach Beendigung der FEM-Rechnung auf Bildschirm und Drucker gelistet werden. Zusätzlich ist die Ausgabe der Knotenverschiebungen im Gleitkommaformat mit der vom Rechenprogramm intern genutzten Genauigkeit auf Bildschirm und Drucker möglich.

Starre Lager werden vom Programm durch elastische Lager sehr hoher Steifigkeit nachgebildet. Dazu ist ein Faktor CLvst zu wählen, der angibt, um wieviel steifer die Lager gegenüber dem steifsten Element der Struktur sein sollen. Die Voreinstellung ist CLvst = 1 000 000. Natürlich kann mit einem kleinen Faktor auch eine gleichmäßig elastische Lagerung simuliert werden.

Generell können durch eine unzureichende Lagerung Fehler entstehen, die zum Abbruch des Rechenlaufes führen. Hinweise dazu finden sich in der Datei FEM_Fehl.INF.

Um die Rechenergebnisse auch hinsichtlich der Lagerung beurteilen zu können, werden der Verstärkungsfaktor CLvst und die effektive Lagersteifigkeit CLmax in der Überschrift der LA-Datei festgehalten. Wenn alle Lager durch Vorgabe der Lagersteifigkeiten in der LA-Datei generiert wurden, ist der Faktor CLvst ohne Bedeutung.

Der FEM-Rechnung liegt die Geometrie der unverformten Struktur zu Grunde. Die Ergebnisse stellen folglich nur dann eine gute Näherung der wirklichen Verhältnisse dar, wenn die Knotenverschiebungen gegenüber den Abmessungen der Gesamtstruktur klein sind. Das ist bei üblichen Festigkeitsrechnungen der Fall.

Sind ausnahmsweise große Verschiebungen zu erwarten, so sollte die Rechnung mit dem Programm RaFa durchgeführt werden, das ein Aufbringen der Belastung in beliebig vielen Stufen ermöglicht. Für jede Laststufe wird ein FEM-Rechengang durchgeführt, wobei die Verschiebungen aus den vorangegangenen Rechenläufen in der Geometrie berücksichtigt werden. So ergeben sich gute Näherungslösungen auch für große Knotenverschiebungen.

C 3.2 Datei FEM_Fehl.INF

Fehlermöglichkeiten bei FEM-Rechnungen

Nachfolgend werden einige der bei Benutzung der Rechenprogramme ????_Fem gelegentlich auftretenden Fehler besprochen.

Datei- und Diskettenfehler

Fehler, die infolge falscher oder in dem aktiven Directory fehlender Dateinamen auftreten, werden durch entsprechende Abfragen im Programm aufgefangen.

Alle Daten-Dateien müssen vor Start der Rechnung mit dem zugehörigen Programm ????_IO angelegt worden sein. Kann eine der Dateien vom Rechenprogramm nicht geöffnet werden, so bricht das Programm ab. Die fehlende Datei muß angelegt und in das vom Rechenprogramm aus zugängliche Directory kopiert werden.

Das Rechenprogramm legt die Arbeitsdatei ????.GK an. Diese benötigt je nach Größe der zu bearbeitenden Struktur erhebliche Kapazität auf dem gewählten Massenspeicher. Dabei sind Fehler möglich, die zum Programmabbruch führen:

```
Kapazität reicht nicht aus: Fehlermeldung: F0
Directory ist voll:         Fehlermeldung: F1
```

Beim Anlegen der Datei ????.GK kann es bei ungünstiger Knotennumerierung vorkommen, daß die intern vorgesehene maximale Bandbreite (Zeilenlänge der Datei ????.GK) überschritten wird. Das Programm bricht mit einer entsprechenden Meldung ab.

Die bisher beschriebenen Fehler führen alle zum Programmabbruch, bevor die FEM-Rechnung begonnen hat. Während des Rechenlaufes greift das Programm ständig mit Lese- und Schreiboperationen auf die Daten- und Arbeitsdateien zu. Dabei kann es zu Diskettenfehlern kommen, die mit den üblichen Fehlermeldungen des Betriebssystems angezeigt werden.

Rechenfehler können auch auftreten, wenn das Zeilenformat der Datendateien nicht den vom Programm erwarteten Parametern entspricht. Die in den Dateien enthaltenen Zahlen werden dann gar nicht oder fehlerhaft gelesen.

Falsche Zeilenformate können entstehen, wenn Dateien mit einem Texteditor bearbeitet wurden und die Längenkennung am Zeilenanfang entfernt oder verändert wurde, die Zeilen nicht mit CR/LF abgeschlossen sind oder ein Druckzeichen (z.B. "<") am Zeilenende fehlt. Eine derart fehlerhafte Datei wird am besten mit dem Tabelleneditor des IO-Programms neu angelegt, da dann die auf Seite 1 der Datei ????_IO.INF beschriebenen Dateiformate sicher eingehalten werden.

Rechenfehler durch unzureichende oder fehlerhafte Datengenerierung
----

Fehlermeldung 02 (Division durch null)

Zur Berechnung der Element-Steifigkeitsmatrizen (EK) werden aus E-Modul, Elementlänge L und Querschnittskennwerten A bzw. I Steifigkeitswerte berechnet, z.B.

```
Längssteifigkeit E*A/L
Biegesteifigkeit E*I/L^3.
```

Die Elementlängen werden aus der Koordinatendifferenz der Elementknoten berechnet. Wurde vergessen, in die EL-Datei die Knotennummern der Elemente einzutragen, so resultiert die Elementlänge L=0.

Der gleiche Fehler tritt auf, wenn für ein Gelenk-Element, das selbst die Länge null haben muß, als Referenz-Element gar keine oder die Nummer eines anderen Gelenk-Elements in die letzte Spalte der EG-Datei eingetragen wurde.

Der Fehler kann auch durch ungünstige Zahlenkombinationen der Steifigkeitswerte beim Lösen des Gleichungssystems auftreten, da hierbei u.a. auch Divisionen mit Differenzen aus den in der Matrix GK enthaltenen Steifigkeiten durchgeführt werden. Anfällig in dieser Hinsicht sind Strukturen, bei denen die Elementsteifigkeiten den gleichen Zahlenwert haben. Hierzu ein Beispiel:

Eine Welle als Biegebalken hat die gleichen Zahlenwerte für Längs- und Biegesteifigkeit, wenn der Durchmesser den Zahlenwert 4 und die Länge den Wert 1 haben:

A = D^2*Pi/4 , I = D^4*Pi/64.

Steifigkeiten mit L=1:

Längssteifigkeit = E*A/L = 4*E*Pi
Biegesteifigkeit = E*I/L^3 = 4*E*Pi

Abhilfe ist durch Wahl einer anderen Elementlänge möglich.

Fehlermeldung 03 (Wurzel aus einer negativen Zahl)

Der zum Lösen des Gleichungssystems verwendete Algorithmus nach Cholesky verwendet die Quadratwurzeln der Hauptdiagonalelemente der Matrix GK. Wenn dieser Fehler auftritt, so zeigt er an, daß die Matrix GK nicht positiv definit ist, was allgemein auf eine zu geringe Steifigkeit der Gesamtstruktur, insbesondere der Lagerung, hindeutet.

Zunächst sollte untersucht werden, ob die Lagerung eine mindestens statisch bestimmte Abstützung der Struktur ergibt. Auch dann, wenn bestimmte Achsenrichtungen aufgrund der äußeren Belastung kräftefrei sind, sollten sie gelagert werden, um eine definierte Lage der Gesamtstruktur zu gewährleisten.

Ist die Lagerung hinsichtlich der abgestützten Freiheitsgrade in Ordnung (es müssen für die Gesamtstruktur mindestens die Freiheitsgrade eines Knotens abgestützt sein), so deutet der Fehler auf eine zu geringe Lagersteifigkeit hin. Die Rechnung sollte mit einem geänderten Faktor CLvst wiederholt werden.

Tritt der Fehler auch bei ausreichend steifer Lagerung auf, so ist die Steifigkeit der Struktur an bestimmten Stellen unzureichend (z.B. fehlende Diagonalstäbe in Fachwerkstrukturen, fehlende Biegesteifigkeit in Stäben von Balken- oder Rahmenstrukturen). Die Datendateien sind auf Vollständigkeit und Fehlerfreiheit zu überprüfen.

Rundungsfehler bei Berechnung zu großer Strukturen.

Beim Lösen des Gleichungssystems sind Kettenrechnungen in erheblichem Umfang durchzuführen. Ist die Zahl der Rechenschritte im Verhältnis zur Stellenzahl der intern zum Rechnen verwendeten Real-Variablen zu groß, so summieren sich die unvermeidlichen Rundungsfehler zu nicht mehr tolerierbaren Abweichungen im Ergebnis auf.

Die Programme mit Namen ????_Fem sind mit der normalen Turbo-Pascal-Version kompiliert, die für Real-Variable 10 Stellen verwendet. Mit diesen Programmen wurden bei Testrechnungen mit Strukturen von ca. 500 Freiheitsgraden noch gute Ergebnisse erzielt.

Für Hardware mit Arithmetik-Coprozessor stehen die mit der Version Turbo-87 compilierten Programme mit Namen ????7Fem zur Verfügung. Darin werden Real-Variable mit 16 Stellen verwendet. Testrechnungen mit diesen Programmen zeigten bei Strukturen von 3000 Freiheitsgraden noch keine unzulässigen Rundungsfehler.

Verwendete Formelzeichen

Die folgende Übersicht enthält die im Buch häufig verwendeten Abkürzungen, Bezeichnungen und Symbole. Bei erstmaliger Verwendung sind die Zeichen im Text zusätzlich definiert und erklärt.

A	Element-Querschnittsfläche
C	Cosinus
Cs	Element-Steifigkeit
CsLag	Lager-Steifigkeit
D	Knoten-Drehung, -Winkel
E	Elastizitätsmodul
EK	Element-Steifigkeitsmatrix
F	Kraft
FW	Fachwerk
G	Gleitmodul
GK	Gesamt-Steifigkeitsmatrix, Struktur-Steifigkeitsmatrix
I	Trägheitsmoment gegen Biegung oder Torsion
i	allgemeiner Zähl-Index
Ia, Ie	Element-Knotennummern, Anfang/Ende
K	Steifigkeits-Matrix
Kdif	Knotendifferenz am Element
KF	Knoten-Freiheitsgrade
L	Element-Länge
M	Drehmoment
Ne	Zahl der Elemente der Struktur
Nk	Zahl der Strukturknoten
N,NN	Zahl der Struktur-Freiheitsgrade
NB	Nutzbare Bandbreite der Matrix GK
nsp	Spaltenzahl der GK-Datei
S	Sinus
T	Transformationsmatrix
T^T	Transponierte Transformationsmatrix
u,v,w	rechtwinkliges rechtshändiges Element-Koordinatensystem
X,Y,Z	rechtwinkliges rechtshändiges Struktur-Koordinatensystem
u	Elementachse
V	Knoten-Verschiebung
α	Winkel zwischen Koordinaten- und Element-Achse
γ	Gleitwinkel
Δ	Differenz
μ	Querkontraktionszahl
φ	Drillwinkel
ψ	Starrkörperdrehung

Bildverzeichnis

Sachwortverzeichnis

GPSR Compliance

The European Union's (EU) General Product Safety Regulation (GPSR) is a set of rules that requires consumer products to be safe and our obligations to ensure this.

If you have any concerns about our products, you can contact us on ProductSafety@springernature.com

In case Publisher is established outside the EU, the EU authorized representative is:

Springer Nature Customer Service Center GmbH
Europaplatz 3
69115 Heidelberg, Germany

Batch number: 10584556

Printed by Printforce, the Netherlands